v. Finckenstein / Lehn / Schellhaas / Wegmann

Arbeitsbuch Mathematik für Ingenieure

Band I   Analysis

Von Prof. Dr. rer. nat. Helmut Schellhaas
Technische Universität Darmstadt

B. G. Teubner Stuttgart · Leipzig · Wiesbaden 2000

Prof. Dr. rer. nat. Karl Graf Finck von Finckenstein

Geboren 1933 in Semlow/Vorpommern. Von 1952 bis 1959 Tätigkeit in der land-wirtschaftlichen Praxis. Von 1959 bis 1965 Studium der Mathematik und Physik an der Universität Göttingen. 1965 Diplom in Mathematik, 1966 Promotion. Von 1967 bis 1974 wiss. Mitarbeiter am Max-Planck-Institut für Plasmaphysik in Garching bei München. Seit 1974 Professor für Mathematik an der Technischen Universität Darmstadt.

Prof. Dr. rer. nat. Jürgen Lehn

Geboren 1941 in Karlsruhe. Studium der Mathematik an den Universitäten Freiburg und Karlsruhe. Wiss. Assistent an den Universitäten Karlsruhe und Regensburg. 1968 Diplom in Karlsruhe, 1972 Promotion in Regensburg, 1978 Habilitation in Karlsruhe. 1978 Professor für Mathematik an der Universität Marburg, seit 1979 an der Technischen Universität Darmstadt.

Prof. Dr. rer. nat. Helmut Schellhaas

Geboren 1936 in Zwingenberg/Bergstraße. Studium der Mathematik und Physik an der Technischen Universität Darmstadt. Wiss. Mitarbeiter und wiss. Assistent an der Technischen Universität Darmstadt und der Universität Mainz. 1961 Diplom in Mathematik, 1966 Promotion, 1971 Habilitation in Darmstadt. Seit 1972 Professor für Mathematik an der Technischen Universität Darmstadt.

Prof. Dr. rer. nat. Helmut Wegmann

Geboren 1938 in Worms. Studium der Mathematik und Physik an den Universitäten Mainz und Tübingen. Wiss. Assistent an den Universitäten Mainz und Stuttgart. 1962 Staatsexamen in Mainz, 1964 Promotion in Mainz, 1969 Habilitation in Stuttgart. Seit 1970 Professor für Mathematik an der Technischen Universität Darmstadt.

1. Auflage 2000

Die Deutsche Bibliothek – CIP-Einheitsaufnahme
Ein Titelsatz für diese Publikation ist bei
Der Deutschen Bibliothek erhältlich.

Alle Rechte vorbehalten
© B. G. Teubner Stuttgart · Leipzig · Wiesbaden 2000
Der Verlag Teubner ist ein Unternehmen der Fachverlagsgruppe BertelsmannSpringer.

Printed in Germany
Druck und Binden: Hubert & Co., Göttingen
Konzeption und Layout des Einbands: Peter Pfitz, Stuttgart

ISBN 3-519-02966-9

Vorwort

Das Arbeitsbuch Mathematik für Ingenieure richtet sich an Studierende der ingenieurwissenschaftlichen Fachrichtungen an Universitäten. Die Stoffauswahl ist an den Bedürfnissen der Grundausbildung in Mathematik orientiert, wie sie üblicherweise in einer viersemestrigen Vorlesungsreihe erfolgt. Der erste Band behandelt die Differential- und Integralrechnung einer und mehrerer reeller Veränderlicher. Lineare Algebra, Funktionentheorie, gewöhnliche und partielle Differentialgleichungen, Laplace-Transformation, numerische Mathematik und Stochastik sind der Inhalt des zweiten Bandes.

Das Arbeitsbuch ist so gestaltet, dass zunächst die Fakten, also Definitionen, Sätze usw. dargestellt werden. Diese werden auch drucktechnisch durch Kästen hervorgehoben. Die Fakten werden sodann durch zahlreiche Bemerkungen und Ergänzungen aufbereitet und erläutert. Das Verständnis wird gefördert durch eine große Zahl von Beispielen, die überwiegend vollständig durchgerechnet werden. Am Ende eines jeden Kapitels finden sich Tests und Übungsaufgaben. Die Tests dienen dem Leser zur Überprüfung seines Verständnisses für Definitionen und Aussagen. Sie sind als Multiple-Choice-Aufgaben formuliert. Anhand der Übungsaufgaben kann sich der Leser mit dem Stoff auseinandersetzen. Die Lösungen zu den Tests und Übungsaufgaben finden sich in Kurzform am Ende des Buches. Beweise zu mathematischen Sätzen sind in der Regel im Arbeitsbuch nicht enthalten. Sollte es als Textbuch für eine Vorlesung benutzt werden, so wären diese Beweise (teilweise) in der Vorlesung zu ergänzen. Beweistechniken werden vielfach auch sichtbar an den durchgerechneten Beispielen.

Das Buch entstand aus einem Vorlesungsskriptum zu den Grundvorlesungen für Studierende der Elektrotechnik, des Wirtschaftsingenieurwesens Fachrichtung Elektrotechnik und der Sportinformatik. Die freundliche Aufnahme des Skriptums durch die Studierenden wie auch durch Kollegen, die es mehrfach ihren Veranstaltungen zugrundelegten, ermunterten die Autoren, das Skriptum aufzuarbeiten und als Arbeitsbuch mit dem geschilderten Konzept zu publizieren.

Bei Stoffauswahl und Stoffabfolge sind Bedürfnisse berücksichtigt, die von den ingenieurwissenschaftlichen Fächern kommen. Dies bewirkt gelegentlich, von bewährten, innermathematisch bedingten Vorgehen abzuweichen. Beispielsweise müssen die Studierenden im Fach Grundlagen der Elektrotechnik frühzeitig mit

4

komplexen Zahlen, Eulerscher Formel usw. umgehen können. Dieser Stoff wurde
daher vorgezogen. Andere Abweichungen von der üblichen Stoffabfolge werden vor-
genommen, um die Studierenden nicht zu überfordern. Beispielsweise wird das Ler-
nen dadurch erleichtert, dass die Gebiete Folgen und Reihen, die erfahrungsgemäß
von den Studierenden als schwer empfunden werden, nicht wie üblich unmittelbar
nacheinander behandelt werden. Statt dessen werden Aussagen über Grenzwert,
Stetigkeit und Differentiation reeller Funktionen dazwischengeschoben. Dadurch
wird den Lernenden eine „Verschnaufpause" gegönnt.

Ich möchte all denen danken, die mich bei der Anfertigung dieses ersten Bandes
unterstützt haben. Frau Magdalene Tabbert und Frau Gudrun Schumm haben mit
viel Engagement und Sachkenntnis aus meinem Manuskript den vorliegenden TEX-
Text hergestellt. Die aufwendige redaktionelle Schlussarbeit hat Frau Schumm mit
viel Einfühlungsvermögen übernommen. Frau Dr. Claudia Werthenbach hat mit
Zeichnungen zum besseren Verständnis des Textes beigetragen. Mit großer Sorgfalt
und kritischem Urteilsvermögen hat mich Frau Dipl.-Math. Sibylle Strandt beim
Lesen der Korrekturen unterstützt. Ihnen allen sage ich meinen herzlichen Dank.
Schließlich danke ich dem Teubner-Verlag und insbesondere Herrn Dr. Peter Spuh-
ler für die gute Zusammenarbeit. Ohne sein geduldiges Verständnis für zwingende
Verzögerungen wäre dieser Band nicht zustande gekommen.

Darmstadt, im März 2000   Helmut Schellhaas

Inhalt

1   Über reelle Zahlen   7

2   Beweismethoden   22

3   Mengen und Abbildungen   29

4   Spezielle reelle Funktionen   42

5   Komplexe Zahlen   67

6   Binomische Formel, Kombinatorik, Wahrscheinlichkeiten   76

7   Folgen und Konvergenzbegriff   88

8   Grenzwert und Stetigkeit reeller Funktionen   102

9   Eigenschaften stetiger Funktionen   116

10 Differentiation   122

11 Eigenschaften differenzierbarer Funktionen   131

12 Reihen   142

13 Exponentialfunktion und Logarithmus   154

14 Das Integral   163

15 Der Hauptsatz der Differential- und Integralrechnung   173

16 Einige Integrationstechniken   179

17 Uneigentliche Integrale   191

18 Folgen und Reihen von Funktionen   199

19 Potenzreihen   209

20 Der Satz von Taylor   217

21 Fourier-Reihen   228

22 Reelle Funktionen mehrerer Veränderlicher   239

23 Differentiation von Funktionen mehrerer Veränderlicher   249

24 Richtungsableitung, Satz von Taylor, Extrema   262

25   Implizite Funktionen, Extrema mit Nebenbedingungen 270

26   Integrale mit Parametern 277

27   Wege im $\mathbb{R}^n$ 281

28   Wegintegrale 291

29   Integrale im $\mathbb{R}^n$ 305

30   Vektoranalysis 327

31   Lösungen 340

1   Über reelle Zahlen

Am Anfang des mathematischen Denkens stehen die **natürlichen Zahlen**

$$1, 2, 3, 4, \ldots .$$

Für die **Menge der natürlichen Zahlen** ist die Bezeichnung

$$\mathbb{N} = \{1, 2, 3, \ldots\}$$

üblich. Dabei versteht man unter einer Menge allgemein eine Zusammenfassung von einzelnen Objekten zu einer Gesamtheit, wobei die Objekte dann Elemente der Menge heißen. Im obigen Beispiel, der Menge der natürlichen Zahlen, wird die Menge beschrieben durch die Aufzählung ihrer Elemente in geschweiften Klammern. Eine andere Darstellung einer Menge kann durch Angabe einer charakterisierenden Eigenschaft E der Elemente erfolgen. Man schreibt dann $\{x : x$ hat Eigenschaft $E\}$ für die Menge aller Elemente x, die die Eigenschaft E besitzen. Ist ein Objekt x Element einer Menge M, so schreibt man $x \in M$. Weitere Grundtatsachen über Mengen werden in Kapitel 3 angegeben.

Die Addition und die Multiplikation zweier natürlicher Zahlen führen wieder zu einer natürlichen Zahl, mit $a \in \mathbb{N}$ und $b \in \mathbb{N}$ gilt stets $a + b \in \mathbb{N}$ und $a \cdot b \in \mathbb{N}$. Man sagt: $\mathbb{N}$ ist abgeschlossen gegenüber der Addition und der Multiplikation. Für $a \in \mathbb{N}$, $b \in \mathbb{N}$ muß jedoch die Gleichung

$$a + x = b \qquad\qquad (*)$$

nicht unbedingt eine Lösung $x \in \mathbb{N}$ haben. Erweitert man $\mathbb{N}$ jedoch zur **Menge der ganzen Zahlen**

$$\mathbb{Z} = \{\ldots, -2, -1, 0, 1, 2, \ldots\},$$

so hat die Gleichung $(*)$ für $a \in \mathbb{Z}$, $b \in \mathbb{Z}$ stets eine Lösung $x \in \mathbb{Z}$.

Andererseits muß für $a \in \mathbb{Z}$, $b \in \mathbb{Z}$ die Gleichung

$$a \cdot y = b \qquad\qquad (**)$$

nicht unbedingt eine Lösung $y \in \mathbb{Z}$ haben. Erweitert man $\mathbb{Z}$ jedoch zur **Menge der rationalen Zahlen**

$$\mathbb{Q} = \{x : x = \frac{b}{a}, \, a \in \mathbb{Z}, b \in \mathbb{Z}, a \neq 0\},$$

so haben (∗) und im Fall $a \neq 0$ auch (∗∗) für $a \in \mathbb{Q}$, $b \in \mathbb{Q}$ stets eine Lösung $x \in \mathbb{Q}$ bzw. $y \in \mathbb{Q}$.

Die Darstellung einer rationalen Zahl x in der Form eines Quotienten aus ganzen Zahlen ist nicht eindeutig. Dies zeigt das bekannte Kürzen und Erweitern von Brüchen. Eine eindeutige **Darstellung als Bruch** läßt sich erreichen durch die Forderung, daß Zähler und Nenner teilerfremd sind und der Nenner eine natürliche Zahl ist, d.h. $x = \frac{b}{a}$ mit $b \in \mathbb{Z}$, $a \in \mathbb{N}$, a und b teilerfremd. Andererseits führt das übliche Divisionsverfahren auf die **Darstellung** einer rationalen Zahl **als Dezimalbruch**. So ergibt

$$\frac{7}{4} = 1.75 \text{ einen abbrechenden Dezimalbruch,}$$

$$\frac{2}{70} = 0.0285714285\ldots = 0.0\overline{285714} \text{ einen periodischen Dezimalbruch.}$$

Die Periode wird dabei durch Überstreichen der Ziffernfolge, die sich periodisch wiederholt, gekennzeichnet. Bei der Durchführung des Divisionsverfahrens für eine rationale Zahl $\frac{b}{a}$ mit $b \in \mathbb{Z}$, $a \in \mathbb{N}$ kann als Rest jeweils nur eine der Zahlen $0, 1, \ldots, a-1$ auftreten. Tritt der Rest null auf, so bricht der Dezimalbruch ab. Andernfalls gibt es höchstens $a-1$ verschiedene Reste und spätestens nach der Berechnung von $a-1$ Ziffern des Dezimalbruches (von voranstehenden Nullen abgesehen) muß einer der Reste erneut auftreten, so daß der Dezimalbruch periodisch wird. Demnach gilt:

> Jede rationale Zahl läßt sich durch einen abbrechenden oder periodischen Dezimalbruch darstellen.

Umgekehrt läßt sich jeder abbrechende oder periodische Dezimalbruch als Bruch $\frac{b}{a}$ mit $b \in \mathbb{Z}$, $a \in \mathbb{N}$ darstellen. Die Grundidee der **Umwandlung periodischer Dezimalbrüche in Brüche** zeigt das folgende Beispiel: Ist $x = 0.\overline{d_1 \ldots d_k}$ mit den Ziffern $d_i \in \{0, 1, \ldots, 9\}$ für $i = 1, \ldots, k$, der Dezimalbruch, so gilt mit der Potenz $10^k = 10 \cdot 10 \cdot \ldots \cdot 10$ (k Faktoren)

$$10^k x = d_1 \ldots d_k + 0.\overline{d_1 \ldots d_k} = d_1 \ldots d_k + x,$$

also

$$x = \frac{d_1 \ldots d_k}{10^k - 1}.$$

Die Umwandlung eines beliebigen periodischen Dezimalbruchs läßt sich darauf zurückführen.

Beispiele:

(1) $0.478 = \dfrac{478}{1000}$

(2) $0.\overline{478} = \dfrac{478}{999}$

(3) $53.23\overline{478} = \dfrac{1}{100}\left(5323 + 0.\overline{478}\right) = \dfrac{1}{100}\left(5323 + \dfrac{478}{999}\right) = \dfrac{5318155}{99900}$.

Bemerkungen und Ergänzungen:

(4)   Eine rationale Zahl $\frac{m}{n}$ (bzw. $-\frac{m}{n}$) mit $m, n \in \mathbb{N}$ läßt sich auf der **Zahlengeraden** wie folgt veranschaulichen: Man trägt eine Strecke der Länge $\frac{m}{n}$, die man durch Unterteilung einer Strecke der Länge m in n gleiche Teile erhält, vom Nullpunkt ausgehend auf der Zahlengeraden nach rechts (bzw. links) ab.

(5)   Mit $a \in \mathbb{Q}$, $b \in \mathbb{Q}$ liegt die rationale Zahl $c = \frac{a+b}{2}$ zwischen a und b. Führt man diese Überlegung sukzessive fort (für a, c usw.), so sieht man: Zwischen zwei rationalen Zahlen liegen unendlich viele rationale Zahlen.

Durch rationale Zahlen lassen sich nicht alle Punkte der Zahlengeraden erfassen. Dies zeigt schon folgendes Beispiel: Es ist $0.10\,100\,1000\,100001\ldots$ ein Dezimalbruch, der weder abbricht noch periodisch ist. Er kann nach obiger Überlegung keine rationale Zahl darstellen. Die Existenz von "Lücken" zwischen den rationalen Zahlen auf der Zahlengeraden zeigt auch folgende Aussage, deren Beweis wir in Kapitel 2 führen: Es gibt keine rationale Zahl, die mit sich selbst multipliziert die Zahl 2 ergibt. Die Gleichung $x^2 = 2$ besitzt also keine Lösung $x \in \mathbb{Q}$. Dies legt nahe, neben den rationalen Zahlen noch weitere Zahlen zu betrachten. Eine geeignete Erweiterung von $\mathbb{Q}$ führt zur **Menge der reellen Zahlen** $\mathbb{R}$. Reelle Zahlen, die nicht rational sind, heißen **irrational.** Hilfreich ist die Vorstellung, daß die irrationalen Zahlen darstellbar sind als nichtperiodische Dezimalbrüche, wobei abbrechende Dezimalbrüche als periodisch mit der Periode null angesehen werden.

Die reellen Zahlen lassen sich durch die im folgenden angegebenen Axiome (A1) bis (A15) einführen. Die Axiome beschreiben den Bereich der reellen Zahlen, die nichts anderes als die uns vertrauten Dezimalzahlen sind, in eindeutiger Weise. Wer sich für eine ausführliche Darstellung dieser hier nicht beabsichtigten axiomatischen Einführung der reellen Zahlen interessiert, sei auf Endl/Luh [3] oder Heuser [5] verwiesen. Wir geben die Axiome an und leiten beispielhaft einige Folgerungen daraus ab. Andere Folgerungen teilen wir nur mit, um dem Leser ein Gefühl dafür zu vermitteln, wie eine solche axiomatische Einführung der reellen Zahlen erfolgen kann.

Auf der Menge $\mathbb{R}$ ist eine Addition $+$ und eine Multiplikation $\cdot$ erklärt, so daß für $a \in \mathbb{R}$, $b \in \mathbb{R}$ auch $a + b \in \mathbb{R}$ und $a \cdot b \in \mathbb{R}$, wobei mit $c \in \mathbb{R}$ folgende Axiome (A1) bis (A9) als Rechengesetze gelten.

Körperaxiome

(A1) $a + b = b + a$ **Kommutativgesetz**

(A2) $a + (b+c) = (a+b) + c$ **Assoziativgesetz**

(A3) Es gibt ein Element $0 \in \mathbb{R}$, das **Nullelement**, mit $a + 0 = a$ für alle $a \in \mathbb{R}$.

(A4) Zu jedem Element $a \in \mathbb{R}$ gibt es ein Element $(-a) \in \mathbb{R}$ mit $a + (-a) = 0$.

(A5) $a \cdot b = b \cdot a$ **Kommutativgesetz**

(A6) $a \cdot (b \cdot c) = (a \cdot b) \cdot c$ **Assoziativgesetz**

(A7) Es gibt ein vom Nullelement verschiedenes Element $1 \in \mathbb{R}$, das **Einselement**, mit $a \cdot 1 = a$ für alle $a \in \mathbb{R}$.

(A8) Zu jedem Element $a \in \mathbb{R}$ mit $a \neq 0$ gibt es ein Element $a^{-1} \in \mathbb{R}$ mit $a \cdot a^{-1} = 1$.

(A9) $a \cdot (b+c) = a \cdot b + a \cdot c$ **Distributivgesetz**

Durch Folgerungen aus den Axiomen lassen sich weitere Rechenregeln für reelle Zahlen herleiten. Das grundsätzliche formale Vorgehen zeigt Beispiel (6). Die restlichen Resultate (7) bis (9) lassen sich analog gewinnen.

Bemerkungen und Ergänzungen:

(6) Wir zeigen die Anwendung der Axiome bei der Untersuchung der Gleichung

$$a + x = b, \qquad x \in \mathbb{R} \tag{$*$}$$

mit $a, b \in \mathbb{R}$ im Hinblick auf ihre Lösbarkeit.
Nach (A4) existiert $(-a)$ und für $x = b + (-a)$ ist

$$
\begin{aligned}
a + x &= a + \left(b + (-a) \right) & \\
&= a + \left((-a) + b \right) & \text{(A1)} \\
&= \left(a + (-a) \right) + b & \text{(A2)} \\
&= 0 + b & \text{(A4)} \\
&= b + 0 & \text{(A1)} \\
&= b \, . & \text{(A3)}
\end{aligned}
$$

Demnach ist $x = b + (-a)$ eine Lösung von $(*)$. Gibt es weitere Lösungen? Sei $\hat{x}$ eine beliebige Lösung von $(*)$, gelte also $a + \hat{x} = b$. Dann ist

$$\hat{x} = \hat{x} + 0 \tag{A3}$$
$$= \hat{x} + \Big(a + (-a)\Big) \tag{A4}$$
$$= (\hat{x} + a) + (-a) \tag{A2}$$
$$= (a + \hat{x}) + (-a) \tag{A1}$$
$$= b + (-a) \tag{$*$}$$
$$\hat{x} = x\,.$$

Demnach gibt es neben $x = b + (-a)$ keine weiteren Lösungen, und es ist gezeigt:

Die Gleichung
$$a + x = b\,, \qquad x \in \mathbb{R}$$
mit $a, b \in \mathbb{R}$ hat genau eine Lösung, nämlich
$$x = b + (-a)\,.$$

Man schreibt auch $b + (-a) = b - a$. Dies erklärt die **Subtraktion.**

(7)   Analog zu (6) zeigt man:

Die Gleichung
$$a \cdot x = b\,, \qquad x \in \mathbb{R}$$
mit $a, b \in \mathbb{R}$, $a \neq 0$, hat genau eine Lösung, nämlich
$$x = a^{-1} \cdot b\,.$$

Man schreibt auch $a^{-1} \cdot b = \frac{b}{a}$. Dies erklärt die **Division.**

(8)   Es gelten folgende Rechenregeln:
$$(-a) \cdot b = a \cdot (-b) = -(a \cdot b)$$
$$(-a) \cdot (-b) = a \cdot b$$
$$-0 = 0$$
$$a \cdot 0 = 0$$
$$(-1) \cdot a = -a.$$

(9)   Aus $a \cdot b = 0$ folgt $a = 0$ oder $b = 0$ (oder beide 0).
Aus $a + b = a + c$ folgt $b = c$.
Aus $a \cdot b = a \cdot c$ und $a \neq 0$ folgt $b = c$.

(10)   Das Einselement gemäß Körperaxiom (A7) (reelle Zahl) ist auch eine natürliche Zahl. Ist n eine natürliche Zahl, so ist $n + 1$ ebenfalls eine natürliche Zahl. Jede natürliche Zahl ist auch eine relle Zahl.

Neben der Addition und der Multiplikation zweier Elemente ist auf $\mathbb{R}$ eine Ordnungsstruktur gegeben. Es ist eine Beziehung $<$ (verbal: kleiner als) definiert, so daß für $a \in \mathbb{R}$, $b \in \mathbb{R}$, $c \in \mathbb{R}$ folgende Axiome (A10) bis (A13) gelten.

Ordnungsaxiome

(A10)   Es gilt genau eine der drei Beziehungen $a < b$, $a = b$, $b < a$.

(A11)   Aus $a < b$ und $b < c$ folgt $a < c$.

(A12)   Aus $a < b$ folgt $a+c < b+c$ für alle c.

(A13)   Aus $a < b$ und $0 < c$ folgt $a \cdot c < b \cdot c$.

Bequem sind folgende **Bezeichnungen**:

$a > b$ (verbal: a ist größer als b) ist gleichbedeutend mit $b < a$.

$a \leq b$ (verbal: a ist kleiner als b oder gleich b) bedeutet, daß $a < b$ oder $a = b$ ist.

$a \geq b$ (verbal: a ist größer als b oder gleich b) ist gleichbedeutend mit $b \leq a$.

a heißt positiv,   falls $a > 0$,
a heißt negativ,   falls $a < 0$,
a heißt nichtnegativ,   falls $a \geq 0$,
a heißt nichtpositiv,   falls $a \leq 0$.

Bemerkungen und Ergänzungen:

(11)   Gilt $a < b$, so gilt insbesondere auch die schwächere Aussage $a \leq b$, aber nicht umgekehrt.

(12)   Bei $a < b$ spricht man auch von einer **Ungleichung**. In (14) bis (18) stellen wir wichtige Regeln für das Rechnen mit Ungleichungen zusammen. Diese Regeln ergeben sich als Folgerungen aus den Axiomen.

(13)   Zwei Ungleichungen $a < b$ und $b < c$ kann man in der Ungleichungskette $a < b < c$ zusammenfassen.

(14)   Aus $a < b$ folgt

$$a \cdot c < b \cdot c, \quad \text{falls } c > 0,$$
$$a \cdot c > b \cdot c, \quad \text{falls } c < 0.$$

Verbal: Die Ungleichung bleibt erhalten, wenn man beide Seiten mit einer positiven Zahl multipliziert, sie kehrt ihre Richtung um, wenn man beide Seiten mit einer negativen Zahl multipliziert.

Speziell: Aus $a < b$ folgt $-a > -b$,
        aus $b > 0$ folgt $-b < 0$.

(15)   Aus $a < b$ und $c < d$ folgt $a + c < b + d$.

Verbal: Werden sowohl linke als auch rechte Seiten von gleichsinnigen Ungleichungen addiert, so gilt die Ungleichung im gleichen Sinne für die Summen.

(16)   Aus $0 < a < b$ und $0 < c < d$ folgt $a \cdot c < b \cdot d$.

Verbal: Werden sowohl linke als auch rechte Seiten von gleichsinnigen Ungleichungen multipliziert, so gilt die Ungleichung in gleichem Sinne für das Produkt, falls alle Zahlen positiv sind.

(17)   Ist $0 < a < b$, so ist $\frac{1}{a} > \frac{1}{b}$.

(18)   Aus $a \cdot b > 0$ folgt: Entweder gilt $a > 0$ und $b > 0$

oder es gilt $a < 0$ und $b < 0$.

Neben den Körperaxiomen und den bereits angegebenen Ordnungsaxiomen gilt in $\mathbb{R}$ noch das Axiom (A14)

Archimedisches Axiom

(A14)   Zu $x \in \mathbb{R}$, $y \in \mathbb{R}$ mit $0 < x$, $0 < y$ existiert ein $n \in \mathbb{N}$ mit $n \cdot x > y$.

Bemerkungen und Ergänzungen:

(19)   Aus dem archimedischen Axiom folgt: Zu $a \in \mathbb{R}$ existiert ein $n \in \mathbb{N}$ mit $n > a$.

(20)   Zu $\varepsilon \in \mathbb{R}$, $\varepsilon > 0$, existiert ein $n \in \mathbb{N}$ mit $\frac{1}{n} < \varepsilon$. Mit einem solchen n gilt $\frac{1}{m} < \varepsilon$ für **alle** $m \in \mathbb{N}$ mit $m > n$. Diese Aussagen haben beispielsweise wichtige Anwendungen bei der Untersuchung der Konvergenz vom Folgen (vgl. Kapitel 7).

(21)   In der Mathematik bedeutet "existiert ein $n \in \mathbb{N}$ mit ...", daß es **mindestens** ein $n \in \mathbb{N}$ mit ... gibt, oder aber auch mehrere. Falls es nur eines gibt, sagt man, "es existiert genau ein $n \in \mathbb{N}$ mit ..." (Eindeutigkeit). Analog bedeutet "es existiert eine Lösung", daß mindestens eine Lösung existiert. Falls es nur eine Lösung gibt, sagt man "es existiert genau eine Lösung" oder "es existiert eine eindeutige Lösung".

Oft sind zwei Fragen zu beantworten: Die Frage nach der **Existenz** einer Lösung und die Frage nach der **Eindeutigkeit** der Lösung.

(22)   ARCHIMEDES von Syrakus (287-212 v. Chr.) verfaßte grundlegende Arbeiten zur Geometrie und Mechanik, insbesondere zur Statik und Hydrostatik (Archimedisches Prinzip). Daneben sind zahlreiche praktische Erfindungen von ihm bekannt (Flaschenzug).

Ist M eine Menge reeller Zahlen und gilt für jedes Element $a \in M$ die Beziehung $a \leq k$ für ein $k \in \mathbb{R}$, so heißt M **nach oben beschränkt**, und k heißt **obere Schranke** von M. Gibt es neben einem solchen k keine kleinere obere Schranke von M, d.h. kein $\ell \in \mathbb{R}$ mit $\ell < k$, so daß auch $a \leq \ell$ gilt für jedes Element $a \in M$, so heißt k **kleinste obere Schranke** von M oder **Supremum** von M. Mit dieser Bezeichnung läßt sich das Axiom (A15) formulieren.

Vollständigkeitsaxiom

(A15)   Jede nach oben beschränkte Menge reeller Zahlen, die mindestens ein Element enthält, besitzt ein Supremum.

Ist k das Supremum von M, so schreibt man $k = \sup M$. Analog sind für eine Menge M reeller Zahlen die Bezeichnungen **nach unten beschränkt, untere Schranke, größte untere Schranke** definiert. Die größte untere Schranke von M heißt auch **Infimum** von M und wird mit $\inf M$ bezeichnet. Eine Menge reeller Zahlen heißt **beschränkt**, wenn sie nach unten **und** nach oben beschränkt ist.

Beispiele:

(23)   Für $M = \{x : x \in \mathbb{R}, x \leq 2\}$ ist $k = 3$ eine obere Schranke, die kleinste obere Schranke ist jedoch $\sup M = 2$.

(24)   Für $M = \{x : x \in \mathbb{R}, x < 2\}$ ist $\sup M = 2$ wie in (23). Denn zu jeder Zahl $a < 2$ gibt es ein $x \in M$ mit $a < x < 2$, beispielsweise $x = \frac{a+2}{2}$, so daß a nicht obere Schranke von M sein kann.

(25)   Jede Menge reeller Zahlen, die nur endlich viele Elemente enthält, ist beschränkt.

(26)   Es ist $\mathbb{N}$ nach unten beschränkt, nicht jedoch nach oben beschränkt. Es gilt hier $\inf \mathbb{N} = 1$.

Bemerkungen und Ergänzungen:

(27)   Die Körper- und Ordnungsaxiome (A1) bis (A13) können als Rechengesetze aufgefaßt werden, aus denen sich die Regeln für das Rechnen mit reellen Zahlen ableiten lassen. Es sei nochmals darauf hingewiesen, daß sie zusammen mit dem Vollständigkeitsaxiom (A15) und dem archimedischen Axiom (A14) den Bereich der reellen Zahlen in eindeutiger Weise beschreiben.

(28)   Für die rationalen Zahlen gelten die Körperaxiome, die Ordnungsaxiome und das Archimedische Axiom. Ein zu (A15) analoges Vollständigkeitsaxiom, nach dem das Supremum einer Menge rationaler Zahlen stets wieder eine rationale Zahl sein müßte, gilt jedoch nicht. Die Erweiterung von $\mathbb{Q}$ zu $\mathbb{R}$ basiert also maßgeblich auf (A15). So besitzt die Menge der rationalen Zahlen, deren Quadrat kleiner als 2 ist, kein Supremum in $\mathbb{Q}$, obwohl die Menge nach oben beschränkt ist.

(29)   Allgemein heißt eine Menge von Elementen, in der zwei Verknüpfungen zweier Elemente erklärt sind, so daß die Körperaxiome (A1) bis (A9) gelten, ein **Körper**. Ist zusätzlich eine Ordnungsstruktur gegeben, so daß die Ordnungsaxiome (A10) bis (A13) gelten, so spricht man von einem **geordneten Körper**. Für die in Kapitel 5 einzuführenden **komplexen Zahlen** gelten die Körperaxiome, doch läßt sich keine Ordnungsrelation finden, die den Ordnungsaxiomen (A10) bis (A13) genügt. Die komplexen Zahlen bilden demnach einen Körper, jedoch keinen geordneten Körper.

(30)   Wenn auch für eine nach oben beschränkte Menge M reeller Zahlen $\sup M$ stets existiert, so muß es nicht zu M gehören. Es kann wie in (23) $\sup M \in M$ gelten. Daß dies nicht immer gelten muß, zeigt Beispiel (24).

Aufgrund der Assoziativgesetze (A2) und (A6) lassen sich Summen und Produkte von drei reellen Zahlen $a_i \in \mathbb{R}$ für $i = 1, 2, 3$ ohne Klammern schreiben

$$a_1 + a_2 + a_3 = a_1 + (a_2 + a_3) = (a_1 + a_2) + a_3,$$
$$a_1 \cdot a_2 \cdot a_3 = a_1 \cdot (a_2 \cdot a_3) = (a_1 \cdot a_2) \cdot a_3.$$

Rekursiv sind dann für $k = 4, 5, 6, \ldots$ und $a_i \in \mathbb{R}$ für $i = 1, \ldots, k$ die Summe und das Produkt von k reellen Zahlen erklärt

$$a_1 + a_2 + \cdots + a_{k-1} + a_k = (a_1 + a_2 + \cdots + a_{k-1}) + a_k,$$
$$a_1 \cdot a_2 \cdot \cdots \cdot a_{k-1} \cdot a_k = (a_1 \cdot \cdots \cdot a_{k-1}) \cdot a_k.$$

Der Punkt für die Multiplikation wird oft, falls keine Mißverständnisse entstehen, unterdrückt.

Man schreibt für $m, n \in \mathbb{N}$, $m < n$

$$\sum_{i=m}^{n} a_i = a_m + a_{m+1} + \cdots + a_n, \qquad \prod_{i=m}^{n} a_i = a_m \cdot a_{m+1} \cdot \cdots \cdot a_n$$

und für $m = n$

$$\sum_{i=m}^{m} a_i = a_m, \qquad \prod_{i=m}^{m} a_i = a_m.$$

Für $m > n$ treffen wir die Vereinbarung

$$\sum_{i=m}^{n} a_i = 0, \qquad \prod_{i=m}^{n} a_i = 1.$$

Im Sonderfall $a_i = a$ für $i = 1, 2, \ldots, n$ mit $n \in \mathbb{N}$ ist

$$\sum_{i=1}^{n} a_i = \sum_{i=1}^{n} a = n \cdot a,$$

speziell ist für $a = 1$

$$\sum_{i=1}^{n} 1 = n.$$

Für $a_i = a$, $i = 1, \ldots, n$, wird durch

$$\prod_{i=1}^{n} a_i = \prod_{i=1}^{n} a = a^n$$

die n-te Potenz a^n von a definiert. Weiter setzt man

$$a^0 = 1 \qquad \text{für } a \in \mathbb{R},$$

$$a^{-n} = \frac{1}{a^n} \qquad \text{für } a \in \mathbb{R}, a \neq 0, n \in \mathbb{N}.$$

Beispiele:

(31)   Es ist insbesondere $0^0 = 1$.

(32)   Sei $a_i = i$ für $i = 3, 4, \ldots, 7, 8$. Dann ist

$$\sum_{i=3}^{8} a_i = \sum_{i=3}^{8} i = (3 + 4 + 5 + 6 + 7 + 8) = 33,$$

$$\prod_{i=3}^{8} a_i = \prod_{i=3}^{8} i = \quad 3 \cdot 4 \cdot 5 \cdot 6 \cdot 7 \cdot 8 \quad = 20160.$$

Bemerkungen und Ergänzungen:

(33)   Welcher Buchstabe für den Summationsindex (Multiplikationsindex) gewählt wird, ist irrelevant. So ist für $m \leq n$

$$\sum_{i=m}^{n} a_i = \sum_{k=m}^{n} a_k, \qquad \prod_{i=m}^{n} a_i = \prod_{k=m}^{n} a_k.$$

(34)   Bei Indextransformation sind auch die Summationsgrenzen (Multiplikationsgrenzen) zu transformieren. So gilt bei der Transformation $i = k + 1$

$$\sum_{i=1}^{n} a_i = \sum_{k=0}^{n-1} a_{k+1}, \qquad \prod_{i=1}^{n} a_i = \prod_{k=0}^{n-1} a_{k+1}$$

und bei der Transformation $i = k + 2$ für $m \leq n$

$$\sum_{i=m}^{n} a_i = \sum_{k=m-2}^{n-2} a_{k+2}, \qquad \prod_{i=m}^{n} a_i = \prod_{k=m-2}^{n-2} a_{k+2}.$$

(35)   In (34) laufen der alte und neue Summationsindex gleichsinnig. Laufen beide gegensinnig, so sind die Summationsgrenzen (Multiplikationsgrenzen) bei der Transformation zu vertauschen. So ist für $i = n - k$

$$\sum_{i=1}^{n} a_{n-i} = \sum_{k=0}^{n-1} a_k, \qquad \prod_{i=1}^{n} a_{n-i} = \prod_{k=0}^{n-1} a_k.$$

(36)   Seien a_{ik}, b_i, c_k für $i = 1, 2, \ldots, m$ und $k = 1, 2, \ldots, n$ reelle Zahlen. Dann schreibt
man

$$\sum_{i=1}^{m}\sum_{k=1}^{n} a_{ik} = \sum_{i=1}^{m}\left(\sum_{k=1}^{n} a_{ik}\right).$$

Es ist

$$\sum_{i=1}^{m}\sum_{k=1}^{n} a_{ik} = \sum_{k=1}^{n}\sum_{i=1}^{m} a_{ik}\,,$$

$$\left(\sum_{i=1}^{m} b_i\right)\left(\sum_{k=1}^{n} c_k\right) = \sum_{i=1}^{m}\sum_{k=1}^{n} b_i c_k\,.$$

(37)   Für das Rechnen mit Potenzen gelten folgende Regeln. Seien $m, n \in \mathbb{N}$ und $a, b \in \mathbb{R}$.
Dann gilt

$$a^m \cdot a^n = a^{m+n}$$

$$\left(a^m\right)^n = a^{m \cdot n}$$

$$a^m \cdot b^m = \left(a \cdot b\right)^m\,.$$

(38)   Für $m \in \mathbb{N}$ und $a, b \in \mathbb{R}$ mit $0 \le a < b$ ist

$$0 \le a^m < b^m\,.$$

(39)   Eine reelle Zahl x, die einer Gleichung der Form

$$a_0 + a_1 x + \ldots + a_n x^n = 0, \quad a_i \in \mathbb{Z} \text{ für } i = 0, \ldots, n \text{ mit } n \in \mathbb{N}$$

genügt, heißt **algebraische Zahl**. Nicht algebraische reelle Zahlen heißen
transzendent. Jede rationale Zahl ist algebraisch. $\sqrt{2} = 1.41421356\ldots$
ist beispielsweise algebraisch (siehe Kapitel 4), aber nicht rational, es sind
$\pi = 3.14159265\ldots$ (siehe Kapitel 4) und $e = 2.71828182\ldots$ (siehe Kapitel 7)
transzendent.

TESTS

T1.1: Sei $x = 3.5\overline{17}$. Dann gilt

( ) $x = \frac{3517}{999}$

( ) $x = \frac{35 \cdot 99 + 17}{990} = \frac{3482}{990}$

( ) $x = \frac{35 \cdot 99 + 17}{999} = \frac{3482}{999}$.

T1.2: Sei $x = \frac{7}{17}$. Dann gilt

( ) $x = 0.4\overline{1}$

( ) $x = 0.411\overline{764}$

( ) $x = 0.4117647058\overline{8}$

( ) $x = 0.\overline{4117647058823529}$.

T1.3: Seien $a, b \in \mathbb{R}$ mit $a < b$. Dann gilt

( ) $\frac{1}{a} < \frac{1}{b}$

( ) $\frac{1}{a} > \frac{1}{b}$

( ) $\frac{1}{a} > \frac{1}{b}$, falls $a > 0$.

T1.4: Sei M die Menge der reellen Zahlen a_n, $n = 1, 2, \ldots$, mit $a_n = 1 - \frac{1}{n}$. Dann gilt

( ) $r = 2$ ist eine obere Schranke von M.

( ) $s = 1$ ist das Supremum von M.

( )   Das Supremum von M ist Element von M.

( ) $t = 0$ ist das Infimum von M.

( )   Das Infimum von M ist Element von M.

( )   Die Menge M ist beschränkt.

T1.5: Sei $s = \sum_{i=1}^{n} a_i$ mit beliebigem $n \in \mathbb{N}$. Dann gilt

( ) $s = \displaystyle\sum_{k=0}^{n-1} a_{k+1}$

( ) $s = \displaystyle\sum_{k=2}^{n+1} a_{k-2}$

( ) $s = \displaystyle\sum_{k=n}^{1} a_{n+1-k}$

( ) $s = \displaystyle\sum_{k=1}^{n} a_{n+1-k}$.

T1.6: Seien $a_1 = 2$, $a_2 = 5$, $a_3 = -1$, $a_4 = 7$. Dann gilt

( ) $\displaystyle\prod_{i=1}^{2}(a_i + a_{i+2}) = 42$

( ) $\displaystyle\prod_{i=1}^{2}(a_i + a_{i+2}) = 12$

( ) $\displaystyle\prod_{i=1}^{2}(a_i + a_{i+2}) = \prod_{k=0}^{1}(a_{k+1} + a_{k+3})$.

ÜBUNGEN

Ü1.1: a) Wandeln Sie die Dezimalbrüche $0.47\overline{8}$ und $21.4\overline{781}$ in Brüche um.

  b) Wandeln Sie die Brüche $\frac{234}{999}$ und $\frac{17}{11}$ in Dezimalbrüche um.

  c) Zeigen Sie, daß folgende Gleichung richtig ist:
  $0.\overline{4117647058823529} + \frac{179}{102} = 2.1\overline{6}$.

Ü1.2: a) Zeigen Sie unter Verwendung der Körper- und Ordnungsaxiome (A1) bis (A13), daß aus $0 < a < b$ und $0 < c < d$ stets $ac < bd$ folgt.

  b) Folgt schon aus $a < b$ und $c < d$ die Aussage $ac < bd$? Geben Sie vier reelle Zahlen a, b, c, d an mit $a < b$ und $c < d$, so daß $ac > bd$.

Ü1.3: Die Menge M bestehe aus 2 Elementen a und b. Durch

$$a + a = a, \quad a + b = b, \quad b + a = b, \quad b + b = a$$

und

$$a \cdot a = a, \quad a \cdot b = a, \quad b \cdot a = a, \quad b \cdot b = b$$

seien zwei Verknüpfungen auf M gegeben. Zeigen Sie, daß die Menge M mit den so definierten zwei Verknüpfungen einen Körper bildet, indem Sie die Körperaxiome (A1) bis (A9) nachweisen.

Ü1.4: a) Bestimmen Sie

$$s = \sum_{k=1}^{100} k^6 + \sum_{m=2}^{101} [75 - (m-1)^6].$$

  b) Sei $n \in \mathbb{N}$. Welchen Wert (in Abhängigkeit von n) hat

$$t = \sum_{k=n+1}^{2n} \frac{2}{k+2} + \sum_{m=n+3}^{2n+2} \frac{m-2}{m} \ ?$$

c)   Berechnen Sie $\prod_{k=2}^{n}(5-k)$ für $n = 1, 2, \ldots, 6$, und bestimmen Sie damit

$$\sum_{n=1}^{6}\prod_{k=2}^{n}(5-k)\,.$$

d)   Was ergibt sich für $\sum_{k=1}^{100}\prod_{m=1}^{100}(k-m)$?

Ü1.5:   Bestimmen Sie die Werte der folgenden Summen und Produkte

a) $\sum\limits_{\nu=1}^{3}\sum\limits_{\mu=0}^{2}(2\cdot\mu\cdot\nu^2+4\nu)$

b) $\prod\limits_{k=1}^{5}\sum\limits_{j=0}^{k-1}10$

c) $\sum\limits_{k=0}^{4}a_k$ mit $a_k = k^2\sum\limits_{j=1}^{k}\dfrac{1}{j}$ für $k = 0,\ldots,4$

d) $\sum\limits_{\nu=1}^{4}\prod\limits_{\mu=(1-\nu)^2}^{1}(\mu^3\cdot\nu-247\cdot\mu\cdot\nu^2)\,.$

Ü1.6:   Eine natürliche Zahl $n \in \mathbb{N}$ besitzt eine Dezimaldarstellung

$$n = a_0 + a_1\cdot 10 + a_2\cdot 10^2 + \ldots + a_p\cdot 10^p\,,\quad a_p\neq 0$$

mit $a_i \in \{0, 1, \ldots, 9\}$ für $i = 0,\ldots,p$ und $p = 0, 1, 2, \ldots$. Man schreibt n als Dezimalzahl $n = a_p a_{p-1}\ldots a_1 a_0$. Diese Zahl besitzt eine Dualdarstellung

$$n = b_0 + b_1\cdot 2 + b_2\cdot 2^2 + \ldots + b_q\cdot 2^q\,,\quad b_q\neq 0$$

mit $b_i \in \{0, 1\}$ für $i = 0,\ldots,q$, und $q = 0, 1, 2, \ldots$. Man schreibt n als Dualzahl $n = b_q b_{q-1}\ldots b_1 b_0$.

a)   Schreiben Sie die Dezimalzahl $n = 246$ als Dualzahl.

b)   Schreiben Sie die Dualzahl $m = 1001010011$ als Dezimalzahl.

Ü1.7:   a)   Sei M_1 die Menge aller reellen Zahlen a_n, $n = 1, 2, \ldots$, mit $a_n = \left(\frac{n}{n+1}\right)^2$, und sei M_2 die Menge aller reellen Zahlen x mit $-5 \leq x < 1$.

Bestimmen Sie das Supremum und das Infimum der Mengen M_1 und M_2. Geben Sie an, ob das Supremum bzw. Infimum Element der jeweiligen Menge ist.

b)   Begründen Sie mit Hilfe des archimedischen Axioms, daß die Menge der natürlichen Zahlen keine obere Schranke und damit auch kein Supremum besitzt.

Ü1.8:   Für $x \in \mathbb{R}$ (fest) sei M die Menge der reellen Zahlen x^n, $n = 1, 2, \ldots$. Bestimmen Sie, falls existent, sup M bzw. inf M für

a) $0 < x < 1$ und   b) $x > 1$.

Geben Sie im Falle der Existenz an, ob das Supremum bzw. Infimum zu M gehört.

Hinweis: Verwenden Sie folgende Aussage: Ist $0 < x < 1$, so existiert zu jedem $\varepsilon > 0$ ein $n \in \mathbb{N}$ mit $x^n < \varepsilon$. Ist $x > 1$, so existiert zu jedem $\delta > 0$ ein $n \in \mathbb{N}$ mit $x^n > \delta$.

2   Beweismethoden

Zu unterscheiden sind **Definitionen** und **Aussagen**. Während Definitionen nicht zu beweisen sind, bedürfen mathematische Aussagen stets eines Beweises. Unmittelbar interessierende, als richtig erkannte Aussagen, formuliert man in **Sätzen**, mittelbar interessierende Aussagen in **Hilfssätzen** (Lemmata) und Konsequenzen von (bewiesenen) Aussagen in **Korollaren**. Wir betrachten drei Beweisschemata. Ihre Gültigkeit, intuitiv klar, wird (axiomatisch) gefordert.

1. Direkter Beweis

2. Indirekter Beweis oder Widerspruchsbeweis

3. Beweis durch vollständige Induktion oder induktiver Beweis.

Direkter Beweis
Ausgehend von den Voraussetzungen führen schrittweise Folgerungen direkt zur Aussage.

Beispiele:

(1)   Beispiel (6), Kapitel 1, gibt ein Beispiel für einen direkten Beweis.

(2)   Das "Ausrechnen" einer Formel ist ein direkter Beweis. Ein Beispiel gibt der Beweis der

Aussage: Ist n für $n \in \mathbb{N}$ ungerade, so ist auch n^2 ungerade.

Beweis: Eine ungerade Zahl $n \in \mathbb{N}$ hat die Darstellung $n = 2k + 1$ mit $k \in \mathbb{N}$ oder $k = 0$. Für n^2 folgt durch Ausrechnen $n^2 = 4k^2 + 4k + 1 = 2(2k^2 + 2k) + 1$. Also ist n^2 wieder eine ungerade Zahl.

(3)   **Aussage:** Für die Summe der ersten n natürlichen Zahlen gilt

$$1 + 2 + \cdots + n = \frac{n(n+1)}{2}, \quad n \in \mathbb{N}.$$

Beweis:

$$
\begin{array}{rl}
s_n = & 1{+}2 \qquad +\cdots+\ (n{-}1){+}n \\
+\ \ s_n = & n{+}(n{-}1)\ +\cdots+ \qquad 2{+}1 \\
\hline
2s_n = & (n{+}1){+}(n+1)+\cdots+(n+1)+(n+1) = n(n+1) \\
s_n = & \dfrac{n(n+1)}{2} \qquad .
\end{array}
$$

(4)   **Aussage:**   Für $q \in \mathbb{R}$ und $n = 0, 1, 2, \ldots$ gilt

$$\sum_{i=0}^{n} q^i = \begin{cases} \dfrac{1 - q^{n+1}}{1 - q} & \text{für } q \neq 1 \\ n + 1 & \text{für } q = 1. \end{cases}$$

Beweis:

$$s_n = \sum_{i=0}^{n} q^i = 1 + q + q^2 + \ldots + q^n \,. \qquad (*)$$

Für $q = 1$ ist $s_n = n + 1$. Für $q \neq 1$ folgt

$$q s_n = q + q^2 + \ldots + q^n + q^{n+1} \,. \qquad (**)$$

Subtraktion von $(*)$ und $(**)$ ergibt

$$s_n(1 - q) = 1 - q^{n+1} \,,$$

und Division durch $1 - q$ ergibt die Behauptung.

(5)   **Aussage:** Für $n \geq 3$ ist $2n^2 \geq (n+1)^2$.

   Beweis: Für $n \geq 3$ ergibt sich direkt folgende Ungleichungskette

$$2n^2 = n^2 + n^2 \geq n^2 + 3n = n^2 + 2n + n \geq n^2 + 2n + 1 = (n+1)^2 \,.$$

Indirekter Beweis

Zum Beweis der Aussage nimmt man an, daß das logische Gegenteil richtig ist (Gegenannahme), und führt – ausgehend davon – durch Folgerungen einen Widerspruch herbei. Das logische Gegenteil ist daher falsch und die Aussage richtig.

Beispiele:

(6)   Wir beweisen indirekt die

   Aussage: Ist n^2 für $n \in \mathbb{N}$ gerade, so ist auch n gerade.

   Beweis: Wir nehmen das logische Gegenteil der Behauptung an, nämlich daß n ungerade ist. Nach der Aussage in (2) ist dann auch n^2 ungerade im Widerspruch zur Voraussetzung, daß n^2 gerade ist. Also ist die Gegenannahme falsch und damit die Aussage richtig.

(7)   Wir beweisen die bereits in Kapitel 1 erwähnte

   Aussage: Es gibt keine rationale Zahl $x = \frac{m}{n}$ mit $x^2 = 2$.

   Beweis: Wir nehmen an, daß das logische Gegenteil richtig ist, nämlich: Es gibt (mindestens) eine rationale Zahl, d.h. einen Quotienten $\frac{m}{n}$ mit $m \in \mathbb{Z}$ und $n \in \mathbb{N}$, so daß $\left(\frac{m}{n}\right)^2 = 2$ gilt. Ohne Beschränkung der Allgemeinheit (o.B.d.A.) können wir annehmen, daß m und n teilerfremd sind, was stets durch Kürzen erreichbar ist. Dann ist $m^2 = 2n^2$, also m^2 durch 2 teilbar und damit auch m durch 2 teilbar (vgl. Aussage in (6)). Damit ist $m = 2r$ für ein $r \in \mathbb{Z}$, also $m^2 = 4r^2$. Andererseits gilt $m^2 = 2n^2$, so daß $n^2 = 2r^2$ folgt. Dies zeigt, daß n^2 und damit auch n (vgl. Aussage in (6)) durch 2 teilbar sind. Danach haben m und n den gemeinsamen Teiler 2 im Widerspruch zur Voraussetzung, daß m und n teilerfremd sind. Das logische Gegenteil der Aussage ist also falsch und damit die Aussage bewiesen.

(8)   Eine natürliche Zahl p heißt **Primzahl**, falls $p \neq 1$ und p keine Teiler außer 1 und p besitzt. Wir zeigen die

Aussage: Es gibt unendlich viele Primzahlen.

Beweis: Bekanntlich besitzt jede natürliche Zahl größer gleich 2 eine Primzahl als Teiler. Wir machen die Gegenannahme, daß es nur endlich viele Primzahlen, nämlich n Stück gibt. Diese seien $p_1, p_2, \ldots, p_n$. Wir bilden $p = p_1 \cdot p_2 \cdots p_n + 1$. Es ist $p \geq 2$, und damit besitzt (s.o.) p eine Primzahl als Teiler. Es sind aber $p_1, p_2, \ldots, p_n$ keine Teiler von p, so daß es nicht nur diese n Primzahlen geben kann. Widerspruch!

Zum Beweis von Aussagen A(n), die wie die Aussagen in (2) bis (6) von einer natürlichen Zahl n abhängen, kann der Beweis durch vollständige Induktion dienen.

Beweis durch vollständige Induktion

Um die Richtigkeit einer Aussage A(n) für alle natürlichen Zahlen $n \geq n_0$ zu beweisen, geht man in 2 Schritten vor:

Schritt 1:   Man zeigt, daß A(n) richtig ist für $n = n_0$ (Induktionsanfang).

Schritt 2:   Man nimmt an, A(k) sei richtig für eine natürliche Zahl $k \geq n_0$ (Induktionsannahme) und zeigt, daß daraus die Richtigkeit von A($k+1$) folgt (Induktionsschritt).

Dann ist die Aussage A(n) richtig für alle $n \geq n_0$.

Beispiele:

(9)   Wir beweisen die Aussage in (3) durch vollständige Induktion.

Aussage A(n):

$$\sum_{i=1}^{n} i = \frac{n(n+1)}{2} \quad \text{für alle } n \in \mathbb{N}.$$

Beweis:

Schritt 1:   Für $n = n_0 = 1$ ist $\sum_{i=1}^{n} i = 1$ und $\dfrac{n(n+1)}{2} = 1$. Also gilt A(1).

Schritt 2:   Gelte A(k) für ein $k \geq 1$, also

$$\sum_{i=1}^{k} i = \frac{k(k+1)}{2} \qquad (*)$$

Dann ist mit $(*)$

$$\sum_{i=1}^{k+1} i = \sum_{i=1}^{k} i + (k+1) \stackrel{(*)}{=} \frac{k(k+1)}{2} + (k+1) = \frac{(k+1)(k+2)}{2}.$$

Also gilt A($k+1$).

Die Aussage ist demnach richtig für alle $n \in \mathbb{N}$.

(10)   Die Aussagen müssen nicht Gleichungsform haben. Wir beweisen die
Bernoullische Ungleichung:

> Für $n \in \mathbb{N}$, $x \in \mathbb{R}$, $x \geq -1$ gilt $(1+x)^n \geq 1 + nx$.

Beweis:

Schritt 1:   Die Aussage ist offensichtlich richtig für $n = n_0 = 1$.

Schritt 2:   Für ein $k \in \mathbb{N}$ gelte A(k), also $(1+x)^k \geq 1 + kx$. $(*)$

Dann ist

$$(1+x)^{k+1} = (1+x)^k (1+x) \stackrel{(*)}{\geq} (1+kx)(1+x) = 1 + (k+1)x + kx^2 \geq 1 + (k+1)x,$$

also gilt $A(k+1)$. Damit ist die Bernoullische Ungleichung bewiesen.

Bei den Abschätzungen wurde $(1+x) \geq 0$ und $kx^2 \geq 0$ verwendet, ersteres folgt aus der Voraussetzung $x \geq -1$.

(11)   Wir beweisen die

Aussage A(n)$: 2^n > n^2$ für $n \geq 5$.

Beweis:

Schritt 1:   Für $n = n_0 = 5$ ist $2^n = 32$ und $n^2 = 25$, so daß die Aussage richtig ist für $n = n_0 = 5$.

Schritt 2:   Für ein $k \in \mathbb{N}$, $k \geq 5$, gelte A(k), also $2^k > k^2$.
Dann folgt $2^{k+1} > 2k^2$. Nach (5) ist $2k^2 \geq (k+1)^2$, so daß $2^{k+1} > (k+1)^2$, also A($k+1$) gilt.

Die Aussage A(n) ist demnach richtig für alle $n \geq 5$.

Obwohl wir in diesem Buch umgangssprachlichen Formulierungen den Vorzug vor der Benutzung logischer Symbole geben, sei auf übliche Schreibweisen hingewiesen. Sind A und B zwei Aussagen, so bedeute

A $\Rightarrow$ B   (verbal: aus A folgt B), daß aus der Richtigkeit der Aussage A die Richtigkeit der Aussage B folgt.

A ⇔ B   (verbal: A äquivalent B), daß aus der Richtigkeit der Aussage A
die Richtigkeit der Aussage B folgt und aus der Richtigkeit von B
die Richtigkeit von A.

Ist $C(x)$ eine Aussage, die von einer Variablen x abhängt, wobei x in einer Grund-
menge U variiert, so bedeutet

$\exists\, x \in U[C(x)]$ (verbal: es existiert $x \in U$ mit $C(x)$ wahr), daß (mindestens) ein
$x \in U$ existiert, so daß die Aussage $C(x)$ wahr ist.

$\forall\, x \in U[C(x)]$ (verbal: für alle $x \in U$ ist $C(x)$ wahr), daß für alle $x \in U$ die
Aussage $C(x)$ wahr ist.

Beispiele:

(12) $\exists\, x \in \mathbb{Z}\,[x^2 = 4]$, d.h. es gibt (mindestens) eine ganze Zahl, deren Quadrat 4 ist.

(13) $\forall\, n \in \mathbb{N}\,\left[\sum_{i=1}^{n} i = \frac{n(n+1)}{2}\right]$, d.h. für alle natürliche Zahlen n gilt, daß die Summe
der ersten n natürlichen Zahlen $\frac{n(n+1)}{2}$ ist.

Bemerkungen und Ergänzungen:

(14)   Man nennt $\exists$ ("es existiert") und $\forall$ ("für alle") Quantoren.

(15)   Beim direkten Beweis einer Aussage B wird ausgehend von einer (richtigen) Aussage A mit Zwischenbehauptungen $A_1, \ldots, A_k$ die Aussage B gefolgert. Dies stellt
sich dar in der Form $A \Rightarrow A_1 \Rightarrow A_2 \Rightarrow \ldots A_k \Rightarrow B$.

(16)   Sei $\overline{A}$ (bzw. $\overline{B}$) die Aussage, daß A (bzw. B) nicht wahr ist. Dann folgt aus $\overline{B} \Rightarrow \overline{A}$
die Beziehung $A \Rightarrow B$ und umgekehrt. Beim indirekten Beweis von B, ausgehend
von Voraussetzungen A , nimmt man an, daß $\overline{B}$ gilt, und erzeugt einen Widerspruch
zu A, zeigt also $\overline{B} \Rightarrow \overline{A}$.

(17)   Beim Beweis durch vollständige Induktion treten Aussagen $A(n)$ für die Grund-
menge $U = \{n : n \in \mathbb{N} \text{ mit } n \geq n_0\}$ auf.

(18)   Die Bernoullische Ungleichung ist ein wichtiges beweistechnisches Hilfsmittel. In
unserem Beweis in (10) benutzen wir die Voraussetzung $x \geq -1$. Dies ist die
Standardannahme in der Literatur. Mit einem anderen Beweis läßt sich zeigen,
daß die Bernoullische Ungleichung sogar für $x \geq -2$ gilt, worauf ein aufmerksamer
Student hinwies.

(19)   EUKLID von Alexandria schrieb um 300 v. Chr. seine berühmten "Elemente", in
denen er das mathematische Wissen seiner Zeit zusammenfaßte. Das klassische
mathematische Vorgehen – 1. Voraussetzung, 2. Behauptung, 3. Beweis – findet
sich schon bei Euklid.

(20)   Es wird berichtet, daß CARL FRIEDRICH GAUSS den Beweis in (3) mit 7 Jahren
erbrachte. Gauß (1777 – 1855) verfaßte bahnbrechende Arbeiten in der reinen und
der angewandten Mathematik. Er arbeitete auf vielen Gebieten, so in der Theorie
der Reihen, der Funktionentheorie, der Zahlentheorie, der Differentialgeometrie,
der numerischen Mathematik, der Wahrscheinlichkeitsrechnung, der Geodäsie und
der Himmelsmechanik.

(21)   JAKOB BERNOULLI (1654–1705), nach dem die Ungleichung in (10) benannt
ist, stammt wie sein Bruder JOHANN BERNOULLI (1667–1748) aus einer Baseler
Mathematiker-Familie (8 Mathematiker in 3 Generationen). Beide gehören zu den
führenden Mathematikern ihrer Zeit.

TESTS

T2.1: Mit dem direkten Beweis können

( )   nur Gleichungen bewiesen werden

( )   auch Ungleichungen bewiesen werden

( )   auch verbale Aussagen bewiesen werden.

T2.2: Beim indirekten Beweis einer Aussage B

( )   wird durch Folgerungen aus den Voraussetzungen schrittweise die Aussage
gewonnen

( )   wird angenommen, daß das logische Gegenteil von B richtig ist und daraus
ein Widerspruch zu den Voraussetzungen konstruiert

( )   darf die Aussage B nicht von einer natürlichen Zahl n abhängen.

T2.3: Beim Beweis durch vollständige Induktion einer Aussage $A(n)$ für $n \geq n_0$

( )   reicht es, aus der Gültigkeit von $A(k)$ für ein $k \geq n_0$ die Gültigkeit von
$A(k+1)$ zu zeigen

( )   darf n_0 auch eine negative ganze Zahl sein

( )   darf im Induktionsschritt die Gültigkeit von $A(n_0), A(n_0 + 1), \ldots, A(k)$ benutzt werden, um die Gültigkeit von $A(k+1)$ zu zeigen.

T2.4: Sei U die Menge aller natürlichen Zahlen n mit $n \geq 4$. Welche Aussagen
sind richtig?

( ) $\exists \, n \in U \; [n^3 + 2n^2 + n > 100]$

( ) $\forall \, n \in U \; [n^3 + 2n^2 + n > 100]$

( ) $\forall \, n \in U \; [n^3 + 2n^2 + n \geq 100]$

( ) $\exists \, n \in U \; [(n-10)^2 \leq 0]$

ÜBUNGEN

Ü2.1:   Zeigen Sie durch direkten Beweis:

Sind die natürlichen Zahlen m und n beide ungerade, so ist auch das Produkt $m \cdot n$ ungerade.

Ü2.2:   Zeigen Sie durch direkten Beweis: Sind m und n ungerade natürliche Zahlen mit $m \neq n$, so ist $(m - n)^2$ durch 4 teilbar.

Ü2.3:   Zeigen Sie durch indirekten Beweis:

Ist n^4 für $n \in \mathbb{N}$ ungerade, so ist auch n ungerade.

Ü2.4:   Zeigen Sie durch indirekten Beweis:

Gilt $abc \leq 0$ für $a, b, c \in \mathbb{R}$, so gilt $a \leq 0$ oder $b \leq 0$ oder $c \leq 0$.

Ü2.5:   Zeigen Sie durch vollständige Induktion:

$$\sum_{i=1}^{n} i^2 = \frac{1}{6}n(n+1)(2n+1) \quad \text{für alle } n \in \mathbb{N}.$$

Ü2.6:   Zeigen Sie durch vollständige Induktion:

$3^n < 4^{n-1}$ für alle $n \in \mathbb{N}$ mit $n \geq 5$.

3   Mengen und Abbildungen

Wir haben bisher mehrfach mit Zahlenmengen gearbeitet. Den Begriff der Menge haben wir kurz in Kapitel 1 eingeführt. Es ist der "naive Mengenbegriff", der auf GEORG CANTOR (1845-1918), den Begründer der Mengenlehre, zurückgeht.

Definition 3.1 *Eine* **Menge** *M ist eine Zusammenfassung von wohlbestimmten und wohlunterschiedenen Objekten unserer Anschauung oder unseres Denkens zu einem Ganzen. Die Objekte werden* **Elemente** *der Menge genannt.*

Ist x Element der Menge M, so schreibt man

$$x \in M\,,$$

ist x kein Element der Menge M, so schreibt man

$$x \notin M\,.$$

Die Beschreibung der Menge M kann durch Aufzählung ihrer Elemente, die man in geschweifte Klammern (Mengenklammern) schreibt, erfolgen: $M = \{x, y, z, \dots\}$. M ist die Menge, die aus den Elementen $x, y, z, \dots$ besteht. Bei der Aufzählung der Elemente ist die Reihenfolge ohne Belang. Jedes Element wird nur einmal notiert. Eine andere Darstellung der Menge M kann durch Angabe einer charakterisierenden Eigenschaft der Elemente geschehen. Man schreibt dann $M = \{x : x$ hat Eigenschaft $E\}$. M ist die Menge aller Elemente x, die die Eigenschaft E besitzen. Statt x kann auch ein anderer Buchstabe verwendet werden, etwa $M = \{y : y$ hat Eigenschaft $E\}$.

Beispiele:

(1) $\mathbb{N} = \{1, 2, 3, \dots\} = \{n : n$ ist natürliche Zahl$\}$, Menge der natürlichen Zahlen.

$\mathbb{N}_0 = \{0, 1, 2, \dots\} = \{n : n$ ist natürliche Zahl, oder es ist $n = 0\}$.

$\mathbb{Z} = \{\dots, -2, -1, 0, 1, 2, \dots\} = \{n : n$ ist ganze Zahl$\}$, Menge der ganzen Zahlen.

$\mathbb{Q} = \{x : x$ ist rationale Zahl$\}$, Menge der rationalen Zahlen.

$\mathbb{R} = \{x : x$ ist reelle Zahl$\}$, Menge der reellen Zahlen.

$M = \{n : n = 2m\,, m \in \mathbb{N}\}$, Menge der geraden natürlichen Zahlen.

Wichtige Mengen reeller Zahlen sind die **Intervalle**. Für $a, b \in \mathbb{R}$ benutzen wir folgende Schreibweise

$$\begin{aligned}
[a, b] &= \{x : x \in \mathbb{R}, a \le x \le b\} && \text{für } a \le b \\
(a, b) &= \{x : x \in \mathbb{R}, a < x < b\} && \text{für } a < b \\
[a, b) &= \{x : x \in \mathbb{R}, a \le x < b\} && \text{für } a < b \\
(a, b] &= \{x : x \in \mathbb{R}, a < x \le b\} && \text{für } a < b \\
[a, \infty) &= \{x : x \in \mathbb{R}, x \ge a\} \\
(a, \infty) &= \{x : x \in \mathbb{R}, x > a\} \\
(-\infty, b] &= \{x : x \in \mathbb{R}, x \le b\} \\
(-\infty, b) &= \{x : x \in \mathbb{R}, x < b\} \\
(-\infty, \infty) &= \{x : x \in \mathbb{R}\} = \mathbb{R}.
\end{aligned}$$

Es heißen $[a, b]$ abgeschlossenes Intervall, (a, b) offenes Intervall, $[a, b)$ bzw. $(a, b]$ halboffenes Intervall. Dies sind beschränkte Intervalle, während die restlichen aufgeführten Intervalle unbeschränkte Intervalle sind. Es sind a, b jeweils Randpunkte des Intervalls, sie gehören je nach Typ zum Intervall oder nicht.

Definition 3.2 *A und B seien zwei Mengen*

(i)   *A und B heißen* **gleich**, $A = B$, *wenn sie aus denselben Elementen bestehen. Andernfalls heißen A und B* **ungleich**, $A \ne B$.

(ii) *A heißt* **Teilmenge** *von B*, $A \subset B$, *wenn für jedes Element $x \in A$ auch $x \in B$ gilt.*

(iii) *Die* **leere Menge** $\emptyset$ *ist die Menge, die kein Element enthält.*

Verknüpfungen zweier Mengen sind gegeben in

Definition 3.3 *A und B seien zwei Mengen. Dann heißt*

(i) $A \cup B = \{x : x \in A \text{ oder } x \in B\}$ **Vereinigung** *von A und B*

(ii) $A \cap B = \{x : x \in A \text{ und } x \in B\}$ **Durchschnitt** *von A und B*

(iii) $A \backslash B = \{x : x \in A \text{ und } x \notin B\}$ **Differenz** *von A und B*.

Bemerkungen und Ergänzungen:

(2) $A \subset A$ und $\emptyset \subset A$ für jede Menge A.

(3)   Gilt $A \subset B$, aber $A \ne B$, so heißt A auch echte Teilmenge von B. Ist A nicht Teilmenge von B, schreibt man $A \not\subset B$.

(4) $\mathbb{N} \subset \mathbb{N}_0 \subset \mathbb{Z} \subset \mathbb{Q} \subset \mathbb{R}$.

(5)   Aus $A \subset B$ und $B \subset A$ folgt $A = B$.
      Dies gibt eine wichtige Methode zum Beweis der Gleichheit zweier Mengen. Man zeigt, daß für **beliebiges** $x \in A$ auch $x \in B$ gilt **und** daß für **beliebiges** $y \in B$ auch $y \in A$ gilt. Ein Beispiel dieser Technik geben wir in (9).

(6)   Die Verknüfungen zweier Mengen durch $\cup$ bzw. $\cap$ bzw. $\setminus$ führen wieder zu Mengen. Damit dies uneingeschränkt gilt, wurde die leere Menge in Definition 3.2 eingeführt. Denn $A \cap B$ mit nichtleeren Mengen A und B kann durchaus kein Element enthalten.

(7)   Teilmengenbildung und Verknüpfungen lassen sich in Diagrammen veranschaulichen:

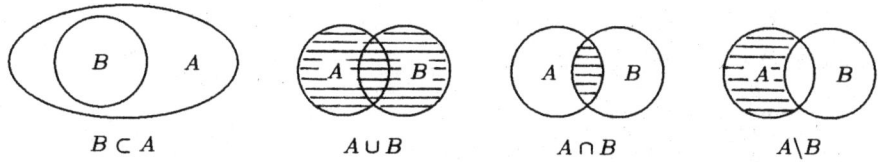

$$B \subset A \qquad\qquad A \cup B \qquad\qquad A \cap B \qquad\qquad A \setminus B$$

Beispiele:

(8)   Seien $A = \{3, 7, 12\}$, $B = \{4, 7, 20, 40\}$, $C = \{4\}$. Dann ist

$A \cup B = \{3, 4, 7, 12, 20, 40\}$, $A \cap B = \{7\}$, $A \setminus B = \{3, 12\}$, $B \setminus A = \{4, 20, 40\}$
$A \cup C = \{3, 4, 7, 12\}$, $A \cap C = \emptyset$
$B \cup C = \{4, 7, 20, 40\} = B$, $B \cap C = \{4\}$, $C \subset B$, $C \setminus B = \emptyset$.

(9)   Wir verwenden die in (5) erklärte Beweistechnik und zeigen

$$(A \cap C) \setminus B = (A \setminus B) \cap (C \setminus B)$$

für beliebige Mengen A, B, C. Der Beweis verläuft in zwei Schritten. In Schritt 1 zeigen wir, daß für **beliebiges** $x \in (A \cap C) \setminus B$ auch $x \in (A \setminus B) \cap (C \setminus B)$ gilt. Demnach ist

$$(A \cap C) \setminus B \subset (A \setminus B) \cap (C \setminus B).$$

In Schritt 2 zeigen wir, daß für **beliebiges** $y \in (A \setminus B) \cap (C \setminus B)$ auch $y \in (A \cap C) \setminus B$ gilt. Demnach ist

$$(A \setminus B) \cap (C \setminus B) \subset (A \cap C) \setminus B.$$

Gemäß (5) ergibt sich dann die Behauptung.

Zu Schritt 1: Aus $x \in (A \cap C) \setminus B$ folgt (i) $x \in A$, (ii) $x \in C$ und (iii) $x \notin B$. Aus (i) und (iii) folgt $x \in A \setminus B$, aus (ii) und (iii) folgt $x \in C \setminus B$. Demnach gilt $x \in (A \setminus B) \cap (C \setminus B)$.

Zu Schritt 2: Aus $y \in (A \setminus B) \cap (C \setminus B)$ folgt (i) $y \in A$, (ii) $y \notin B$ und (iii) $y \in C$ (sowie (iv) $y \notin B$). Aus (i) und (iii) folgt $y \in A \cap C$ und aus (ii) folgt $y \notin B$. Demnach gilt $y \in (A \cap C) \setminus B$.

(10) Mit der Beweistechnik aus (5) zeigt man für drei Mengen A, B, C:

$A \cup B = B \cup A$, $A \cap B = B \cap A$ Kommutativität

$A \cup (B \cup C) = (A \cup B) \cup C$, $A \cap (B \cap C) = (A \cap B) \cap C$ Assoziativität

$A \cap (B \cup C) = (A \cap B) \cup (A \cap C)$,
$A \cup (B \cap C) = (A \cup B) \cap (A \cup C)$ Distributivität

Speziell ist $A \cup A = A$, $A \cap A = A$, $A \cap (A \cup B) = A$, $A \cup (A \cap B) = A$, $A \cup \emptyset = A$, $A \cap \emptyset = \emptyset$.

Definition 3.4

(i)   *Zwei Mengen A und B heißen* **disjunkt** *(fremd), falls $A \cap B = \emptyset$.*

(ii) *Für die Mengen A und Ω gelte $A \subset \Omega$. Dann heißt die Menge $\overline{A}$ mit $\overline{A} = \Omega \backslash A$ das* **Komplement** *von A bzgl. Ω.*

(iii) *Seien $A_1, A_2, A_3, \ldots$ Mengen. Dann ist*

$$\bigcup_{n=1}^{\infty} A_n = A_1 \cup A_2 \cup A_3 \cup \ldots$$

die Menge der Elemente, die in mindestens einem der A_n, $n \in \mathbb{N}$, liegen, und

$$\bigcap_{n=1}^{\infty} A_n = A_1 \cap A_2 \cap A_3 \cap \ldots$$

ist die Menge der Elemente, die in allen A_n, $n \in \mathbb{N}$, liegen. Analog sind für $N \geq 3$ auch die Vereinigung $\bigcup_{n=1}^{N} A_n = A_1 \cup A_2 \cup \ldots \cup A_N$ und der Durchschnitt $\bigcap_{n=1}^{N} A_n = A_1 \cap A_2 \cap \ldots \cap A_N$ erklärt.

Beispiele:

(11) Die Menge $A = \{n : n = 2k, \, k \in \mathbb{N}\}$ (gerade natürliche Zahlen) und die Menge $B = \{m : m = 2k-1, \, k \in \mathbb{N}\}$ (ungerade natürliche Zahlen) sind disjunkt. Es gilt $A \subset \Omega$ und $B \subset \Omega$ für $\Omega = \mathbb{N}$. Für die Komplemente bzgl. Ω gilt $\overline{A} = B$ und $\overline{B} = A$.

(12) Für $A \subset \Omega$ und $B \subset \Omega$ gelten die **de Morganschen Regeln** (nach AUGUSTUS DE MORGAN (1806–1871))

$$\overline{A \cup B} = \overline{A} \cap \overline{B} \quad \text{und} \quad \overline{A \cap B} = \overline{A} \cup \overline{B}.$$

(13) Für $n \in \mathbb{N}$ sei $A_n = \{n\}$. Dann gilt $\bigcup_{n=1}^{\infty} A_n = \mathbb{N}$ und $\bigcap_{n=1}^{\infty} A_n = \emptyset$.

(14) Für $n \in \mathbb{N}$ sei $A_n = \{1, 2, \ldots, n\}$. Dann ist $\bigcap_{n=1}^{\infty} A_n = \{1\}$ und $\bigcup_{n=1}^{\infty} A_n = \mathbb{N}$.

(15) Seien $A_n = [1 - \frac{1}{n}, 1]$ und $B_n = [\frac{1}{n}, 1]$ für $n \in \mathbb{N}$. Dann ist

$$\bigcup_{n=1}^{4} A_n = [0, 1], \quad \bigcup_{n=1}^{\infty} A_n = [0, 1], \quad \bigcap_{n=1}^{4} A_n = [\tfrac{3}{4}, 1], \quad \bigcap_{n=1}^{\infty} A_n = \{1\}.$$

$$\bigcup_{n=1}^{4} B_n = [\tfrac{1}{4}, 1], \quad \bigcup_{n=1}^{\infty} B_n = (0, 1], \quad \bigcap_{n=1}^{4} B_n = \{1\}, \quad \bigcap_{n=1}^{\infty} B_n = \{1\}.$$

Definition 3.5 *A und B seien zwei Mengen.*

$$A \times B = \{(x,y) : x \in A \ und \ y \in B\}$$

heißt **kartesisches Produkt** *von A und B .*

Bemerkungen und Ergänzungen:

(16)   Es ist (x,y) ein **geordnetes Paar**, bei dem es auf die Reihenfolge von x und y ankommt.

(17)   Es ist $(x,y) = (x',y')$ falls $x = x'$ **und** $y = y'$. Demnach ist $(1,2) \neq (2,1)$ (geordnete Paare), aber es ist $\{1,2\} = \{2,1\}$ (Mengen).

(18)   Statt $A \times A$ schreibt man auch A^2. So ist $\mathbb{R}^2$ die Menge $\mathbb{R} \times \mathbb{R}$ der geordneten Paare reeller Zahlen.

(19)   Seien $A = [2,4]$ und $B = [1,2]$. Die Menge $A \times B \subset \mathbb{R}^2$ läßt sich als Punktmenge in der Ebene mit Hilfe eines rechtwinkligen Koordinatensystems mit x–Achse (Abszisse) und y–Achse (Ordinate) veranschaulichen.

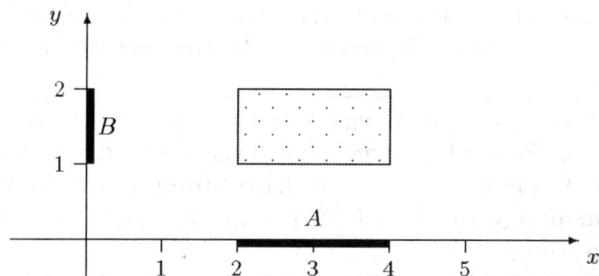

(20)   Analog ist das kartesische Produkt der Mengen $A_1, A_2, \ldots, A_n$ definiert durch

$$A_1 \times A_2 \times \ldots \times A_n = \{(x_1, x_2, \ldots, x_n) : x_i \in A_i \ \text{für} \ i = 1, \ldots, n\}.$$

Es ist die Menge aller n–**Tupel** $(x_1, \ldots, x_n)$ mit $x_1 \in A_1, \ldots, x_n \in A_n$.

Definition 3.6 *A und B seien zwei Mengen. Eine Teilmenge R von $A \times B$ heißt eine* **Relation** *(zwischen den Elementen) der Menge A und (den Elementen) der Menge B. Ist $A = B$, so heißt R Relation auf A.*

Beispiel:

(21)   Seien
$A = \{2,3,4,5,6\}$, $B = \{-1,0,1,2,3\}$ und $R = \{(x,y) : x \in A, \ y \in B, \ y < x\}$.
Veranschaulichung von R:

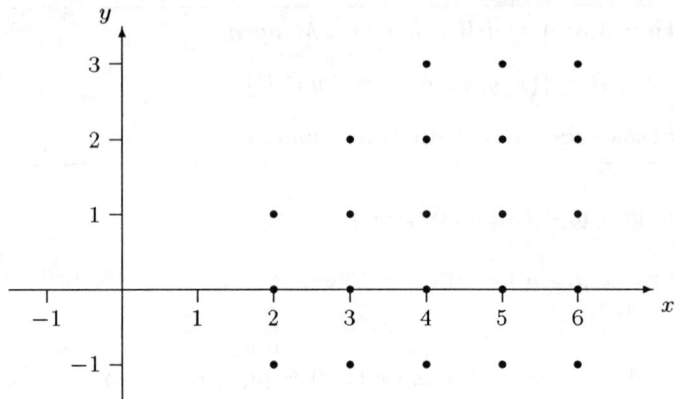

Es ist $(5,2) \in R$, aber $(2,5) \notin R$. Es gilt $(4,1) \in R$ und $(4,2) \in R$.

Beispiel (21) zeigt: Es ist möglich, daß $(x,y) \in R$ und $(x,y') \in R$ mit $y \neq y'$. Folgt hingegen aus $(x,y) \in R$ **und** $(x,y') \in R$ stets $y = y'$, so heißt die Relation R eine **Abbildung**. Eine Abbildung enthält also keine zwei verschiedenen Paare mit identischem ersten Element. Wir bevorzugen im folgenden eine äquivalente Definition der Abbildung, die besser der Anschauung Rechnung trägt.

Definition 3.7 *Es seien X und Y zwei nichtleere Mengen. Eine Vorschrift f, die jedem Element x einer Teilmenge $D(f) \subset X$ genau ein Element $y = f(x) \in Y$ zuordnet, heißt eine* **Abbildung aus** X **in** Y. *Es heißt $D(f)$* **Definitionsmenge** *von f und $B(f) = \{y : y = f(x)$ für ein $x \in D(f)\}$ heißt* **Bildmenge** *von f.*

Jedem $x \in D(f)$ ordnet die Abbildung f genau ein $y = f(x)$ zu. Es heißt y das **Bild** von x bezüglich f.

Veranschaulichung:

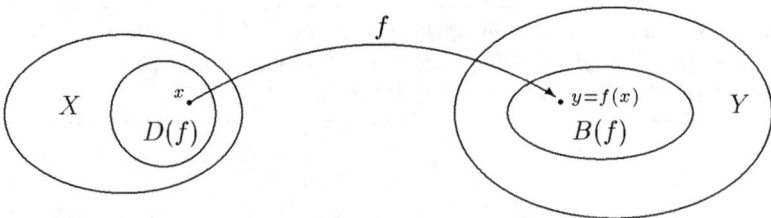

Ist $y \in B(f)$ mit $y = f(x)$ und $x \in D(f)$, so heißt x **Urbild** von y bezüglich f. Zu einem $y \in B(f)$ können mehrere Urbilder gehören.

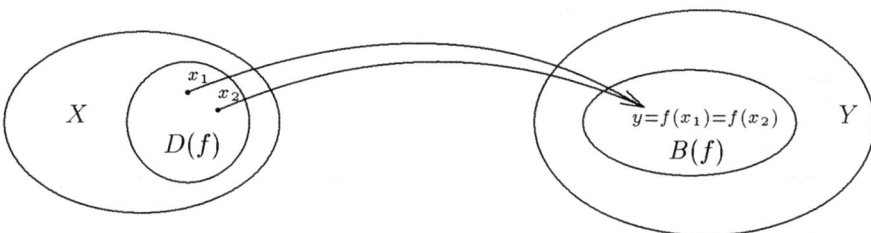

Zur Festlegung von f schreibt man $f : X \to Y$ und gibt $D(f)$ und die Abbildungs-
vorschrift $f(x)$ an. Üblich ist auch die Schreibweise $x \mapsto f(x)$, $x \in D(f)$. Statt
Abbildung sagt man auch **Funktion**. Ist $X = \mathbb{R}$ und $Y = \mathbb{R}$, so heißt f eine **reelle
Funktion** (einer reellen Veränderlichen).

Bemerkungen und Ergänzungen:

(22)   Zur Definition von f gehört stets die Angabe von $D(f)$. Zwei Abbildungen f und g
heißen gleich, $f = g$, falls $D(f) = D(g)$ **und** $f(x) = g(x)$ für alle $x \in D(f) = D(g)$.
So sind die Abbildungen $f : \mathbb{R} \to \mathbb{R}$ mit $D(f) = [0,1]$ und $f(x) = x+1$, sowie
$g : \mathbb{R} \to \mathbb{R}$ mit $D(g) = \mathbb{R}$ und $g(x) = x+1$ zwei verschiedene Abbildungen.

(23)   Bei der hier gegebenen Definition einer Abbildung $f : X \to Y$ muß f **nicht** auf der
ganzen Menge X erklärt sein. Die Definitionsmenge $D(f)$ kann eine echte Teilmenge
von X sein. In anderen Darstellungen wird die Schreibweise $f : X \to Y$ so benutzt,
daß stets $D(f) = X$ gilt. Wir folgen dieser Festlegung nicht.

Für eine Abbildung f heißt die Menge

$$\{(x,y) : y = f(x)\,,\ x \in D(f)\}$$

der **Graph** von f. Der Graph von f ist eine Teilmenge des kartesischen Produktes
$X \times Y$. Ist $f : \mathbb{R} \to \mathbb{R}$, so läßt sich der Graph als Punktmenge in der Ebene mit
Hilfe eines rechtwinkligen Koordinatensystems veranschaulichen.

Beispiele:

(24)   Für $f : \mathbb{R} \to \mathbb{R}$ mit $D(f) = [-1,1]$ und $f(x) = x^2$ hat der Graph die anschauliche
Darstellung

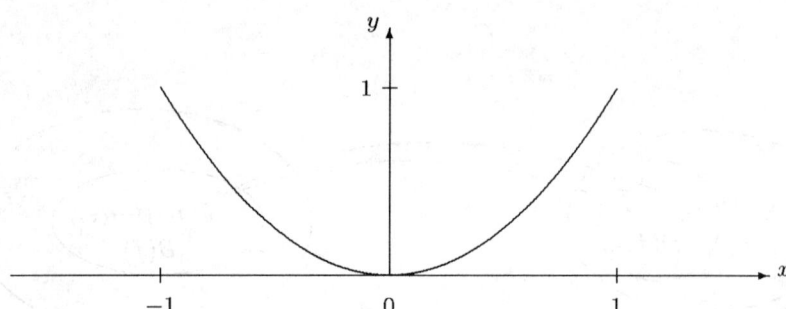

(25) Sei $f : \mathbb{R} \to \mathbb{R}$ mit $D(f) = \{1, 2, 3\}$ und $f(x) = x^2$. Dann ist $\{(1, 1), (2, 4), (3, 9)\}$ der Graph von f.

Definition 3.8 *Eine Abbildung* $f : X \to Y$ *heißt* **eineindeutig**, *falls für* $x_1, x_2 \in D(f)$ *mit* $x_1 \neq x_2$ *folgt* $f(x_1) \neq f(x_2)$.

Bei eineindeutigem f besitzen verschiedene Elemente aus $D(f)$ auch verschiedene Bilder. Aus $f(x_1) = f(x_2)$ folgt stets $x_1 = x_2$.

Beispiele:

(26) $f : \mathbb{R} \to \mathbb{R}$ mit $D(f) = \mathbb{R}$ und $f(x) = x$ (identische Abbildung) ist eineindeutig.

(27) $f : \mathbb{R} \to \mathbb{R}$ mit $D(f) = \mathbb{R}$ und $f(x) = x^3$ ist eineindeutig.

(28) $f : \mathbb{R} \to \mathbb{R}$ mit $D(f) = \mathbb{R}$ und $f(x) = 1$ (konstante Abbildung) ist nicht eineindeutig.

(29) $f : \mathbb{R} \to \mathbb{R}$ mit $D(f) = \mathbb{R}$ und $f(x) = x^2$ ist nicht eineindeutig.

Statt eineindeutig sagt man auch **injektiv**. Eine Abbildung $f : X \to Y$ mit $B(f) = Y$ heißt **surjektiv**. Eine Abbildung, die injektiv und surjektiv ist, heißt **bijektiv**.

Bei eineindeutigem f gibt es zu jedem $y \in B(f)$ genau ein $x \in D(f)$ mit $y = f(x)$. Dies erlaubt, eine Umkehrabbildung zu definieren.

Definition 3.9 *Die Abbildung* $f : X \to Y$ *sei eineindeutig. Die Abbildung* $f^{-1} : Y \to X$ *mit* $D(f^{-1}) = B(f)$ *und*

$$f^{-1}(y) = x, \qquad \text{falls } y = f(x)$$

heißt **Umkehrabbildung** *von* f.

---

f^{-1} heißt auch **Umkehrfunktion**. Es ist $B(f^{-1}) = D(f)$.

Veranschaulichung:

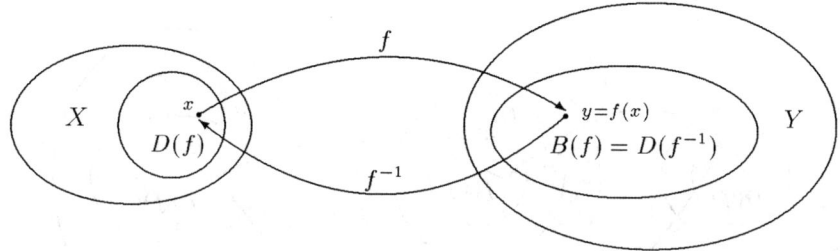

Bei der Umkehrfunktion vertauscht man gerne die Symbole x und y, schreibt also $y = f^{-1}(x)$ für $x \in D(f^{-1})$. Bei der Darstellung der reellen Funktionen f und f^{-1} in einem kartesischen Koordinatensystem entsteht dann die "Kurve" $y = f^{-1}(x)$, $x \in D(f^{-1})$, durch Spiegelung der "Kurve" $y = f(x)$, $x \in D(f)$, an der Winkelhalbierenden des ersten und dritten Quadranten.

Beispiele:

(30)   Sei $f : \mathbb{R} \to \mathbb{R}$ mit $D(f) = \mathbb{R}$ und $f(x) = x + 1$. Dann ist $f^{-1} : \mathbb{R} \to \mathbb{R}$ mit $D(f^{-1}) = \mathbb{R}$ und $f^{-1}(y) = y - 1$.

(31)   Sei $f : \mathbb{R} \to \mathbb{R}$ mit $D(f) = [0, 2]$ und $f(x) = x^2$. Darstellung von f und f^{-1}:

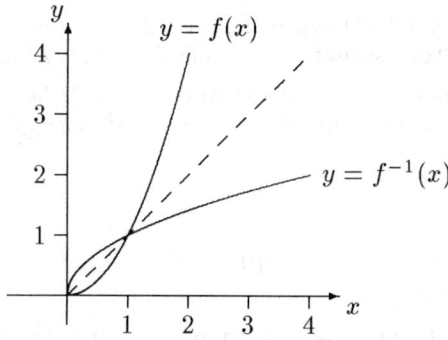

Definition 3.10 *Seien $f : X \to Y$ und $g : Y \to Z$ Abbildungen mit $B(f) \subset D(g)$. Die Abbildung*

$$g \circ f : X \to Z$$

mit $D(g \circ f) = D(f)$ und $(g \circ f)(x) = g\big(f(x)\big)$ heißt **Hintereinanderschaltung** *von f und g.*

Veranschaulichung der Hintereinanderschaltung:

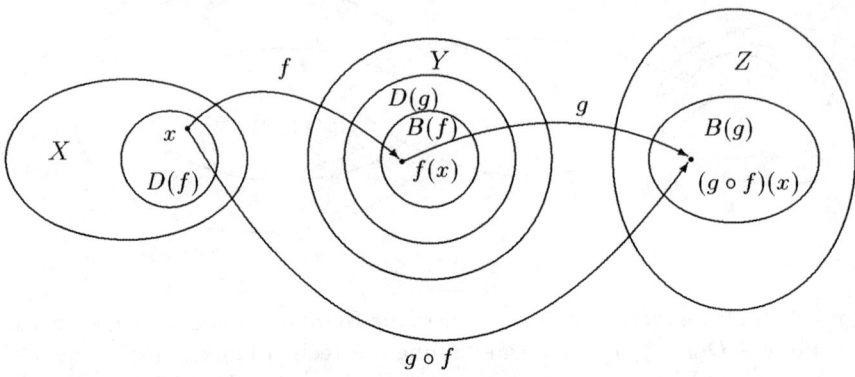

Sei f eineindeutig. Dann gilt

$$(f^{-1} \circ f)(x) = x \qquad \text{für } x \in D(f)$$
$$(f \circ f^{-1})(x) = x \qquad \text{für } x \in D(f^{-1}) = B(f)$$
$$\left(f^{-1}\right)^{-1}(x) = f(x) \qquad \text{für } x \in D(f).$$

Beispiele:

(32)   Seien $f : \mathbb{R} \to \mathbb{R}$ mit $D(f) = \mathbb{R}$ und $f(x) = 2x + 1$, sowie $g : \mathbb{R} \to \mathbb{R}$ mit $D(g) = \mathbb{R}$ und $g(x) = x^2$. Dann ist $g \circ f : \mathbb{R} \to \mathbb{R}$ mit $D(g \circ f) = \mathbb{R}$ und $(g \circ f)(x) = (2x+1)^2$.

(33)   Bei der Hintereinanderschaltung kommt es auf die Reihenfolge an. So ist mit f und g nach (32) beispielsweise $(g \circ f)(x) = (2x + 1)^2$, aber $(f \circ g)(x) = 2x^2 + 1$.

TESTS

T3.1: Gegeben seien die Mengen $A = \{1, 2, 3, 4\}$, $B = \{1, 3, 5\}$, $C = \{2, 3, 4\}$. Sei $D = (A \cap C) \backslash B$. Welche der folgenden Aussagen sind richtig?

( ) $2 \in D$

( ) $\{2, 4\} \subset D$

( ) $D \cap B = \emptyset$

( ) $D \cup C = A$

T3.2: Es gilt

( ) $\mathbb{N}_0 \backslash \mathbb{N} = \{0\}$

( ) $\mathbb{N}_0 \subset \mathbb{Z}$

( ) $\mathbb{N} \backslash \mathbb{Z} = \emptyset$

( ) $\mathbb{Z} \backslash \mathbb{N}_0 = \emptyset$.

T3.3: Seien $A_n = [-\frac{1}{n}, \frac{1}{n}]$, $n \in \mathbb{N}$. Dann ist

( ) $\displaystyle\bigcup_{n=1}^{\infty} A_n = [-1, 1]$

( ) $\displaystyle\bigcap_{n=1}^{\infty} A_n = \emptyset$

( ) $\displaystyle\bigcap_{n=1}^{\infty} A_n = \{0\}$

( ) $A_m \subset A_n$ für $m > n$.

T3.4: Die folgenden drei Graphen stellen Relationen auf $\mathbb{R}$ dar. Welche der Relationen sind Abbildungen?

( )   ( )   ( )

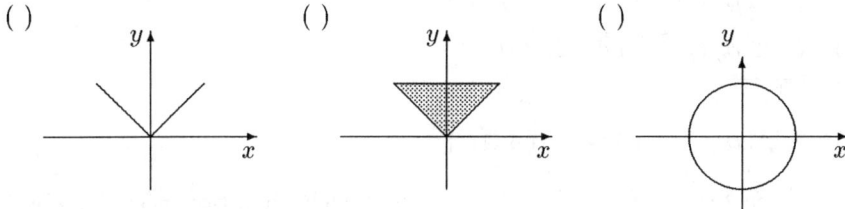

T3.5: Sei $f : \mathbb{R} \to \mathbb{R}$ mit $D(f) = [-1, 1]$ eine Abbildung. Dann gilt:

( )   Es kann sein $f(x_1) = f(x_2)$ für $x_1 \neq x_2$.

( )   Ist f eineindeutig, so muß aus $f(x_1) = f(x_2)$ nicht folgen $x_1 = x_2$.

( )   Bei eineindeutigem f hat die Umkehrfunktion f^{-1} wieder die Definitionsmenge $D(f)$.

( )   Der Graph von f ist eine Menge geordneter Paare im $\mathbb{R}^2$.

T3.6: Sei $f : X \to Y$ mit der Definitionsmenge $D(f)$. Dann gilt:

( ) Zu jedem $y \in Y$ existiert ein $x \in X$ mit $y = f(x)$.

( ) Ist $B(f) = Y$ (f surjektiv), so existiert zu jedem $y \in Y$ ein $x \in D(f)$ mit $y = f(x)$.

( ) Für $g : Y \to Z$ mit $B(g) \subset D(f)$ ist die Abbildung $g \circ f$ definiert.

( ) Für $g : Y \to Z$ mit $B(f) \subset D(g)$ sind stets sowohl $g \circ f$ als auch $f \circ g$ definiert.

ÜBUNGEN

Ü3.1: a) Beweisen Sie $\overline{A \cup \overline{B}} \subset B$ für beliebige Mengen $A, B \subset \Omega$.

   b) Zeigen Sie $(A \backslash B) \cap (C \backslash D) = (A \cap C) \backslash (B \cup D)$ für beliebige Mengen A, B, C, D.

Ü3.2: Seien A, B, C beliebige Teilmengen der Menge Ω. Welche der folgenden Aussagen sind richtig? Beweisen Sie die richtigen Aussagen, und geben Sie für die falschen Aussagen Gegenbeispiele an.

   a) $\overline{(A \cup B)} \cup C = \overline{(A \backslash C)} \cap \overline{(B \backslash C)}$

   b) $(A \cup B) \cap \overline{C} = \overline{(A \cap B)} \cup C$

   c) $\overline{(A \cap B)} \cap (B \backslash C) = (B \backslash C) \backslash A$

   d) $A \cup (B \backslash C) = (A \cup B) \backslash (A \cup C)$

Ü3.3: Skizzieren Sie die folgenden Relationen. Welche Relationen sind Abbildungen?

   a) $R = \{(x, y) : x \in \mathbb{N}, y \in \mathbb{N}, 2y \leq x+1\}$

   b) $R = \{(x, y) : x \in \mathbb{R}, y \in \mathbb{R}, x - y^2 = 0\}$

   c) $R = \{(x, y) : x \in \mathbb{Z}, y = -2\}$

Ü3.4: Seien $A = \{1, 2, 3\}$ und $B = \{4, 5, 6\}$. Für jedes feste $x \in A$ und jedes feste $y \in B$ ist $R = \{(2, 5), (x, 4), (3, y)\}$ eine Relation. Geben Sie ein $x \in A$ und ein $y \in B$ an, so daß R

   a) keine Abbildung ist

   b) eine Abbildung ist, aber keine eineindeutige Abbildung

   c) eine eineindeutige Abbildung ist.

Ü3.5:   Sei $f : \mathbb{R} \to \mathbb{R}$ eine Abbildung mit $D(f) = \{x : x \in \mathbb{R}, x \geq -1\}$ und

$$f(x) = \begin{cases} x & \text{für } -1 \leq x < 0 \\ x + 1 & \text{für } 0 \leq x < 1 \\ \frac{1}{2}x + \frac{3}{2} & \text{für } 1 \leq x . \end{cases}$$

a)   Skizzieren Sie den Graphen von f.

b)   Bestimmen Sie $B(f)$.

c)   Es ist f eineindeutig (Beweis hier nicht verlangt). Geben Sie für die Umkehrfunktion f^{-1} die Abbildungsvorschrift $f^{-1}(y)$, sowie $D(f^{-1})$ und $B(f^{-1})$ an.

Ü3.6:   Gegeben seien die Abbildungen $f : \mathbb{R} \to \mathbb{R}$ mit $D(f) = \{x : x \in \mathbb{R}, -2 \leq x \leq 2\}$ und $f(x) = x^3$, sowie $g : \mathbb{R} \to \mathbb{R}$ mit $D(g) = \mathbb{R}$ und $g(x) = 5x - 2$.

a)   Bestimmen Sie $B(f)$ und $B(g)$.

b)   Ist g eine Abbildung von $\mathbb{R}$ auf $\mathbb{R}$ (surjektiv)?

c)   Ist f eine eineindeutige Abbildung?

d)   Bestimmen Sie, falls möglich, die Abbildungsvorschriften von $f \circ g$ und $g \circ f$.

4   Spezielle reelle Funktionen

Den Begriff der Abbildung oder Funktion haben wir in Kapitel 3 eingeführt. Wir betrachten jetzt spezielle reelle Funktionen, also Abbildungen $f : \mathbb{R} \to \mathbb{R}$ mit der Definitionsmenge $D(f) \subset \mathbb{R}$ und der Bildmenge $B(f) \subset \mathbb{R}$.

Üblich sind folgende Bezeichnungen:

- f heißt **gerade** (bzw. **ungerade**), falls mit $x \in D(f)$ auch $-x \in D(f)$ und $f(-x) = f(x)$ (bzw. $f(-x) = -f(x)$) für alle $x \in D(f)$ gilt.

- f heißt **monoton wachsend** (bzw. **monoton fallend**), wenn für $x, y \in D(f)$ mit $x < y$ stets $f(x) \leq f(y)$ (bzw. $f(x) \geq f(y)$) ist. Gilt stets die strikte Ungleichung $f(x) < f(y)$ (bzw. $f(x) > f(y)$), so heißt f **streng monoton wachsend** (bzw. **streng monoton fallend**). Es heißt f (streng) **monoton**, falls f entweder (streng) monoton wachsend oder (streng) monoton fallend ist.

- f heißt **nach oben beschränkt** (bzw. **nach unten beschränkt**), falls ein $k \in \mathbb{R}$ existiert mit $f(x) \leq k$ (bzw. $f(x) \geq k$) für alle $x \in D(f)$. Es heißt f **beschränkt**, falls f nach oben **und** nach unten beschränkt ist.

- Ist f nach oben beschränkt (bzw. nach unten beschränkt), so heißt die **kleinste** obere Schranke (bzw. **größte** untere Schranke) das **Supremum** von f, $\sup\limits_{x \in D(f)} f(x)$ (bzw. **Infimum** von f, $\inf\limits_{x \in D(f)} f(x)$).

- Existiert für ein nach oben beschränktes f (bzw. ein nach unten beschränktes f) ein $x_0 \in D(f)$ mit $f(x_0) = \sup\limits_{x \in D(f)} f(x)$ (bzw. $f(x_0) = \inf\limits_{x \in D(f)} f(x)$), so heißt $f(x_0)$ das (globale) **Maximum** (bzw. das (globale) **Minimum**) von f, und x_0 heißt **Maximalstelle** (bzw. **Minimalstelle**). Man schreibt dann $f(x_0) = \max\limits_{x \in D(f)} f(x)$ (bzw. $f(x_0) = \min\limits_{x \in D(f)} f(x)$).

- f mit $D(f) = \mathbb{R}$ heißt **periodisch** mit der **Periode** $T > 0$, falls $f(x + T) = f(x)$ für alle $x \in \mathbb{R}$.

- Gilt $f(x_0) = 0$ für ein $x_0 \in D(f)$, so heißt x_0 **Nullstelle** von f.

Beispiele:

(1)   Wir veranschaulichen die Begriffe durch Darstellung der Graphen einiger Funktionen in einem rechtwinkligen Koordinatensystem. Die Schaubilder zeigen: (i) gerade Funktion, (ii) ungerade Funktion, (iii) streng monoton wachsende Funktion, (iv) monoton wachsende Funktion, (v) monoton fallende Funktion, (vi), periodische Funktion

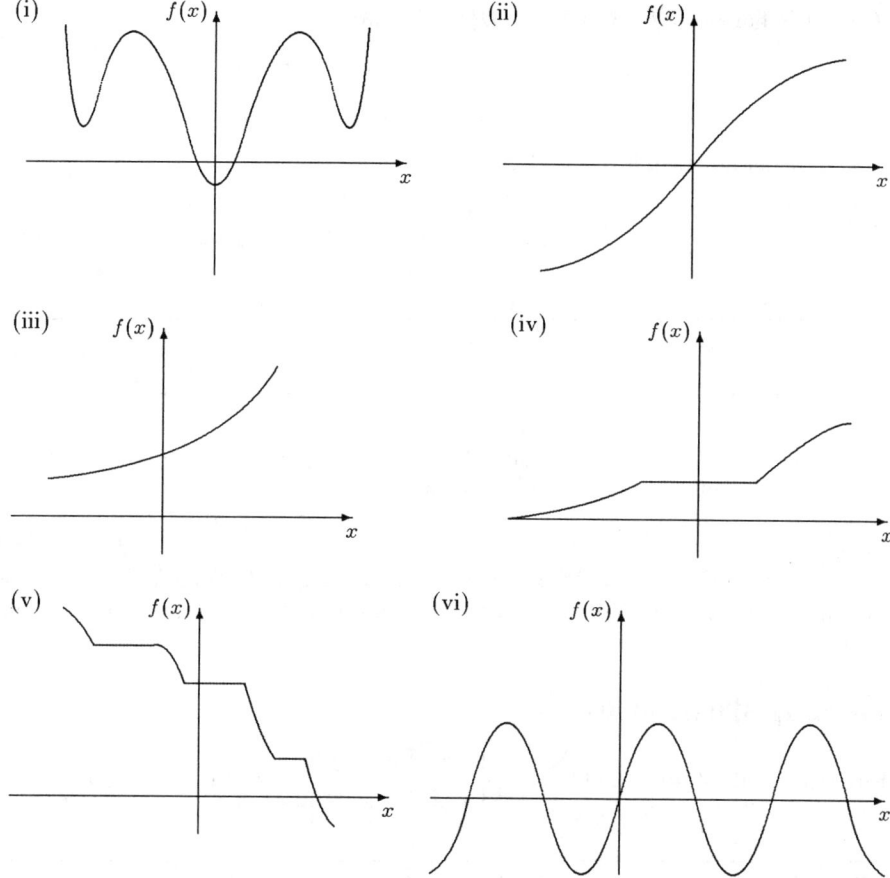

(2)   Sei $f : \mathbb{R} \to \mathbb{R}$ mit $D(f) = [-1, 1]$ und $f(x) = 2x^3$. Es ist f streng monoton wachsend und nach oben und unten beschränkt. Wegen $f(1) = \max_{x \in D(f)} f(x)$ und $f(-1) = \min_{x \in D(f)} f(x)$ sind $f(1) = 2$ das Maximum und $f(-1) = -2$ das Minimum von f. Es sind $x_1 = 1$ Maximalstelle und $x_2 = -1$ Minimalstelle von f, sowie $x_0 = 0$ Nullstelle von f.

(3)   Sei $f : \mathbb{R} \to \mathbb{R}$ mit $D(f) = [-1, 1)$ und $f(x) = 2x^3$. Es ist $\quad \sup_{x \in D(f)} f(x) = 2$, aber es existiert kein $x_0 \in D(f)$ mit $f(x_0) = 2$. Man sagt: das Supremum wird nicht angenommen. Es darf sup also nicht durch max ersetzt werden. Andererseits ist $\inf_{x \in D(f)} f(x) = \min_{x \in D(f)} f(x) = f(-1) = -2$.

(4)   Sei $f : \mathbb{R} \to \mathbb{R}$ mit $D(f) = (0, 1)$ und $f(x) = \frac{2}{x}$. Es ist f nach unten beschränkt mit $\inf_{x \in D(f)} f(x) = 2$. Doch ist f nicht nach oben beschränkt, $\sup_{x \in D(f)} f(x)$ existiert nicht.

(5)   Ist f nach oben beschränkt (bzw. nach unten beschränkt), so existiert nach dem Vollständigkeitsaxiom (A15) in Kapitel 1 stets $\sup_{x \in D(f)} f(x)$ (bzw. $\inf_{x \in D(f)} f(x)$).

(6)   Die Funktion $f : \mathbb{R} \to \mathbb{R}$ mit $D(f) = \mathbb{R}$ und

$$f(x) = \begin{cases} -1 & \text{für } x \in [2n, 2n+1), \ n \in \mathbb{Z} \\ +1 & \text{für } x \in [2n+1, 2n+2), \ n \in \mathbb{Z} \end{cases}$$

ist periodisch mit der Periode $T = 2$.

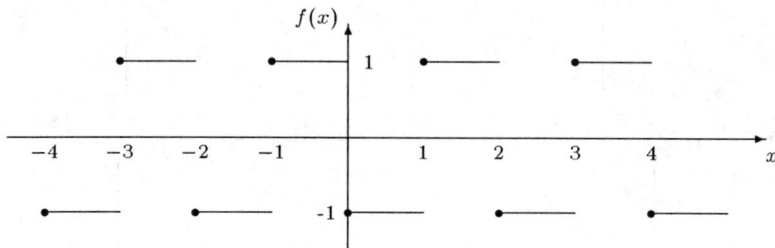

(7)   Die Funktion $f : \mathbb{R} \to \mathbb{R}$ mit $D(f) = \mathbb{R}$ und $f(x) = x^3 + 3x^2 - x - 3$ hat die drei Nullstellen $x_1 = -3$, $x_2 = -1$, $x_3 = 1$.

Wir führen einige elementare reelle Funktionen ein: Betragsfunktion, Polynome, rationale Funktionen, Wurzelfunktionen, trigonometrische Funktionen, Arcusfunktionen.

Betragsfunktion

Für eine reelle Zahl x heißt $|x| = \begin{cases} x & \text{für } x \geq 0 \\ -x & \text{für } x < 0 \end{cases}$ der **Betrag** von x.

Definition 4.1 *Die Funktion* $f : \mathbb{R} \to \mathbb{R}$ *mit* $D(f) = \mathbb{R}$ *und*

$$f(x) = |x|$$

heißt **Betragsfunktion**.

Der Graph der Betragsfunktion hat die Gestalt

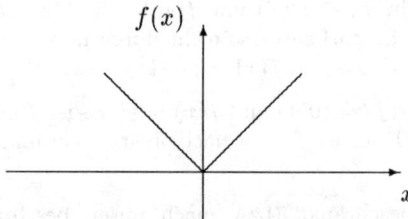

Wir notieren wichtige Eigenschaften des Betrags.

Für $x, y \in \mathbb{R}$ gilt

(i) $|x| = |-x| \geq 0$

(ii) $|x| = 0$ genau dann, wenn $x = 0$

(iii) $-|x| \leq x \leq |x|$

(iv) $|x \cdot y| = |x| \cdot |y|$, speziell $|x^2| = |x|^2$

(v) $\left|\dfrac{x}{y}\right| = \dfrac{|x|}{|y|}$, speziell $\left|\dfrac{1}{y}\right| = \dfrac{1}{|y|}$, für $y \neq 0$.

Für das "Auflösen" des Betrags in Ungleichungen haben wir die Aussagen:

Es ist $|x| \leq y$ mit $y \geq 0$ genau dann, wenn $-y \leq x \leq y$.

Es ist $|x-y| \leq z$ mit $z \geq 0$ genau dann, wenn $y - z \leq x \leq y + z$.

Beispiele:

(8)   Es ist $|x - y|$ der Abstand der Punkte x und y auf der Zahlengeraden. So ist anschaulich die Menge $M = \{x : x \in \mathbb{R}, |x - 1| > 3\}$ die Menge der reellen Zahlen, deren Abstand von 1 größer als 3 ist. Formal ergibt sich M aus obigen Eigenschaften des Betrags so:
Es ist

$$|x - 1| = \begin{cases} x - 1 & \text{für } x \geq 1 \\ 1 - x & \text{für } x < 1. \end{cases}$$

Für $x \geq 1$ gilt $|x - 1| > 3$ demnach genau dann, wenn $x - 1 > 3$, also $x > 4$. Für $x < 1$ gilt $|x - 1| > 3$ genau dann, wenn $1 - x > 3$, also $x < -2$. Daraus folgt $M = (-\infty, -2) \cup (4, \infty)$.

Führen wir mit Hilfe der Betragsfunktion die Funktion $f : \mathbb{R} \to \mathbb{R}$ mit $D(f) = \mathbb{R}$ und $f(x) = |x - 1|$ ein, so ist $M = \{x : x \in \mathbb{R}, f(x) > 3\}$. Am Graphen von f

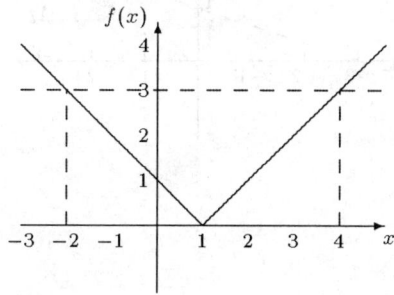

läßt sich das Ergebnis $M = (-\infty, -2) \cup (4, \infty)$ verifizieren.

(9)   Wir bestimmen die Menge M aller $x \in \mathbb{R}$ mit $\left|\dfrac{2x-5}{3x-1}\right| < 1$. Es ist

$$|2x-5| = \begin{cases} 2x-5 & \text{für } x \ge \frac{5}{2} \\ 5-2x & \text{für } x < \frac{5}{2} \end{cases}, \qquad |3x-1| = \begin{cases} 3x-1 & \text{für } x \ge \frac{1}{3} \\ 1-3x & \text{für } x < \frac{1}{3} \end{cases}.$$

Daher unterscheiden wir die Fälle a) $x < \frac{1}{3}$, b) $\frac{1}{3} < x < \frac{5}{2}$, c) $x \ge \frac{5}{2}$. Den Fall $x = \frac{1}{3}$ müssen wir wegen $|3x-1| = 0$ ausschließen.

Zu a): $\left|\frac{2x-5}{3x-1}\right| = \frac{5-2x}{1-3x} < 1$ genau dann, wenn $5 - 2x < 1 - 3x$, also $x < -4$ (und $x < \frac{1}{3}$).

Zu b): $\left|\frac{2x-5}{3x-1}\right| = \frac{5-2x}{3x-1} < 1$ genau dann, wenn $5 - 2x < 3x - 1$, also $x > \frac{6}{5}$ (und $\frac{1}{3} < x < \frac{5}{2}$).

Zu c): $\left|\frac{2x-5}{3x-1}\right| = \frac{2x-5}{3x-1} < 1$ genau dann, wenn $2x - 5 < 3x - 1$, also $x > -4$ (und $x \ge \frac{5}{2}$).

Demanach ist $M = (-\infty, -4) \cup \left(\frac{6}{5}, \frac{5}{2}\right) \cup \left[\frac{5}{2}, \infty\right) = (-\infty, -4) \cup \left(\frac{6}{5}, \infty\right)$.

(10)   Ist die Menge M aller $x \in \mathbb{R}$ zu bestimmen mit $\dfrac{|x-2|-1}{2x-5} \le \dfrac{1}{4}$, so ist zu beachten, daß beim "Hochmultiplizieren" im Falle $2x - 5 < 0$ die Richtung der Ungleichung umgekehrt wird. Demnach sind die **beiden** Aufgaben $|x-2| - 1 \le \frac{1}{4}(2x-5)$ für $x > \frac{5}{2}$ und $|x-2| - 1 \ge \frac{1}{4}(2x-5)$ für $x < \frac{5}{2}$ zu lösen. Kontrolle: $M = (-\infty, \frac{3}{2}] \cup (\frac{5}{2}, \frac{7}{2}]$.

(11)   Sei $M = \{(x,y) : (x,y) \in \mathbb{R}^2, \, 3y < x + 3\}$. Es ist M die Menge aller Paare (x,y) mit $y < \frac{1}{3}x + 1$. Durch $y_1 = \frac{1}{3}x + 1$ ist die Gleichung der "Grenzgeraden" gegeben und M stellt die Menge aller Punkte dar, die unterhalb (in y-Richtung) dieser Grenzgeraden liegen. Somit ist M eine Halbebene unterhalb der Grenzgeraden (ausschließlich).

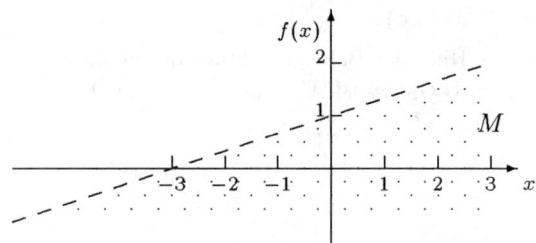

(12)   Sei $M = \{(x,y) : (x,y) \in \mathbb{R}^2 ,\ |y - \frac{1}{2}x| \le 1\}$.

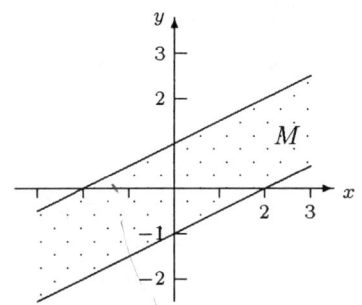

Es ist $|y - \frac{1}{2}x| \le 1$ genau dann, wenn
$-1 \le y - \frac{1}{2}x \le 1$,
also $-1 + \frac{1}{2}x \le y \le 1 + \frac{1}{2}x$. Demnach ist M die Punktmenge zwischen den beiden Geraden $y_1 = -1 + \frac{1}{2}x$ und $y_2 = +1 + \frac{1}{2}x$ (einschließlich).

Für die Abschätzung des Betrags einer Summe gilt die beweistechnisch wichtige **Dreiecksungleichung**

Satz 4.1 *Für $x, y \in \mathbb{R}$ gilt*

$$|x + y| \le |x| + |y| .$$

Die Verallgemeinerung auf n Zahlen $x_i \in \mathbb{R}$, $i = 1, 2, \ldots, n$, lautet

$$|x_1 + x_2 + \cdots + x_n| \le |x_1| + |x_2| + \cdots + |x_n| .$$

Wichtig ist auch die nächste Folgerung:

Für $x, y \in \mathbb{R}$ gilt

$$\left| \, |x| - |y| \, \right| \le |x - y| .$$

Polynome

Definition 4.2 *Eine Funktion $f : \mathbb{R} \to \mathbb{R}$ mit $D(f) = \mathbb{R}$ und*

$$f(x) = a_n x^n + a_{n-1} x^{n-1} + \ldots + a_1 x + a_0 = \sum_{i=0}^{n} a_i x^i , \quad n \in \mathbb{N}_0$$

*für $a_i \in \mathbb{R}$, $i = 0, 1, \ldots, n$ und $a_n \ne 0$ heißt **Polynom** vom **Grad** n. Die a_i heißen **Koeffizienten** des Polynoms.*

Beispiele:

(13)   Ein Polynom vom Grad 0 hat die Form $f(x) = a_0$.

(14)   Sei $f(x) = x^n$ für $x \in \mathbb{R}$ und $n \in \mathbb{N}$. Der Graph von f hat die Gestalt

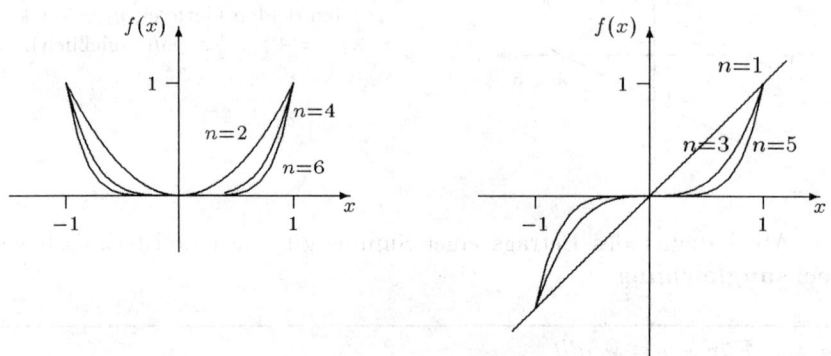

(15)   Sei $f : \mathbb{R} \to \mathbb{R}$ mit $D(f) = \mathbb{R}$ und $f(x) = \frac{1}{2}x^3 + x^2 - \frac{5}{2}x - 3$. Es sind $x_0 = 2$, $x_1 = -1$, $x_2 = -3$ Nullstellen von f. Der Graph von f hat die Form

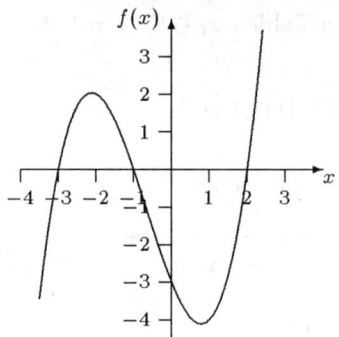

Von fundamentaler Bedeutung ist der folgende **Identitätssatz** für Polynome

---

Satz 4.2 *Stimmen die Werte zweier Polynome f und g, deren Grad jeweils höchstens n ist, an $n + 1$ verschiedenen Stellen überein, so haben beide Polynome dieselben Koeffizienten, und es ist $f(x) = g(x)$ für **alle** $x \in \mathbb{R}$.*

Auf dem Identitätssatz beruht die Methode des **Koeffizientenvergleichs:** Sind $f(x) = \sum_{i=0}^{n} a_i x^i$ und $g(x) = \sum_{i=0}^{n} b_i x^i$ zwei Polynome mit $f(x) = g(x)$ für alle $x \in \mathbb{R}$, so gilt $a_i = b_i$ für $i = 0, 1, \ldots, n$. Seien beispielsweise $f(x) = 3x^2 - 3x + 5$ und $g(x) = \alpha x^2 + (4\beta - \gamma)x + \gamma$ mit $f(x) = g(x)$ für alle $x \in \mathbb{R}$, so ist $\alpha = 3$, $\beta = \frac{1}{2}$, $\gamma = 5$.

Seien $f(x) = a_n x^n + a_{n-1} x^{n-1} + \ldots + a_1 x + a_0$, $n \in \mathbb{N}$, und $g(x) = (x - x_0)(b_{n-1} x^{n-1} + \ldots + b_1 x + b_0) + c_0$ für ein $x_0 \in \mathbb{R}$ zwei Polynome vom Grad n. Gilt $f(x) = g(x)$ für alle $x \in \mathbb{R}$, so folgt nach Ausmultiplizieren in $g(x)$ und Koeffizientenvergleich für die Koeffizienten b_i, $i = 0, 1, \ldots, n-1$ und c_0 die Beziehung

$$\left. \begin{aligned} b_{n-1} &= a_n \\ b_{n-2} &= a_{n-1} + x_0 b_{n-1} \\ b_{n-3} &= a_{n-2} + x_0 b_{n-2} \\ &\;\;\vdots \\ b_0 \;\;&= a_1 + x_0 b_1 \\ c_0 \;\;&= a_0 + x_0 b_0 \,. \end{aligned} \right\} \qquad (*)$$

Wegen $f(x_0) = g(x_0) = c_0$ führt dies zu einer bequemen Methode, $f(x_0)$ zu berechnen. Man bestimmt c_0 rekursiv gemäß $(*)$. Schematisch kann dies im (einfachen) **Hornerschema** (nach WILLIAM G. HORNER (1756–1837)) geschehen:

	a_n	a_{n-1}	a_{n-2}	$\ldots$	a_1	a_0	
	$-$	$x_0 b_{n-1}$	$x_0 b_{n-2}$	$\ldots$	$x_0 b_1$	$x_0 b_0$	
x_0 :	b_{n-1}	b_{n-2}	b_{n-3}	$\ldots$	b_0		$c_0 = f(x_0)$

Im Hornerschema sind nur n Multiplikationen und n Additionen zur Berechnung des Polynomwertes erforderlich. Dagegen würden bei direktem Ausmultiplizieren (Potenzen rekursiv) $2n - 1$ Multiplikationen und n Additionen benötigt. Darüberhinaus liefert das Hornerschema die Darstellung

$$f(x) = \sum_{i=0}^{n} a_i x^i = (x - x_0) \sum_{k=0}^{n-1} b_k x^k + c_0 \,.$$

Ergibt sich $c_0 = 0$, so ist x_0 **Nullstelle** von f, und es gilt die **Faktorisierung**

$$f(x) = \sum_{i=0}^{n} a_i x^i = (x - x_0) \sum_{k=0}^{n-1} b_k x^k \,. \qquad (**)$$

Ist x_0 Nullstelle von f, so kann man das bei der Faktorisierung $(**)$ entstehende Polynom $h_1(x) = \sum_{k=0}^{n-1} b_k x^k$ erneut mit dem Hornerschema untersuchen. Ist x_0 keine Nullstelle von h_1, so ist x_0 eine **einfache** Nullstelle von f. Ist x_0 hingegen auch Nullstelle von h_1, so hat f die Darstellung

$$f(x) = (x - x_0)^2 \, h_2(x)$$

mit einem Polynom h_2 vom Grad $n-2$. Führt man diese Überlegung fort, so kommt man zu einer Darstellung

$$f(x) = (x - x_0)^\ell \, h_\ell(x)$$

mit einem Polynom $h_\ell(x)$, für das $h_\ell(x_0) \neq 0$ gilt. Man nennt dann x_0 eine ℓ–**fache Nullstelle** von f. Die Überlegung zeigt außerdem, daß f höchstens n Nullstellen besitzt.

Beispiele:

(16)   Im Hornerschema ist die Reihenfolge der Koeffizienten wesentlich, Koeffizienten Null müssen aufgeführt werden.

Sei $f(x) = x^5 + 2x^4 - 12x - 5$. Das Hornerschema für $x_0 = 2$ lautet:

	1	2	0	0	-12	-5
$-$		2	8	16	32	40
$2:$	1	4	8	16	20	35

Demnach ist $f(2) = 35$.

(17)   Sei $f(x) = x^4 - 4x^3 + 6x^2 - 8x + 8$. Das Hornerschema für $x_0 = 2$ liefert

	1	-4	6	-8	8
$-$		2	-4	4	-8
$2:$	1	-2	2	-4	0

Demnach ist $x_0 = 2$ Nullstelle von f, und es gilt

$$f(x) = (x - 2)(x^3 - 2x^2 + 2x - 4).$$

Anwendung des Hornerschemas auf das resultierende Polynom $x^3 - 2x^2 + 2x - 4$ ergibt:

	1	-2	2	-4
$-$		2	0	4
$2:$	1	0	2	0

Daher gilt

$$f(x) = (x - 2)^2 \, (x^2 + 2).$$

Da für $h_2(x) = x^2 + 2$ gilt $h_2(2) \neq 0$, ist $x_0 = 2$ eine zweifache Nullstelle von f. Weiter ist $x^2 + 2 \neq 0$ für alle $x \in \mathbb{R}$, so daß es keine weiteren reellen Nullstellen gibt.

Nach dem Identitätssatz ist ein Polynom vom Grad kleiner gleich n durch Vorgabe der Polynomwerte an $n+1$ Stellen eindeutig bestimmt. Eine wichtige Anwendung hat dieses Ergebnis bei der **Polynominterpolation**. Hat man für eine Funktion f an $n+1$ verschiedenen "Stützstellen" x_i die Funktionswerte $y_i = f(x_i)$ gegeben, so gibt es genau ein Polynom p_n vom Grad kleiner gleich n mit $p_n(x_i) = y_i$, $i = 1, \ldots, n+1$. An den Stützstellen stimmen also die Werte von f und p_n überein. Es dient p_n als **Approximation** von f (wenn etwa f nur an den Stützstellen bekannt ist (Meßwerte) oder f direkt nur schwer berechenbar ist). Für einen Funktionswert $f(x)$ für x zwischen den Stützstellen kann der durch **Interpolation** gewonnene Wert $p_n(x)$ als Näherung dienen. Es heißt p_n **Interpolationspolynom**.

Beispiele:

(18)   Qualitativ hat man etwa im Fall $n = 3$ folgendes Bild

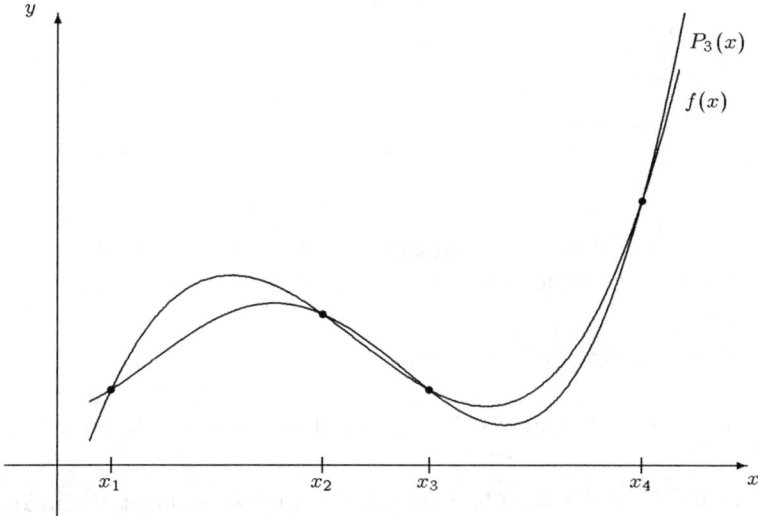

(19)   Die Stützstellen x_i und Funktionswerte $y_i = f(x_i)$ für $i = 1, 2, 3$ seien gegeben durch

x_i	0	1	3
y_i	1	2	1

Das Interpolationspolynom p_2 mit $p_2(x) = a_2 x^2 + a_1 x + a_0$ kann aus den Forderungen $p_2(x_i) = y_i$, $i = 1, 2, 3$ bestimmt werden:

$$0a_2 + 0a_1 + a_0 = 1$$
$$1^2 a_2 + 1a_1 + a_0 = 2$$
$$3^2 a_2 + 3a_1 + a_0 = 1$$

Dies ergibt $a_0 = 1$, $a_1 = \frac{3}{2}$, $a_2 = -\frac{1}{2}$.

Das Interpolationspolynom lautet also

$$p_2(x) = -\frac{1}{2}x^2 + \frac{3}{2}x + 1 .$$

(20)   Die numerische Mathematik stellt gegenüber dem Vorgehen in (19) effektivere Verfahren zur Bestimmung des Interpolationspolynoms bereit.

Rationale Funktionen

Definition 4.3 *Sein P_n und Q_m Polynome vom Grad n und m. Die Funktion $f : \mathbb{R} \to \mathbb{R}$ mit $D(f) = \{x : x \in \mathbb{R}, Q_m(x) \neq 0\}$ und*

$$f(x) = \frac{P_n(x)}{Q_m(x)}$$

heißt **rationale Funktion**.

An den Nullstellen des Nennerpolynoms Q_m ist f nicht definiert. Ist $n \geq m$, so läßt sich durch Polynomdivision eine Darstellung von f in der Form

$$f(x) = G(x) + \frac{H(x)}{Q_m(x)}, \quad x \in D(f)$$

finden. Dabei ist G ein Polynom, und es ist H ein Polynom vom Grad h mit $h < m$, oder es ist $H \equiv 0$.

Ist x_0 eine ℓ–fache Nullstelle von Q_m und gilt $P_n(x_0) \neq 0$, so heißt x_0 ein **Pol der Ordnung** ℓ von f.

Beispiele:

(21)   Sei $f : \mathbb{R} \to \mathbb{R}$ mit $D(f) = \mathbb{R}\backslash\{-2,3\}$ und $f(x) = \dfrac{2x^3 - 4x + 5}{(x+2)(x-3)} = \dfrac{2x^3 - 4x + 5}{x^2 - x - 6}$.

Polynomdivision liefert

$$
\begin{array}{l}
(2x^3 - 4x + 5) : (x^2 - x - 6) = 2x + 2 \\
\underline{-2x^3 + 2x^2 + 12x} \\
2x^2 + 8x + 5 \\
\underline{-2x^2 + 2x + 12} \\
10x + 17
\end{array}
$$

Demnach gilt

$$f(x) = 2x + 2 + \frac{10x + 17}{x^2 - x - 6}.$$

(22)   Sei $f : \mathbb{R} \to \mathbb{R}$ mit $D(f) = \mathbb{R}\backslash\{0\}$ und $f(x) = \dfrac{1}{x}$. Es ist $x_0 = 0$ Pol der Ordnung 1.
Der Graph von f hat die Gestalt (Hyperbel):

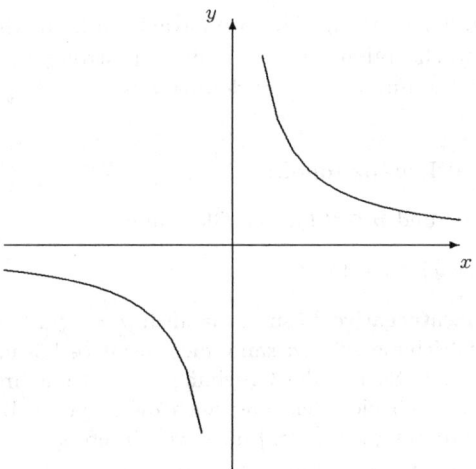

(23)   Sei $f : \mathbb{R} \to \mathbb{R}$ mit $D(f) = \mathbb{R}\backslash\{1\}$ und $f(x) = \dfrac{1}{(x-1)^2}$. Es ist $x = 1$ Pol der
Ordnung 2. Der Graph von f hat die Gestalt:

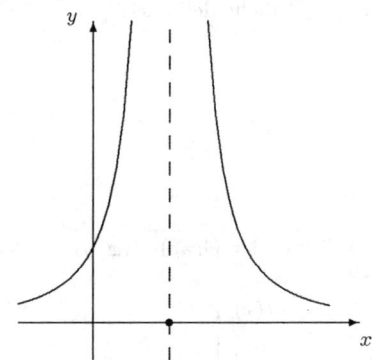

Wurzelfunktionen

Die reelle Funktion $g : \mathbb{R} \to \mathbb{R}$ mit $D(g) = [0, \infty)$ und $g(x) = x^n$ für $n \in \mathbb{N}$ ist streng
monoton wachsend und damit eineindeutig. Daher existiert ihre Umkehrfunktion
g^{-1} mit der Definitionsmenge $D(g^{-1}) = B(g) = [0, \infty)$. Man setzt $\sqrt[n]{y} = g^{-1}(y)$
für $y \in [0, \infty)$.

Definition 4.4 *Die Funktion* $f : \mathbb{R} \to \mathbb{R}$ *mit* $D(f) = [0, \infty)$ *und*

$$f(x) = \sqrt[n]{x}$$

für $n \in \mathbb{N}$ *heißt n-te* **Wurzelfunktion.**

Die Wurzelfunktion ist streng monoton wachsend, da die Umkehrfunktion einer streng monoton wachsenden Funktion wieder streng monoton wachsend ist. Zu beachten ist, daß $\sqrt[n]{x}$ nur für $x \geq 0$ definiert ist, es ist $\sqrt[n]{x} \geq 0$. Für $\sqrt[n]{x}$ schreibt man auch $x^{\frac{1}{n}}$.

Bemerkungen und Ergänzungen:

(24)   Für $a \in [0, \infty)$ und $n \in \mathbb{N}$ hat die Gleichung

$$x^n = a, \quad x \in [0, \infty)$$

genau eine nichtnegative Lösung, nämlich $x = \sqrt[n]{a}$. Zu beachten ist $a \geq 0$ und $x \geq 0$. Die Gleichung $x^n = a$ kann auch negative Lösungen haben, diese sind hier jedoch irrelevant. So hat die Gleichung $x^2 = 4$ die einzige nichtnegative Lösung $x = \sqrt[2]{4} = 2$. Daß die Gleichung auch die negative Lösung $x = -2$ besitzt, ist wegen der Forderung $x \in [0, \infty)$ nicht von Interesse.

(25)   Für $n = 2$ schreibt man statt $\sqrt[2]{x}$ auch einfach $\sqrt{x}$ und nennt dies die Quadratwurzel.

(26)   Wenn auch $(-4)^3 = -64$ und man daher geneigt sein könnte, $\sqrt[3]{-64} = -4$ zu setzen, so ist doch $\sqrt[3]{-64}$ nicht definiert.

Beispiele:

(27)   Es ist $\sqrt[n]{0} = 0$.

(28)   Für $n = 2$ und $n = 3$ hat der Graph $\{(x, y) : x \in [0, \infty), y = \sqrt[n]{x}\}$ der Wurzelfunktion die Gestalt:

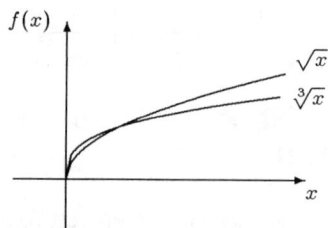

(29)   Sei $h : \mathbb{R} \to \mathbb{R}$ mit $D(h) = [-1, 1]$ und $h(x) = \sqrt{1 - x^2}$. Mit $y = \sqrt{1 - x^2}$ gilt $y^2 = 1 - x^2$, also $x^2 + y^2 = 1$ und $y \geq 0$. Daher ist der Graph von h ein Halbkreisbogen um 0 vom Radius 1.

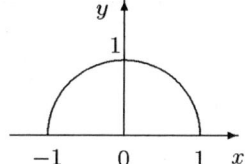

Trigonometrische Funktionen

Die Punktmenge

$$\{(u,v) \in \mathbb{R}^2 : u^2 + v^2 = 1\}$$

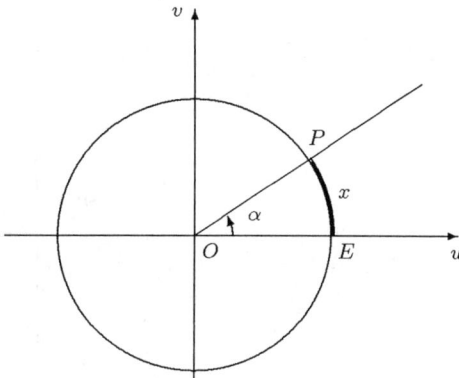

stellt in einem kartesischen Koordinatensystem den sog. Einheitskreis, einen Kreis vom Radius 1 mit dem Mittelpunkt $O = (0,0)$ dar. Ausgehend von O zeichnen wir durch den Punkt $E = (1,0)$ einen Strahl. Drehen wir diesen Strahl um O, so schneidet der resultierende Strahl den Einheitskreis in einem Punkt P.

Dem Winkel $\sphericalangle EOP = \alpha$ ordnen wir die Länge x des bei der Drehung durchlaufenen Kreisbogens zwischen E und P zu. Wir geben x ein positives Vorzeichen bei Drehung entgegen dem Uhrzeigersinn (mathematisch positiv), andernfalls ein negatives Vorzeichen. Mehrfache Umdrehungen seien zugelassen. Es heißt x das **Bogenmaß** des Winkels. Der Umfang des Einheitskreises ist 2π mit

$$\pi = 3.14159265358979323846264 3\ldots ,$$

so daß eine volle Umdrehung zum Bogenmaß 2π führt. Im Gradmaß entspricht eine volle Umdrehung dem Winkel 360°. Die Umrechnung zwischen x im Bogenmaß und α in Gradmaß lautet daher

$$x = \frac{\pi}{180^o}\,\alpha\,.$$

Von jedem Winkel mit dem Bogenmaß x wird eindeutig ein Punkt $P = (u,v)$ auf dem Einheitskreis erzeugt, dessen Koordinaten (u,v) von x abhängen. Man schreibt für $x \in \mathbb{R}$

$$u = \cos x \quad \text{und} \quad v = \sin x$$

und definiert auf diese Weise zwei Funktionen f und g.

Definition 4.5 *Die Funktionen*

$$f : \mathbb{R} \to \mathbb{R} \quad mit \; D(f) = \mathbb{R} \quad und \; f(x) = \cos x \; ,$$
$$g : \mathbb{R} \to \mathbb{R} \quad mit \; D(g) = \mathbb{R} \quad und \; g(x) = \sin x$$

heißen **Cosinusfunktion** *bzw.* **Sinusfunktion**.

Das folgende Bild veranschaulicht die Definition:

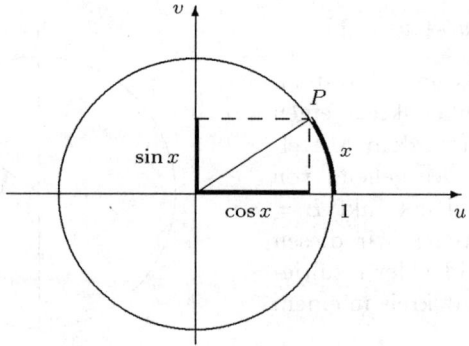

Die Graphen von cos und sin haben die Gestalt:

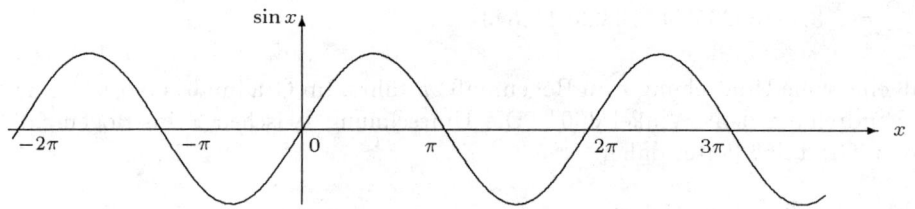

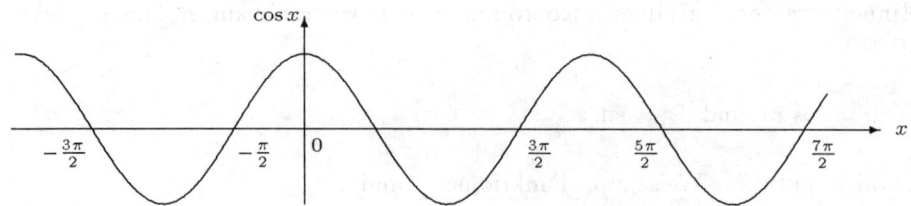

Speziell gilt

x	0	$\frac{\pi}{6}$	$\frac{\pi}{4}$	$\frac{\pi}{3}$	$\frac{\pi}{2}$	$\frac{3\pi}{4}$	π
$\sin x$	0	$\frac{1}{2}$	$\frac{1}{2}\sqrt{2}$	$\frac{1}{2}\sqrt{3}$	1	$\frac{1}{2}\sqrt{2}$	0
$\cos x$	1	$\frac{1}{2}\sqrt{3}$	$\frac{1}{2}\sqrt{2}$	$\frac{1}{2}$	0	$-\frac{1}{2}\sqrt{2}$	-1

Die **Nullstellen** von sin und cos folgen aus

$$\sin x = 0 \quad \text{zu} \quad x_k = k\pi \qquad \text{für } k \in \mathbb{Z}\,,$$
$$\cos x = 0 \quad \text{zu} \quad x_k = \tfrac{\pi}{2} + k\pi \quad \text{für } k \in \mathbb{Z}\,.$$

Bemerkungen und Ergänzungen:

(30) Schon ARCHIMEDES berechnete mit Hilfe dem Einheitskreis einbeschriebener und umbeschriebener regulärer n-Ecke Näherungen für π. Eine bekannte Einschließung von Archimedes ist $3\frac{10}{71} < \pi < 3\frac{1}{7}$, also $3.1408 < \pi < 3.1429$. Die Berechnung von π hat immer wieder fasziniert. Um das Jahr 1700 sind bereits 72 Dezimalen von π bekannt. Ab 1949 wurden elektronische Rechenautomaten zur Berechnung von π eingesetzt, Stationen sind das Jahr 1949 mit 2035 Dezimalen, 1957 mit 10 000 Dezimalen, 1962 mit 100 000 Dezimalen, 1988 mit 201 326 000 Dezimalen.

(31) Es ist π transzendent.

(32) Die Frage nach der **Quadratur des Kreises**, nämlich einen Kreis in ein flächengleiches Quadrat mit Zirkel und Lineal in endlich vielen Schritten umzuwandeln, war ein berühmtes klassisches Problem. Dieses Problem hängt eng zusammen mit der Frage, ob π algebraisch oder transzendent ist. Mit dem Beweis der Transzendenz von π im Jahre 1882 ist entschieden, daß die Quadratur des Kreises unmöglich ist.

(33) Für die Umrechnung vom Gradmaß ins Bogenmaß gilt speziell

Gradmaß	10°	30°	45°	60°	90°	180°	270°	360°
Bogenmaß	$\frac{\pi}{18}$	$\frac{\pi}{6}$	$\frac{\pi}{4}$	$\frac{\pi}{3}$	$\frac{\pi}{2}$	π	$\frac{3\pi}{2}$	2π

(34) Üblich ist die Schreibweise $\sin^n x = (\sin x)^n$, $\cos^n x = (\cos x)^n$ für $n \in \mathbb{N}$.

(35) Die hier gegebene anschauliche Definition von sin und cos ist mathematisch nicht voll befriedigend. Später ist es uns möglich, eine analytische Definition zu geben.

Wir stellen einige Eigenschaften von sin und cos zusammen. Im folgenden seien $x, y \in \mathbb{R}$.

$$-1 \le \cos x \le 1 \qquad\qquad -1 \le \sin x \le 1$$
$$\cos(x + 2\pi) = \cos x \qquad \sin(x + 2\pi) = \sin x$$
$$\cos(x + \tfrac{\pi}{2}) = -\sin x \qquad \sin(x + \tfrac{\pi}{2}) = \cos x$$
$$\cos(-x) = \cos x \qquad\qquad \sin(-x) = -\sin x$$

Demnach sind sin und cos beschränkte, periodische Funktionen mit der Periode 2π. Es ist cos eine gerade Funktion, und sin ist eine ungerade Funktion. Wichtig sind die folgenden **Additionstheoreme**

$$\cos(x + y) = \cos x \cdot \cos y - \sin x \cdot \sin y$$
$$\sin(x + y) = \sin x \cdot \cos y + \cos x \cdot \sin y$$

Folgerungen aus den Additionstheoremen sind

$$\cos x + \cos y = 2 \cos \frac{x+y}{2} \cdot \cos \frac{x-y}{2}$$
$$\sin x + \sin y = 2 \sin \frac{x+y}{2} \cdot \cos \frac{x-y}{2}$$
$$\cos^2 x + \sin^2 x = 1$$

Für die Umrechnung auf den doppelten oder halben Winkel folgt durch Spezialisierung

$$\sin 2x = 2 \sin x \cdot \cos x$$
$$\cos 2x = \cos^2 x - \sin^2 x$$
$$\sin^2 \frac{x}{2} = \frac{1}{2}(1 - \cos x)$$
$$\cos^2 \frac{x}{2} = \frac{1}{2}(1 + \cos x)$$

Die Cosinusfunktion und die Sinusfunktion gehören zu den **trigonometrischen Funktionen**. Weitere trigonometrische Funktionen sind die Tangensfunktion und die Cotangensfunktion.

Definition 4.6 *Die Funktionen*

$$\tan : \quad \mathbb{R} \to \mathbb{R} \quad mit \quad D(\tan) = \mathbb{R} \backslash \{\frac{\pi}{2} + k\pi : k \in \mathbb{Z}\} \quad und \quad \tan x = \frac{\sin x}{\cos x} \,,$$

$$\cot : \quad \mathbb{R} \to \mathbb{R} \quad mit \quad D(\cot) = \mathbb{R} \backslash \{k\pi : k \in \mathbb{Z}\} \qquad und \quad \cot x = \frac{\cos x}{\sin x}$$

heißen **Tangensfunktion** *bzw.* **Cotangensfunktion**.

Es lassen sich $\tan x$ und $\cot x$ am Einheitskreis veranschaulichen:

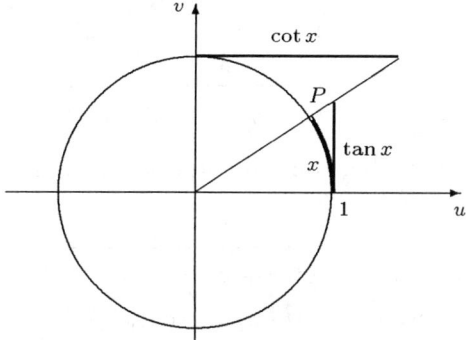

Die Graphen von tan und cot haben die Gestalt:

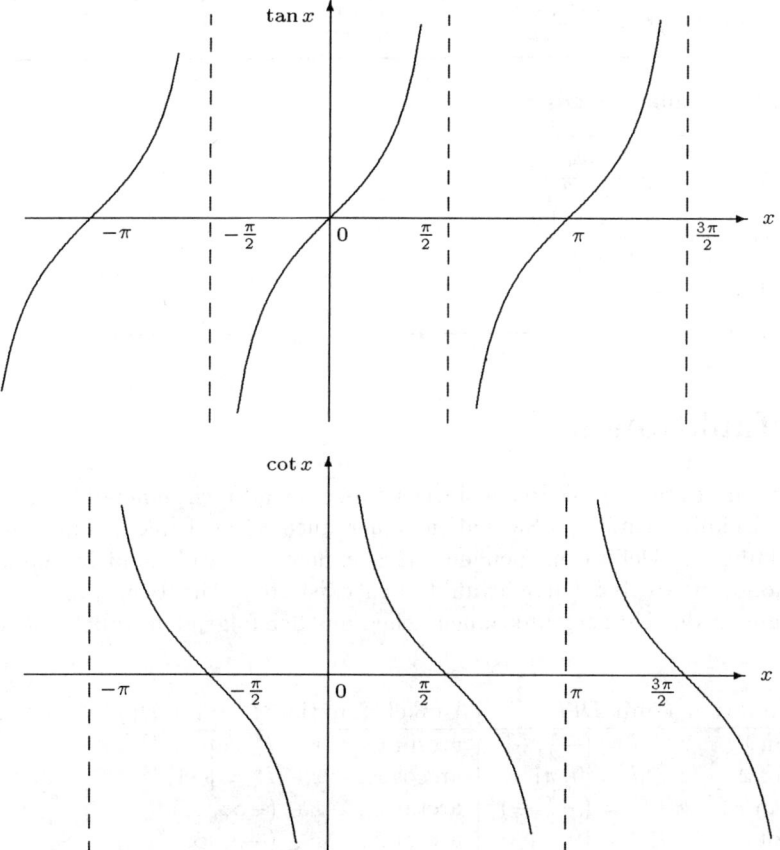

Speziell gilt:

x	0	$\frac{\pi}{6}$	$\frac{\pi}{4}$	$\frac{\pi}{3}$	$\frac{\pi}{2}$	$\frac{3\pi}{4}$	π
$\tan x$	0	$\frac{1}{3}\sqrt{3}$	1	$\sqrt{3}$	$-$	-1	0
$\cot x$	$-$	$\sqrt{3}$	1	$\frac{1}{3}\sqrt{3}$	0	-1	$-$

Wir stellen einige Eigenschaften von tan und cot zusammen.

Für zulässige x gilt

$$\tan(x+\pi) = \tan x \qquad \cot(x+\pi) = \cot x$$
$$\tan(-x) = -\tan x \qquad \cot(-x) = -\cot x$$

Für zulässige x, y gelten die **Additionstheoreme**

$$\tan(x+y) = \frac{\tan x + \tan y}{1 - \tan x \cdot \tan y}$$
$$\cot(x+y) = \frac{\cot x \cdot \cot y - 1}{\cot x + \cot y}$$

Speziell gilt für zulässige x

$$\tan 2x = \frac{2\tan x}{1 - \tan^2 x}$$
$$\cot 2x = \frac{\cot^2 x - 1}{2\cot x}$$
$$1 + \tan^2 x = \frac{1}{\cos^2 x}$$

Arcusfunktionen

Die trigonometrischen Funktionen sin, cos, tan, cot sind nicht eineindeutig auf ihrer gesamten Definitionsmenge. Sie haben daher auch keine Umkehrfunktionen. Bei Beschränkung der Definitionsmengen auf geeignete Intervalle sind die Funktionen streng monoton, so daß Umkehrfunktionen existieren. Die Beschränkungen und Bezeichnungen der Umkehrfunktionen gehen aus der folgenden Tabelle hervor:

Funktion f mit $D(f) = I$		Umkehrfunktion f^{-1} mit $D(f^{-1}) = I^*$	
$\sin x$,	$x \in I = [-\frac{\pi}{2}, \frac{\pi}{2}]$	$\arcsin x$,	$x \in I^* = [-1, 1]$
$\cos x$,	$x \in I = [0, \pi]$	$\arccos x$,	$x \in I^* = [-1, 1]$
$\tan x$,	$x \in I = (-\frac{\pi}{2}, \frac{\pi}{2})$	$\arctan x$,	$x \in (-\infty, \infty)$
$\cot x$,	$x \in I = (0, \pi)$	$\text{arccot } x$,	$x \in (-\infty, \infty)$

Die so definierten Umkehrfunktionen heißen **Arcussinus**, **Arcuscosinus**, sowie **Arcustangens** und **Arcuscotangens**. Diese Funktionen werden auch **Arcus-funktionen** genannt.

Die Graphen der Arcusfunktionen haben die Gestalt:

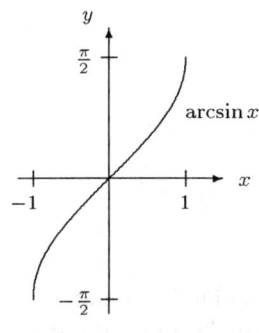

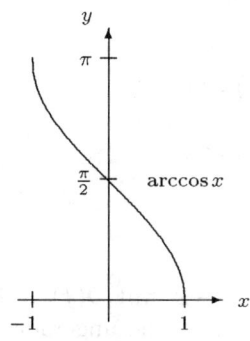

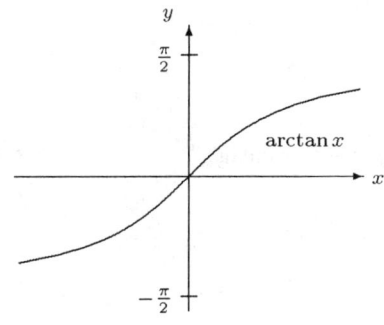

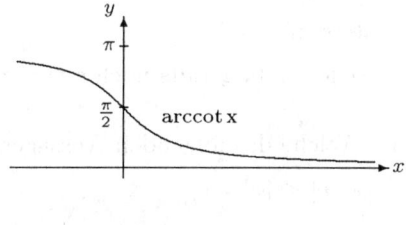

Beispiele:

(36)   Die Gleichung $y = \sin x$, $x \in [-\frac{\pi}{2}, \frac{\pi}{2}]$ mit $y \in [-1,1]$ hat die Lösung $x = \arcsin y$. So hat $\frac{1}{2}\sqrt{2} = \sin x$, $x \in [-\frac{\pi}{2}, \frac{\pi}{2}]$ die Lösung $x = \arcsin(\frac{1}{2}\sqrt{2}) = \frac{\pi}{4}$.

(37)   Die Gleichung $y = \tan x$, $x \in (-\frac{\pi}{2}, \frac{\pi}{2})$ mit $y \in (-\infty, \infty)$ hat die Lösung $x = \arctan y$. So hat $1 = \tan x$, $x \in (-\frac{\pi}{2}, \frac{\pi}{2})$ die Lösung $x = \arctan 1 = \frac{\pi}{4}$.

TESTS

T4.1: Sei $f : \mathbb{R} \to \mathbb{R}$ mit $D(f) = (-2,2)$ und $f(x) = x^2$. Dann gilt

( ) f ist monoton

( ) f ist gerade

( ) f ist beschränkt

( ) $\displaystyle\sup_{x \in D(f)} f(x) = 4$

( ) $\displaystyle\max_{x \in D(f)} f(x) = 4$

( ) $\displaystyle\min_{x \in D(f)} f(x) = 0$.

T4.2: Seien $f : \mathbb{R} \to \mathbb{R}$ mit $D(f) = \mathbb{R}$, $f \not\equiv 0$ eine gerade Funktion und $g : \mathbb{R} \to \mathbb{R}$ mit $D(g) = \mathbb{R}$, $g \not\equiv 0$ eine ungerade Funktion. Dann ist die Funktion $h : \mathbb{R} \to \mathbb{R}$ mit $D(h) = \mathbb{R}$ und $h(x) = f(x) \cdot g(x)$

( )   stets gerade.

( )   stets ungerade.

( )   weder stets gerade noch stets ungerade.

T4.3: Welche der folgenden Aussagen sind für $x, y, z \in \mathbb{R}$ richtig?

( ) $|x-y| \le |x| - |y|$

( ) $-|x-y| \le |x| - |y| \le |x-y|$

( ) $|x+y-z| \le |x| + |y| + |z|$

( ) $|x+y-z| \le |x| + |y-z|$

T4.4: Sei p_n ein Polynom vom Grad n und sei $x_0 \in \mathbb{R}$ gegeben.

( ) $p_n(x_0)$ läßt sich mit dem Hornerschema berechnen.

( )   Für eine Darstellung $p_n(x) = (x-x_0)p_{n-1}(x) + c_0$, $x \in \mathbb{R}$, mit einem Polynom p_{n-1} vom Grad kleiner gleich $n-1$ liefert das Hornerschema c_0 und die Koeffizienten von p_{n-1}.

( )   Seien p_n und q_n zwei Polynome vom Grad n. Gilt $p_n(x_i) = q_n(x_i)$ für n verschiedene Stellen x_i, $i = 1, \ldots, n$, so ist $p_n(x) = q_n(x)$ für alle $x \in \mathbb{R}$.

( )   Seien p_n und q_n zwei Polynome vom Grad n. Gilt $p_n(x_i) = q_n(x_i)$ für $n+1$ verschiedene Stellen x_i, $i = 1, \ldots, n+1$, so ist $p_n(x) = q_n(x)$ für alle $x \in \mathbb{R}$.

T4.5: Es gilt:

( )   Eine rationale Funktion ist stets auf ganz $\mathbb{R}$ definiert.

( )   Es ist $\sqrt{x}$ für alle $x \in \mathbb{R}$ definiert.

( ) $\sqrt[3]{-9}$ ist nicht definiert.

( )   Zu $f : \mathbb{R} \to \mathbb{R}$ mit $D(f) = \mathbb{R}$ und $f(x) = x^2$ ist $g : \mathbb{R} \to \mathbb{R}$ mit $D(g) = [0, \infty)$ und $g(x) = \sqrt{x}$ Umkehrfunktion.

T4.6: Welche Aussagen sind richtig?

( )   Für die Umrechnung von x im Bogenmaß in α im Gradmaß gilt $\alpha = \frac{180°}{\pi} x$.

( ) $\sin x$, $x \in \mathbb{R}$, ist periodisch mit der Periode 2π.

( ) $\sin x$, $x \in \mathbb{R}$, ist periodisch mit der Periode 4π.

( ) $\sin \frac{2\pi}{T} x$, $x \in \mathbb{R}$, mit $T > 0$ hat die Periode T.

ÜBUNGEN

Ü4.1: Gegeben seien die Funktionen $f_i : \mathbb{R} \to \mathbb{R}$, $i = 1, \ldots, 6$, mit $D(f_1) = (0, \infty)$, $D(f_2) = [0, \infty)$, $D(f_3) = (0, 1)$, $D(f_4) = (0, 1]$, $D(f_5) = [0, 1]$, $D(f_6) = (-1, \infty)$ und

$$f_i(x) = \frac{x}{x+1}, \quad x \in D(f_i).$$

Weiter sei $f_7 : \mathbb{R} \to \mathbb{R}$ mit $D(f_7) = [-1, \infty)$ und

$$f_7(x) = \begin{cases} \frac{x}{x+1}, & x \in (-1, \infty) \\ 1, & x = -1. \end{cases}$$

Untersuchen Sie die Funktionen f_i, $i = 1, \ldots, 7$, auf Monotonie und geben Sie jeweils, falls existent, das Supremum, das Maximum, das Infimum und das Minimum an.

Ü4.2: Gegeben sei die Funktion $f : \mathbb{R} \to \mathbb{R}$ mit $D(f) = [0, \infty)$ und

$$f(x) = \frac{x^2 + 1}{x^2 + 2}.$$

a)   Begründen Sie, daß die Funktion f streng monoton wachsend ist.

b)   Zeigen Sie $\inf_{x \in D(f)} f(x) = \frac{1}{2}$.

c)   Beweisen Sie $\sup_{x \in D(f)} f(x) = 1$.

d)   Ist f beschränkt?

e)   Besitzt f ein Minimum und ein Maximum?

Ü4.3:   Gegeben seien die Funktionen

$$f : \mathbb{R} \to \mathbb{R} \text{ mit } D(f) = \mathbb{R} \text{ und } f(x) = \left|1 - |x + 3|\right|,$$
$$g : \mathbb{R} \to \mathbb{R} \text{ mit } D(g) = \mathbb{R} \text{ und } g(x) = \tfrac{1}{3}|x + 4|.$$

a)   Stellen Sie die Graphen der Funktionen f und g für $x \in [-7, 2]$ in einem kartesischen Koordinatensystem dar.

b)   Lesen Sie aus der Zeichnung die Lösungsmenge der Ungleichung $f \leq g$, also der Ungleichung $\left|1 - |x+3|\right| \leq \tfrac{1}{3}|x+4|$, ab. Markieren Sie die Lösungsmenge in der Zeichnung. Wie lautet die Lösungsmenge in der Intervallschreibweise?

c)   Bestimmen Sie die Lösungsmenge der Gleichung $f(x) = 1$, $x \in \mathbb{R}$.

Ü4.4:   Bestimmen Sie alle $x \in \mathbb{R}$, die der jeweiligen Ungleichung genügen. Benutzen Sie bei der Angabe der Lösungsmengen die Intervallschreibweise.

a) $\dfrac{|x + 5|}{4 - |x|} \leq 2$

b) $x^3 - x^2 - 15x < 2x^2 - 5x$ (Hinweis: $x^2 - 3x - 10 = (x + 2)(x - 5)$)

c) $\dfrac{x^2 + 10x + 5}{(x + 3)(x - 1)} \leq -\dfrac{5}{3}$

Ü4.5:   Es seien $p(x) = x^5 + x^4 + 2x^2 - 3x + 2$ und $s(x) = x(x + 1)(x - 3)$ für $x \in \mathbb{R}$.

a)   Bestimmen Sie mit Hilfe des Hornerschemas

(i) $p(-1)$ und $p(-2)$

(ii)   ein Polynom q und eine Konstante $c_0 \in \mathbb{R}$, so daß

$$p(x) = (x + 1)q(x) + c_0$$

ist.

b)   Wie lautet der größtmögliche Definitionsbereich $D(r)$ der rationalen Funktion r mit $r(x) = \dfrac{p(x)}{s(x)}$. Stellen Sie r in der Form

$$r(x) = h(x) + \frac{t(x)}{s(x)}, \quad x \in D(r)$$

dar mit einem Polynom t vom Grad kleiner 3 und einem Polynom h.

Ü4.6: Für eine Funktion $f : \mathbb{R} \to \mathbb{R}$ mit $D(f) = [-1, 4]$ seien an vier Stützstellen x_i die Funktionswerte $y_i = f(x_i)$, $i = 1, 2, 3, 4$, gemäß folgender Tabelle gegeben

x_i	0	1	2	3
y_i	3	2	-1	1

Bestimmen Sie das Interpolationspolynom $p_3(x)$ vom Grad kleiner gleich 3 und skizzieren Sie $p_3(x)$.

Ü4.7: Eine Funktion $f : \mathbb{R} \to \mathbb{R}$ mit $D(f) = \mathbb{R}$ und $f(t) = A \sin(\omega t + \varphi)$ nennt man Sinusschwingung mit der Amplitude A, der Kreisfrequenz ω und der Phase(nverschiebung) φ. Ein Oszilloskop erzeugt aus den beiden Eingangsschwingungen f_1, f_2 mit

$$f_1(t) = \sqrt{2} \cos\left(\frac{5}{3}t + \frac{\pi}{4}\right), \quad f_2(t) = \sqrt{2} \sin\left(\frac{5}{3}t + \frac{\pi}{4}\right), \quad t \in \mathbb{R}$$

das Bild der Überlagerung $g(t) = f_1(t) + f_2(t)$.

a) Zeigen Sie, daß die Überlagerung g ebenfalls eine Sinusschwingung ist.

b) Bestimmen Sie A, ω, φ mit $A > 0$, $\omega \geq 0$, $\varphi \in [0, 2\pi)$ für die Darstellung von g als Sinusschwingung.

c) Welche kleinste Periode besitzt g? Skizzieren Sie den Graphen von g.

Ü4.8: a) Verwenden Sie die Additionstheoreme von Sinus und Cosinus zum Beweis von

$$\tan(x + y) = \frac{\tan x + \tan y}{1 - (\tan x) \cdot (\tan y)}$$

für $(\tan x) \cdot (\tan y) \neq 1$.

b) Verwenden Sie das Ergebnis von a) zum Beweis von

$$\arctan x + \arctan y = \arctan\left(\frac{x + y}{1 - xy}\right)$$

für $xy < 1$.

Ü4.9: a) Seien f und g streng monoton wachsende reelle Funktionen mit $B(f) \subset D(g)$. Zeigen Sie, daß $g \circ f$ streng monoton wachsend ist.

b) Sei $h : \mathbb{R} \to \mathbb{R}$ mit $D(h) = [0, \sqrt{\frac{\pi}{2}}]$ und $h(x) = 2\sin(x^2)$.

(i) Zeigen Sie, daß h streng monoton wachsend ist.

(ii)   Begründen Sie, daß die Umkehrfunktion h^{-1} existiert, und bestimmen Sie h^{-1} explizit.

(iii)   Skizzieren Sie den Graphen von h^{-1} unter Zuhilfenahme des Graphen von h.

Ü4.10:   a)   Beweisen Sie für $x \in [-1, 1]$

$$\arcsin x = \frac{\pi}{2} - \arccos x \,.$$

b)   Sei $f : \mathbb{R} \to \mathbb{R}$ mit $D(f) = [2, \infty)$ und

$$f(x) = \frac{x}{2} + \sqrt{\frac{x^2}{4} - 1} \,.$$

Begründen Sie, daß zu f eine Umkehrfunktion f^{-1} existiert. Bestimmen Sie f^{-1} explizit.

5   Komplexe Zahlen

Die Menge $\mathbb{C}$ der komplexen Zahlen läßt sich als Erweiterung der Menge $\mathbb{R}$ der reellen Zahlen betrachten. So hat die Gleichung $z^2 + 1 = 0$ für $z \in \mathbb{C}$ eine (komplexe) Lösung, während die Gleichung $z^2 + 1 = 0$ für $z \in \mathbb{R}$ keine (reelle) Lösung hat.

Definition 5.1 *Die Menge $\mathbb{C}$ der **komplexen Zahlen** ist wie folgt definiert:*

(i) Eine komplexe Zahl $z \in \mathbb{C}$ ist ein Zahlenpaar

$$z = (x, y) \quad mit\ x, y \in \mathbb{R}\,.$$

*Es heißen x der **Realteil** von z und y der **Imaginärteil** von z, geschrieben $x = \mathrm{Re}\,(z)$ und $y = \mathrm{Im}\,(z)$.*

*(ii) Zwei komplexe Zahlen $z_1 = (x_1, y_1) \in \mathbb{C}$ und $z_2 = (x_2, y_2) \in \mathbb{C}$ heißen gleich, wenn $x_1 = x_2$ **und** $y_1 = y_2$.*

*(iii) Auf $\mathbb{C}$ ist eine **Addition** erklärt durch*

$$z_1 + z_2 = (x_1 + x_2\,,\ y_1 + y_2)\,,$$

*und es ist eine **Multiplikation** erklärt durch*

$$z_1 \cdot z_2 = (x_1 x_2 - y_1 y_2\,,\ x_1 y_2 + x_2 y_1)$$

für $z_1 = (x_1, y_1) \in \mathbb{C}$, $z_2 = (x_2, y_2) \in \mathbb{C}$.

Für $z_1 \cdot z_2$ schreibt man auch $z_1 z_2$. Man prüft leicht nach, daß die Körperaxiome (s. Kapitel 1) erfüllt sind. Dabei ist mit $z = (x, y)$

$(0, 0)$ das Nullelement, denn es ist $(x, y) + (0, 0) = (x, y)$,

$(1, 0)$ das Einselement, denn es ist $(x, y) \cdot (1, 0) = (x, y)$,

$(-x, -y)$ das Element $-z$, denn es ist $(x, y) + (-x, -y) = (0, 0)$ und

$\left(\dfrac{x}{x^2 + y^2}\,,\ -\dfrac{y}{x^2 + y^2}\right)$ das Element z^{-1} für $z \neq (0, 0)$, denn es ist

$$(x, y) \cdot \left(\frac{x}{x^2 + y^2}\,,\ -\frac{y}{x^2 + y^2}\right) = (1, 0)\,.$$

Daraus folgt, daß auf $\mathbb{C}$ eine **Subtraktion** erklärt ist mit

$$z_1 - z_2 = (x_1 - x_2\,,\ y_1 - y_2)$$

und eine **Division** mit

$$\frac{z_1}{z_2} = \left(\frac{x_1 x_2 + y_1 y_2}{x_2^2 + y_2^2}\,,\ \frac{-x_1 y_2 + x_2 y_1}{x_2^2 + y_2^2}\right)$$

für $z_2 \neq (0,0)$. Doch ist in $\mathbb{C}$ keine Ordnungsrelation "$<$" definiert, die komplexen Zahlen sind also nicht geordnet. Demnach ist $\mathbb{C}$ ein Körper, aber kein geordneter Körper.

Für die spezielle komplexe Zahl $(0,1)$ führt man die Bezeichnung

$$i = (0,1)$$

ein und nennt i die **komplexe Einheit**. Es ist $i \cdot i = (-1,0)$. Identifiziert man die komplexe Zahl $(x,0)$ mit der reellen Zahl x, schreibt also

$$(x,0) = x \,,$$

so folgt für $z = (x,y) \in \mathbb{C}$ aus den Rechenregeln die Darstellung

$$z = x + iy \,.$$

Für $z = x + iy$ heißt

$$\overline{z} = x - iy$$

die zu z **konjungiert komplexe** Zahl. Ist $x = 0$, so heißt $z = iy$ **rein imaginär**.

Die Darstellung einer komplexen Zahl in der Form $z = x + iy$ hat den Vorteil, daß man **formal** Rechenregeln wie im Reellen anwenden kann, wenn man $i \cdot i = -1$ berücksichtigt und zum Schluß die Terme ohne bzw. mit i jeweils zusammenfaßt. So ergibt sich mit $z_1 = x_1 + iy_1$ und $z_2 = x_2 + iy_2$ für die Addition

$$z_1 + z_2 = (x_1 + iy_1) + (x_2 + iy_2) = (x_1 + x_2) + i(y_1 + y_2)$$

und für die Multiplikation

$$z_1 \cdot z_2 = (x_1 + iy_1) \cdot (x_2 + iy_2) = x_1 x_2 + i x_1 y_2 + i x_2 y_1 + i \cdot i y_1 y_2$$
$$= (x_1 x_2 - y_1 y_2) + i(x_1 y_2 + x_2 y_1) \,,$$

jeweils in Übereinstimmung mit Definition 5.1.

Bei der Division $\dfrac{z_1}{z_2}$ für $z_2 \neq 0$ erweitert man zunächst mit $\overline{z}_2$

$$\frac{z_1}{z_2} = \frac{z_1 \cdot \overline{z}_2}{z_2 \cdot \overline{z}_2} = \frac{(x_1 + iy_1)(x_2 - iy_2)}{(x_2 + iy_2)(x_2 - iy_2)}$$
$$= \frac{x_1 x_2 + y_1 y_2}{x_2^2 + y_2^2} + i \frac{-x_1 y_2 + x_2 y_1}{x_2^2 + y_2^2} \,.$$

Es gilt

$$\overline{\overline{z}} = z, \quad \mathrm{Re}(z) = \frac{1}{2}(z + \overline{z}), \quad \mathrm{Im}(z) = \frac{1}{2i}(z - \overline{z}),$$

$$\overline{z_1 + z_2} = \overline{z_1} + \overline{z_2}, \quad \overline{z_1 \cdot z_2} = \overline{z_1} \cdot \overline{z_2}, \quad \overline{\left(\frac{z_1}{z_2}\right)} = \frac{\overline{z_1}}{\overline{z_2}} \quad \text{für } z_2 \neq 0.$$

Für $z \in \mathbb{C}$ sind die Potenzen definiert durch $z^0 = 1$, $z^n = z(z^{n-1}) = \prod_{i=1}^{n} z$ für $n \in \mathbb{N}$. Weiter setzt man $z^{-n} = \frac{1}{z^n}$ für $z \neq 0$ und $n \in \mathbb{N}$.

Beispiele:

(1)   Für $z_1 = 2 + 4i$ und $z_2 = 1 - 3i$ ist

$z_1 + z_2 = 3 + i$

$z_1 - z_2 = 1 + 7i$

$z_1 \cdot z_2 = 14 - 2i$

$\dfrac{z_1}{z_2} = \dfrac{z_1 \overline{z_2}}{z_2 \overline{z_2}} = \dfrac{(2 + 4i)(1 + 3i)}{10} = -1 + i.$

(2)   Die Gleichung $z^2 + 1 = 0$, $z \in \mathbb{C}$, hat die Lösung $z = i$. Eine weitere Lösung ist $z = -i$.

Komplexe Zahlen lassen sich in einem kartesischen Koordinatensystem veranschaulichen. Auf der Abszisse ist der Realteil, auf der Ordinate der Imaginärteil aufgetragen. Man spricht von einer Darstellung in der **Gaußschen Zahlenebene**.

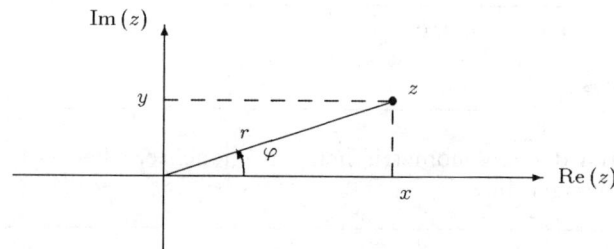

Neben der Darstellung $z = x + iy$ ist oft eine Darstellung von z in **Polarkoordinaten** (r, φ) vorteilhaft (s. Gaußsche Zahlenebene), so daß

$$z = r(\cos\varphi + i\sin\varphi)$$

mit $r \geq 0$ und $\varphi \in \mathbb{R}$. Es ist

$$r = |z| = \sqrt{x^2 + y^2} \quad \text{der } \textbf{Betrag} \text{ von } z$$

und $\varphi = \arg z$ (im Bogenmaß) das **Argument** von z. Ist $z \neq 0$, so ist φ bis auf additive Vielfache von 2π aus

$$\cos \varphi = \frac{x}{r} \quad \textbf{und} \quad \sin \varphi = \frac{y}{r}$$

eindeutig bestimmt. Man beachte, daß φ aus einer der beiden Gleichungen allein nicht festgelegt werden kann, da dann φ noch in zwei Quadranten liegen kann. Bequem läßt sich der Quadrant durch Betrachtung der Vorzeichen bestimmen.

Vorzeichen cos	+	−	−	+
Vorzeichen sin	+	+	−	−
Quadrant	1	2	3	4

Fordert man $0 \leq \varphi < 2\pi$, so ist φ für $z \neq 0$ eindeutig bestimmt. Man spricht dann auch vom Hauptwert des Arguments. Es ist $|z| \geq 0$ und $|z| = 0$ genau dann, wenn $z = 0$. Weiter gilt

$$|z|^2 = z \cdot \overline{z}, \quad |z_1 \cdot z_2| = |z_1| \cdot |z_2|,$$

und wie im Reellen gilt die Dreiecksungleichung

$$|z_1 + z_2| \leq |z_1| + |z_2|.$$

Nützlich ist die folgende Festlegung in

Definition 5.2 *Für* $\varphi \in \mathbb{R}$ *sei*

$$e^{i\varphi} = \cos \varphi + i \sin \varphi.$$

Aus Eigenschaften der trigonometrischen Funktionen ergeben sich aus Definition 5.2 direkt die Aussagen in

---

Satz 5.1 *Seien* $\varphi \in \mathbb{R}$, $\psi \in \mathbb{R}$. *Dann gilt*

$$|e^{i\varphi}| = 1, \quad e^{i(\varphi + 2\pi k)} = e^{i\varphi} \ \textit{für } k \in \mathbb{Z}$$

$$e^{i0} = 1, \quad e^{i\pi} = -1, \quad e^{i2\pi} = 1$$

$$e^{-i\varphi} = \overline{e^{i\varphi}} = \cos \varphi - i \sin \varphi$$

$$e^{i\varphi} \cdot e^{i\psi} = e^{i(\varphi + \psi)}$$

$$\frac{e^{i\varphi}}{e^{i\psi}} = e^{i(\varphi - \psi)}.$$

Die Polarkoordinatendarstellung von z läßt sich mit Definition 5.2 schreiben als

$$z = re^{i\varphi}\,,$$

und aus Satz 5.1 ergibt sich direkt

Satz 5.2 *Seien $z_1 = r_1 e^{i\varphi_1}$ und $z_2 = r_2 e^{i\varphi_2}$. Dann ist*

$$z_1 \cdot z_2 = r_1 r_2 e^{i(\varphi_1 + \varphi_2)} = r_1 r_2 [\cos(\varphi_1 + \varphi_2) + i\sin(\varphi_1 + \varphi_2)]$$

$$\frac{z_1}{z_2} = \frac{r_1}{r_2} e^{i(\varphi_1 - \varphi_2)} = \frac{r_1}{r_2} [\cos(\varphi_1 - \varphi_2) + i\sin(\varphi_1 - \varphi_2)]\,, \ z_2 \neq 0\,.$$

Beispiele:

(3)   Für $z = -2 + 2i$ ist $|z| = \sqrt{4+4} = 2\sqrt{2}$ und aus $\cos\varphi = -\frac{2}{2\sqrt{2}} = -\frac{1}{2}\sqrt{2}$ und $\sin\varphi = \frac{2}{2\sqrt{2}} = \frac{1}{2}\sqrt{2}$ ergibt sich mit Hilfe der Vorzeichenregel $\arg z = \frac{3}{4}\pi$. Demnach ist $z = 2\sqrt{2}\,e^{i\frac{3}{4}\pi} = 2\sqrt{2}(\cos\frac{3}{4}\pi + i\sin\frac{3}{4}\pi)$ eine Polarkoordinatendarstellung von z.

(4)   Ist $\arg z = \varphi$, so ist $\arg\overline{z} = -\varphi$ und es ist $|\overline{z}| = |z|$. Aus $z = |z|e^{i\varphi}$ folgt daher $\overline{z} = |z|e^{-i\varphi}$.

(5)   Für $z_1 = 2e^{i\frac{\pi}{6}}$ und $z_2 = 3e^{i\frac{4\pi}{3}}$ ist $z_1 \cdot z_2 = 6e^{i\frac{3\pi}{2}} = -6i$ und $\frac{z_1}{z_2} = \frac{2}{3}e^{-i\frac{7\pi}{6}} = \frac{2}{3}\left(-\frac{1}{2}\sqrt{3} + i\frac{1}{2}\right) = -\frac{1}{3}\sqrt{3} + \frac{1}{3}i$.

Bemerkungen und Ergänzungen:

(6)   Satz 5.2 zeigt, daß bei der Multiplikation bzw. Division die Beträge multipliziert bzw. dividiert und die Argumente addiert bzw. subtrahiert werden.

(7)   In Definition 5.2 wird eine Abbildung $f : \mathbb{R} \to \mathbb{C}$ definiert mit $D(f) = \mathbb{R}$ und $f(\varphi) = \cos\varphi + i\sin\varphi$. Wir haben diese Definition hier formal (ohne Bezug zur später zu definierenden komplexen Exponentialfunktion) eingeführt und daraus die Rechenregeln in Satz 5.1 hergeleitet. Diese sind oft sehr hilfreich für ein bequemes Rechnen.

(8)   Definition 5.2 geht auf LEONHARD EULER (1707 – 1783) zurück. Euler verfaßte grundlegende Arbeiten zur Analysis, Variationsrechnung, Differentialgeometrie, Zahlentheorie, Hydrodynamik, Kreiseltheorie.

(9)   Es ist (k Faktoren) $e^{i\varphi} \cdot e^{i\varphi} \cdots e^{i\varphi} = e^{ik\varphi}$ und $\left(e^{i\varphi} \cdots e^{i\varphi}\right)^{-1} = e^{-ik\varphi}$ nach Satz 5.1. Daher gilt

---

$$(\cos\varphi + i\sin\varphi)^k = \cos k\varphi + i\sin k\varphi \quad \text{für } k \in \mathbb{Z}\,.$$

Dies ist die **Moivresche Formel** nach ABRAHAM DE MOIVRE (1667 – 1754).

Mit der Moivreschen Formel lassen sich bequem Beziehungen zwischen Winkel-funktionen herleiten. So folgt für $k = 3$

$$(\cos \varphi + i \sin \varphi)^3 = \cos 3\varphi + i \sin 3\varphi \, .$$

Die linke Seite ergibt

$$\cos^3 \varphi + i 3 \cos^2 \varphi \sin \varphi - 3 \cos \varphi \sin^2 \varphi - i \sin^3 \varphi \, .$$

Der Vergleich von Real- und Imaginärteil mit der rechten Seite ergibt

$$\cos 3\varphi = \cos^3 \varphi - 3 \cos \varphi \sin^2 \varphi = 4 \cos^3 \varphi - 3 \cos \varphi$$
$$\sin 3\varphi = - \sin^3 \varphi + 3 \cos^2 \varphi \sin \varphi = -4 \sin^3 \varphi + 3 \sin \varphi \, .$$

Aus $\left(e^{i\varphi}\right)^n = e^{in\varphi}$ und $e^{i(\varphi + 2\pi k)} = e^{i\varphi}$ für $n \in \mathbb{N}$ und $k \in \mathbb{Z}$ ergibt sich

---

Satz 5.3 *Sei $a \in \mathbb{C}$ mit $a \neq 0$ und $a = |a| e^{i\varphi}$. Dann hat die Gleichung*

$$z^n = a \, , \quad z \in \mathbb{C}$$

mit $n \in \mathbb{N}$ genau n verschiedene Lösungen. Diese sind

$$z_k = \sqrt[n]{|a|} \, e^{i\left(\frac{\varphi + 2\pi k}{n}\right)} = \sqrt[n]{|a|} \left(\cos \frac{\varphi + 2\pi k}{n} + i \sin \frac{\varphi + 2\pi k}{n} \right)$$

für $k = 0, 1, \ldots, n - 1$.

Die Lösungen in Satz 5.3 bezeichnet man auch als n-te Wurzeln. Ist $a = 1$, so spricht man von den n-ten Einheitswurzeln. Diese sind $z_k = e^{i\frac{2\pi k}{n}}$, $k = 0, 1, \ldots, n - 1$. Allgemein liegen die Lösungen z_k, $k = 0, \ldots, n-1$, von $z^n = a$ auf einem Kreis vom Radius $\sqrt[n]{|a|}$ um 0 in der komplexen Ebene. Sie bilden die Ecken eines regelmäßigen n-Ecks.

Beispiele:

(10)   Die Gleichung $z^2 + 1 = 0$, also $z^2 = -1$, $z \in \mathbb{C}$, hat wegen $a = -1 = e^{i\pi}$ die beiden Lösungen

$$z_1 = \sqrt{|-1|} \, e^{i\frac{\pi}{2}} = i \quad \text{und} \quad z_2 = \sqrt{|-1|} \, e^{i\frac{3\pi}{2}} = -i \, .$$

(11)   Die Gleichung

$$z^4 = 1 + i \, , \quad z \in \mathbb{C}$$

hat wegen $a = 1 + i = \sqrt{2} \, e^{i\frac{\pi}{4}}$ die 4 Wurzeln

$$z_k = (\sqrt{2})^{\frac{1}{4}} \, e^{i\left(\frac{\frac{\pi}{4} + 2\pi k}{4}\right)} = \sqrt[8]{2} \, e^{i\left(\frac{\pi}{16} + \frac{\pi k}{2}\right)} \, , \quad k = 0, 1, 2, 3 \, .$$

Die Wurzeln z_k, $k = 0, 1, 2, 3$ bilden die Ecken eines regelmäßigen 4-Ecks.

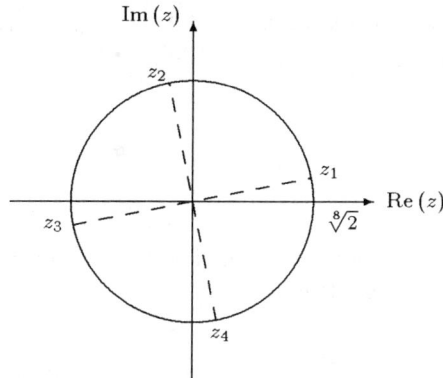

(12)   Mit Hilfe einer quadratischen Ergänzung weist man nach, daß die quadratische Gleichung (mit reellen Koeffizienten)

$$az^2 + bz + c = 0 \quad \text{für } z \in \mathbb{C}$$

mit $a, b, c \in \mathbb{R}$, $a \neq 0$, im Falle $b^2 - 4ac \neq 0$ genau zwei verschiedene Lösungen besitzt, nämlich

$$z_1 = \begin{cases} \dfrac{1}{2a}\left(-b + \sqrt{b^2 - 4ac}\right) & \text{, falls } b^2 - 4ac > 0 \\[2mm] \dfrac{1}{2a}\left(-b + i\sqrt{4ac - b^2}\right) & \text{, falls } b^2 - 4ac < 0 \end{cases}$$

$$z_2 = \begin{cases} \dfrac{1}{2a}\left(-b - \sqrt{b^2 - 4ac}\right) & \text{, falls } b^2 - 4ac > 0 \\[2mm] \dfrac{1}{2a}\left(-b - i\sqrt{4ac - b^2}\right) & \text{, falls } b^2 - 4ac < 0. \end{cases}$$

Im Falle $b^2 - 4ac = 0$ gibt es die (zweifache) Lösung $z_1 = z_2 = -\dfrac{b}{2a}$.

TESTS

T5.1: Der Betrag der komplexen Zahl $\frac{3}{2} - 2i$ ist

( ) $\frac{25}{4}$

( ) $\frac{7}{2}$

( ) $\frac{5}{2}$.

T5.2: Das Argument der komplexen Zahl $-2-2i$ ist (bis auf additive Vielfache von 2π)

( ) $225°$

( ) $\frac{5\pi}{4}$

( ) $-\frac{3\pi}{4}$.

T5.3: Welche der folgenden Mengen beschreibt den in der Skizze abgebildeten Kreis in der Gaußschen Zahlenebene?

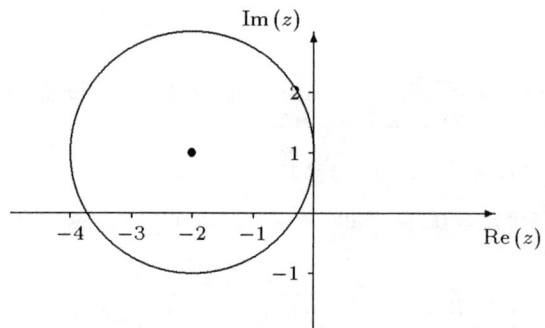

( ) $\{z \in \mathbb{C} : |z - (-2 + i)| = 2\}$

( ) $\{z \in \mathbb{C} : z = -2 + i + 2e^{i\varphi} , \, 0 \le \varphi < 2\pi\}$

( ) $\{z \in \mathbb{C} : z = x + iy , \, x, y \in \mathbb{R} , \, (x + 2)^2 + (y - 1)^2 = 4\}$

T5.4: Für $z \in \mathbb{C}$ gilt

( ) $\operatorname{Im}(z)$ ist eine rein imaginäre Zahl

( )   Es ist $z = \bar{z}$ genau dann, wenn $\operatorname{Im}(z) = 0$

( ) $-|z| \le z \le |z|$

( ) $|z|^2 = z \cdot \bar{z}$.

T5.5: Es gilt

( ) $\overline{e^{i\varphi}} = e^{-i\varphi} = \dfrac{1}{e^{i\varphi}}$ für $\varphi \in \mathbb{R}$

( ) $\left| \sum_{i=1}^{n} z_i \right| \le \sum_{i=1}^{n} |z_i|$ für $z_i \in \mathbb{C}$, $i = 1, \ldots, n$

( )   Für $a \in \mathbb{C}$ hat die Gleichung $z^n = a$, $z \in \mathbb{C}$, stets eine Lösung $z = \sqrt[n]{|a|}$.

ÜBUNGEN

Ü5.1:   a)   Berechnen Sie die komplexen Zahlen

$$z_1 = (2+i) \cdot \overline{(-1+6i)} \,, \quad z_2 = \frac{3+2i}{1-i} - \frac{5+i}{3+i}$$

und bestimmen Sie $|z_1 \cdot z_2|$.
Geben Sie das Ergebnis in der Form $x + iy$ mit $x, y \in \mathbb{R}$ an.

b)   Lösen Sie die Gleichung

$$\frac{2 + 10i + (-1+i)z}{1+i+(2-i)z} = 1 + 2i \,, \quad z \in \mathbb{C}.$$

Ü5.2:   Seien $z_1 = -4(1 + \sqrt{3}\,i)$ und $z_2 = -\sqrt{3} + i$.

a)   Bestimmen Sie die Polarkoordinatendarstellungen von z_1 und z_2 .

b)   Berechnen Sie unter Verwendung der Ergebnisse aus a) die Polarkoordinatendarstellungen von $z_3 = z_1 \cdot z_2$, $z_4 = \dfrac{z_1}{z_2}$, $z_5 = z_2^4$.

c)   Geben Sie z_3, z_4 und z_5 in der Form $x + iy$ mit $x, y \in \mathbb{R}$ an.

Ü5.3:   Bestimmen Sie alle Lösungen der Gleichung

$$z^6 + 64i = 0\,, \quad z \in \mathbb{C}$$

und skizzieren Sie diese in der komplexen Zahlenebene.

Ü5.4:   Zeigen Sie mit Hilfe der Moivreschen Formel, daß für alle $\varphi \in \mathbb{R}$ gilt

$$\sin 4\varphi = 4 \cos^3 \varphi \sin \varphi - 4 \cos \varphi \sin^3 \varphi$$
$$\cos 4\varphi = \cos^4 \varphi - 6 \cos^2 \varphi \sin^2 \varphi + \sin^4 \varphi \,.$$

Ü5.5:   Skizzieren Sie folgende Mengen in der Gaußschen Zahlenebene.

a) $M_1 = \{z \in \mathbb{C} : \mathrm{Im}\,(z^2) = 4\}$

b) $M_2 = \{z \in \mathbb{C} : z = x + iy,\ -2 \le x \le 0,\ 2 \le y \le 3 + \frac{1}{2}x\}$

c) $M_3 = \{z \in \mathbb{C} : 2 < |z| \le 4,\ \pi \le \arg z \le \frac{3}{2}\pi\}$

d) $M_4 = \{z \in \mathbb{C} : \big(z - (2-i)\big) \cdot \big(\overline{z} - (2+i)\big) > 4\}$

6   Binomische Formel, Kombinatorik, Wahrscheinlichkeiten

Wir geben zunächst die Definition der Fakultät und der Binomialkoeffizienten und zeigen anschließend einige Anwendungen in Analysis und Kombinatorik.

Definition 6.1 *(i) Für $n \in \mathbb{N}_0$ ist $n!$ (verbal: n **Fakultät**) definiert durch*

$$n! = \begin{cases} 1 \cdot 2 \cdots n & \text{für } n \in \mathbb{N} \\ 1 & \text{für } n = 0 . \end{cases}$$

*(ii) Für $\alpha \in \mathbb{R}$ und $k \in \mathbb{N}_0$ ist der **Binomialkoeffizient** $\binom{\alpha}{k}$ (verbal: α über k) definiert durch*

$$\binom{\alpha}{k} = \begin{cases} \dfrac{\alpha(\alpha-1)\cdots(\alpha-k+1)}{k!} & \text{für } k \in \mathbb{N} \\ 1 & \text{für } k = 0 \end{cases}$$

Beispiele:

(1)   Es kann $n!$ für $n = 2, 3, \ldots$ rekursiv über $n! = n \cdot (n-1)!$ und $1! = 1$ berechnet werden. Mit wachsendem n wächst $n!$ sehr schnell.

n	$n!$
1	1
2	2
3	6
4	24
5	120
6	720
7	5040
8	40320
9	362880
10	3628800

(2) $\binom{7}{3} = \dfrac{7 \cdot 6 \cdot 5}{1 \cdot 2 \cdot 3} = 35$, $\quad \binom{\frac{1}{2}}{4} = \dfrac{\frac{1}{2}(-\frac{1}{2})(-\frac{3}{2})(-\frac{5}{2})}{1 \cdot 2 \cdot 3 \cdot 4} = -\dfrac{15}{384} = -\dfrac{5}{128}$.

(3)   Ist $\alpha = n$ eine nichtnegative ganze Zahl, so ist für $k, n \in \mathbb{N}_0$ mit $k \leq n$

$$\binom{n}{k} = \frac{n!}{k!(n-k)!}, \quad \binom{n}{k} = \binom{n}{n-k}.$$

Speziell ist $\binom{n}{0} = 1$ und $\binom{0}{0} = 1$.

(4)   Für $n \in \mathbb{N}$ und $n < k$ ist $\binom{n}{k} = 0$.

(5)   Für $n \in \mathbb{N}$ und $0 \le k \le n-1$ gilt

$$\binom{n}{k} + \binom{n}{k+1} = \binom{n+1}{k+1}.$$

Die Formel erlaubt, $\binom{n}{k}$ durch Additionen rekursiv auszurechnen. Bequem erfolgt dies im **Pascalschen Dreieck** nach BLAISE PASCAL (1623-1662). Die Binomialkoeffizienten werden dabei wie folgt angeordnet

$$\binom{0}{0}$$
$$\binom{1}{0} \qquad \binom{1}{1}$$
$$\binom{2}{0} \qquad \binom{2}{1} \qquad \binom{2}{2}$$
$$\binom{3}{0} \qquad \binom{3}{1} \qquad \binom{3}{2} \qquad \binom{3}{3}$$

Die Summe zweier nebeneinanderstehender Binomialkoeffizienten ergibt den darunterstehenden Binomialkoeffizienten der nächsten Zeile. Der Anfang des Pascalschen Dreiecks ist

$$
\begin{array}{lccccccccccc}
n = 0 & & & & & 1 & & & & & \\
n = 1 & & & & 1 & & 1 & & & & \\
n = 2 & & & 1 & & 2 & & 1 & & & \\
n = 3 & & 1 & & 3 & & 3 & & 1 & & \\
n = 4 & 1 & & 4 & & 6 & & 4 & & 1 & \\
n = 5 & 1 & 5 & & 10 & & 10 & & 5 & & 1 \\
\end{array}
$$

(6)   Für $k, n \in \mathbb{N}$ gilt

$$\binom{-n}{k} = (-1)^k \binom{n+k-1}{k}.$$

Speziell ist $\binom{-1}{k} = (-1)^k$ und $\binom{-2}{k} = (-1)^k (k+1)$.

Eine analytische Anwendung der Binomialkoeffizienten findet sich im folgenden **Binomischen Satz**

Satz 6.1 *Für $a, b \in \mathbb{C}$ und $n \in \mathbb{N}_0$ ist*

$$(a+b)^n = \binom{n}{0} a^0 b^n + \binom{n}{1} a^1 b^{n-1} + \binom{n}{2} a^2 b^{n-2} + \ldots + \binom{n}{n} a^n b^0$$

$$= \sum_{k=0}^{n} \binom{n}{k} a^k b^{n-k} \, .$$

Beispiele:

(7) $(a+b)^5 = \sum_{k=0}^{5} \binom{5}{k} a^k b^{5-k} = b^5 + 5ab^4 + 10a^2 b^3 + 10a^3 b^2 + 5a^4 b + a^5$.

(8)   Für $a = b = 1$ folgt

$$\sum_{k=0}^{n} \binom{n}{k} = 2^n \, .$$

(9)   Für $a = -1$, $b = 1$ folgt

$$\sum_{k=0}^{n} (-1)^k \binom{n}{k} = 0 \, .$$

(10) $(1+z)^n = \sum_{k=0}^{n} \binom{n}{k} z^k$ für $z \in \mathbb{C}$.

Weitere Anwendungen der Fakultät und der Binomialkoeffizienten finden sich in der **Kombinatorik**. Grundlegend ist der folgende **Fundamentalsatz der Kombinatorik** (Abzähltheorem).

Satz 6.2 *Für jedes i mit $i = 1, 2, \ldots, k$ sei $A_i = \{a_1^{(i)}, \ldots, a_{n_i}^{(i)}\}$ eine Menge mit n_i Elementen. Dann gibt es $n_1 \cdot n_2 \cdots n_k$ verschiedene geordnete k-Tupel $(a_*^{(1)}, a_*^{(2)}, \ldots, a_*^{(k)})$ mit $a_*^{(i)} \in A_i$ für $i = 1, \ldots, k$.*

In dem geordneten k-Tupel $(a_*^{(1)}, a_*^{(2)}, \ldots, a_*^{(k)})$ steht also an erster Stelle ein Element aus A_1, an zweiter Stelle ein Element aus $A_2, \ldots$, an k-ter Stelle ein Element aus A_k. Für $k = 2$ macht man sich das Ergebnis leicht an einem rechteckigen Schema (Matrix) mit den n_1 Elementen von A_1 bzw. n_2 Elementen von A_2 als Randzeilen bzw. Randspalten klar. Bei geordneten k-Tupeln kommt es stets auf die Reihenfolge an.

Beispiele:

(11)   Einem Topf T_1 mit $n_1 = 5$ verschiedenen Kugeln entnehmen wir eine Kugel, danach einem Topf T_2 mit $n_2 = 7$ verschiedenen Kugeln eine Kugel und schließlich einem Topf T_3 mit $n_3 = 12$ verschiedenen Kugeln eine Kugel. Die entnommenen Kugeln ordnen wir in der Reihenfolge ihrer Entnahme. Dann gibt es $n_1 \cdot n_2 \cdot n_3 = 5 \cdot 7 \cdot 12 = 420$ verschiedene Ergebnisreihen.

(12)   Eine Telefonnummer bestehe aus einer 5-stelligen Vorwahlnummer und einer 4-stelligen Rufnummer. Für jede Stelle dieser Nummern stehen die Ziffern $0, 1, \ldots, 9$ zur Verfügung. Dabei sei die erste Ziffer der Vorwahl eine 0 und die zweite Ziffer sei stets ungleich 0. Bei der Rufnummer sei die erste Ziffer stets ungleich 0. Dann gibt es $1 \cdot 9 \cdot 10 \cdot 10 \cdot 10 \cdot 9 \cdot 10 \cdot 10 \cdot 10 = 81\,000\,000$ verschiedene Telefonnummern.

Die nächsten Sätze enthalten Folgerungen aus Satz 6.2 für spezielle Situationen.

Satz 6.3 *Sei $A = \{a_1, \ldots, a_n\}$ eine Menge mit n Elementen. Dann gibt es n^k verschiedene geordnete k-Tupel $(a_{i_1}, a_{i_2}, \ldots, a_{i_k})$ von Elementen aus A.*

In den geordneten k-Tupeln von Satz 6.3 steht an jeder der k Stellen ein Element aus A, es dürfen Elemente von A mehrfach auftreten. Ist dies nicht erlaubt, so ist Satz 6.4 anzuwenden.

Beispiele:

(13)   Wir entnehmen einem Topf T mit n verschiedenen Kugeln eine Kugel, notieren das Ergebnis und legen die Kugel in T zurück. Danach entnehmen wir erneut eine Kugel, notieren $\ldots$. Insgesamt machen wir so k Entnahmen. Dann gibt es n^k verschiedene Ergebnisreihen der Länge k.

(14)   Beim Fußballtoto haben wir bei 11 Spielen jeweils 3 Tipmöglichkeiten. Daher können wir den Tipschein auf $3^{11} = 177\,147$ verschiedene Arten ausfüllen.

(15)   Beim Morse-Alphabet gibt es zwei Grundelemente − und $\cdot$. Ein Zeichen ist aus mindestens einem und höchstens 5 Grundelementen aufgebaut. Daher gibt es $2^1 + 2^2 + 2^3 + 2^4 + 2^5 = 62$ verschiedene Zeichen.

Satz 6.4 *Sei $A = \{a_1, \ldots, a_n\}$ eine Menge mit n Elementen. Dann gibt es $n(n-1) \cdots (n-k+1) = \dfrac{n!}{(n-k)!}$ verschiedene geordnete k-Tupel $(a_{i_1}, a_{i_2}, \ldots, a_{i_k})$ von Elementen aus A, wobei jedes Element höchstens einmal im k-Tupel auftreten darf $(k \leq n)$.*

In den geordneten k-Tupeln von Satz 6.4 steht an erster Stelle ein beliebiges Element aus A, und an zweiter Stelle ein davon verschiedenes Element aus $A, \ldots$, an k-ter Stelle ein von allen vorhergehenden Elementen verschiedenes Element aus A.

Beispiele:

(16)   Einem Topf T mit n verschiedenen Kugeln entnehmen wir eine Kugel, danach, ohne die gezogene Kugel zurückzulegen, eine weitere Kugel .... Insgesamt machen wir so k Entnahmen $(k \leq n)$. Wir ordnen die Kugeln in der Reihenfolge ihrer Entnahme nebeneinander an. Dann gibt es $n(n-1)\cdots(n-k+1)$ verschiedene Ergebnisreihen der Länge k.

(17)   Der Kundendienst hat 7 Aufträge vorliegen, kann an einem Tag aber nur 4 Aufträge erledigen. Bei der Entscheidung, welche 4 Kunden er in welcher Reihenfolge besucht, stehen $7 \cdot 6 \cdot 5 \cdot 4 = 840$ Möglichkeiten zur Wahl.

(18)   In einer Übungsgruppe mit 30 Teilnehmern wird ein Sprecher und sein Stellvertreter gewählt. Es gibt $30 \cdot 29 = 870$ Möglichkeiten für diese Wahl.

Im Sonderfall $k = n$ ergeben sich $n!$ verschiedene geordnete n-Tupel der n Elemente von A. Dies läßt sich auch interpretieren als Anzahl der verschiedenen Anordnungen von n Elementen. Jede solche Anordnung nennt man eine **Permutation** der n Elemente.

Satz 6.5 *Die Anzahl der Permutationen von n Elementen beträgt n!*

Beispiele:

(19)   Ein Inspekteur fährt 6 Filialen an. Es gibt $6! = 720$ mögliche Reihenfolgen, die Filialen anzufahren.

(20)   Die 30 Teilnehmer einer Übungsgruppe in Mathematik tragen sich in eine Liste ein. Die Anzahl der möglichen verschiedenen Listen beträgt $30! \approx 2.65 \cdot 10^{32}$.

Bisher haben wir geordnete k-Tupel von Elementen aus A betrachtet. Achtet man hingegen nicht auf die Anordnung der (entnommenen) Elemente, sondern interessiert sich nur dafür, welche k (verschiedene) Elemente von A entnommen werden, so bildet die entnommene Probe eine Teilmenge von A (ungeordnete Probe).

Satz 6.6 *Sei $A = \{a_1, a_2, \ldots, a_n\}$ eine Menge mit n Elementen. Dann gibt es $\binom{n}{k}$ verschiedene Teilmengen von A mit k Elementen, $k \leq n$.*

Beispiele:

(21)   Wir entnehmen einem Topf T mit n verschiedenen Kugeln nacheinander k Kugeln, ohne jeweils die vorher gezogene Kugel zurückzulegen. Bei den entnommenen Kugeln achten wir nicht auf die Reihenfolge ihrer Entnahme, achten also nur darauf, welche k Kugeln der n Kugeln entnommen wurden. Dann gibt es $\binom{n}{k}$ verschiedene solche ungeordnete Proben.

(22)   Der Kundendienst hat 7 Aufträge vorliegen, kann an einem Tag aber nur 4 Aufträge erledigen. Bei der Entscheidung, welche der 4 Kunden er besucht (ohne Berücksichtigung der Reihenfolge der Besuche), stehen $\binom{7}{4} = 35$ Möglichkeiten zur Wahl.

(23)   In einer Übungsgruppe mit 30 Teilnehmern werden zwei gleichberechtigte Sprecher gewählt. Es gibt $\binom{30}{2} = 435$ Möglichkeiten für diese Wahl.

(24)   Beim Lotto 6 aus 49 kann man auf $\binom{49}{6} = 13983816$ Arten ein Feld des Lottoscheins ausfüllen.

(25)   Von n verschiedenen Kugeln werden k Kugeln ($0 \leq k \leq n$) in einen Topf T_1 und die restlichen $n - k$ Kugeln in einen Topf T_2 gelegt. Dann gibt es $\binom{n}{k}$ Möglichkeiten die Verteilung vorzunehmen, wenn man nicht auf die Reihenfolge der Kugeln in T_1 bzw. T_2 achtet.

Bemerkungen und Ergänzungen:

(26)   In Verallgemeinerung der letzten Problemstellung werden von n verschiedenen Kugeln n_1 in einen Topf T_1 gelegt, n_2 in einen Topf $T_2, \ldots, n_r$ in einen Topf T_r mit $0 \leq n_i \leq n$ für $i = 1, 2, \ldots, r$ und $n_1 + n_2 + \ldots + n_r = n$. Dann gibt es

$$\frac{n!}{n_1! n_2! \ldots n_r!}$$

Möglichkeiten der Verteilung, wenn man nicht auf die Reihenfolge der Kugeln in den Töpfen achtet.

(27)   Es heißt

$$\frac{n!}{n_1! n_2! \ldots n_r!}$$

mit $n_1 + n_2 + \ldots + n_r = n$ und $n \in \mathbb{N}_0$, $n_i \in \mathbb{N}_0$ für $i = 1, \ldots, r$ **Polynomialkoeffizient**. Für $a_1, \ldots, a_r \in \mathbb{C}$ gilt der **Polynomische Satz**

$$(a_1 + a_2 + \ldots + a_r)^n = \sum_{\substack{n_1=0 \\ n_1+n_2+\ldots+n_r=n}}^{n} \sum_{n_2=0}^{n} \cdots \sum_{n_r=0}^{n} \frac{n!}{n_1! n_2! \ldots n_r!} a_1^{n_1} a_2^{n_2} \cdots a_r^{n_r} .$$

Beispiele:

(28)   Beim Skat erhält jeder der 3 Spieler 10 Karten, während 2 Karten im "Skat" liegen. Daher gibt es $\dfrac{32!}{10! 10! 10! 2!} \approx 2.75 \cdot 10^{15}$ verschiedene Möglichkeiten der Kartenverteilung.

(29) $$(a + b + c)^2 = \sum_{\substack{i=0 \\ i+j+k=2}}^{2} \sum_{j=0}^{2} \sum_{k=0}^{2} \frac{2!}{i! j! k!} a^i b^j c^k$$

$$= \frac{2!}{0! 0! 2!} a^0 b^0 c^2 + \frac{2!}{0! 1! 1!} a^0 b^1 c^1 + \frac{2!}{0! 2! 0!} a^0 b^2 c^0$$

$$+ \frac{2!}{1! 0! 1!} a^1 b^0 c^1 + \frac{2!}{1! 1! 0!} a^1 b^1 c^0 + \frac{2!}{2! 0! 0!} a^2 b^0 c^0$$

$$= c^2 + 2bc + b^2 + 2ac + 2ab + a^2 .$$

Wir betrachten ein Experiment, dessen Ergebnis nicht eindeutig vorhersagbar ist, dessen Ergebnis vielmehr "vom Zufall" abhängt. Es sei $M = \{e_1, e_2, \ldots, e_m\}$ für $m \in \mathbb{N}$ die Menge der möglichen Ergebnisse, so daß bei einer Durchführung des (Zufalls-)Experiments genau eines der m Ergebnisse e_i, $i = 1, \ldots, m$, auftritt. Eine Teilmenge A von M nennen wir ein Ereignis. Wir sagen "das Ereignis A tritt ein", falls bei Durchführung des Experimentes ein Ergebnis auftritt, das Element von A ist. Sei k die Anzahl der Elemente von A. Weiter seien zwei grundlegende Voraussetzungen erfüllt:

(1) Die Zahl der Elemente von M sei endlich,

(2) jedes Element von M habe die "gleiche Chance" in einem Experiment aufzutreten (Symmetrieannahme).

Definition 6.2 *Unter den Voraussetzungen* (1), (2) *heißt*

$$P(A) = \frac{\textit{Anzahl } k \textit{ der Elemente von } A}{\textit{Anzahl } m \textit{ der Elemente von } M}$$

Wahrscheinlichkeit *des Ereignisses* A.

Die Forderungen (1) der Endlickeit der Anzahl der Elemente von M und (2) der "Gleichwahrscheinschlickeit" ist vielfach bei Glücksspielen erfüllt. Eine allgemeinere Definition der Wahrscheinlichkeit geben wir in Band 2. Zur Bestimmung von Wahrscheinlichkeiten ist die Kombinatorik oft hilfreich.

Es gilt $0 \leq P(A) \leq 1$. Die Wahrscheinlichkeit, daß A nicht auftritt, ist $1 - P(A)$. Sind A und B Ereignisse, die nicht gleichzeitig eintreten können, so ist die Wahrscheinlichkeit, daß entweder das Ereignis A **oder** das Ereignis B eintritt $P(A) + P(B)$.

Beispiele:

(30)   Beim Wurf mit einem (symmetrischen) Würfel werde die geworfene Augenzahl beobachtet. Es sei A das Ereignis, daß eine Zahl kleiner 3 auftritt. Dann ist $M = \{1, 2, \ldots, 6\}$ und $A = \{1, 2\}$. Demnach ist $P(A) = \frac{2}{6} = \frac{1}{3}$.

(31)   Beim Lotto 6 aus 49 ist die Wahrscheinlichkeit, im ersten Rang zu sein ("6 Richtige")

$$P(A) = \frac{1}{\binom{49}{6}} = \frac{1}{13\,983\,816}.$$

(32)   Beim Skat beträgt die Wahrscheinlichkeit, daß Kreuz Bube und Pik Bube im Skat liegen $\frac{1}{\binom{32}{2}}$.

(33) Es werde 3-mal eine symmetrische Münze geworfen. Sei A das Ereignis, in diesen 3 Würfen mindestens einmal Wappen zu erhalten. Die Wahrscheinlichkeit, daß A nicht auftritt, also in 3 Würfen kein Wappen erscheint, beträgt $\dfrac{1}{2^3}$. Demnach ist

$$P(A) = 1 - \frac{1}{2^3} = \frac{7}{8}.$$

(34) In einem Zufallsexperiment trete das Ereignis A mit der Wahrscheinlichkeit p auf. Dieses Zufallsexperiment werde n-mal wiederholt, dabei trete bei den einzelnen Durchführungen der Experimente keine gegenseitige Beeinflussung auf (unabhängige Experimente). Die Wahrscheinlichkeit, daß bei diesen n Experimenten insgesamt k-mal das Ereignis A auftritt, beträgt

$$\binom{n}{k} p^k (1-p)^{n-k} \quad \text{für } k = 0, 1, \ldots, n.$$

(35) Es werde 5-mal eine symmetrische Münze geworfen. Mit der Wahrscheinlichkeit $p = \frac{1}{2}$ tritt "Wappen" bei einem Wurf auf. Daher beträgt die Wahrscheinlichkeit, bei 5 Würfen insgesamt 3-mal Wappen zu erhalten

$$\binom{5}{3} \left(\frac{1}{2}\right)^3 \left(\frac{1}{2}\right)^2 = \frac{5}{16} = 0.3125.$$

Die Wahrscheinlichkeit höchstens 3-mal Wappen zu erhalten, beträgt

$$\binom{5}{0} \left(\frac{1}{2}\right)^0 \left(\frac{1}{2}\right)^5 + \binom{5}{1} \left(\frac{1}{2}\right)^1 \left(\frac{1}{2}\right)^4 + \binom{5}{2} \left(\frac{1}{2}\right)^2 \left(\frac{1}{2}\right)^3$$

$$+ \binom{5}{3} \left(\frac{1}{2}\right)^3 \left(\frac{1}{2}\right)^2 = 0,8125.$$

Begründung: Es kann 0-mal, 1-mal, 2-mal oder 3-mal Wappen auftreten.

Bemerkungen und Ergänzungen:

(36) Man bezeichnet Definition 6.2 auch als **klassische** Definition der Wahrscheinlichkeit, die eng mit dem Namen LAPLACE verbunden ist. Die moderne Definition auf mengentheoretischer Basis, die KOLMOGOROV im Jahre 1933 einführte, enthält die klassische Definition als Sonderfall.

(37) Fragen zu Chancen bei Glücksspielen waren ein wesentlicher Anstoß zur Entwicklung der Wahrscheinlichkeitsrechnung. Es sind reizvolle Aufgaben überliefert. So wandte sich der CHEVALIER DE MÉRÉ 1651 mit einigen Glücksspielaufgaben an den Mathematiker BLAISE PASCAL, u.a. mit folgendem Problem: Was ist wahrscheinlicher, bei vier Würfen mit einem Würfel mindestens einmal "sechs" zu erhalten oder bei 24 Würfen mit zwei Würfeln mindestens eine "Doppelsechs" zu werfen? De Méré war der Meinung, daß beide Wahrscheinlichkeiten gleich sind, doch seine Erfahrung als Spieler sprach dagegen. Der Leser verifiziert leicht, daß die Wahrscheinlichkeiten $1 - \left(\frac{5}{6}\right)^4 = 0.5177$ bzw. $1 - \left(\frac{35}{36}\right)^{24} = 0.4914$ betragen. De Mérés Fragen führten zu einem Briefwechsel zwischen BLAISE PASCAL und PIERRE DE FERMAT wobei Grundlagen der Wahrscheinlichkeitsrechnung gelegt wurden.

(38)   PIERRE SIMON LAPLACE (1749–1827) zählt zu den großen Mathematikern und Astronomen. Seine Hauptarbeitsgebiete waren mathematische Physik und die sich gerade entwickelnde Wahrscheinlichkeitstheorie. Von großem Einfluß war seine 1812 erschienene Monographie, in der er den damaligen Stand der Wahrscheinlichkeits- theorie zusammenfaßte und eine Neuorientierung hin zu naturwissenschaftlichen Anwendungen initiierte.

(39)   ANDREJ NIKOLAJEWITSCH KOLMOGOROV (1903–1987) schuf den modernen axio- matischen Aufbau der Wahrscheinlichkeitstheorie. Vielfältige Gebiete der Wahr- scheinlichkeitstheorie sind mit seinem Namen verbunden. Er arbeitete auch in vie- len anderen Gebieten der Mathematik, so in der Informationstheorie, der Theorie dynamischer Systeme und der Turbulenztheorie.

(40)   PIERRE DE FERMAT (1601–1665) ist ein Wegbereiter der modernen Analysis. Seine bekanntesten Leistungen liegen in der Zahlentheorie (kleiner und großer Fermat- scher Satz).

TESTS

T6.1: Welche Aussagen sind richtig?

( ) $\binom{5}{3} = \frac{5 \cdot 4 \cdot 3}{3!}$

( ) $\binom{5}{3} = \frac{5!}{3! \, 2!}$

( ) $\binom{5}{3} = \binom{5}{2}$

( ) $\binom{5}{2} = \binom{4}{1} + \binom{4}{2}$.

T6.2: Es gilt $\binom{-5}{3} =$

( )   nicht definiert

( ) $\frac{-5 \cdot (-4) \cdot (-3)}{3!}$

( ) $\frac{-5 \cdot (-6) \cdot (-7)}{3!}$

( ) $-\binom{7}{3}$.

T6.3: Es ist $(z - i)^4 =$

( ) $z^4 - i^4$

( ) $\binom{4}{0} + \binom{4}{1} iz - \binom{4}{2} z^2 - \binom{4}{3} iz^3 + \binom{4}{4} z^4$

( ) $\binom{4}{0} z^4 - \binom{4}{1} iz^3 - \binom{4}{2} z^2 + \binom{4}{3} iz + \binom{4}{4}$.

T6.4: Aus den 26 Buchstaben des Alphabets werden alle möglichen Worte aus 3 Buchstaben gebildet. Die Anzahl dieser Worte beträgt

( ) $26 \cdot 25 \cdot 24$

( ) 3^{26}

( ) 26^3

( ) $\binom{26}{3}$.

T6.5: Beim Wurf mit 2 (symmetrischen) Würfeln beträgt die Wahrscheinlichkeit, die Augensumme 10 zu erhalten

( ) $\frac{1}{11}$

( ) $\frac{3}{36}$

( ) $\frac{4}{36}$.

ÜBUNGEN

Ü6.1:   a)   Wieviele verschiedene genau siebenstellige Zahlen gibt es, die Palindrome sind. Dabei ist eine Zahl ein Palindrom, wenn sie sich nicht ändert, falls man ihre Ziffern von hinten nach vorne liest (Beispiel: 1234321).

   b)   An einem Pferderennen nehmen 20 Pferde teil. Bei einer Wette sollen die ersten drei Plätze richtig angegeben werden (Dreierwette). Wie viele Möglichkeiten gibt es für die Besetzung der ersten drei Plätze?

   c)   Es werden r rote Kugeln und s grüne Kugeln nebeneinander angeordnet. Auf wieviel Arten kann dies geschehen (die roten bzw. grünen Kugeln seien untereinander nicht unterscheidbar)?

   d)   Es werden n Kugeln auf r Töpfe $T_1, \ldots, T_r$ verteilt. Auf wieviele Arten kann man die Verteilung vornehmen, so daß im Topf T_1 genau k Kugeln ($k \leq n$) sind?

Ü6.2:   Ein Spielschein beim Glücksspiel BINGO besteht aus einem Quadrat von 5×5 Feldern. Das Feld in der Mitte bleibt frei. Die übrigen Felder sind in der ersten (zweiten, dritten, vierten, fünften) Spalte mit natürlichen Zahlen aus der Menge $\{1, \ldots, 15\}$ (bzw. $\{16, \ldots, 30\}$, $\{31, \ldots, 45\}$, $\{46, \ldots, 60\}$, $\{61, \ldots, 75\}$), besetzt. Keine Zahl tritt mehrfach auf.

   a)   Wieviele verschiedene Möglichkeiten gibt es, 24 natürliche Zahlen so auszuwählen, daß man mit ihnen einen BINGO-Spielschein beschriften könnte?

   b)   Wieviele verschiedene BINGO-Spielscheine sind möglich, wenn man die Anordnung der Zahlen auf dem Spielschein berücksichtigt?

c) Bei wievielen der Spielscheine aus Aufgabenteil b) tritt die Ziffer 1 in <u>keiner</u> Zahl auf?

BINGO-Spielschein

12	22	31	55	66
4	29	40	48	75
3	19		52	70
7	20	37	49	67
15	21	44	59	71

Ü6.3: Petra, Stefan und Thomas spielen Skat. Ein Skatblatt besteht aus 32 (verschiedenen) Karten, darunter 4 Buben und 4 Asse. Jeder Spieler erhält 10 Karten, 2 Karten werden verdeckt im "Skat" abgelegt.

a) Wieviele verschiedene Kartenverteilungen nach dem Austeilen gibt es?

b) Jede der Kartenverteilungen in a) sei gleichwahrscheinlich. Wie groß ist die Wahrscheinlichkeit, daß

(i)   Petra sich über ein Blatt ohne Buben ärgern muß?

(ii)   Stefan genau 2 Buben hat?

(iii)   Thomas mindestens 3 Asse hat?

Ü6.4: Ein Skatspieler hat in seinen 10 Karten Pik-As, Pik-Dame, Pik-Neun und sonst keine weiteren Pik-Karten. Wie groß ist die Wahrscheinlichkeit, daß er in dem "Skat" (2 Karten)

a) keine

b) genau eine

c) genau zwei

d) höchstens eine

e) mindestens eine

Pik-Karte findet?

Ü6.5: In einem Raum befinden sich $n < 365$ Personen. Es werde angenommen, daß ein Jahr 365 Tage hat und daß für jede Person die Wahrscheinlichkeit gleich sei, an einem dieser 365 Tage Geburtstag zu haben. Wie groß ist dann die Wahrscheinlichkeit, daß alle n Personen an verschiedenen Tagen Geburtstag haben? Bestimmen Sie zahlenmäßig die Wahrscheinlichkeit, daß mindestens 2 Personen am gleichen Tag Geburtstag haben für $n = 22$ und $n = 23$. Überrascht Sie das Ergebnis?

Ü6.6:   Ein Produkt wird in Packungen zu 10 Stück verkauft. Für eine Packung werden der Produktion, die 10% Ausschuß enthält, 10 Produkte entnommen. Die Produktionsmenge sei so groß, daß man praktisch annehmen kann, bei der Entnahme der 10 Produkte herrsche jeweils die gleiche Ausgangssituation bzgl. des Ausschußanteils.

a)   Wie groß ist die Wahrscheinlichkeit, daß eine Packung genau ein Ausschußstück enthält?

b)   Beim Verkauf einer Packung erhält der Käufer eine Garantieerklärung derart, daß der Hersteller Garantie leistet, falls eine Packung mehr als ein Ausschußstück enthält. Wie groß ist die Wahrscheinlichkeit, daß eine Garantieleistung fällig wird?

7   Folgen und Konvergenzbegriff

Die Begriffe Grenzwert und Konvergenz sind zentrale Bestandteile der Analysis. Wir führen diese Begriffe zunächst für Folgen ein.

Definition 7.1 *Sei M eine Menge reeller Zahlen. Ordnet man jeder natürlichen Zahl $n \in \mathbb{N}$ ein Element $a_n \in M$ zu, so entsteht eine* **Folge**

$$a_1, a_2, a_3, \ldots$$

reeller Zahlen. Man schreibt dafür $(a_n)_{n \in \mathbb{N}}$ oder $(a_n)_{n=1}^{\infty}$ oder $(a_n)_{n \geq 1}$. Die a_n heißen **Glieder** *der Folge.*

Beispiele:

(1)   Für die Folge $\left(\dfrac{1}{n}\right)_{n \in \mathbb{N}}$ sind die ersten Glieder

$$1, \frac{1}{2}, \frac{1}{3}, \frac{1}{4}, \frac{1}{5}, \frac{1}{6}, \ldots .$$

(2)   Für die Folge $\left((-1)^{n+1}\right)_{n \in \mathbb{N}}$ sind die ersten Glieder

$$1, -1, 1, -1, 1, -1, \ldots .$$

(3)   Für die Folge $(x^n)_{n \in \mathbb{N}}$ mit $x \in \mathbb{R}$ sind die ersten Glieder

$$x, x^2, x^3, x^4, x^5, x^6, \ldots .$$

Bemerkungen und Ergänzungen:

(4)   Der Index n der Folgenglieder a_n muß nicht bei 1 beginnen. So kann man für die Folge $\dfrac{1}{3^2}, \dfrac{1}{4^2}, \dfrac{1}{5^2}, \ldots$ schreiben $\left(\dfrac{1}{n^2}\right)_{n=3}^{\infty}$ oder $\left(\dfrac{1}{n^2}\right)_{n \geq 3}$ und für die Folge $(-3)^5, (-2)^5, (-1)^5, 0^5, 1^5, 2^5, \ldots$ kann man $(n^5)_{n=-3}^{\infty}$ oder $(n^5)_{n \geq -3}$ schreiben.

(5)   Die Glieder a_n müssen nicht explizit definiert sein. Das Bildungsgesetz kann auch **rekursiv** gegeben sein. So ist durch $a_0 = 0$, $a_1 = 1$ und $a_n = a_{n-1} + a_{n-2}$ für $n = 2, 3, \ldots$ die Folge der **Fibonacci-Zahlen**,

$$0, 1, 1, 2, 3, 5, 8, 13, 21, 34, \ldots$$

gegeben. Von Leonardo von Pisa, der sich Fibonacci nannte, erschien 1202 sein mathematisches Werk *Liber Abaci*, das für Jahrhunderte ein richtungsweisendes Standardwerk war. Die Fibonacci-Zahlen haben zahlreiche Anwendungen in Mathematik und Naturwissenschaft.

(6)   Definition 7.1 beschreibt eine Abbildung $f : \mathbb{N} \to \mathbb{R}$ mit $D(f) = \mathbb{N}$ und $f(n) = a_n$.

(7) Ist $(a_n)_{n\in\mathbb{N}}$ eine Folge mit $a_n \neq a_m$ für $n \neq m$ und läßt sich eine Menge M darstellen durch $M = \{a_n : n \in \mathbb{N}\}$ (die Elemente von M lassen sich "durchnumerieren"), so heißt M **abzählbar** (unendlich). Man sagt dann auch M und $\mathbb{N}$ sind gleichmächtig.

(8) Die Menge $\mathbb{Q}$ der rationalen Zahlen ist abzählbar. Dieses bemerkenswerte Ergebnis kann man so sehen. Man schreibt nacheinander für $s = 2, 3, 4, \ldots$ zunächst alle positiven rationalen Zahlen $\frac{p}{q}$ für $p, q \in \mathbb{N}$ mit $p + q = s$ auf, also $\frac{1}{1}$ für $s = 2$, $\frac{2}{1}, \frac{1}{2}$ für $s = 3$, $\frac{3}{1}, \frac{2}{2}, \frac{1}{3}$ für $s = 4$, $\frac{4}{1}, \frac{3}{2}, \frac{2}{3}, \frac{1}{4}$ für $s = 5$, $\ldots$ und numeriert sie durch, wobei identische Zahlen nur beim ersten Auftreten eine Nummer erhalten. Danach ergänzt man diese Folge durch die entsprechenden negativen Zahlen und die Null.

(9) Es läßt sich zeigen, daß die Menge der reellen Zahlen in einem Intervall $[a, b]$, $a < b$, nicht abzählbar ist.

Definition 7.2 *Eine Folge $(a_n)_{n\in\mathbb{N}}$ reeller Zahlen heißt* **konvergent**, *wenn ein $a \in \mathbb{R}$ existiert mit folgender Eigenschaft: Zu jedem $\varepsilon > 0$ gibt es ein $N(\varepsilon) \in \mathbb{N}$, so daß*

$$|a_n - a| < \varepsilon$$

für alle natürlichen Zahlen $n \geq N(\varepsilon)$ gilt. Dann heißt a **Grenzwert** *der Folge, und man schreibt $a = \lim_{n\to\infty} a_n$ oder $a_n \to a$ für $n \to \infty$. Eine Folge, die nicht konvergent ist, heißt* **divergent**.

Es wird nur die Existenz einer natürlichen Zahl $N(\varepsilon)$, die von ε abhängt, gefordert. Es ist nicht erforderlich die kleinste solche Zahl zu finden. Doch muß dies für jedes $\varepsilon > 0$ möglich sein. Die Forderung $|a_n - a| < \varepsilon$ für $n \geq N(\varepsilon)$ umschreibt man bisweilen auch mit: Für alle bis auf endlich viele natürlichen Zahlen n gilt die Ungleichung $|a_n - a| < \varepsilon$. Anschaulich besagt Definition 7.2, daß im Falle der Konvergenz die Glieder der Folge ab einer gewissen Nummer in einer ε–**Umgebung** $U_\varepsilon(a) = \{x : x \in \mathbb{R}, |x-a| < \varepsilon\}$ um a liegen.

Zu beachten ist, daß bei Konvergenzuntersuchungen zunächst a zu suchen ist.

Eine konvergente Folge kann nicht mehrere Grenzwerte haben, denn es gilt

---

Satz 7.1 *Eine konvergente Folge reeller Zahlen hat genau einen Grenzwert.*

Beispiele:

(10) Für die Folge $\left(\frac{1}{n}\right)_{n\in\mathbb{N}}$ legt der Augenschein die Vermutung nahe, daß sie konvergent ist mit dem Grenzwert $a = 0$. In der Tat: mit $a = 0$ und

$\varepsilon = \frac{1}{10}$ ist $|a_n - a| = |\frac{1}{n} - 0| = \frac{1}{n} < \frac{1}{10}$ für $n \geq 11 = N(\varepsilon)$,

$\varepsilon = \frac{1}{100}$ ist $|a_n - a| = |\frac{1}{n} - 0| = \frac{1}{n} < \frac{1}{100}$ für $n \geq 101 = N(\varepsilon)$,

$\varepsilon = \frac{1}{1000}$ ist $|a_n - a| = |\frac{1}{n} - 0| = \frac{1}{n} < \frac{1}{1000}$ für $n \geq 1001 = N(\varepsilon)$,

$\varepsilon > 0$ beliebig ist $|a_n - a| = |\frac{1}{n} - 0| = \frac{1}{n} < \varepsilon$ für $n \geq N(\varepsilon)$, wobei $N(\varepsilon)$ eine natürliche Zahl ist, die größer als $\frac{1}{\varepsilon}$ ist. Demnach ist $\lim_{n\to\infty} \frac{1}{n} = 0$.

(11) Die Folge $\left(\frac{1}{n^2}\right)_{n\in\mathbb{N}}$ ist konvergent mit dem Grenzwert 0.

(12) Die Folge $\left(\frac{1}{\sqrt{n}}\right)_{n\in\mathbb{N}}$ ist konvergent mit dem Grenzwert 0.

(13) Die Folge $\left(\frac{n}{n+3}\right)_{n\in\mathbb{N}}$ ist konvergent mit dem Grenzwert 1.

(14) Die Folge $\left((-1)^n\right)_{n\in\mathbb{N}}$ ist divergent. Sei nämlich $a \in \mathbb{R}$ beliebig, so ist für alle $k \in \mathbb{N}$ entweder $|a_{2k} - a| \geq 1$ oder $|a_{2k-1} - a| \geq 1$. Für beispielsweise $\varepsilon = \frac{1}{2}$ gibt es demnach zu jedem $N(\varepsilon) \in \mathbb{N}$ Indizes $n \geq N(\varepsilon)$ mit $|a_n - a| \geq \varepsilon$.

(15) Die Folge $(x^n)_{n\in\mathbb{N}}$ mit $x \in \mathbb{R}$ heißt **geometrische Folge**. Es gilt:

> Die Folge $(x^n)_{n\in\mathbb{N}}$ ist
>
> (i)   konvergent   für $|x| < 1$ mit $\lim_{n\to\infty} x^n = 0$
>
> (ii)   konvergent   für $x = 1$ mit $\lim_{n\to\infty} x^n = 1$
>
> (iii)   divergent   für $|x| \geq 1$ mit $x \neq 1$.

(16) Für $x > 0$ ist die Folge $\left(\sqrt[n]{x}\right)_{n\in\mathbb{N}}$ konvergent mit

$$\lim_{n\to\infty} \sqrt[n]{x} = 1.$$

(17) Für $x \in \mathbb{R}$ ist die Folge $\left(\frac{x^n}{n!}\right)_{n\in\mathbb{N}}$ konvergent mit

$$\lim_{n\to\infty} \frac{x^n}{n!} = 0.$$

Bemerkungen und Ergänzungen:

(18) Durch Ändern, Hinzufügen oder Weglassen einer **endlichen** Anzahl von Folgengliedern wird das Konvergenzverhalten nicht verändert. Insbesondere bleibt im Falle der Konvergenz der Grenzwert unverändert.

(19)   Der Grenzwert a einer konvergenten Folge muß nicht Glied der Folge sein, wie beispielsweise (10) zeigt. Andererseits ist eine Folge, deren Glieder "schließlich" konstant sind, d.h. $a_n = a$ für $n \geq n_0 \in \mathbb{N}$, konvergent mit dem Grenzwert a.

(20)   Eine konvergente Folge $(a_n)_{n \in \mathbb{N}}$ mit $\lim_{n \to \infty} a_n = 0$ heißt auch **Nullfolge**. Für eine konvergente Folge $(b_n)_{n \in \mathbb{N}}$ mit dem Grenzwert b ist die Folge $(b_n - b)_{n \in \mathbb{N}}$ eine Nullfolge.

(21)   Es ist zu unterscheiden die Folge der a_n von der Menge der a_n. So ist für $a_n = (-1)^n$, $n \in \mathbb{N}$, die Folge der a_n gerade $-1, 1, -1, 1, -1, 1, \ldots$ und die Menge der a_n ist $\{-1, 1\}$.

Wir stellen einige Eigenschaften konvergenter Folgen zusammen.

Satz 7.2 *Seien $(a_n)_{n \in \mathbb{N}}$ und $(b_n)_{n \in \mathbb{N}}$ zwei konvergente Folgen mit $\lim_{n \to \infty} a_n = a$ und $\lim_{n \to \infty} b_n = b$.*
Dann sind die Folgen $(|a_n|)_{n \in \mathbb{N}}$, $(ca_n)_{n \in \mathbb{N}}$ für $c \in \mathbb{R}$, $(a_n + b_n)_{n \in \mathbb{N}}$, $(a_n b_n)_{n \in \mathbb{N}}$ konvergent, und es gilt

$$\lim_{n \to \infty} |a_n| = |a|, \qquad \lim_{n \to \infty} ca_n = ca,$$

$$\lim_{n \to \infty} (a_n + b_n) = a + b, \qquad \lim_{n \to \infty} (a_n b_n) = a \cdot b.$$

Gilt $b_n \neq 0$ für $n \in \mathbb{N}$ und $b \neq 0$, so ist die Folge $\left(\dfrac{a_n}{b_n}\right)_{n \in \mathbb{N}}$ konvergent mit

$$\lim_{n \to \infty} \frac{a_n}{b_n} = \frac{a}{b}.$$

Gilt $a_n \geq 0$ für $n \in \mathbb{N}$, so ist die Folge $(\sqrt{a_n})_{n \in \mathbb{N}}$ konvergent mit

$$\lim_{n \to \infty} \sqrt{a_n} = \sqrt{a}.$$

Satz 7.2 gibt bequeme **Limesrechenregeln**. Vor Anwendung dieser Regeln ist die Konvergenz von $(a_n)_{n \in \mathbb{N}}$ und $(b_n)_{n \in \mathbb{N}}$ zu prüfen. Die Aussagen sind nicht umkehrbar. So folgt beispielsweise aus der Konvergenz von $(a_n + b_n)_{n \in \mathbb{N}}$ nicht die Konvergenz von $(a_n)_{n \in \mathbb{N}}$ und $(b_n)_{n \in \mathbb{N}}$ wie das Beispiel $a_n = n + \frac{1}{2n}$, $b_n = -n + \frac{1}{2n}$ zeigt. Es ist $(a_n + b_n)_{n \in \mathbb{N}} = \left(\frac{1}{n}\right)_{n \in \mathbb{N}}$ konvergent, aber $(a_n)_{n \in \mathbb{N}}$ und $(b_n)_{n \in \mathbb{N}}$ sind divergent.

Mehrfache Anwendung von Satz 7.2 ergibt: Sind $(a_n)_{n \in \mathbb{N}}$ und $(b_n)_{n \in \mathbb{N}}$ konvergent und sind α und β reelle Zahlen, so ist $(\alpha a_n + \beta b_n)_{n \in \mathbb{N}}$ konvergent mit $\lim_{n \to \infty} (\alpha a_n + \beta b_n) = \alpha \lim_{n \to \infty} a_n + \beta \lim_{n \to \infty} b_n$. Speziell ist $(a_n - b_n)_{n \in \mathbb{N}}$ konvergent mit $\lim_{n \to \infty} (a_n - b_n) = \lim_{n \to \infty} a_n - \lim_{n \to \infty} b_n$.

Beispiele:

(22)   Die Folge $\left(\dfrac{c}{n}\right)_{n\in\mathbb{N}}$ mit $c\in\mathbb{R}$ ist konvergent mit $\lim_{n\to\infty}\dfrac{c}{n}=0$. Denn es ist

$\dfrac{c}{n}=c\cdot a_n$ mit $a_n=\dfrac{1}{n}$, und $(a_n)_{n\in\mathbb{N}}$ ist konvergent mit $\lim_{n\to\infty}a_n=0$. Daher ist

$\lim_{n\to\infty}\dfrac{c}{n}=c\lim_{n\to\infty}a_n=c\cdot 0=0$.

(23)   Die Folge $\left(\dfrac{1}{n^2}\right)_{n\in\mathbb{N}}$ ist konvergent mit $\lim_{n\to\infty}\dfrac{1}{n^2}=0$. Denn mit $c_n=\dfrac{1}{n^2}$ und

$a_n=b_n=\dfrac{1}{n}$ gilt $c_n=a_nb_n$ und $(a_n)_{n\in\mathbb{N}}$, $(b_n)_{n\in\mathbb{N}}$ sind konvergent mit dem

Grenzwert 0, so daß $\lim_{n\to\infty}\dfrac{1}{n^2}=\lim_{n\to\infty}a_n\cdot\lim_{n\to\infty}b_n=0$. Daraus folgt auch

$\lim_{n\to\infty}\dfrac{k}{n^2}=0$ für $k\in\mathbb{N}$ fest wie in (28) verwendet.

(24)   Die Folge $\left(\dfrac{n+1}{2n}\right)_{n\in\mathbb{N}}$ ist konvergent mit $\lim_{n\to\infty}\dfrac{n+1}{2n}=\dfrac{1}{2}$. Denn mit

$c_n=\dfrac{n+1}{2n}=\dfrac{1+\frac{1}{n}}{2}$ sowie $a_n=1+\dfrac{1}{n}$ und $b_n=2$ folgt wegen $a=\lim_{n\to\infty}a_n=1$,

$b=\lim_{n\to\infty}b_n=2$ das Ergebnis $\lim_{n\to\infty}c_n=\dfrac{lim_{n\to\infty}a_n}{lim_{n\to\infty}b_n}=\dfrac{1}{2}$, wie in (28)

verwendet.

(25)   In der Folge $(c_n)_{n\in\mathbb{N}}$ sei $c_n=\dfrac{2n^2-3n+1}{3n^2+4n+7}$. Es ist

$$c_n=\frac{2-\dfrac{3}{n}+\dfrac{1}{n^2}}{3+\dfrac{4}{n}+\dfrac{7}{n^2}}=\frac{a_n}{b_n}.$$

Wiederholte Anwendung von Satz 7.2 liefert $\lim_{n\to\infty}a_n=2$ und
$\lim_{n\to\infty}b_n=3$ sowie $\lim_{n\to\infty}c_n=\frac{2}{3}$.

Satz 7.3 *Seien $(a_n)_{n\in\mathbb{N}}$ und $(b_n)_{n\in\mathbb{N}}$ zwei konvergente Folgen mit* $\lim_{n\to\infty}a_n=a$ *und* $\lim_{n\to\infty}b_n=b$. *Gilt $a_n\le b_n$ für alle $n\in\mathbb{N}$, so ist $a\le b$.*

Bemerkungen und Ergänzungen:

(26)   Sind in einer konvergenten Folge $(b_n)_{n\in\mathbb{N}}$ die Glieder nichtnegativ, $b_n\ge 0$, so ist $\lim b_n\ge 0$. Denn mit $a_n=0$ ist $a_n\le b_n$ und $\lim_{n\to\infty}a_n=0\le\lim_{n\to\infty}b_n$.

(27)   Gilt in Satz 7.3 die schärfere Voraussetzung $a_n<b_n$ für alle $n\in\mathbb{N}$, so folgt daraus **nicht** auch $a<b$. Vielmehr gilt auch dann nur $a\le b$. So gilt für die Folgen $(a_n)_{n\in\mathbb{N}}=\left(\frac{1}{n+1}\right)_{n\in\mathbb{N}}$ und $(b_n)=\left(\frac{1}{n}\right)_{n\in\mathbb{N}}$ zwar $a_n<b_n$ für alle $n\in\mathbb{N}$, aber es ist $\lim_{n\to\infty}a_n=\lim_{n\to\infty}b_n=0$.

(28)   Die Aussagen von Satz 7.2 gelten auch für **endlich** viele Summanden bzw. Faktoren. Ihre Anzahl darf jedoch nicht von n abhängen. Sei beispielsweise $(c_n)_{n\in\mathbb{N}}$ eine Folge mit $c_n=\sum_{k=1}^{n}\dfrac{k}{n^2}$. Dann darf man **nicht** schließen: da $\left(\dfrac{k}{n^2}\right)_{n\in\mathbb{N}}$ für

k fest konvergent ist (vgl. (23)) mit $\lim_{n\to\infty} \dfrac{k}{n^2} = 0$, ist $\lim_{n\to\infty} c_n = 0$, da die Anzahl der Summanden in c_n von n abhängt. Vielmehr ist $c_n = \dfrac{n+1}{2n}$, also $\lim_{n\to\infty} c_n = \frac{1}{2}$ (vgl. (28)).

Definition 7.3 *Eine Folge $(a_n)_{n\in\mathbb{N}}$ reeller Zahlen heißt*

(i)   **nach oben** *(bzw.* **unten***)* **beschränkt,**   *falls eine Konstante $K \in \mathbb{R}$ existiert mit $a_n \leq K$ (bzw. $a_n \geq K$) für alle $n \in \mathbb{N}$. Die Folge heißt* **beschränkt,** *wenn sie nach oben und unten beschränkt ist,*

(ii)   **monoton wachsend,** *falls $a_n \leq a_{n+1}$ für alle $n \in \mathbb{N}$,*

(iii)   **monoton fallend,** *falls $a_n \geq a_{n+1}$ für alle $n \in \mathbb{N}$.*

Gilt $a_n < a_{n+1}$ (bzw. $a_n > a_{n+1}$) für alle $n \in \mathbb{N}$, so heißt die Folge **streng monoton wachsend** (bzw. **streng monoton fallend**).

Beispiele:

(29)   Die Folge $\left(\dfrac{1}{n}\right)_{n\in\mathbb{N}}$ ist beschränkt und streng monoton fallend.

(30)   Die Folge $\left((-1)^n\right)_{n\in\mathbb{N}}$ ist beschränkt, doch weder monoton wachsend noch monoton fallend.

(31)   Die Folge $(a_n)_{n\in\mathbb{N}}$ mit $a_n = \sum_{i=0}^{n} \dfrac{1}{i!}$ ist streng monoton wachsend, denn

$$a_{n+1} = a_n + \frac{1}{(n+1)!} > a_n.$$

(32)   Zur Prüfung auf Monotonie ist es oft vorteilhaft, die Differenz $a_{n+1} - a_n$ oder den Quotienten $\dfrac{a_{n+1}}{a_n}$ zu untersuchen. So ist die Folge $\left((1 + \dfrac{1}{n})^n\right)_{n\in\mathbb{N}}$ monoton wachsend. Denn es ist

$$\frac{a_{n+1}}{a_n} = \frac{\left(1 + \frac{1}{n+1}\right)^{n+1}}{(1 + \frac{1}{n})^n} = \left(\frac{1 + \frac{1}{n+1}}{1 + \frac{1}{n}}\right)^{n+1} \cdot \left(1 + \frac{1}{n}\right)$$

$$= \left(\frac{(n+2)n}{(n+1)^2}\right)^{n+1} \cdot \frac{n+1}{n} = \left(1 - \frac{1}{(n+1)^2}\right)^{n+1} \cdot \frac{n+1}{n}$$

$$\geq \left(1 - \frac{1}{n+1}\right) \cdot \frac{n+1}{n} = 1.$$

Dabei wurde in der letzten Abschätzung die Bernoullische Ungleichung benutzt.

Satz 7.4 *Ist eine Folge reeller Zahlen konvergent, so ist sie beschränkt.*

Bemerkungen und Ergänzungen:

(33)   Nach Satz 7.4 kann eine Folge, die nicht beschränkt ist, nicht konvergent sein. So ist die Folge $(n)_{n\in\mathbb{N}}$ divergent, denn sie ist nicht beschränkt. Analog läßt sich auf die Divergenz der geometrischen Folge $(x^n)_{n\in\mathbb{N}}$ für $|x| > 1$ schließen.

(34)   Die Umkehrung der Aussage von Satz 7.4 muß nicht gelten. Eine beschränkte Folge muß nicht konvergent sein. So ist $\left((-1)^n\right)_{n\in\mathbb{N}}$ beschränkt, aber divergent.

Zur Prüfung auf Konvergenz gemäß Definition 7.2 braucht man den Grenzwert a. Die folgenden Sätze geben Konvergenzkriterien, die ohne Kenntnis des Grenzwertes anwendbar sind. Es steht also die Frage nach der Existenz eines Grenzwertes im Vordergrund. Anschließend kann die Bestimmung des Grenzwertes noch ein eigenes Problem darstellen.

Satz 7.5 (Monotoniekriterium)
Ist eine Folge reeller Zahlen monoton wachsend und nach oben beschränkt oder monoton fallend und nach unten beschränkt, so ist sie konvergent.

Satz 7.6 (Einschließungskriterium)
*Seien $(a_n)_{n\in\mathbb{N}}$, $(b_n)_{n\in\mathbb{N}}$,
$(c_n)_{n\in\mathbb{N}}$ Folgen reeller Zahlen mit*

$$a_n \leq c_n \leq b_n \quad \text{für alle } n \in \mathbb{N}.$$

Sind die Folgen $(a_n)_{n\in\mathbb{N}}$ und $(b_n)_{n\in\mathbb{N}}$ konvergent mit

$$\lim_{n\to\infty} a_n = \lim_{n\to\infty} b_n = a,$$

so ist auch die Folge $(c_n)_{n\in\mathbb{N}}$ konvergent mit $\lim_{n\to\infty} c_n = a$.

Beispiele:

(35)   Die Folge $\left(\dfrac{1}{n^2}\right)_{n\in\mathbb{N}}$ ist nach unten beschränkt und monoton fallend, also ist sie konvergent.

(36)   Wir betrachten die Folge $(a_n)_{n\in\mathbb{N}}$ mit

$$a_n = \left(1 + \frac{1}{n}\right)^n.$$

Nach (28) ist die Folge monoton wachsend, sie ist nach oben beschränkt, denn es läßt sich zeigen $a_n \leq 3$ für $n \in \mathbb{N}$. Demnach ist die Folge konvergent. Der Grenzwert der Folge heißt **Eulersche Zahl e**, also

$$\lim_{n \to \infty} \left(1 + \frac{1}{n}\right)^n = e.$$

Es ist e irrational mit

$$e = 2.718281828459045 \ldots$$

Warnung: Auch hier lassen sich die Limesrechenregeln mit $\lim_{n \to \infty} \left(1 + \frac{1}{n}\right) = 1$ nicht anwenden, da die Zahl der Faktoren in a_n von n abhängt.

(37)   Die Folge $\left(\left(1 - \frac{1}{n}\right)^n\right)_{n \in \mathbb{N}}$ ist konvergent mit

$$\lim_{n \to \infty} \left(1 - \frac{1}{n}\right)^n = \frac{1}{e}.$$

Denn es ist $\left(1 - \frac{1}{n}\right)^n = \left(\frac{1}{1 + \frac{1}{n-1}}\right)^n = \left(\frac{1}{1 + \frac{1}{n-1}}\right)^{n-1} \cdot \frac{1}{1 + \frac{1}{n-1}}$, und die Limesrechenregeln liefern das Ergebnis.

(38)   Die Folge $\left((1 + \frac{1}{n})^{2n}\right)_{n \in \mathbb{N}}$ ist konvergent mit

$$\lim_{n \to \infty} \left(1 + \frac{1}{n}\right)^{2n} = e^2.$$

Dies folgt aus $(1 + \frac{1}{n})^{2n} = (1 + \frac{1}{n})^n (1 + \frac{1}{n})^n$ zusammen mit den Limesrechenregeln.

(39)   Die Folge $(a_n)_{n \in \mathbb{N}}$ mit $a_n = \sum_{i=0}^{n} \frac{1}{i!}$ ist nach (31) streng monoton wachsend, sie ist nach oben beschränkt, denn es läßt sich zeigen $a_n \leq 3$. Demnach ist die Folge konvergent.

(40)   Ein bemerkenswertes Ergebnis ist: Die Folgen $\left(\left(1 + \frac{1}{n}\right)^n\right)_{n \in \mathbb{N}}$ und $\left(\sum_{i=0}^{n} \frac{1}{i!}\right)_{n \in \mathbb{N}}$ haben als Grenzwert beide die Eulersche Zahl e,

$$\lim_{n \to \infty} \left(1 + \frac{1}{n}\right)^n = \lim_{n \to \infty} \sum_{i=0}^{n} \frac{1}{i!} = e.$$

(41)   Die Folge $(a_n)_{n \in \mathbb{N}}$ mit $a_1 = 3$ und $a_{n+1} = \frac{1}{5}a_n^2 + \frac{4}{5}$ für $n \in \mathbb{N}$ ist monoton fallend und nach unten beschränkt. Demnach ist sie konvergent. Doch liefert das Monotoniekriterium nicht den Grenzwert. Zur Bestimmung des Grenzwertes a hilft ein Trick. Aus der rekursiven Darstellung der a_n folgt durch Grenzübergang, daß a der Gleichung

$$a = \frac{1}{5}a^2 + \frac{4}{5},$$

also $a^2 - 5a + 4 = 0$ genügen muß. Daher kommen für a nur 1 oder 4 in Frage. Wegen $a_n \leq 3$ folgt $\lim_{n\to\infty} a_n = 1$.

(42) Der gerade verwendete Trick, bei rekursiv definierten Folgen den Grenzwert durch Grenzübergang in der rekursiven Darstellung zu finden, ist oft hilfreich. Doch ist damit die Konvergenz der Folge nicht nachgewiesen, dieser Nachweis muß gesondert geführt werden. So liefert bei der Folge $(a_n)_{n\in\mathbb{N}}$ mit $a_1 = 1$ und $a_{n+1} = 1 - a_n$ für $n \in \mathbb{N}$ der "Trick" $a = 1 - a$, also $a = \frac{1}{2}$. Dies ist jedoch nicht der Grenzwert der Folge, denn die Folge ist divergent.

(43) Die Folge $\left(\dfrac{\cos^2 n}{n}\right)_{n\in\mathbb{N}}$ ist konvergent, denn es ist $0 \leq \dfrac{\cos^2 n}{n} \leq \dfrac{1}{n}$, und das Einschließungskriterium gibt die Behauptung mit $\lim_{n\to\infty} \dfrac{\cos^2 n}{n} = 0$. Das Einschließungskriterium hat den Vorteil, daß der Grenzwert gleich mitgeliefert wird.

(44) Die Folge $(\sqrt[n]{n})_{n\in\mathbb{N}}$ ist konvergent mit

$$\boxed{\lim_{n\to\infty} \sqrt[n]{n} = 1\,.}$$

Denn $(b_n)_{n\in\mathbb{N}}$ mit $b_n = \sqrt[n]{n} - 1 \geq 0$ ist eine Nullfolge. Es ist nämlich

$$n = (1 + b_n)^n = 1 + \binom{n}{1} b_n + \binom{n}{2} b_n^2 + \ldots + \binom{n}{n} b_n^n \geq 1 + \binom{n}{2} b_n^2\,,$$

so daß $0 \leq b_n^2 \leq \dfrac{2}{n}$ und damit $0 \leq b_n \leq \dfrac{\sqrt{2}}{\sqrt{n}}$. Das Einschließungskriterium liefert $\lim_{n\to\infty} b_n = 0$.

Satz 7.7 (Cauchy-Kriterium)
Eine Folge $(a_n)_{n\in\mathbb{N}}$ reeller Zahlen ist genau dann konvergent, wenn für jedes $\varepsilon > 0$ ein $N(\varepsilon) \in \mathbb{N}$ existiert, so daß

$$|a_n - a_m| < \varepsilon \quad \text{für alle } n \geq N(\varepsilon) \text{ und } m \geq N(\varepsilon)\,.$$

Bemerkungen und Ergänzungen:

(45) Eine Folge, die das Kriterium von Satz 7.7 erfüllt, heißt auch **Cauchy-Folge**. Zu beachten ist, daß $|a_m - a_n| < \varepsilon$ für **alle** $m, n \geq N(\varepsilon)$ zu prüfen ist. Aus Symmetriegründen reicht zwar die Prüfung für alle $m > n \geq N(\varepsilon)$, doch es reicht **nicht** zu prüfen, daß $|a_{n+1} - a_n| < \varepsilon$ für alle $n \geq N(\varepsilon)$. Dies zeigt das Beispiel der Folge $(a_n)_{n\in\mathbb{N}}$ mit $a_n = \sum_{i=1}^{n} \frac{1}{i}$. Es gilt zwar $|a_{n+1} - a_n| = \dfrac{1}{n+1} < \varepsilon$ für alle $n \geq N(\varepsilon)$, wobei $N(\varepsilon)$ eine natürliche Zahl größer $\frac{1}{\varepsilon} - 1$ ist. Doch gilt für $m = 2n$ die Abschätzung $|a_m - a_n| = |a_{2n} - a_n| > \frac{1}{2}$ für alle $n \in \mathbb{N}$. Die Wahl $\varepsilon = \frac{1}{2}$ in Satz 7.7 zeigt die Divergenz der Folge.

(46) Augustin Louis Cauchy (1789-1857) publizierte bahnbrechende Arbeiten zur Analysis, er begründete die Theorie der Funktionen einer komplexen Veränderli-

chen. Er arbeitete auch auf den Gebieten Differentialgleichungen, Geometrie, Algebra und Mechanik.

Beispiele:

(47)   Die Folge $(a_n)_{n\in\mathbb{N}}$ mit $a_n = \sum_{i=1}^{n} \frac{1}{i}(-1)^{i+1}$ ist konvergent. Es gilt nämlich die Abschätzung $|a_m - a_n| < \frac{1}{n+1}$ für alle $m \geq n$, so daß aus dem Cauchy-Kriterium die Konvergenz folgt.

(48)   Die Folge $(a_n)_{n\in\mathbb{N}}$ mit $a_n = \sum_{i=1}^{n} \frac{1}{i}$ ist (wie in (45) gezeigt) divergent.

In Definition 7.1 ist der Grenzwert a einer konvergenten Folge eine reelle Zahl. Bei divergenten Folgen $(a_n)_{n\in\mathbb{N}}$ kann aber auch folgende Situation vorliegen: Zu **jedem** $K \in \mathbb{R}$ existiert eine natürliche Zahl $N(K)$, so daß $a_n > K$ für alle $n \geq N(K)$. (Die Glieder der Folge liegen "schließlich" oberhalb jeder festen Zahl K). Eine solche Folge heißt dann (bestimmt) **divergent** gegen den **uneigentlichen Grenzwert** ∞, man schreibt $\lim_{n\to\infty} a_n = \infty$. Analog ist $\lim a_n = -\infty$ definiert für Folgen, deren Glieder "schließlich" unterhalb jeder festen Zahl liegen.

Beispiele:

(49)   Die Folge $(n)_{n\in\mathbb{N}}$ ist divergent gegen ∞.

(50)   Die Folge $(-n^2)_{n\in\mathbb{N}}$ ist divergent gegen $-\infty$.

(51)   Die Folge $(a_n)_{n\in\mathbb{N}}$ mit $a_n = \sum_{i=1}^{n} \frac{1}{i}$ ist divergent gegen ∞.

(52)   Seien $(a_n)_{n\in\mathbb{N}}$, $(b_n)_{n\in\mathbb{N}}$, $(c_n)_{n\in\mathbb{N}}$ Folgen mit $a_n = n$, $b_n = -n^2$, $c_n = \frac{a_n}{b_n}$. Dann gilt $\lim a_n = \infty$, $\lim b_n = -\infty$ und $\lim_{n\to\infty} c_n = \lim_{n\to\infty} \frac{a_n}{b_n} = 0$. Es dürfen also nicht die Limesrechenregeln angewendet werden.

(53)   Die Folge $\left((-1)^n \cdot n\right)_{n\in\mathbb{N}}$ ist divergent, aber nicht divergent gegen ∞ und nicht divergent gegen $-\infty$.

Ist $(a_n)_{n\in\mathbb{N}}$ eine Folge reeller Zahlen und liegen in jeder ε-Umgebung $U_\varepsilon(b) = \{x : |x - b| < \varepsilon\}$ einer Zahl $b \in \mathbb{R}$ unendlich viele Glieder der Folge, so heißt b ein **Häufungswert** der Folge. Mit anderen Worten ist b Häufungswert, falls es zu jedem $\varepsilon > 0$ unendlich viele Indizes n gibt mit $a_n \in U_\varepsilon(b)$. Ist die Folge konvergent mit dem Grenzwert $\lim_{n\to\infty} a_n = a$, so ist a offenbar (der einzige) Häufungswert. Der berühmte und beweistechnisch wichtige **Satz von Bolzano-Weierstraß** besagt, daß jede **beschränkte** Folge mindestens einen Häufungswert besitzt. So besitzt die beschränkte (divergente) Folge $\left((-1)^n\right)_{n\in\mathbb{N}}$ die Häufungswerte $b_1 = -1$ und $b_2 = +1$. Jede beschränkte Folge $(a_n)_{n\in\mathbb{N}}$ besitzt einen größten Häufungswert, dieser heißt **Limes superior**, in Zeichen: $\limsup_{n\to\infty} a_n$, und sie besitzt einen kleinsten Häufungswert, dieser heißt **Limes inferior**, in Zeichen: $\liminf_{n\to\infty} a_n$. Ist die Folge konvergent, so ist $\liminf_{n\to\infty} a_n = \lim_{n\to\infty} a_n = \limsup_{n\to\infty} a_n$.

Beispiele:

(54)   Die Folge $(a_n)_{n\in\mathbb{N}}$ mit $a_n = \left(1 - \dfrac{1}{n}\right)^n$ für n gerade und $a_n = 2\left(1 + \dfrac{1}{n}\right)^n$ für n ungerade hat die beiden Häufungswerte $b_1 = \dfrac{1}{e}$ und $b_2 = 2e$.

(55)   Die Folge $(a_n)_{n\in\mathbb{N}}$ mit $a_n = \left(1 - \dfrac{1}{n}\right)^n$ für $n = 3k$, $a_n = 2\left(1 + \dfrac{1}{n}\right)^n$ für $n = 3k - 1$, $a_n = 1 + \dfrac{1}{n}$ für $n = 3k - 2$ mit $k = 1, 2, 3, \ldots$ besitzt die Häufungswerte $b_1 = \dfrac{1}{e}$, $b_2 = 2e$, $b_3 = 1$. Es ist $\liminf_{n\to\infty} a_n = \dfrac{1}{e}$ und $\limsup_{n\to\infty} a_n = 2e$.

Bemerkungen und Ergänzungen:

(56)   Ist $a = \limsup_{n\to\infty} a_n$ der beschränkten Folge $(a_n)_{n\in\mathbb{N}}$, so gibt es für jedes $\varepsilon > 0$ unendlich viele n mit $a_n > a - \varepsilon$.

(57)   KARL WEIERSTRASS (1815–1897) übte starken Einfluß auf die Entwicklung der Analysis (Vater der "Epsilontik") aus. Er schrieb bahnbrechende Arbeiten zur allgemeinen Theorie der analytischen Funktionen einer komplexen Veränderlichen, zur Variationsrechnung, elliptischen Funktionen, linearen Algebra.

(58)   BERNHARD BOLZANO (1781–1848), Theologe, Philosoph und Mathematiker publizierte grundlegende Arbeiten zur Analysis.

TESTS

T7.1: Sei $(a_n)_{n\in\mathbb{N}}$ eine Folge reeller Zahlen mit $\lim_{n\to\infty} a_n = a$. Sei $b_n = n$ für $n = 1, 2, \ldots, 5$ und $b_n = a_{n-5}$ für $n \geq 6$. Für die Folge $(b_n)_{n\in\mathbb{N}}$ gilt

( ) $\displaystyle \lim_{n\to\infty} b_n = a - \sum_{n=1}^{5} a_n$

( ) $\displaystyle \lim_{n\to\infty} b_n = a$

( ) $\displaystyle \lim_{n\to\infty} b_n = a - 5$

( ) $(b_n)_{n\in\mathbb{N}}$ ist divergent.

T7.2: Die Folge $(a_n)_{n\in\mathbb{N}}$ sei konvergent. Dann gilt:

( )   Die Folge $(|a_n|)_{n\in\mathbb{N}}$ ist konvergent.

( )   Die Folge $\left((-1)^n a_n\right)_{n\in\mathbb{N}}$ ist konvergent.

( )   Die Folge $(a_n^3)_{n\in\mathbb{N}}$ ist konvergent.

( )   Ist $a_n > 0$ für $n \in \mathbb{N}$, so ist die Folge $\left(\dfrac{1}{a_n}\right)_{n\in\mathbb{N}}$ konvergent.

T7.3: Welche der Aussagen für eine Folge $(a_n)_{n \in \mathbb{N}}$ sind richtig?

( ) Die Folge ist genau dann divergent, wenn für jede reelle Zahl a ein $\varepsilon > 0$ existiert, so daß für alle natürlichen Zahlen N es eine natürliche Zahl $n \geq N$ gibt mit $|a_n - a| \geq \varepsilon$.

( ) Ist die Folge konvergent mit dem Grenzwert a, so ist auch die Teilfolge $(a_{2k})_{k \in \mathbb{N}}$ konvergent mit dem Grenzwert a.

( ) Ist die Folge beschränkt, so besitzt sie einen Grenzwert $\lim_{n \to \infty} a_n$.

( ) Ist die Folge beschränkt, so besitzt sie einen Limes superior $\lim \sup_{n \to \infty} a_n$.

T7.4: Welche der Aussagen sind richtig?

( ) Gilt $a_n > 0$ in der konvergenten Folge $(a_n)_{n \in \mathbb{N}}$, so ist $\lim_{n \to \infty} a_n > 0$.

( ) Ist die Folge $\left(\frac{a_n}{b_n} \right)_{n \in \mathbb{N}}$ konvergent, so sind auch die Folgen $(a_n)_{n \in \mathbb{N}}$ und $(b_n)_{n \in \mathbb{N}}$ konvergent.

( ) Ist eine Folge monoton steigend und nach unten beschränkt, so ist sie konvergent.

( ) Ist eine Folge monoton fallend und beschränkt, so ist sie konvergent.

T7.5: Welche der Aussagen sind richtig?

( ) Zur Anwendung des Monotoniekriteriums wird der (vermutete) Grenzwert der Folge nicht benötigt.

( ) Zur Anwendung des Einschließungskriteriums wird der (vermutete) Grenzwert der Folge benötigt.

( ) Das Monotoniekriterium liefert auch den Grenzwert der Folge.

( ) Das Einschließungskriterium liefert auch den Grenzwert der Folge.

T7.6: Für die Folge $(a_n)_{n \in \mathbb{N}}$ mit

( ) $a_n = \left(1 - \frac{1}{n} \right)^n$ gilt $\lim_{n \to \infty} a_n = \frac{1}{e}$

( ) $a_n = \left(1 - \frac{1}{n} \right)^{1000}$ gilt $\lim_{n \to \infty} a_n = \frac{1}{e}$

( ) $a_n = \left(1 - \frac{1}{n} \right)^{1000}$ gilt $\lim_{n \to \infty} a_n = 1$

( ) $a_n = \sqrt[n]{5} - 2$ gilt $\lim_{n \to \infty} a_n = -2$

( ) $a_n = \sqrt[n]{5} - 2$ gilt $\lim_{n \to \infty} a_n = -1$.

ÜBUNGEN

Ü7.1: Untersuchen Sie die nachstehenden Folgen $(a_n)_{n\in\mathbb{N}}$ auf Konvergenz oder Divergenz. Bestimmen Sie im Falle der Konvergenz den Grenzwert.

a) $a_n = 1 - \dfrac{3^n}{n!}$ b) $a_n = (-1)^n + \dfrac{1}{3^n}$

c) $a_n = \dfrac{1 + 4n^7}{\dfrac{1}{n} + 2n^3 + 3n^6}$ d) $a_n = \dfrac{(-3)^n + 2 \cdot 6^n}{2^n + 3 \cdot 6^n}$

e) $a_n = \sqrt{1 + \dfrac{1}{\sqrt{n}}}$ f) $a_n = \dfrac{n^5 + 4n^3 - n}{2n^5 - 2n^4 + 7}$

Ü7.2: a) Zeigen Sie mit dem Einschließungskriterium, daß die Folge $(a_n)_{n\in\mathbb{N}}$ mit $a_n = n\,\dfrac{4^n}{(n+1)!}$ konvergent ist, und bestimmen Sie den Grenzwert.

b) In der Folge $(a_n)_{n\in\mathbb{N}}$ gelte $a_n > \sqrt{n}$. Bestimmen Sie mit dem Einschließungskriterium den Grenzwert der Folge $\left(\dfrac{1}{a_n}\right)_{n\in\mathbb{N}}$.

c) Bestimmen Sie den Grenzwert der Folge $(a_n)_{n\in\mathbb{N}}$ mit

$$a_n = \sqrt{n + \sqrt{n}} - \sqrt{n}\,.$$

Hinweis: Erweitern Sie mit $\sqrt{n + \sqrt{n}} + \sqrt{n}$.

Ü7.3: Die Folge $(a_n)_{n\in\mathbb{N}}$ sei rekursiv definiert durch $a_1 = 2$ und $a_{n+1} = \frac{a_n}{2} + \frac{3}{2a_n}$ für $n \in \mathbb{N}$.

a) Wie lauten a_2 und a_3?

b) Zeigen Sie durch vollständige Induktion $\sqrt{3} < a_n < 3$.

c) Zeigen Sie, daß die Folge monoton fallend ist.

d) Begründen Sie, daß die Folge konvergent ist, und bestimmen Sie den Grenzwert der Folge.

Ü7.4: Die Folge $(a_n)_{n\in\mathbb{N}}$ sei rekursiv definiert durch $a_1 = 0.9$, $a_2 = 0.85$ und $a_{n+2} = \frac{3}{5} + \frac{1}{4}\sin(\frac{\pi}{2}a_{n+1}) - \frac{1}{10}(\cos\frac{\pi}{2}a_n)$ für $n \in \mathbb{N}$. Beweisen Sie mit dem Monotoniekriterium die Konvergenz der Folge.

Ü7.5: Bestimmen Sie die Grenzwerte

a) $\displaystyle\lim_{n\to\infty} \left(1 - \dfrac{1}{n^2}\right)^n$

b) $\displaystyle\lim_{n\to\infty} \left(1 + \dfrac{1}{n^3}\right)^5 \cdot \left(1 + \dfrac{1}{n}\right)^{-n}$

c) $\lim \left(1 - \dfrac{1}{n}\right)^{3n} \cdot \left(1 + \dfrac{1}{n}\right)^{n-3}$

d) $\lim\limits_{n \to \infty} \dfrac{5n^3 - 3n + 1}{(2n + 1)^3} \cdot \left(\dfrac{n - 2}{n + 2}\right)^n$.

Ü7.6:   Bestimmen Sie die Grenzwerte

a) $\lim\limits_{n \to \infty} \left(\dfrac{(n + 1)(n + 2)}{(n - 1)n}\right)^n \sqrt{\left(\dfrac{n}{n - 1}\right)^n}$

b) $\lim\limits_{n \to \infty} \dfrac{2}{(x^2)^n + 2}$ in Abhängigkeit von $x \in \mathbb{R}$.

Ü7.7:   Seien $(a_n)_{n \in \mathbb{N}}$ eine (bestimmt) divergente Folge mit $\lim_{n \to \infty} a_n = \infty$ und $(b_n)_{n \in \mathbb{N}}$ eine konvergente Folge mit $\lim_{n \to \infty} b_n = 0$. Geben Sie Beispiele für a_n und b_n, so daß

a) $\lim\limits_{n \to \infty} (a_n \cdot b_n) = +\infty$

b) $\lim\limits_{n \to \infty} (a_n \cdot b_n) = -\infty$

c) $\lim\limits_{n \to \infty} (a_n \cdot b_n) = 2$

d)   die Folge $(a_n \cdot b_n)_{n \in \mathbb{N}}$ beschränkt ist, aber nicht konvergiert.

8   Grenzwert und Stetigkeit reeller Funktionen

Wir betrachten das Verhalten von reellen Funktionen, falls sich das Argument einer Zahl x_0 nähert. Es heißt $x_0 \in \mathbb{R}$ **Häufungspunkt** einer Menge $M \subset \mathbb{R}$, wenn es eine Folge $(x_n)_{n \in \mathbb{N}}$ aus M gibt mit $x_n \neq x_0$, die gegen x_0 konvergiert. Für solche Folgen werden die Folgen $(f(x_n))_{n \in \mathbb{N}}$ der Bilder $f(x_n)$ betrachtet.

Definition 8.1 *Sei* $f : \mathbb{R} \to \mathbb{R}$ *eine reelle Funktion mit der Definitionsmenge* $D(f)$, *sei* $x_0 \in \mathbb{R}$ *ein Häufungspunkt von* $D(f)$. *Gilt für* **jede** *Folge* $(x_n)_{n \in \mathbb{N}}$ *mit*

$$x_n \in D(f), \quad x_n \neq x_0, \quad \lim_{n \to \infty} x_n = x_0$$

die Beziehung

$$\lim_{n \to \infty} f(x_n) = c$$

mit $c \in \mathbb{R}$, *so hat* f *an der Stelle* x_0 *den* **Grenzwert** c.

Bemerkungen und Ergänzungen:

(1)   Für **jede** gegen x_0 konvergente Folge $(x_n)_{x \in \mathbb{N}}$ aus $D(f)$ mit $x_n \neq x_0$ wird die Bildfolge $\left(f(x_n)\right)_{n \in \mathbb{N}}$ betrachtet. Haben alle diese Folgen den gleichen Grenzwert c, so hat f an x_0 den Grenzwert c. Gibt es hingegen (mindestens) eine solche Folge, die nicht konvergiert oder gegen einen anderen Grenzwert als c konvergiert, so hat f an x_0 keinen Grenzwert.

(2)   Hat f an x_0 den Grenzwert c, so schreibt man auch $\lim\limits_{x \to x_0} f(x) = c$ oder $f(x) \to c$ für $x \to x_0$.

(3)   Die Stelle x_0 muß nicht zu $D(f)$ gehören, doch muß x_0 Häufungspunkt von $D(f)$ sein. Mit anderen Worten muß $f(x_0)$ nicht definiert sein. Die Definition des Grenzwertes nimmt nicht auf $f(x_0)$ bezug. Existiert der Grenzwert, so ist er eindeutig.

(4)   Eine äquivalente Definition des Grenzwertes ist: Sei $f : \mathbb{R} \to \mathbb{R}$ eine reelle Funktion mit der Definitionsmenge $D(f)$, sei $x_0 \in \mathbb{R}$ ein Häufungpunkt von $D(f)$. Es heißt $c \in \mathbb{R}$ Grenzwert von f an der Stelle x_0, wenn zu jedem $\varepsilon > 0$ ein $\delta > 0$ existiert, so daß für alle $x \in D(f)$ mit $0 < |x - x_0| < \delta$ gilt $|f(x) - c| < \varepsilon$.

(5)   Es ist $x_0 \in \mathbb{R}$ Häufungspunkt einer Menge $M \subset \mathbb{R}$, falls in jeder ε–Umgebung $\{x \in \mathbb{R} : |x - x_0| < \varepsilon\}$, $\varepsilon > 0$, von x_0 unendlich viele Elemente von M liegen.

Beispiele:

(6)   Sei $M = [0, 1]$. Dann ist jeder Punkt $x_0 \in [0, 1]$ Häufungspunkt von M. Jeder Häufungspunkt gehört zu M.

(7)   Sei $M = (0, 1]$. Dann ist jeder Punkt $x_0 \in (0, 1]$ Häufungspunkt von M. Weiter ist $x_0 = 0$ ein Häufungspunkt von M, der nicht zu M gehört.

(8)   Sei $M = (0,1)$. Dann ist jeder Punkt $x_0 \in (0,1)$ Häufungspunkt von M. Weiter sind $x_0 = 0$ und $x_0 = 1$ Häufungspunkte von M, die nicht zu M gehören.

(9)   Sei $M = [0,1] \cup \{2\}$. Dann ist jeder Punkt $x_0 \in [0,1]$ Häufungspunkt von M. Es ist $x_0 = 2$ kein Häufungspunkt von M, vielmehr ein isolierter Punkt.

(10)   Die Funktion $f : \mathbb{R} \to \mathbb{R}$ mit $D(f) = \mathbb{R}$ und $f(x) = x^2$ hat an der Stelle $x_0 = 2$ den Grenzwert $c = 4$. Denn für jede Folge $(x_n)_{n\in\mathbb{N}}$ mit $x_n \in \mathbb{R}$, $x_n \neq 2$, $\lim\limits_{n\to\infty} x_n = 2$ ist $\lim\limits_{n\to\infty} f(x_n) = \lim\limits_{n\to\infty} x_n^2 = \lim\limits_{n\to\infty} x_n \cdot \lim\limits_{n\to\infty} x_n = 2^2 = 4$. Hier ist $c = f(x_0)$.

(11)   Die Funktion $f : \mathbb{R} \to \mathbb{R}$ mit $D(f) = (2,\infty)$ und $f(x) = x^2$ hat an der Stelle $x_0 = 2$ den Grenzwert $c = 4$. Es ist $x_0 = 2$ zwar Häufungspunkt von $D(f)$, gehört aber nicht zu $D(f)$.

(12)   Die Funktion $f : \mathbb{R} \to \mathbb{R}$ mit $D(f) = \mathbb{R}\backslash\{0\}$ und $f(x) = \frac{1}{x}$ hat an jeder Stelle $x_0 \neq 0$ den Grenzwert $\lim_{x\to x_0} f(x) = \frac{1}{x_0}$. An der Stelle $x_0 = 0$ hat f jedoch keinen Grenzwert. Es ist zwar $x_0 = 0$ Häufungspunkt von $D(f)$, doch ist beispielsweise die Folge $(x_n)_{n\in\mathbb{N}} = \left(\frac{1}{n}\right)_{n\in\mathbb{N}}$ konvergent gegen 0, aber die Bildfolge $\left(f(x_n)\right)_{n\in\mathbb{N}} = (n)_{n\in\mathbb{N}}$ ist divergent.

(13)   Die **Signumfunktion** (Vorzeichenfunktion) f mit $D(f) = \mathbb{R}$ und

$$f(x) = \operatorname{sgn}(x) = \begin{cases} 1 & \text{für } x > 0 \\ 0 & \text{für } x = 0 \\ -1 & \text{für } x < 0 \end{cases}$$

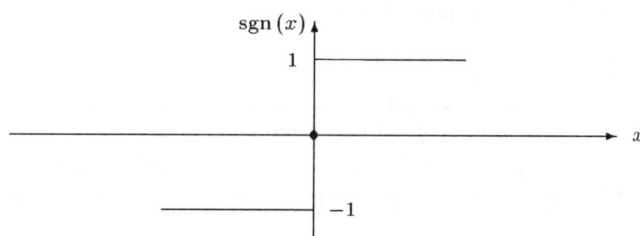

hat für $x_0 \neq 0$ einen Grenzwert c, nämlich

$$c = \begin{cases} 1 & \text{für } x_0 > 0 \\ -1 & \text{für } x_0 < 0 . \end{cases}$$

Für $x_0 = 0$ hat f jedoch keinen Grenzwert. Denn für die Folge $\left(\frac{1}{n}\right)_{n\in\mathbb{N}}$, die gegen $x_0 = 0$ konvergiert, hat die Bildfolge $\left(f(\frac{1}{n})\right)_{n\in\mathbb{N}} = (1)_{n\in\mathbb{N}}$ den Grenzwert 1, während für die Folge $\left(-\frac{1}{n}\right)_{n\in\mathbb{N}}$, die ebenfalls gegen $x_0 = 0$ konvergiert, die Bildfolge $\left(f(-\frac{1}{n})\right)_{n\in\mathbb{N}} = (-1)_{n\in\mathbb{N}}$ den Grenzwert -1 hat.

(14)   Die Funktion $f : \mathbb{R} \to \mathbb{R}$ mit $D(f) = \mathbb{R}\backslash\{0\}$ und

$$f(x) = \sin\frac{1}{x}$$

hat an der Stelle $x_0 = 0$, die Häufungspunkt von $D(f)$ ist, keinen Grenzwert. Denn für die Folge $(x_n)_{n \in \mathbb{N}}$ mit $x_n = \dfrac{1}{(2n+1)\pi/2}$, die gegen $x_0 = 0$ konvergiert, ist die Bildfolge $\left(f(x_n) \right) = \left((-1)^n \right)_{n \in \mathbb{N}}$ divergent.

Dagegen hat die Funktion $g : \mathbb{R} \to \mathbb{R}$ mit $D(g) = \mathbb{R} \backslash \{0\}$ und

$$g(x) = x \cdot \sin \frac{1}{x}$$

an der Stelle $x_0 = 0$ den Grenzwert $\lim_{x \to 0}(x \cdot \sin \frac{1}{x}) = 0$. Denn für **jede** Folge $(x_n)_{n \in \mathbb{N}}$ mit $x_n \neq 0$, $\lim_{n \to \infty} x_n = 0$ gilt $|g(x_n) - 0| = |x_n \sin \frac{1}{x_n}| \leq |x_n|$, also $\lim_{n \to \infty} g(x_n) = 0$.

(15)   Die Funktion $f : \mathbb{R} \to \mathbb{R}$ mit $D(f) = \mathbb{R} \backslash \{0\}$ und

$$f(x) = \frac{\sin x}{x} .$$

hat einen Grenzwert an der Stelle $x_0 = 0 \notin D(f)$, nämlich

$$\boxed{\lim_{x \to 0} \frac{\sin x}{x} = 1 .}$$

Aus den Limesrechenregeln für Folgen ergeben sich die Limesrechenregeln in Satz 8.1, die für Anwendungen oft bequem sind.

Satz 8.1 *Die Funktionen $f : \mathbb{R} \to \mathbb{R}$ und $g : \mathbb{R} \to \mathbb{R}$ mit $D(f) = D(g) = D$ mögen an der Stelle x_0 jeweils einen Grenzwert besitzen. Dann besitzen auch $\alpha \cdot f$ für $\alpha \in \mathbb{R}$, $f \pm g$, $f \cdot g$ einen Grenzwert an x_0 und es gilt*

$$\lim_{x \to x_0} [\alpha \cdot f(x)] = \alpha \cdot \lim_{x \to x_0} f(x)$$

$$\lim_{x \to x_0} [f(x) \pm g(x)] = \lim_{x \to x_0} f(x) \pm \lim_{x \to x_0} g(x)$$

$$\lim_{x \to x_0} [f(x) \cdot g(x)] = [\lim_{x \to x_0} f(x)] \cdot [\lim_{x \to x_0} g(x)] .$$

Gilt $\lim_{x \to x_0} g(x) \neq 0$, so hat auch $\dfrac{f}{g}$ einen Grenzwert an x_0, und es gilt

$$\lim_{x \to x_0} \frac{f(x)}{g(x)} = \frac{\lim\limits_{x \to x_0} f(x)}{\lim\limits_{x \to x_0} g(x)} .$$

Beispiele:

(16) Seien $f : \mathbb{R} \to \mathbb{R}$ mit $D(f) = (0, \infty)$ und $f(x) = \frac{1}{x+2}$ und $g : \mathbb{R} \to \mathbb{R}$ mit $D(f) = (0, \infty)$ und $g(x) = x^2$. Dann ist $\lim_{x \to 2} f(x) = \frac{1}{4}$, $\lim_{x \to 2} g(x) = 4$, $\lim_{x \to 2} 3f(x) = \lim_{x \to 2} \frac{3}{x+2} = 3 \lim_{x \to 2} \frac{1}{x+2} = \frac{3}{4}$, $\lim_{x \to 2}[f(x) + g(x)] = \lim_{x \to 2} \left(\frac{1}{x+2} + x^2 \right) = \lim_{x \to 2} \frac{1}{x+2} + \lim_{x \to 2} x^2 = \frac{1}{4} + 4 = \frac{17}{4}$, $\lim_{x \to 2}[f(x) \cdot g(x)] = \lim_{x \to 2} \frac{x^2}{x+2} = \lim_{x \to 2} \frac{1}{x+2} \cdot \lim_{x \to 2} x^2 = \frac{1}{4} \cdot 4 = 1$ oder auch $\lim_{x \to 2} \frac{x^2}{x+2} = \frac{\lim_{x \to 2} x^2}{\lim_{x \to 2} x+2} = \frac{4}{4} = 1$.

(17) Ein Beispiel für die wiederholte Anwendung der Limesrechenregeln ist: Die Funktion $f : \mathbb{R} \to \mathbb{R}$ mit $D(f) = \mathbb{R}$ und $f(x) = x^n$, $n \in \mathbb{N}$, sei gegeben. Für $x_0 \in \mathbb{R}$ ist dann $\lim_{x \to x_0} f(x) = \lim_{x \to x_0} x^n = (\lim_{x \to x_0} x)(\lim_{x \to x_0} x) \cdots (\lim_{x \to x_0} x) = x_0^n$. Verallgemeinerung: Ist P_n ein Polynom vom Grad n mit $D(P_n) = \mathbb{R}$, so existiert an jeder Stelle x_0 der Grenzwert von P_n, und es ist $\lim_{x \to x_0} P_n(x) = P_n(x_0)$.

(18) Sei $f : \mathbb{R} \to \mathbb{R}$ mit $D(f) = \mathbb{R} \backslash \{2\}$ und

$$f(x) = \frac{x^2 + x - 6}{x - 2}.$$

Es ist

$$\lim_{x \to 4} \frac{x^2 + x - 6}{x - 2} = \frac{\lim_{x \to 4}(x^2 + x - 6)}{\lim_{x \to 4}(x - 2)} = \frac{14}{2} = 7.$$

Man beachte, daß $\lim_{x \to 2} \frac{x^2 + x - 6}{x - 2}$ auf diese Weise wegen $\lim_{x \to 2}(x - 2) = 0$ nicht bestimmt werden kann. Doch folgt aus der Definition des Grenzwerts für eine Folge $(x_n)_{x \in \mathbb{N}}$ mit $x_n \neq x_0 = 2$, $\lim_{n \to \infty} x_n = 2$,

$$\lim_{x \to 2} \frac{x^2 + x - 6}{x - 2} = \lim_{n \to \infty} \frac{x_n^2 + x_n - 6}{x_n - 2} = \lim_{n \to \infty} \frac{(x_n - 2)(x_n + 3)}{x_n - 2}$$

$$= \lim_{n \to \infty} (x_n + 3) = 5.$$

(19) Die Funktion $f : \mathbb{R} \to \mathbb{R}$ mit $D(f) = [-1, 1] \cup \{2\}$ und $f(x) = x^2$ hat an der Stelle $x_0 = 2$ keinen Grenzwert, da $x_0 = 2$ nicht Häufungspunkt von $D(f)$ ist.

In Definition 8.1 werden **alle** Folgen $(x_n)_{n \in \mathbb{N}}$ mit $x_n \in D(f)$, $x_n \neq x_0$, $\lim x_n = x_0$ herangezogen. Beschränken wir uns auf solche Folgen, für die zusätzlich $x_n < x_0$ bzw. $x_n > x_0$ für $n \in \mathbb{N}$ gilt, so kommen wir zu den **einseitigen Grenzwerten** in

Definition 8.2 *Sei* $f : \mathbb{R} \to \mathbb{R}$ *mit der Definitionsmenge* $D(f)$ *eine reelle Funktion. Sei* $x_0 \in \mathbb{R}$ *Häufungspunkt von* $D^< = D(f) \cap \{x : x < x_0\}$ *(bzw. von* $D^> = D(f) \cap \{x : x > x_0\}$ *). Gilt für jede Folge* $(x_n)_{n \in \mathbb{N}}$ *mit* $x_n \in D^<$ *(bzw. mit* $x_n \in D^>$ *) und* $\lim x_n = x_0$ *die Beziehung* $\lim_{n \to \infty} f(x_n) = c$ *mit* $c \in \mathbb{R}$ *(bzw.* $\lim_{n \to \infty} f(x_n) = d$ *mit* $d \in \mathbb{R}$ *), so hat* f *an der Stelle* x_0 *den* **linksseitigen Grenzwert** c *(bzw. den* **rechtsseitigen Grenzwert** d *).*

Für den linksseitigen Grenzwert schreibt man $\lim_{\substack{x \to x_0 \\ x < x_0}} f(x) = c$ oder $\lim_{x \nearrow x_0} f(x) = c$ oder $f(x_0-) = c$, für den rechtsseitigen Grenzwert schreibt man $\lim_{\substack{x \to x_0 \\ x > x_0}} f(x) = d$ oder $\lim_{x \searrow x_0} f(x) = d$ oder $f(x_0+) = d$.

Ist x_0 Häufungspunkt von $D^<$ **und** $D^>$, so existiert der Grenzwert $\lim_{x \to x_0} f(x)$ genau dann, wenn die einseitigen Grenzwerte $\lim_{x \nearrow x_0} f(x)$ und $\lim_{x \searrow x_0} f(x)$ existieren und identisch gleich c sind. Dann gilt auch $\lim_{x \to x_0} f(x) = c$.

Beispiele:

(20)   Sei $f : \mathbb{R} \to \mathbb{R}$ mit $D(f) = \mathbb{R}$ und

$$f(x) = \begin{cases} 1 + x & \text{für } x \geq 0 \\ x & \text{für } x < 0 . \end{cases}$$

Dann gilt für die einseitigen Grenzwerte an der Stelle $x_0 = 0$

$$\lim_{x \nearrow 0} f(x) = 0 \quad \text{und} \quad \lim_{x \searrow 0} f(x) = 1 .$$

Doch hat f an $x_0 = 0$ keinen Grenzwert.

(21)   Die Signumfunktion hat an der Stelle $x_0 = 0$ die einseitigen Grenzwerte

$$\lim_{x \nearrow 0} \operatorname{sgn}(x) = -1 \quad \text{und} \quad \lim_{x \searrow 0} \operatorname{sgn}(x) = +1 ,$$

aber $\lim_{x \to 0} \operatorname{sgn}(x)$ existiert nicht.

(22)   Sei $f : \mathbb{R} \to \mathbb{R}$ mit $D(f) = [-1, 1]$ und $f(x) = x^2 + 2$. An der Stelle $x_0 = 0$ stimmen die einseitigen Grenzwerte und der Grenzwert von f überein, $\lim_{x \nearrow 0} f(x) = \lim_{x \searrow 0} f(x) = \lim_{x \to 0} f(x) = 2$.

(23)   Sei $f : \mathbb{R} \to \mathbb{R}$ mit $D(f) = [0, 1)$ und $f(x) = x^2 + 2$. An der Stelle $x_0 = 1$ hat f den linksseitigen Grenzwert $\lim_{x \nearrow 1} f(x) = 3$ und den Grenzwert $\lim_{x \to 1} f(x) = 3$. Der rechtsseitige Grenzwert existiert nicht, da $x_0 = 1$ kein Häufungspunkt von $D^> = [0, 1) \cap \{x : x > 1\} = \emptyset$ ist.

Wie bei Folgen werden uneigentliche Grenzwerte definiert. Ist x_0 Häufungspunkt von $D(f)$ und divergiert für jede Folge $(x_n)_{n \in \mathbb{N}}$ mit $x_n \in D(f)$, $x_n \neq x_0$, $\lim_{n \to \infty} x_n = x_0$ die Bildfolge $\left(f(x_n)\right)_{n \in \mathbb{N}}$ gegen ∞ (vgl. Kap. 7 nach (48)), so sagt man, f habe an der Stelle x_0 den **uneigentlichen Grenzwert** ∞ und schreibt $\lim_{x \to x_0} f(x) = \infty$. Analog ist $\lim_{x \to x_0} f(x) = -\infty$ definiert.

Ist $D(f)$ nach rechts unbeschränkt und konvergiert für jede Folge $(x_n)_{n \in \mathbb{N}}$ aus $D(f)$ mit $\lim_{n \to \infty} x_n = \infty$ die Bildfolge $\left(f(x_n)\right)_{n \in \mathbb{N}}$ gegen einen festen Grenzwert c, so sagt man, f besitze den Grenzwert c für $x \to \infty$ und schreibt $\lim_{x \to \infty} f(x) = c$. Analog ist $\lim_{x \to -\infty} f(x) = c$ definiert.

Die Verallgemeinerungen, die zu $\lim_{x\to\infty} f(x) = \pm\infty$, $\lim_{x\to-\infty} f(x) = \pm\infty$, $\lim_{x\nearrow x_0} f(x) = \pm\infty$, $\lim_{x\searrow x_0} f(x) = \pm\infty$ führen, sind offensichtlich.

Beispiele:

(24)   Es ist $\lim_{x\to 0} \frac{1}{x^2} = \infty$.

(25)   Es ist

$$\lim_{x\nearrow 1} \frac{1}{1-x} = +\infty \quad \text{und} \quad \lim_{x\searrow 1} \frac{1}{1-x} = -\infty.$$

(26)   Für die Wurzelfunktion gilt

$$\lim_{x\to\infty} \sqrt{x} = \infty.$$

(27)   Sei $f : \mathbb{R} \to \mathbb{R}$ mit $D(f) = \mathbb{R}$, $f(x) = \dfrac{x-1}{|x|+1}$. Dann gilt

$$\lim_{x\to\infty} \frac{x-1}{|x|+1} = 1, \qquad \lim_{x\to-\infty} \frac{x-1}{|x|+1} = -1.$$

Denn für $x > 0$ ist $\dfrac{x-1}{|x|+1} = \dfrac{x-1}{x+1} = \dfrac{1-\frac{1}{x}}{1+\frac{1}{x}} \to 1$ für $x \to \infty$

und für $x < 0$ ist $\dfrac{x-1}{|x|+1} = \dfrac{x-1}{-x+1} = -1.$

Mit dem Begriff des Grenzwertes einer Funktion ist der für die Analysis zentrale Begriff der **Stetigkeit** einer Funktion eng verbunden.

Definition 8.3 *Eine Funktion $f : \mathbb{R} \to \mathbb{R}$ mit der Definitionsmenge $D(f)$ heißt* **stetig an der Stelle** $x_0 \in D(f)$, *wenn für jede Folge* $(x_n)_{n\in\mathbb{N}}$ *mit*

$$x_n \in D(f), \qquad \lim_{n\to\infty} x_n = x_0$$

gilt

$$\lim_{n\to\infty} f(x_n) = f(x_0).$$

Es heißt f **stetig auf** $M \subset D(f)$, *falls f stetig ist für alle $x_0 \in M$.*

Bemerkungen und Ergänzungen:

(28)   Es ist $x_0 \in D(f)$ zu beachten, $f(x_0)$ muß also definiert sein (im Gegensatz zur Grenzwertdefinition). Ist f stetig an x_0, so ist also $\lim_{n\to\infty} f(x_n) = f(\lim_{x\to\infty} x_n)$, f und $\lim$ dürfen vertauscht werden.

(29)   Die Funktion f heißt **unstetig** an der Stelle $x_0 \in D(f)$, wenn sie nicht stetig an x_0 ist. Dann gibt es (mindestens) eine Folge $(x_n)_{n\in\mathbb{N}}$ mit $x_n \in D(f)$ und dem Grenzwert $\lim_{n\to\infty} x_n = x_0$, für die die Bildfolge $\left(f(x_n)\right)_{n\in\mathbb{N}}$ nicht konvergent oder aber konvergent gegen einen Wert $c \neq f(x_0)$ ist.

(30)   Mit der Stetigkeit einer Funktion f verbindet man oft die Anschauung, daß der Graph von f eine zusammenhängende Linie (keine Sprünge und Lücken, ggf. jedoch Spitzen) darstellt. Ist $D(f)$ ein Intervall, so ist diese Vorstellung hilfreich. Dies ist jedoch nicht zwingend, so braucht $x_0 \in D(f)$ kein Häufungspunkt von $D(f)$ zu sein (wie bei der Grenzwertdefinition). Ist etwa $x_0 \in D(f)$ ein **isolierter Punkt** von $D(f)$, so daß es eine Umgebung von x_0 gibt, die außer x_0 keinen Punkt von $D(f)$ enthält, so ist f an x_0 stetig. Denn für jede Folge $(x_n)_{n\in\mathbb{N}}$ mit $x_n \in D(f)$ und $\lim_{n\to\infty} x_n = x_0$ (beachte: im Gegensatz zur Grenzwertdefinition wird nicht die Forderung $x_n \neq x_0$ gestellt) ist "schließlich" (ab einem gewissen n) $x_n = x_0$ und damit $\lim_{n\to\infty} f(x_n) = f(x_0)$.

(31)   Sei $f : \mathbb{R} \to \mathbb{R}$ mit $D(f) = I$ für ein Intervall I, das nicht nur aus einem Punkt besteht. Dann ist f an $x_0 \in I$ genau dann stetig, wenn f an der Stelle x_0 den Grenzwert $f(x_0)$ hat.

(32)   Eine äquivalente Definition der Stetigkeit ist: Die Funktion $f : \mathbb{R} \to \mathbb{R}$ mit der Definitionsmenge $D(f)$ heißt stetig an der Stelle $x_0 \in D(f)$, wenn zu jedem $\varepsilon > 0$ ein $\delta > 0$ existiert, so daß für alle $x \in D(f)$ mit $|x - x_0| < \delta$ stets $|f(x) - f(x_0)| < \varepsilon$ gilt.

Beispiele:

(33) $f : \mathbb{R} \to \mathbb{R}$ mit $D(f) = \mathbb{R}$ und $f(x) = c$, $c \in \mathbb{R}$, ist stetig an jeder Stelle $x_0 \in \mathbb{R}$. Die konstante Funktion ist stetig auf $\mathbb{R}$.

(34) $f : \mathbb{R} \to \mathbb{R}$ mit $D(f) = \mathbb{R}$ und $f(x) = x$ ist stetig an jeder Stelle $x_0 \in \mathbb{R}$.

(35) $f : \mathbb{R} \to \mathbb{R}$ mit $D(f) = \mathbb{R}$ und $f(x) = \sin x$ ist stetig an jeder Stelle $x_0 \in \mathbb{R}$. Die Sinusfunktion ist stetig auf $\mathbb{R}$.

(36)   Die Signumfunktion mit $f(x) = \mathrm{sgn}(x)$, $x \in \mathbb{R}$, ist stetig an allen Stellen $x_0 \neq 0$, aber unstetig an $x_0 = 0$.

(37)   Die Betragsfunktion mit $f(x) = |x|$, $x \in \mathbb{R}$, ist stetig an allen Stellen $x_0 \in \mathbb{R}$, auch an der Stelle $x_0 = 0$, an der der Graph eine Spitze hat.

(38)   Die Funktion $f : \mathbb{R} \to \mathbb{R}$ mit $D(f) = \mathbb{R}$ und

$$f(x) = \begin{cases} 1 + x & \text{für } x \geq 0 \\ x & \text{für } x < 0 \end{cases}$$

ist stetig an jeder Stelle $x_0 \neq 0$, jedoch unstetig an $x_0 = 0$.

Analog zu Satz 8.1 gilt

Satz 8.2 *Die Funktionen* $f : \mathbb{R} \to \mathbb{R}$ *und* $g : \mathbb{R} \to \mathbb{R}$ *mit den Definitionsmengen* $D(f) = D(g) = D$ *seien stetig auf* D. *Dann sind auch* αf *für* $\alpha \in \mathbb{R}$, $f \pm g$, $f \cdot g$ *stetig auf* D. *An allen Stellen* $x_0 \in D$ *mit* $g(x_0) \neq 0$ *ist auch* $\dfrac{f}{g}$ *stetig.*

Satz 8.3 *Seien* $f : \mathbb{R} \to \mathbb{R}$ *und* $g : \mathbb{R} \to \mathbb{R}$ *stetig auf ihren Definitionsmengen* $D(f)$ *und* $D(g)$. *Für die Bildmenge* $B(g)$ *gelte* $B(g) \subset D(f)$. *Dann ist* $f \circ g$ *stetig auf* $D(g)$.

In den folgenden Beispielen wenden wir die Aussagen der Sätze gelegentlich wiederholt an.

Beispiele:

(39) Für $n \in \mathbb{N}$ ist $f : \mathbb{R} \to \mathbb{R}$ mit $D(f) = \mathbb{R}$ und $f(x) = x^n$ stetig auf $\mathbb{R}$. Denn es ist $x^n = x \cdot x \cdots x$.

(40) Ein Polynom P_n mit $D(P_n) = \mathbb{R}$ und

$$P_n(x) = a_n x^n + a_{n-1} x^{n-1} + \cdots + a_1 x + a_0$$

ist stetig auf $\mathbb{R}$.

(41) Eine rationale Funktion $f : \mathbb{R} \to \mathbb{R}$ mit $D(f) = \{x : x \in \mathbb{R}, Q_m(x) \neq 0\}$ und

$$f(x) = \frac{P_n(x)}{Q_m(x)}$$

mit Polynomen P_n und Q_m vom Grad n und m ist stetig auf $D(f)$ (Nullstellen des Nenners ausgeschlossen).

(42) Die Funktion $f : \mathbb{R} \to \mathbb{R}$ mit $D(f) = \mathbb{R} \backslash \{0\}$ und

$$f(x) = \frac{1}{x^n}, \quad n \in \mathbb{N},$$

ist stetig auf $D(f)$. (Beachte: $0 \notin D(f)$).

(43) Die Funktion $f : \mathbb{R} \to \mathbb{R}$ mit $D(f) = \mathbb{R} \backslash \{0\}$ und $f(x) = \sin \frac{1}{x}$ ist stetig auf $D(f)$ (Beachte $0 \notin D(f)$). Denn $g : \mathbb{R} \to \mathbb{R}$ mit $D(g) = \mathbb{R} \backslash \{0\}$ und $g(x) = \frac{1}{x}$ sowie $h : \mathbb{R} \to \mathbb{R}$ mit $D(h) = \mathbb{R}$ und $h(x) = \sin x$ sind stetig auf ihren Definitionsmengen, und es gilt $B(g) \subset D(h)$. Daher ist $f = h \circ g$ mit $f(x) = \sin \frac{1}{x}$ stetig auf $D(f) = D(g)$.

(44) Die Funktion g mit $g(x) = x + \frac{\pi}{2}$ für $x \in \mathbb{R}$ ist stetig auf $D(g) = \mathbb{R}$, ebenso ist f mit $f(x) = \sin x$ für $x \in \mathbb{R}$ stetig auf $D(f) = \mathbb{R}$. Es ist $B(g) = \mathbb{R} \subset D(f)$. Daher ist $f \circ g$ mit $(f \circ g)(x) = \sin(x + \frac{\pi}{2}) = \cos x$ stetig auf $\mathbb{R}$. Die Cosinusfunktion ist stetig auf $\mathbb{R}$. Wegen $\tan x = \frac{\sin x}{\cos x}$ für $\cos x \neq 0$ und $\cot x = \frac{\cos x}{\sin x}$ für $\sin x \neq 0$ sind Tangens und Cotangens stetige Funktionen auf ihren Definitionsmengen.

(45)   Die Funktion $f : \mathbb{R} \to \mathbb{R}$ mit $D(f) = [0, \infty)$ und

$$f(x) = \sqrt{x}$$

ist stetig auf $D(f)$.

(46)   Sei $g : \mathbb{R} \to \mathbb{R}$ mit der Definitionsmenge $D(g)$ eine nichtnegative stetige Funktion $\left(B(g) \subset [0, \infty) \right)$. Sei $f : \mathbb{R} \to \mathbb{R}$ mit $D(f) = [0, \infty)$ und $f(x) = \sqrt{x}$. Dann ist $h = f \circ g$ mit $D(h) = D(g)$ und

$$h(x) = \sqrt{g(x)}$$

eine stetige Funktion auf $D(h)$.

Eine Funktion $f : \mathbb{R} \to \mathbb{R}$ mit der Definitionsmenge $D(f)$ habe an $x_0 \notin D(f)$, die Häufungspunkt von $D(f)$ ist, einen Grenzwert $c = \lim_{x \to x_0} f(x)$. Es läßt sich f **fortsetzen** zu einer Funktion g mit der Definitionsmenge $D(g) = D(f) \cup \{x_0\}$ und

$$g(x) = \begin{cases} f(x) & \text{für } x \in D(f) \\ c & \text{für } x = x_0 . \end{cases}$$

Ist f stetig auf $D(f)$, so ist g stetig auf $D(g)$. Es heißt dann g **stetige Fortsetzung** von f.

Sei f eine reelle Funktion mit der Definitionsmenge $D(f)$ und sei h eine reelle Funktion mit der Definitionsmenge $D(h) = D$, die eine Teilmenge von $D(f)$ ist. Gilt $h(x) = f(x)$ für alle $x \in D$, so heißt h **Einschränkung** von f auf D. Ist f stetig auf $D(f)$, so ist h stetig auf D.

Definition 8.4 *Eine Funktion* $f : \mathbb{R} \to \mathbb{R}$ *mit der Definitionsmenge* $D(f)$ *heißt* **linksseitig stetig** *(bzw.* **rechtsseitig stetig***)   an* $x_0 \in D(f)$, *falls die Einschränkung von* f *auf* $D^{\le} = D(f) \cap \{x \in \mathbb{R} : x \le x_0\}$ *(bzw. auf* $D^{\ge} = D(f) \cap \{x \in \mathbb{R} : x \ge x_0\}$ *) stetig an* x_0 *ist.*

Linksseitige Stetigkeit (bzw. rechtsseitige Stetigkeit) an $x_0 \in D(f)$ besteht demnach, falls für jede Folge $(x_n)_{n \in \mathbb{N}}$ mit $x_n \in D(f)$, die von links (bzw. von rechts) gegen x_0 konvergiert, die Bildfolge $(f(x_n))_{n \in \mathbb{N}}$ gegen $f(x_0)$ konvergiert. Es ist f genau dann stetig an $x_0 \in D(f)$, wenn es linksseitig und rechtsseitig stetig an x_0 ist.

Beispiele:

(47)   Die Funktion $f : \mathbb{R} \to \mathbb{R}$ mit $D(f) = \mathbb{R}\backslash\{2\}$ und

$$f(x) = \frac{x^2 + x - 6}{x - 2}$$

hat an $x_0 = 2 \notin D(f)$ den Grenzwert 5. Für $x \neq 2$ ist $\frac{x^2+x-6}{x-2} = x + 3$. Daher ist $g : \mathbb{R} \to \mathbb{R}$ mit $D(g) = \mathbb{R}$ und

$$g(x) = x + 3$$

stetige Fortsetzung von f auf $\mathbb{R}$.

(48)   Es ist $\lim_{x \to 0} \frac{\sin x}{x} = 1$. Daher hat die Funktion f mit $D(f) = \mathbb{R}\backslash\{0\}$ und

$$f(x) = \frac{\sin x}{x}$$

die stetige Fortsetzung g mit $D(g) = \mathbb{R}$ und

$$g(x) = \begin{cases} \dfrac{\sin x}{x} & \text{für } x \neq 0 \\ 1 & \text{für } x = 0. \end{cases}$$

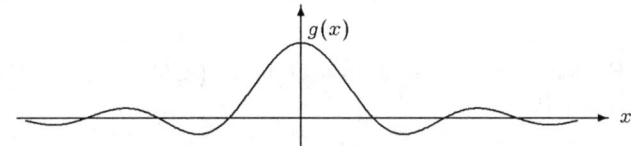

(49)   Die Funktion $f : \mathbb{R} \to \mathbb{R}$ mit $D(f) = \mathbb{R}\backslash\{0\}$ und

$$f(x) = \sin\frac{1}{x}$$

ist stetig auf $D(f)$, besitzt an der Stelle $x_0 = 0 \notin D(f)$ jedoch keinen Grenzwert. Daher existiert keine stetige Fortsetzung von f auf $\mathbb{R}$. Die Funktion $h : \mathbb{R} \to \mathbb{R}$ mit $D(h) = \mathbb{R}$ und

$$h(x) = \begin{cases} \sin\dfrac{1}{x} & \text{für } x \neq 0 \\ h_0 & \text{für } x = 0 \end{cases}$$

ist für beliebiges $h_0 \in \mathbb{R}$ unstetig an der Stelle $x_0 = 0$.

Die Funktion f "oszilliert" in der Umgebung von $x_0 = 0$.

(50)   Die **Heaviside** Funktion $h : \mathbb{R} \to \mathbb{R}$ mit $D(h) = \mathbb{R}$ und

$$h(x) = \begin{cases} 1 & \text{für } x \geq 0 \\ 0 & \text{für } x < 0 \end{cases}$$

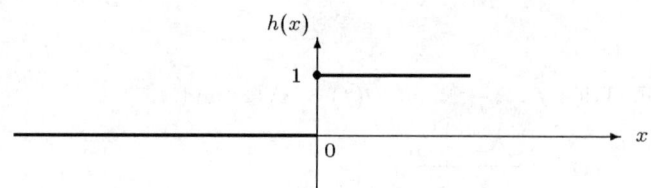

ist an der Stelle $x_0 = 0$ rechtsseitig stetig. Sie besitzt zwar an $x_0 = 0$ den linksseitigen Grenzwert $c = 0$, wegen $c \neq h(0) = 1$ ist h an $x_0 = 0$ jedoch nicht linksseitig stetig.

(51)   Die Signumfunktion ist an der Stelle $x_0 = 0$ weder rechtsseitig noch linksseitig stetig.

TESTS

T8.1: Die Funktion $f : \mathbb{R} \to \mathbb{R}$ mit der Definitonsmenge $D(f)$ habe an der Stelle $x_0 \in \mathbb{R}$ einen Grenzwert c. Dann gilt

( ) $x_0 \in D(f)$

( ) $\lim_{x \to x_0} f(x) = f(x_0)$

( ) $\lim_{\substack{x \to x_0 \\ x < x_0}} f(x) = \lim_{\substack{x \to x_0 \\ x > x_0}} f(x)$, falls diese beiden Grenzwerte existieren.

T8.2: Die Funktion $f : \mathbb{R} \to \mathbb{R}$ mit $D(f) = (a,b) \subset \mathbb{R}$ ist stetig an der Stelle $x_0 \in D(f)$, falls gilt

( ) f hat an der Stelle x_0 einen Grenzwert

( ) f ist an der Stelle x_0 definiert

( ) f ist an der Stelle x_0 definiert und hat an x_0 den Grenzwert $f(x_0)$.

T8.3: Die Funktion $f : \mathbb{R} \to \mathbb{R}$ mit $D(f) = \mathbb{R}$ und $f(x) = [x]$, wobei $[x]$ die größte ganze Zahl, die kleiner oder gleich $x \in \mathbb{R}$ ist (Entier-Funktion), hat an der Stelle $x_0 = k \in \mathbb{Z}$

( )   den Wert $f(k) = k - 1$

( )   den Wert $f(k) = k$

( )   einen Grenzwert

( )   den linksseitigen Grenzwert $\lim_{x \nearrow x_0} f(x) = k - 1$

( )   den rechtsseitigen Grenzwert $\lim_{x \searrow x_0} f(x) = k$.

T8.4: Sei $f : \mathbb{R} \to \mathbb{R}$ mit der Definitionsmenge $D(f)$ eine reelle Funktion.

( )   Bei der Definition des Grenzwertes von f an der Stelle x_0 muß x_0 Häufungs-punkt von $D(f)$ sein.

( )   Die Definition des Grenzwertes von f an der Stelle x_0 nimmt Bezug auf $f(x_0)$.

( )   Bei der Definition der Stetigkeit von f an der Stelle x_0 muß x_0 Häufungs-punkt von $D(f)$ sein.

( )   Um die Stetigkeit von f an der Stelle x_0 zu prüfen, braucht man $f(x_0)$.

T8.5: Für die Funktion $f : \mathbb{R} \to \mathbb{R}$ mit $D(f) = (-\infty, 1)$ und

$$f(x) = \begin{cases} 1 & \text{für } x \in (-\infty, 0) \\ x + 1 & \text{für } x \in [0, 1) \end{cases}$$

gilt

( ) f hat den Grenzwert $\lim_{x \to 0} f(x) = 1$

( ) f hat den Grenzwert $\lim_{x \to 1} f(x) = 2$

( ) f hat den rechtsseitigen Grenzwert $\lim_{x \searrow 1} f(x) = 2$

( ) f ist stetig an der Stelle $x_0 = 0$

( ) f ist stetig an der Stelle $x_0 = 1$

( ) f ist stetig auf $D(f)$.

ÜBUNGEN

Ü8.1:   Die rationale Funktion $f : \mathbb{R} \to \mathbb{R}$ sei gegeben durch $D(f) = \mathbb{R} \setminus \{-2, 1\}$ und $f(x) = \frac{x^3 - x}{(x+2)^2(3x-3)}$.

   a)   Für welche $x_0 \in \mathbb{R}$ existiert der Grenzwert $\lim_{x \to x_0} f(x)$?

   b)   Bestimmen Sie $\lim_{x \to x_0} f(x)$ für alle $x_0 \in \mathbb{R}$, für die dieser Grenzwert existiert.

   c)   Bestimmen Sie - falls existent - $\lim_{x \to \infty} f(x)$ sowie $\lim_{x \to -\infty} f(x)$.

   d)   Skizzieren Sie die Funktion f.

Ü8.2:   Untersuchen Sie, ob die Funktionen $f_i : \mathbb{R} \to \mathbb{R}$, $i = 1, 2, 3, 4$, jeweils an der Stelle x_0 einen Grenzwert besitzen. Wenn ja, geben Sie diesen an.

   a) $f_1(x) = \dfrac{\sin x}{\sqrt{x}}$, $D(f_1) = (0, \infty)$, $x_0 = 0$.

b) $f_2(x) = \dfrac{\sin x}{\sqrt{x}} + x \cdot \cos \dfrac{1}{x}$, $D(f_2) = (0, \infty)$, $x_0 = 0$.

c) $f_3(x) = \dfrac{(x-1)(x+2)}{\sqrt{x^2 - 2x + 1}}$, $D(f_3) = \mathbb{R}\backslash\{1\}$, $x_0 = 1$.

d) $f_4(x) = \dfrac{\cos(4\sqrt{\tan x} - \frac{\pi}{2})}{\sqrt{\tan x}}$, $D(f_4) = (0, \frac{\pi}{2})$, $x_0 = 0$.

Ü8.3:   a)   Die Funktion $f : \mathbb{R} \to \mathbb{R}$ sei gegeben durch
$D(f) = (-9, \infty)\backslash\{0\}$ und

$$f(x) = \begin{cases} \dfrac{\sqrt{x+9} - 3}{\sqrt{x}} & \text{für } x > 0 \\[3mm] \dfrac{\sqrt{x+9} - 3}{x} & \text{sonst.} \end{cases}$$

Bestimmen Sie den linksseitigen und den rechtsseitigen Grenzwert von f an der Stelle $x_0 = 0$.
Hinweis: Erweitern Sei jeweils mit $\sqrt{x+9} + 3$.

b)   Bestimmen Sie für die Funktion $g : \mathbb{R} \to \mathbb{R}$ mit $D(g) = \mathbb{R}$ und
$g(x) = \dfrac{2x}{\sqrt{x^2 + 4}}$ die Grenzwerte $\lim\limits_{x \to \infty} g(x)$ und $\lim\limits_{x \to -\infty} g(x)$, falls sie existieren.

Ü8.4:   Gegeben seien die Funktionen $f_i : \mathbb{R} \to \mathbb{R}$, $i = 1, \ldots, 4$, mit

$$f_1(x) = \frac{2x^2 - 15x + 18}{x^2 - x - 30} , \quad D(f_1) = \mathbb{R}\backslash\{-5, 6\}$$

$$f_2(x) = \frac{|x|}{x^3} , \quad D(f_2) = \mathbb{R}\backslash\{0\}$$

$$f_3(x) = \frac{1}{x^2} - \frac{\sqrt{1 - x^2}}{x^2} , \quad D(f_3) = [-1, 1]\backslash\{0\}$$

$$f_4(x) = \frac{\tan 2x}{x} , \quad D(f_4) = \mathbb{R}\backslash\{0, \tfrac{(2k+1)\pi}{4} , \quad k \in \mathbb{Z}\} .$$

Untersuchen Sie, ob die folgenden Grenzwerte existieren, und berechnen Sie die Grenzwerte im Falle der Existenz

a) $\lim_{x \to x_0} f_1(x)$ für alle $x_0 \in \{-\infty, -5, 6, \infty\}$

b) $\lim_{x \to \infty} f_2(x)$

c) $\lim_{x \to 0} f_3(x)$

d) $\lim_{x \to 0} f_4(x)$.

Ü8.5:   Die Funktion $f : \mathbb{R} \to \mathbb{R}$ sei gegeben durch $D(f) = \mathbb{R}\backslash\{0\}$ und

$$f(x) = \begin{cases} x - \frac{x}{|x|} & \text{für } x \in \mathbb{R}\backslash\{0,1\}\,, \\ 1 & \text{für } x = 1\,. \end{cases}$$

   a)   Hat die Funktion f an den Stellen $x_0 = 0$ und $x_1 = 1$ jeweils einen Grenzwert?

   b)   Ist die Funktion f an der Stelle $x_1 = 1$ stetig?

   c)   Läßt sich an der Stelle $x_0 = 0$ die Stetigkeit von f untersuchen?

Ü8.6:   Es seien $a, b \in \mathbb{R}$. Die Funktion $f : \mathbb{R} \to \mathbb{R}$ sei definiert durch $D(f) = [0,3]$ und

$$f(x) = \begin{cases} 2x + x^2 & \text{für } x \in [0,1] \\ ax - x^3 + x & \text{für } x \in (1,2) \\ \dfrac{b(x^{5-a} - x - 1)}{x^2 + 1} & \text{für } x \in [2,3]\,. \end{cases}$$

Bestimmen Sie a und b so, daß f auf $D(f)$ stetig ist.

9   Eigenschaften stetiger Funktionen

Ist die Definitionsmenge $D(f)$ einer stetigen reellen Funktion ein **abgeschlossenes** Intervall $[a, b]$, so gelten für f spezielle Eigenschaften.

Satz 9.1 *Die Funktion $f : \mathbb{R} \to \mathbb{R}$ mit $D(f) = [a, b]$ sei stetig auf $[a, b]$. Dann ist f beschränkt.*

Bemerkungen und Ergänzungen:

(1)   Für eine auf einem abgeschlossenen Intervall $[a, b]$ stetige Funktion f gilt also $|f(x)| \leq K$ für alle $x \in [a, b]$ mit einer Konstanten $K \in \mathbb{R}$.

(2)   Wesentlich ist die Voraussetzung, daß $D(f) = [a, b]$ ein abgeschlossenes Intervall ist. Für andere Intervalle braucht die Aussage nicht zu gelten. So ist die Funktion $f : \mathbb{R} \to \mathbb{R}$ mit $D(f) = (0, 1]$ und $f(x) = \frac{1}{x}$ zwar stetig auf dem halboffenen Intervall $(0, 1]$, sie ist jedoch nicht beschränkt.

(3)   Ist f nicht stetig auf $[a, b]$, so muß die Aussage von Satz 9.1 nicht gelten. So ist $f : \mathbb{R} \to \mathbb{R}$ mit $D(f) = [0, 1]$ und

$$f(x) = \begin{cases} \dfrac{1}{x} & \text{für } x \in (0, 1] \\ 0 & \text{für } x = 0 \end{cases}$$

zwar auf dem abgeschlossenen Intervall $[0, 1]$ definiert, aber nicht stetig auf $[0, 1]$. Es ist f nicht beschränkt auf $[0, 1]$.

Satz 9.2 (Satz vom Maximum)
Die Funktion $f : \mathbb{R} \to \mathbb{R}$ mit $D(f) = [a, b]$ sei stetig auf $[a, b]$. Dann existiert (mindestens) eine Minimalstelle $x_0 \in [a, b]$ mit $f(x_0) \leq f(x)$ für alle $x \in [a, b]$, und es existiert (mindestens) eine Maximalstelle $x_1 \in [a, b]$ mit $f(x_1) \geq f(x)$ für alle $x \in [a, b]$.

Bemerkungen und Ergänzungen:

(4)   Verbal drückt man die Aussage von Satz 9.2 auch so aus: Eine auf einem abgeschlossenen Intervall $[a, b]$ stetige Funktion f nimmt ihr Minimum $\min_{x \in [a,b]} f(x) = f(x_0)$ (an einer Stelle $x_0 \in [a, b]$) an, und sie nimmt ihr Maximum $\max_{x \in [a,b]} f(x) = f(x_1)$ (an einer Stelle $x_1 \in [a, b]$) an.

(5)   Die Aussage ist anschaulich:

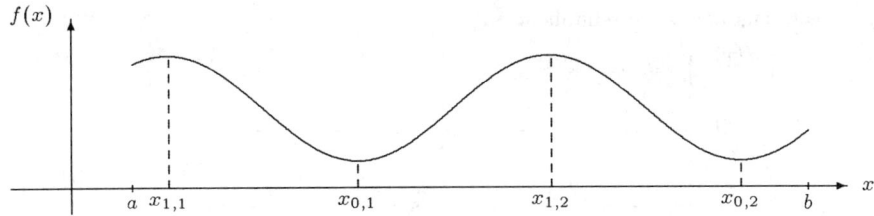

(6) Wesentlich ist die Voraussetzung, daß $D[f] = [a, b]$ ein abgeschlossenes Intervall ist. So hat $f : \mathbb{R} \to \mathbb{R}$ mit $D(f) = (0, 2)$ und $f(x) = x^2$ kein Minimum und kein Maximum auf $(0, 2)$. Es existiert nur das Infimum $\inf_{x \in (0,2)} f(x) = 0$ und das Supremum $\sup_{x \in (0,2)} f(x) = 4$. Die Werte 0 und 4 werden jedoch an keiner Stelle aus $(0, 2)$ angenommen.

(7) Ist f nicht stetig auf $[a, b]$, so muß die Aussage von Satz 9.2 nicht gelten. So ist $f : \mathbb{R} \to \mathbb{R}$ mit $D(f) = [-1, 1]$ und

$$f(x) = \begin{cases} x & \text{für } x \in (-1, 1) \\ 0 & \text{für } x = 1 \, , \, x = -1 \end{cases}$$

zwar auf dem abgeschlossenen Intervall $[-1, 1]$ definiert, aber nicht stetig auf $[-1, 1]$. Es besitzt f kein Minimum und kein Maximum auf $[0, 1]$.

Satz 9.3 (Zwischenwertsatz)
Die Funktion $f : \mathbb{R} \to \mathbb{R}$ mit $D(f) = [a, b]$ sei stetig auf $[a, b]$. Dann gibt es zu jeder Zahl c zwischen dem Minimum und dem Maximum von f,

$$\min_{x \in [a,b]} f(x) \leq c \leq \max_{x \in [a,b]} f(x) \, ,$$

ein $x_0 \in [a, b]$ mit $f(x_0) = c$.

Bemerkungen und Ergänzungen:

(8) Verbal besagt Satz 9.3, daß jeder Wert c zwischen dem Minimum und dem Maximum von f angenommen wird.

(9)   Die Aussage ist anschaulich:

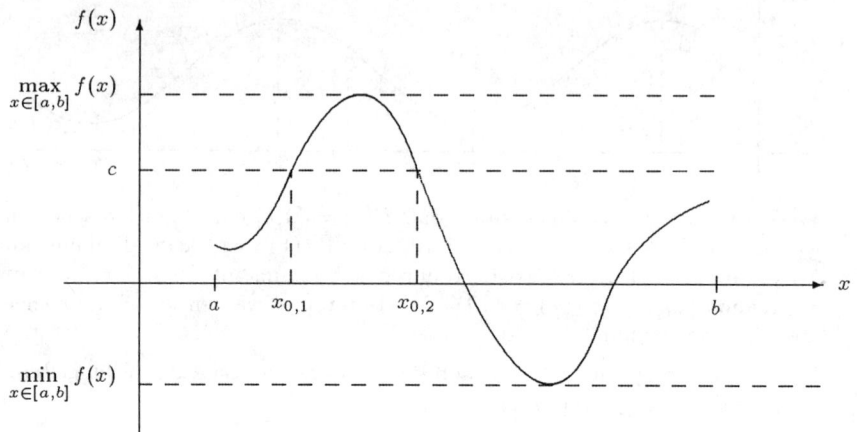

(10)   Bei nicht stetigem f muß die Aussage von Satz 9.3 nicht gelten, wie folgendes
       Beispiel zeigt:

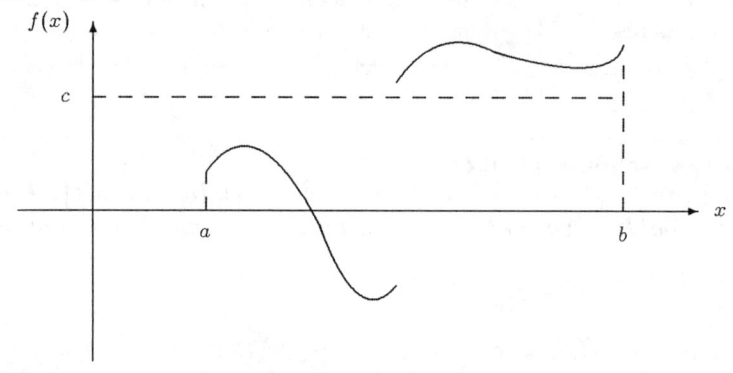

(11)   Ist f stetig auf $[a, b]$ und haben $f(a)$ und $f(b)$ verschiedene Vorzeichen, gilt also
       $f(a) \cdot f(b) < 0$, so liegt $c = 0$ zwischen dem Minimum und dem Maximum von
       f. Ein solches f hat demnach in $[a, b]$ mindestens eine Nullstelle $x_0 \in [a, b]$ (mit
       $f(x_0) = 0$). Wegen $f(a) \neq 0$, $f(b) \neq 0$, gilt sogar $x_0 \in (a, b)$.

(12)   Ist f stetig auf $[a, b]$ mit $f(a) \cdot f(b) < 0$, so läßt sich eine Nullstelle von f beliebig ge-
       nau durch das Verfahren der Bisektion (Schritthalbierung) finden. Dazu berechnet
       man f an der Stelle $\xi_1 = \frac{a+b}{2}$. Ist $f(\xi_1) = 0$, so ist ξ_1 Nullstelle, und das Verfahren
       ist beendet. Andernfalls wählt man das Teilintervall $[a, \xi_1]$, falls $f(a) \cdot f(\xi_1) < 0$,
       bzw. das Teilintervall $[\xi_1, b]$, falls $f(\xi_1) \cdot f(b) < 0$ und wendet das Vorgehen auf das
       gewählte Teilintervall an. Auf diese Weise erhält man eine Folge von Intervallen
       $I_n = [a_n, b_n]$, die eine Nullstelle x_0 enthalten. Nach n solchen Iterationsschritten
       hat das so gewonnene Intervall I_n die Länge $b_n - a_n = \frac{b-a}{2^n}$. Wählt man ein $x_0^* \in I_n$
       als Approximation für x_0, so gilt die Fehlerabschätzung $|x_0^* - x_0| \leq \frac{b-a}{2^n}$.

Beispiele:

(13)   Wir betrachten die Funktion $f : \mathbb{R} \to \mathbb{R}$ mit $D(f) = [0,1]$ und

$$f(x) = \tan x + \frac{x}{2} - 1\,.$$

Es ist $f(0) = -1$ und $f(1) = 1.0574$, also $f(0) \cdot f(1) < 0$. Demnach existiert eine Nullstelle $x_0 \in (0,1)$ von f. Um diese bis auf einen Fehler von $5 \cdot 10^{-3}$ mit dem Verfahren der Bisektion zu bestimmen, sind n^* Iterationsschritte erforderlich mit n^* aus $\frac{b-a}{2^{n^*}} = \frac{1}{2^{n^*}} \leq 5 \cdot 10^{-3}$. Dies ergibt $n^* = 8$. Das Verfahren liefert

n	a_n	b_n	$f(a_n)$	$f(b_n)$	$f\left(\frac{a_n+b_n}{2}\right)$
0	0	1	$-$	$+$	$-$
1	0.5	1	$-$	$+$	$+$
2	0.5	0.75	$-$	$+$	$+$
3	0.5	0.625	$-$	$+$	$-$
4	0.5625	0.625	$-$	$+$	$-$
5	0.59375	0.625	$-$	$+$	$+$
6	0.59375	0.60938	$-$	$+$	$-$
7	0.60156	0.60938	$-$	$+$	$-$
8	0.60547	0.60938			

Demnach ist beispielsweise $x_0^* = 0.607$ eine Approximation für x_0 mit einem Fehler kleiner gleich $5 \cdot 10^{-3}$.

Satz 9.4 *Die Funktion $f : \mathbb{R} \to \mathbb{R}$ mit $D(f) = [a,b]$ sei streng monoton wachsend auf $[a,b]$. Dann existiert die Umkehrfunktion f^{-1} mit $D(f^{-1}) = B(f)$. Es ist f^{-1} stetig und streng monoton wachsend auf $D(f^{-1})$.*

Eine analoge Aussage gilt, falls f auf $[a,b]$ streng monoton fallend ist. Dann ist f^{-1} stetig und streng monoton fallend auf $B(f)$. Es ist bemerkenswert, daß f nicht stetig zu sein braucht. Ist f stetig, so ist $D(f^{-1})$ ein Intervall. Die Aussage von Satz 9.4 gilt auch, falls $D(f)$ ein beliebiges Intervall ist.

Beispiele:

(14)   Es ist $f : \mathbb{R} \to \mathbb{R}$ mit $D(f) = [0,b]$ und $f(x) = x^n$ für $n \in \mathbb{N}$ stetig und streng monoton wachsend auf $[0,b]$. Daher ist die Umkehrfunktion f^{-1} mit $f^{-1}(x) = \sqrt[n]{x}$ stetig und streng monoton wachsend auf $[0,b^n]$. Da dies für jedes $b > 0$ gilt, ist die Funktion $g : \mathbb{R} \to \mathbb{R}$ mit $D(g) = [0,\infty)$ und $g(x) = \sqrt[n]{x}$ stetig und streng monoton wachsend auf $[0,\infty)$.

(15)   Die Funktion $f : \mathbb{R} \to \mathbb{R}$ mit $D(f) = [-\frac{\pi}{2}, \frac{\pi}{2}]$ und $f(x) = \sin x$ ist streng monoton wachsend auf $[-\frac{\pi}{2}, \frac{\pi}{2}]$. Daher existiert die Umkehrfunktion $f^{-1} = \arcsin$. Es ist $\arcsin$ stetig und streng monoton wachsend auf $[-1,1]$.

TESTS

T9.1: Ist $f : \mathbb{R} \to \mathbb{R}$ mit $D(f) = [0, 1]$ eine stetige Funktion auf $D(f)$, so gilt

( ) f hat eine Nullstelle $x_0 \in [0, 1]$

( ) f ist beschränkt

( ) f besitzt ein Maximum

( ) f besitzt ein Supremum.

T9.2: Sei $f : \mathbb{R} \to \mathbb{R}$ mit $D(f) = [a, b]$ eine stetige Funktion auf $D(f)$. Ist $f(a) < a$ und $f(b) > b$, dann gilt:

( )   Es existiert ein $x_0 \in [a, b]$ mit $f(x_0) \leq f(x)$ für alle $x \in [a, b]$.

( )   Die Funktion $g : \mathbb{R} \to \mathbb{R}$ mit $D(g) = [a, b]$ und $g(x) = f(x) - x$ hat eine Nullstelle in $[a, b]$.

( )   Es existiert ein $x_0 \in [a, b]$ mit $f(x_0) = x_0$.

T9.3: Die Funktion $f : \mathbb{R} \to \mathbb{R}$ sei streng monoton wachsend auf $D(f) = [a, b]$. Dann gilt für die Umkehrfunktion f^{-1}

( ) f^{-1} existiert und ist streng monoton fallend

( ) f^{-1} existiert und ist streng monoton wachsend

( ) f^{-1} ist stetig, falls f stetig ist

( ) f^{-1} ist stetig, auch wenn f unstetig auf $[a, b]$ ist.

T9.4: Sei $f : \mathbb{R} \to \mathbb{R}$ mit $D(f) = [-1, 1]$ und $f(x) = x + \frac{1}{2} + \mathrm{sgn}\,(x)$. Dann gilt

( ) $f(-1) = -\frac{3}{2}$

( ) $f(1) = \frac{5}{2}$

( )   wegen $f(-1) \cdot f(1) < 0$ besitzt f eine Nullstelle in $[-1, 1]$

( ) f besitzt eine streng monoton wachsende und stetige Umkehrfunktion.

ÜBUNGEN

Ü9.1:   Gegeben sei das Polynom P mit $D(P) = [-1, 1]$ und

$$P(x) = x^8 + 5x^6 + 3x - 7.$$

a)   Ist P stetig auf $D(P)$?

b)   Ist P auf $D(P)$ beschränkt?

c)   Besitzt P auf $D(P)$ ein Maximum und ein Minimum?

d)   Berechne Sie $P(-1)$ und $P(1)$ mit dem Horner-Schema.

e)   Zeigen Sie, daß P in $[-1, 1]$ (mindestens) eine Nullstelle besitzt.

f)   Begründen Sie, daß die Gleichung $P(x) = 1$, $x \in [0, 1]$ (mindestens) eine Lösung besitzt.

Ü9.2:   Gegeben sei die Funktion $f : \mathbb{R} \to \mathbb{R}$ mit $D(f) = [0, \frac{1}{2}]$ und

$$f(x) = \sin x + x^2 + x - 1.$$

a)   Begründen Sie, daß f ein Maximum und ein Minimum besitzt.

b)   Zeigen Sie, daß f eine Nullstelle x_0 in $[0, \frac{1}{2}]$ hat.

c)   Führen Sie das Verfahren der Bisektion zur Bestimmung einer Approximation x_0^* der Nullstelle x_0 durch. Starten Sie mit dem Intervall $[0, \frac{1}{2}]$. Wieviel Iterationsschritte n^* sind erforderlich, um die Fehlerabschätzung $|x_0^* - x_0| < 10^{-2}$ sicherzustellen? Führen Sie n^* Iterationsschritte durch, und geben Sie ein solches x_0^* an.

10   Differentiation

In der Differentialrechnung (Infinitesimalrechnung) werden Änderungen von Funktionen bei Änderungen des Argumentes der Funktionen betrachtet. Die Differentialrechnung wurde von G.W. LEIBNIZ und I. NEWTON begründet, sie ist eine der bedeutendsten Zweige der Mathematik.

Ist f eine reelle Funktion auf einem Intervall I, so läßt sich durch den Punkt $(x_0, f(x_0))$ und einen Nachbarpunkt $(x, f(x))$ des Graphen die Sekante legen. Ihre Steigung ist $\dfrac{f(x) - f(x_0)}{x - x_0}$

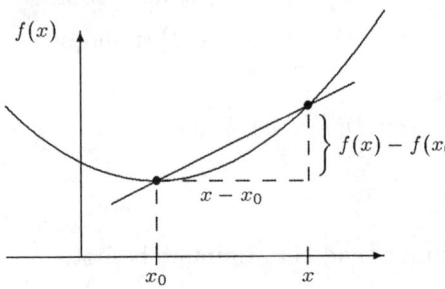

Strebt x gegen x_0 und existiert der Grenzwert

$$\lim_{x \to x_0} \frac{f(x) - f(x_0)}{x - x_0},$$

so erhalten wir die Steigung der Tangente in $(x_0, f(x_0))$.

Definition 10.1 *Die Funktion $f : \mathbb{R} \to \mathbb{R}$ sei auf einem (beliebigen) Intervall $I = D(f)$ definiert. Es heißt f **differenzierbar** an der Stelle $x_0 \in I$, wenn der Grenzwert*

$$\lim_{x \to x_0} \frac{f(x) - f(x_0)}{x - x_0}$$

*existiert (und endlich ist). Dieser Grenzwert heißt dann **Ableitung** von f an der Stelle x_0 und wird mit $f'(x_0)$ oder $\dfrac{df}{dx}\big|_{x=x_0}$ bezeichnet.*

Bemerkungen und Ergänzungen:

(1)   Es heißt $\dfrac{f(x) - f(x_0)}{x - x_0}$ Differenzenquotient und $\lim_{x \to x_0} \dfrac{f(x) - f(x_0)}{x - x_0}$ heißt Differentialquotient.

(2)   Die Differenzierbarkeit von f an x_0 beinhaltet, daß für jede Folge $(x_n)_{n \in \mathbb{N}}$ mit $x_n \in I$, $x_n \neq x_0$, $\lim_{n \to \infty} x_n = x_0$, die Folge $\left(\dfrac{f(x_n) - f(x_0)}{x_n - x_0} \right)_{n \in N}$ konvergent ist mit

$$\lim_{n \to \infty} \frac{f(x_n) - f(x_0)}{x_n - x_0} = f'(x_0).$$

(3)   Statt $\lim_{x \to x_0} \dfrac{f(x) - f(x_0)}{x - x_0}$ kann man auch

$$\lim_{h \to 0} \frac{f(x_0 + h) - f(x_0)}{h}$$

betrachten.

(4)   Es heißt f differenzierbar auf $M \subset I$, wenn f für alle $x_0 \in M$ differenzierbar ist. Die Funktion $f' : \mathbb{R} \to \mathbb{R}$ mit den Werten $f'(x)$ für $x \in D(f') = \{x_0 : x_0 \in I,$ f differenzierbar an $x_0\}$ heißt Ableitung von f.

(5)   Ist x_0 ein Randpunkt von I, so wird im Differentialquotienten der einseitige Grenzwert betrachtet. Man spricht dann von einseitiger (rechsseitiger bzw. linksseitiger) Ableitung.

(6)   Ist f differenzierbar an $x_0 \in I$, so ist f stetig an x_0. Die Beispiele (13) und (14) unten zeigen, daß aus der Stetigkeit an x_0 **nicht** die Differenzierbarkeit folgt.

(7)   Es heißt $f'(x_0)$ auch Steigung der Funktion f im Punkte x_0. Die Gerade durch $\left(x_0, f(x_0)\right)$ mit der Steigung $f'(x_0)$ heißt **Tangente** an f in $\left(x_0, f(x_0)\right)$, sie hat die Gleichung

$$y = f(x_0) + f'(x_0)(x - x_0), \quad x \in \mathbb{R}.$$

(8)   GOTTFRIED WILHELM LEIBNIZ (1646 – 1716) gilt als Universalgelehrter: Jurist, Theologe, Historiker, Naturwissenschaftler, Diplomat, vor allem aber Philosoph und Mathematiker. Der Ausbau der Infinitesimalrechnung wurde maßgeblich von Leibniz geprägt.

(9)   ISAAC NEWTON (1642 – 1727) war Physiker und Mathematiker. Er schuf die klassische Mechanik, erklärte mit seinem Gravitationsgesetz die Bewegung der Planeten. Sein 1687 erschienenes Hauptwerk "Mathematische Prizipien der Naturphilosophie" war richtungsweisend für die Verbindung von Mathematik und Physik. Newton entwickelte die Anfänge der Infinitesimalrechnung.

Beispiele:

(10)   Sei $f : \mathbb{R} \to \mathbb{R}$ mit $D(f) = I = (-\infty, \infty)$ und $f(x) = c$ für $c \in \mathbb{R}$. Für beliebiges $x_0 \in I$ und eine beliebige Folge $(x_n)_{n \in \mathbb{N}}$ mit $x_n \neq x_0$, $\lim_{n \to \infty} x_n = x_0$ gilt

$$\frac{f(x_n) - f(x_0)}{x_n - x_0} = \frac{c - c}{x_n - x_0} = 0.$$

Daher ist f differenzierbar auf $\mathbb{R}$ mit $f'(x) = 0$ für alle $x \in \mathbb{R}$.

(11)   Sei $f : \mathbb{R} \to \mathbb{R}$ mit $D(f) = I = (-\infty, \infty)$ und $f(x) = x$. Es ist

$$\lim_{x \to x_0} \frac{f(x) - f(x_0)}{x - x_0} = \lim_{x \to x_0} \frac{x - x_0}{x - x_0} = 1$$

für jedes $x_0 \in I$. Daher ist f differenzierbar auf $\mathbb{R}$ mit $f'(x) = 1$ für alle $x \in \mathbb{R}$.

(12)   Sei $f : \mathbb{R} \to \mathbb{R}$ mit $D(f) = I = (-\infty, \infty)$ und $f(x) = x^2$. Es ist für beliebiges $x_0 \in I$ ist

$$\lim_{x \to x_0} \frac{f(x) - f(x_0)}{x - x_0} = \lim_{x \to x_0} \frac{x^2 - x_0^2}{x - x_0} = \lim_{x \to x_0} \frac{(x + x_0)(x - x_0)}{x - x_0}$$

$$= \lim_{x \to x_0} (x + x_0) = 2x_0 .$$

Daher ist f differenzierbar auf $\mathbb{R}$ mit $f'(x) = 2x$ für alle $x \in \mathbb{R}$.

(13)   Sei $f : \mathbb{R} \to \mathbb{R}$ mit $D(f) = [0, \infty)$ und $f(x) = \sqrt{x}$. Für $x_0 = 0$ ist

$$\lim_{x \to 0} \frac{f(x) - f(0)}{x - 0} = \lim_{x \to 0} \frac{\sqrt{x} - 0}{x - 0} = \lim_{x \to 0} \frac{1}{\sqrt{x}}$$

nicht existent. Für $x_0 > 0$ ist

$$\lim_{x \to x_0} \frac{f(x) - f(x_0)}{x - x_0} = \lim_{x \to x_0} \frac{\sqrt{x} - \sqrt{x_0}}{x - x_0} = \lim_{x \to x_0} \frac{\sqrt{x} - \sqrt{x_0}}{(\sqrt{x} - \sqrt{x_0})(\sqrt{x} + \sqrt{x_0})}$$

$$= \lim_{x \to x_0} \frac{1}{\sqrt{x} + \sqrt{x_0}} = \frac{1}{2\sqrt{x_0}} .$$

Daher ist f differenzierbar auf $I = (0, \infty)$ mit $f'(x) = \dfrac{1}{2\sqrt{x}}$, hingegen ist f an $x = 0$ nicht differenzierbar. Doch ist f stetig auf $[0, \infty)$.

(14)   Sei $f : \mathbb{R} \to \mathbb{R}$ mit $D(f) = \mathbb{R}$ und $f(x) = |x|$. Sei $x_0 = 0$. Für die Folge $(x_n)_{n \in \mathbb{N}}$ mit $x_n = \frac{1}{n} \neq 0$ gilt $\lim_{n \to \infty} x_n = x_0 = 0$ und

$$\lim_{n \to \infty} \frac{f(x_n) - f(x_0)}{x_n - x_0} = \lim_{n \to \infty} \frac{\frac{1}{n} - 0}{\frac{1}{n} - 0} = 1 ,$$

während für die Folge $(x_n)_{n \in \mathbb{N}}$ mit $x_n = -\frac{1}{n} \neq 0$ gilt $\lim_{n \to \infty} x_n = x_0 = 0$ und

$$\lim_{n \to \infty} \frac{f(x_n) - f(x_0)}{x_n - x_0} = \frac{|-\frac{1}{n}| - 0}{-\frac{1}{n} - 0} = -1 .$$

Demnach ist f an der Stelle $x_0 = 0$ nicht differenzierbar, wohl aber stetig. An $x_0 \neq 0$ ist f differenzierbar mit $f'(x_0) = 1$ für $x_0 > 0$ und $f'(x_0) = -1$ für $x_0 < 0$.

(15)   Sei $f : \mathbb{R} \to \mathbb{R}$ mit $D(f) = I = (-\infty, \infty)$ und $f(x) = \sin x$. Für $x_0 \in I$ folgt aus $\sin \alpha + \sin \beta = 2 \sin \frac{\alpha + \beta}{2} \cos \frac{\alpha - \beta}{2}$ mit $\lim_{h \to 0} \frac{\sin \frac{h}{2}}{\frac{h}{2}} = 1$ und $\lim_{h \to 0} \cos(x_0 + \frac{h}{2}) = \cos x_0$ (Stetigkeit) sowie $x = x_0 + h$

$$\lim_{x \to x_0} \frac{f(x) - f(x_0)}{x - x_0} = \lim_{h \to 0} \frac{\sin(x_0 + h) - \sin x_0}{h}$$

$$= \lim_{h \to 0} \frac{2 \sin \frac{h}{2} \cdot \cos(x_0 + \frac{h}{2})}{h}$$

$$= \lim_{h \to 0} \frac{\sin \frac{h}{2}}{\frac{h}{2}} \cdot \lim_{h \to 0} \cos \left(x_0 + \frac{h}{2} \right)$$

$$= \cos x_0 .$$

Daher ist die Sinusfunktion differenzierbar auf $\mathbb{R}$ mit $(\sin x)' = \cos x$ für alle $x \in \mathbb{R}$. Analog zeigt man, daß die Cosinusfunktion differenzierbar ist auf $\mathbb{R}$ mit $(\cos x)' = -\sin x$ für alle $x \in \mathbb{R}$.

Die folgenden Sätze 10.1 und 10.2 geben Differentiationsregeln, die oft hilfreich sind, die Ableitungen ohne formale Anwendung von Definition 10.1 zu bestimmen. Sie werden oft mehrfach hintereinander angewendet.

Satz 10.1 *Die Funktionen* $f : \mathbb{R} \to \mathbb{R}$ *und* $g : \mathbb{R} \to \mathbb{R}$ *mit* $D(f) = D(g) = I \subset \mathbb{R}$ *seien differenzierbar an* $x \in I$. *Dann sind auch* αf *mit* $\alpha \in \mathbb{R}$, $f \pm g$, $f \cdot g$ *differenzierbar an* x *und es gilt*

$$[\alpha f]'(x) = \alpha f'(x)$$
$$[f + g]'(x) = f'(x) + g'(x)$$
$$[f \cdot g]'(x) = f'(x)g(x) + f(x)g'(x) \quad \textit{(Produktregel)}.$$

Ist $g(x) \neq 0$, *so ist auch* $\dfrac{f}{g}$ *differenzierbar an* x *und es gilt*

$$\left[\frac{f}{g}\right]'(x) = \frac{f'(x)g(x) - f(x)g'(x)}{[g(x)]^2} \quad \textit{(Quotientenregel)}.$$

Beispiele:

(16) Sei $f(x) = x^2$, $x \in (-\infty, \infty)$. Wegen $f(x) = x \cdot x$ ist die Produktregel anwendbar. Sie ergibt $f'(x) = 1 \cdot x + x \cdot 1 = 2x$ für alle $x \in \mathbb{R}$.

(17) Sei $f(x) = \dfrac{1}{x}$ für $x \in (-\infty, \infty) \backslash \{0\}$. Die Quotientenregel liefert

$$f'(x) = \frac{0 \cdot x - 1 \cdot 1}{x^2} = -\frac{1}{x^2} \quad \text{für alle } x \in \mathbb{R} \backslash \{0\}.$$

(18) Sei $f(x) = x^n$, $x \in (-\infty, \infty)$, $n \in \mathbb{N}$. Die Produktregel liefert (zusammen mit vollständiger Induktion)

$$f'(x) = \left(x^n\right)' = nx^{n-1} \quad \text{für alle } x \in \mathbb{R}.$$

(19) Sei $f(x) = x^{-n}$, $x \in (-\infty, \infty) \backslash \{0\}$, $n \in \mathbb{N}$. Die Quotientenregel ergibt (zusammen mit vollständiger Induktion)

$$f'(x) = (x^{-n})' = -nx^{-n-1} \quad \text{für alle } x \in \mathbb{R} \backslash \{0\}.$$

(20) Ein Polynom $P : \mathbb{R} \to \mathbb{R}$ mit $D(P) = \mathbb{R}$ und

$$P(x) = a_n x^n + a_{n-1} x^{n-1} + \ldots + a_1 x + a_0$$

ist differenzierbar auf $\mathbb{R}$ mit

$$P'(x) = na_n x^{n-1} + (n-1)a_{n-1} x^{n-2} + \ldots + a_1.$$

(21)   Sei $f(x) = \dfrac{1}{g(x)}$, $x \in I$ mit $g(x) \neq 0$ und g sei differenzierbar an $x \in I$. Dann ist nach der Quotientenregel

$$f'(x) = -\frac{g'(x)}{[g(x)]^2}.$$

Satz 10.2 (Kettenregel)
Die reellen Funktionen f und g seien auf den Intervallen I und J differenzierbar. Für die Bildmenge $B(g)$ gelte $B(g) \subset I$. Dann ist $h = f \circ g$ differenzierbar auf J, und es gilt

$$h'(x) = [f \circ g]'(x) = [f'(g(x))] \cdot g'(x), \quad x \in J.$$

Schreibt man $y = g(x)$ und $h(x) = f(g(x)) = f(y)$, so läßt sich die Kettenregel symbolisch in der leicht merkbaren Form

$$\frac{dh}{dx} = \frac{df}{dy} \cdot \frac{dy}{dx}, \quad y = g(x)$$

schreiben. Es wird $f(y)$ zunächst nach y differenziert, dann $y = g(x)$ nach x differenziert und schließlich $y = g(x)$ eingesetzt.

Beispiele:

(22)   Für $h(x) = \cos x$, $x \in \mathbb{R}$, folgt wegen $\cos x = \sin(x + \frac{\pi}{2})$ mit $f(y) = \sin y$ und $y = g(x) = x + \frac{\pi}{2}$

$$(\cos x)' = \frac{df}{dy} \cdot \frac{dy}{dx} = \cos y \cdot 1 = \cos\left(x + \frac{\pi}{2}\right) = -\sin x \text{ für } x \in \mathbb{R}.$$

(23)   Für $h(x) = \sin \dfrac{1}{x}$, $x \in (0, \infty)$, folgt mit $f(y) = \sin y$ und $y = g(x) = \dfrac{1}{x}$ wegen
$\dfrac{df}{dy} = \cos y$ und $\dfrac{dy}{dx} = -\dfrac{1}{x^2}$

$$\left(\sin \frac{1}{x}\right)' = -\frac{1}{x^2} \cos \frac{1}{x}. \tag{$*$}$$

Für $x \in (-\infty, 0)$ ergibt sich das gleiche Ergebnis, so daß $(*)$ für $x \in \mathbb{R} \setminus \{0\}$ gilt.

(24)   Für $h(x) = \sqrt{1 - x^2}$, $x \in (-1, 1)$ folgt mit $f(y) = \sqrt{y}$ und $y = g(x) = 1 - x^2$ wegen
$\dfrac{df}{dy} = \dfrac{1}{2\sqrt{y}}$ und $\dfrac{dy}{dx} = -2x$

$$\left(\sqrt{1 - x^2}\right)' = -\frac{x}{\sqrt{1 - x^2}} \quad \text{für } x \in (-1, 1).$$

(25) Für $h(x) = 2 + \sin^3 x$, $x \in \mathbb{R}$, folgt mit $f(y) = 2 + y^3$ und $y = g(x) = \sin x$ wegen $\dfrac{df}{dy} = 3y^2$ und $\dfrac{dy}{dx} = \cos x$

$$(2 + \sin^3 x)' = 3\sin^2 x \cdot \cos x, \quad \text{für } x \in \mathbb{R}.$$

(26) Für $h(x) = \sqrt{2 + \sin^3 x}$, $x \in \mathbb{R}$, folgt mit $f(y) = \sqrt{y}$ und $y = g(x) = 2 + \sin^3 x$ wegen $\dfrac{df}{dy} = \dfrac{1}{2\sqrt{y}}$ zunächst $\left(\sqrt{2 + \sin^3 x}\right)' = \dfrac{1}{2\sqrt{2 + \sin^3 x}} \cdot \dfrac{dg}{dx}$. Nach (25) ist $\dfrac{dg}{dx} = 3\sin^2 x \cdot \cos x$. Daher ist

$$\left(\sqrt{2 + \sin^3 x}\right)' = \frac{3\sin^2 x \cdot \cos x}{2\sqrt{2 + \sin^3 x}} \quad \text{für } x \in \mathbb{R}.$$

Ist $f' : \mathbb{R} \to \mathbb{R}$ die Ableitung der Funktion f auf einem Intervall I und ist f' differenzierbar an der Stelle $x_0 \in I$, so heißt $f''(x_0) = (f')'(x_0)$ die zweite Ableitung von f an x_0. Üblich sind für $f''(x_0)$ auch die Schreibweisen $\dfrac{df'}{dx}\big|_{x=x_0}$ oder $\dfrac{d^2 f}{dx^2}\big|_{x=x_0}$.

Ist $f'' : \mathbb{R} \to \mathbb{R}$ die zweite Ableitung von f auf einem Intervall I und ist f'' differenzierbar auf I, so heißt $f''' = (f'')'$ die dritte Ableitung von f, üblich ist auch die Schreibweise $f''' = \dfrac{d^3 f}{dx^3}$. Analog sind die höheren Ableitungen rekursiv definiert $f^{(n)} = (f^{(n-1)})'$, $n = 2, 3, \ldots$. Gelegentlich schreibt man auch $f^{(0)}$ für f. Es heißt f n-mal **stetig differenzierbar** auf einem Intervall I, falls $f^{(n)}$ auf I existiert und stetig ist.

Bemerkungen und Ergänzungen:

(27) Aus der Existenz von f' auf I folgt nicht die Stetigkeit von f' auf I. So ist $f : \mathbb{R} \to \mathbb{R}$ mit $D(f) = \mathbb{R}$ und

$$f(x) = \begin{cases} x^2 \sin \frac{1}{x} & \text{für } x \neq 0 \\ 0 & \text{für } x = 0 \end{cases}$$

differenzierbar auf $\mathbb{R}$ mit

$$f'(x) = \begin{cases} 2x \sin \frac{1}{x} - \cos \frac{1}{x} & \text{für } x \neq 0 \\ 0 & \text{für } x = 0 \end{cases},$$

aber f' ist nicht stetig an der Stelle $x_0 = 0$.

(28) Sind die Funktionen f und g auf dem Intervall I n-mal differenzierbar, so gilt für die n-te Ableitung des Produktes die **Leibnizsche Regel**

$$\left[f(x)g(x) \right]^{(n)} = \sum_{i=0}^{n} \binom{n}{i} f^{(i)}(x) g^{(n-i)}(x)$$

$$= \binom{n}{0} f(x) g^{(n)}(x) + \binom{n}{1} f'(x) g^{(n-1)}(x) + \ldots +$$

$$+ \binom{n}{n-1} f^{(n-1)}(x) g'(x) + \binom{n}{n} f^{(n)}(x) g(x) .$$

Beispiele:

(29) Für $f(x) = x^4$, $x \in \mathbb{R}$, ist $f'(x) = 4x^3$, $f''(x) = 12x^2$, $f'''(x) = 24x$.
Für $g(x) = \sin 3x$, $x \in \mathbb{R}$ ist $g'(x) = 3 \cos 3x$, $g''(x) = -9 \sin 3x$,
$g'''(x) = -27 \cos 3x$.

(30) Für die Funktion $x^4 \sin 3x$, $x \in \mathbb{R}$, folgt mit (29) aus der Leibnizschen Regel

$$(x^4 \sin 3x)''' = \binom{3}{0} x^4 (\sin 3x)''' + \binom{3}{1} (x^4)'(\sin 3x)'' + \binom{3}{2} (x^4)''(\sin 3x)'$$

$$+ \binom{3}{3} (x^4)''' \sin 3x$$

$$= -27x^4 \cos 3x - 108x^3 \sin 3x + 108x^2 \cos 3x + 24x \sin 3x .$$

TESTS

T10.1: Die Funktion $f : \mathbb{R} \to \mathbb{R}$ sei auf dem abgeschlossenen Intervall $D(f) = [a, b]$ definiert. Sei $x_0 \in D(f)$ gegeben. Dann ist f an x_0 differenzierbar, falls gilt:

( ) $\lim\limits_{h \to 0} \dfrac{f(x_0 + h) - f(x_0)}{h}$ existiert.

( )   Für alle Folgen $(x_n)_{n \in \mathbb{N}}$ mit $x_n \in D(f)$, $x_n \neq x_0$, $\lim_{n \to \infty} x_n = x_0$, konvergieren die Folgen $\left(\dfrac{f(x_n) - f(x_0)}{x_n - x_0} \right)_{n \in \mathbb{N}}$ gegen die gleiche Zahl $f'(x_0)$.

( )   Die Folge $\left(\dfrac{f(x_0 + \frac{1}{n}) - f(x_0)}{\frac{1}{n}} \right)_{n \in \mathbb{N}}$ ist konvergent.

T10.2: Die Funktion $f : \mathbb{R} \to \mathbb{R}$ sei auf einem Intervall $I = D(f)$ definiert.

( )   Ist f stetig auf I, so ist f differenzierbar auf I .

( )   Ist f differenzierbar auf I, so ist f stetig auf I .

( )   Ist f differenzierbar auf I, so ist die Ableitung f' stetig auf I .

T10.3: Es gilt

( ) $(\tan x)' = \dfrac{1}{\cos^2 x}$ für $x \neq (2k+1)\frac{\pi}{2}$, $k \in \mathbb{Z}$

( ) $(\cot x)' = -\dfrac{1}{\sin^2 x}$ für $x \neq k\pi$, $k \in \mathbb{Z}$

( ) $\left(\frac{1}{x}\right)^{(n)} = (-1)^n \dfrac{n!}{x^{n+1}}$ für $x \neq 0$, $n \in \mathbb{N}$.

T10.4: Die Funktionen f, g, h seien n–mal differenzierbar auf einem Intervall I, $n \geq 3$. Dann gilt für $x \in I$

( ) $[f(x)\,g(x)\,h(x)]' = f'(x)\,g(x)\,h(x) + f(x)\,g'(x)\,h(x) + f(x)\,g(x)\,h'(x)$

( ) $[f(x)\,g(x)\,h(x)]'$

$\qquad = \binom{3}{1} f'(x)\,g(x)\,h(x) + \binom{3}{2} f(x)\,g'(x)\,h(x) + \binom{3}{3} f(x)\,g(x)\,h'(x)$

( ) $[f(x)\,g(x)]''' = f(x)\,g'''(x) + 3f'(x)\,g''(x) + 3f''(x)\,g'(x) + f'''(x)\,g(x)$.

ÜBUNGEN

Ü10.1: Bestimmen Sie mit Hilfe der Differentiationsregeln die Ableitungen folgender Funktionen:

a) $f_1(x) = \dfrac{x^3 - 2}{x^4 + 1}$, $D(f_1) = \mathbb{R}$

b) $f_2(x) = 2\sqrt{x^4 + \dfrac{1}{\sqrt{x}}}$, $D(f_2) = (0, \infty)$

c) $f_3(x) = \sin(\pi x)\,\cos(\pi x + \frac{\pi}{4})$, $D(f_3) = \mathbb{R}$

d) $f_4(x) = \sqrt{x\sqrt{x\sqrt{x}}}$, $x \in (0, \infty)$.

Ü10.2: Bestimmen Sie jeweils die erste Ableitung der Funktionen
$f_i : \mathbb{R} \to \mathbb{R}$, $i = 1, 2, 3$

a) $f_1(x) = \dfrac{\sqrt{x} - \sqrt{x+1}}{\sqrt{x+1} + \sqrt{x}}$, $D(f_1) = (0, \infty)$

b) $f_2(x) = x\sin\left((1+x)^4\right)$, $D(f_2) = \mathbb{R}$

c) $f_3(x) = \sqrt{\left(\dfrac{\cos x}{\sin x}\right)^2 + 1}$, $D(f_3) = (0, \pi)$.

Ü10.3:   a)   Gegeben sei die Funktion $f : \mathbb{R} \to \mathbb{R}$ mit $D(f) = [-\frac{3}{2}, 1]$ und
$f(x) = 1 - \frac{\sqrt{2}}{2} x^2 - \cos(x^2)$.

Berechnen Sie die erste und die zweite Ableitung von f.

b)   Gegeben sei die Funktion $f : \mathbb{R} \to \mathbb{R}$ mit $D(f) = [1, 2]$ und
$f(x) = \sqrt{2x} \, (x^4 + 4x^2)$. Bestimmen Sie die dritte Ableitung der Funktion f mit der Leibnizschen Regel.

Ü10.4:   Gegeben sei die Funktion $f : \mathbb{R} \to \mathbb{R}$ mit $f(x) = |x + 2| \cdot (x^2 - 1)$ und $D(f) = [-5, 2]$.

a)   Für welche $x \in D(f)$ ist f differenzierbar? Wie lauten Abbildungsvorschrift und Definitionsmenge der Ableitung f'?

b)   Bestimmen Sie die Gleichung der Tangente an den Graphen der Funktion f im Punkt $(1, f(1))$.

11 Eigenschaften differenzierbarer Funktionen

Für eine reelle Funktion $f : \mathbb{R} \to \mathbb{R}$ mit der Definitionsmenge $D(f)$ haben wir in Kapitel 4 das **globale Maximum** (bzw. globale Minimum) von f definiert. Ist x_0 die zugehörige Maximalstelle, so gilt $f(x_0) \geq f(x)$ für **alle** $x \in D(f)$. Von einem **lokalen Maximum** $f(x_1)$ für ein $x_1 \in D(f)$ spricht man, falls ein $\delta > 0$ existiert, so daß $f(x_1) \geq f(x)$ für alle $x \in (x_1 - \delta, x_1 + \delta) \cap D(f)$. Das **lokale Minimum** ist analog definiert.

Bemerkungen und Ergänzungen:

(1)   Während beim globalen Maximum alle $x \in D(f)$ zum Vergleich von $f(x)$ mit $f(x_0)$ herangezogen werden, erfolgt beim lokalen Maximum ein Vergleich von $f(x)$ mit $f(x_1)$ nur für alle x aus einer (kleinen) Umgebung von x_1.

(2)   Veranschaulichung:

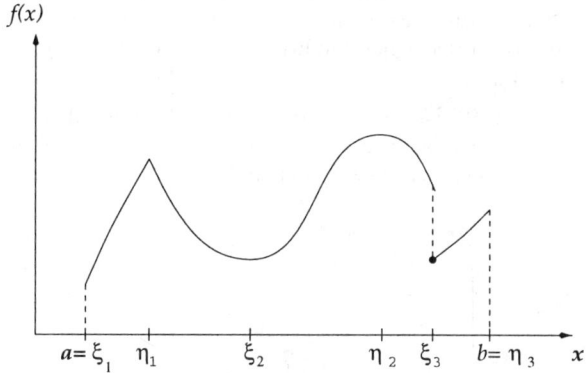

Die Funktion $f : \mathbb{R} \to \mathbb{R}$ mit $D(f) = [a, b]$ hat an den Stellen ξ_1, ξ_2, ξ_3 lokale Minima und an den Stellen η_1, η_2, η_3 lokale Maxima. Es ist $f(\xi_1)$ globales Minimum und $f(\eta_2)$ globales Maximum.

(3)   Für Maximum oder Minimum sagt man zusammenfassend Extremum. Ein globales Extremum ist auch ein lokales Extremum.

(4)   Ist x_0 lokale oder globale Maximalstelle von f, so ist x_0 lokale oder globale Minimalstelle von $-f$.

Der folgende Satz ist hilfreich für die Suche nach lokalen Maxima oder Minima.

Satz 11.1 *Es sei* $f : \mathbb{R} \to \mathbb{R}$ *mit* $D(f) = (a, b)$ *differenzierbar an der Stelle* $x_0 \in (a, b)$. *Ist* $f(x_0)$ *ein lokales Maximum oder Minimum, so ist* $f'(x_0) = 0$.

Bemerkungen und Ergänzungen:

(5)   Aus Satz 11.1 folgt: Ist $f(x_0)$ ein lokales Extremum für $x_0 \in (a,b)$, so hat der Graph von f in $(x_0, f(x_0))$ eine waagerechte Tangente, siehe etwa $f(\xi_2)$ (lokales Minimum) oder $f(\eta_2)$ (lokales Maximum) in (2).

(6)   Die Aussage von Satz 11.1 ist nicht umkehrbar. Gilt $f'(x_0) = 0$, so muß $f(x_0)$ kein lokales Extremum sein. So ist für $f(x) = x^3$, $x \in (-1,1)$, zwar $f'(0) = 0$, aber $f(0) = 0$ ist kein lokales Extremum.

(7)   Ist $D(f) = [a,b]$ ein abgeschlossenes Intervall und ist $f(a)$ bzw. $f(b)$ ein lokales Extremum, so muß nicht $f'(a) = 0$ bzw. $f'(b) = 0$ gelten. Dies zeigt die Funktion $f(x) = x$ für $x \in [0,1]$. Es ist $f(0)$ lokales Minimum und $f(1)$ lokales Maximum, aber $f'(0) = f'(1) = 1$. Die Randpunkte des Intervalls müssen demnach gesondert untersucht werden.

(8)   Ist $f : \mathbb{R} \to \mathbb{R}$ auf dem abgeschlossenen Intervall $[a,b]$ differenzierbar, so läßt sich das globale Maximum (bzw. Minimum) von f (existent nach Satz 9.2) wie folgt finden: Man sucht alle x_0 aus dem offenen Intervall (a,b), für die $f'(x_0) = 0$. Dies sind Kandidaten für Extremalstellen. Weitere Kandidaten sind die Randpunkte a und b. Durch Vergleich der Funktionswerte $f(x_0)$ und $f(a), f(b)$ erhält man das globale Maximum.

(9)   Das Vorgehen in (8) ist zu modifizieren, falls f stetig, aber an einer Stelle $c \in (a,b)$ nicht differenzierbar ist. Dann ist auch c ein Kandidat für eine Extremalstelle und $f(c)$ ist in den Vergleich einzubeziehen.

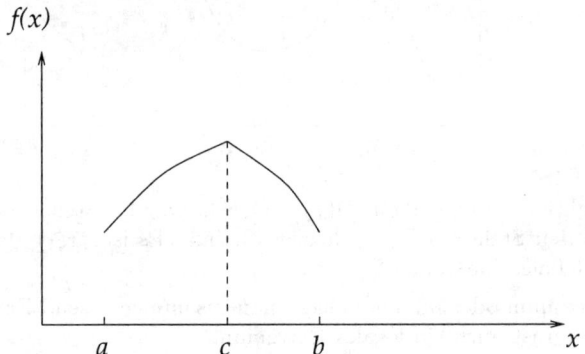

Der folgende Satz hat insbesondere beweistechnische Bedeutung.

Satz 11.2 (Mittelwertsatz der Differentialrechung)
Die Funktion $f : \mathbb{R} \to \mathbb{R}$ sei stetig auf $D(f) = [a,b]$ und differenzierbar auf (a,b). Dann gibt es (mindestens) einen (inneren) Punkt $x_0 \in (a,b)$ mit

$$\frac{f(b) - f(a)}{b - a} = f'(x_0).$$

Bemerkungen und Ergänzungen:

(10)   Veranschaulichung:

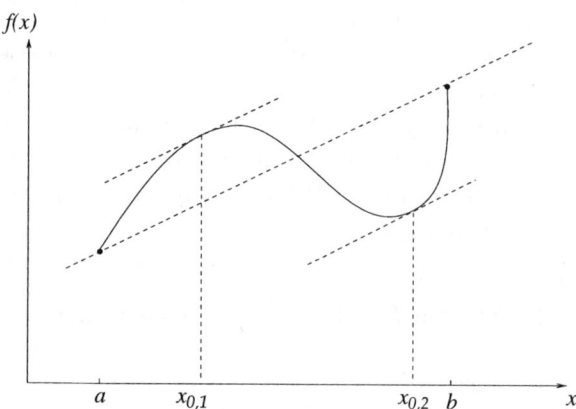

In $x_{0,1}$ bzw. $x_{0,2}$ ist die Steigung der Tangente an den Graphen von f gleich der Steigung der Sekanten durch $(a, f(a))$ und $(b, f(b))$.

(11)   Ist $f(a) = f(b)$ in Satz 11.2, so existiert ein $x_0 \in (a,b)$ mit $f'(x_0) = 0$ (Satz von Rolle), ein anschauliches Ergebnis.

(12)   Aus Satz 11.2 folgt: Die Funktionen $f : \mathbb{R} \to \mathbb{R}$ und $g : \mathbb{R} \to \mathbb{R}$ seien stetig auf $[a,b]$ und differenzierbar auf (a,b). Ist $f'(x) = g'(x)$ für alle $x \in (a,b)$, so gilt $f(x) = g(x) + c$ für alle $x \in [a,b]$ mit einer Konstanten $c \in \mathbb{R}$. Funktionen mit identischen Ableitungen unterscheiden sich demnach nur durch eine additive Konstante.

(13)   Ist speziell in (12) $f'(x) = 0$ für alle $x \in (a,b)$, so ist f eine konstante Funktion.

Die beiden folgenden Sätze geben hinreichende Kriterien für Monotonie und lokale Maxima bzw. Minima.

Satz 11.3 *Die Funktion $f : \mathbb{R} \to \mathbb{R}$ sei stetig auf $[a,b]$ und differenzierbar auf (a,b). Gilt für alle $x \in (a,b)$*

(i) $f'(x) > 0$, so ist f streng monoton wachsend auf $[a,b]$,

(ii) $f'(x) < 0$, so ist f streng monoton fallend auf $[a,b]$.

Satz 11.4 *Die Funktion $f : \mathbb{R} \to \mathbb{R}$ sei zweimal differenzierbar auf (a,b). Gelte $f'(x_0) = 0$ für $x_0 \in (a,b)$.*

(i)   Ist $f''(x_0) < 0$, so ist $f(x_0)$ ein lokales Maximum von f.

(ii)   Ist $f''(x_0) > 0$, so ist $f(x_0)$ ein lokales Minimum von f.

Beispiele:

(14)   Sei $f(x) = x^3$ für $x \in [0,1]$. Wegen $f'(x) = 3x^2 > 0$ für $x \in (0,1)$ ist f streng monoton wachsend auf $[0,1]$. Bemerkenswert ist, daß zwar $f'(0) = 0$, aber $f'(0)$ und $f'(1)$ in Satz 11.3 nicht zur Prüfung herangezogen werden.

(15)   Sei $f(x) = x^3$ für $x \in [-1,1]$. Wegen $f'(x) = 0$ für $x = 0 \in (-1,1)$ ist Satz 11.3 nicht unmittelbar anwendbar. Durch Betrachtung der Teilintervalle $[-1,0]$ und $[0,1]$ erkennt man jedoch, daß f streng monoton wachsend auf $[-1,1]$ ist.

(16)   Sei $f(x) = x^2$ für $x \in (-1,1)$. Wegen $f'(0) = 0$ und $f''(0) = 2$ ist $f(0) = 0$ ein lokales Minimum von f.

Sind die reellen Funktionen f und g stetig auf einem Intervall I, so gilt für $x_0 \in I$

$$\lim_{x \to x_0} \frac{f(x)}{g(x)} = \frac{f(x_0)}{g(x_0)}$$

nur dann, wenn $g(x_0) \neq 0$. Ist neben $g(x_0) = 0$ auch $f(x_0) = 0$, so kann der Grenzwert $\lim_{x \to x_0} \frac{f(x)}{g(x)}$ existieren, wie das Beispiel $\lim_{x \to 0} \frac{\sin x}{x} = 1$ (vgl. Kap. 8 (15)) zeigt. Zur Bestimmung solcher Grenzwerte (gelegentlich bezeichnet als "unbestimmte Ausdrücke $\frac{0}{0}$") sind oft die Regeln von G.F.A. DE L'HOSPITAL (1661–1704) hilfreich. Wir betrachten zunächst den elementaren Fall in

---

Satz 11.5 *Die reellen Funktionen f und g seien stetig auf dem Intervall I, für $x_0 \in I$ gelte $f(x_0) = g(x_0) = 0$. Sei $g(x) \neq 0$ für $x \in I$, $x \neq x_0$. Es seien f und g differenzierbar an x_0 mit $g'(x_0) \neq 0$. Dann gilt*

$$\lim_{x \to x_0} \frac{f(x)}{g(x)} = \frac{f'(x_0)}{g'(x_0)} \, .$$

Beispiele:

(17)   Für $\lim_{x \to 0} \dfrac{\tan x}{x}$ folgt mit $f(x) = \tan x$, $g(x) = x$ für $x \in I = (-1,1)$ und $x_0 = 0$ wegen $f(0) = g(0) = 0$, $g(x) \neq 0$ für $x \neq 0$ und $g'(0) = 1 \neq 0$

$$\lim_{x \to 0} \frac{\tan x}{x} = \frac{f'(0)}{g'(0)} = \frac{\frac{1}{\cos^2 0}}{1} = 1 \, .$$

(18)   Wie in (17) folgt

$$\lim_{x \to 0} \frac{\sin x}{x} = \frac{\cos 0}{1} = 1 \, .$$

Eine allgemeinere Form der Regel von de l'Hospital gibt

Satz 11.6 *Die reellen Funktionen* f *und* g *seien differenzierbar auf dem Intervall* I. *Für* $x_0 \in I$ *gelte* $f(x_0) = g(x_0) = 0$, *sei* $g'(x) \neq 0$ *für* $x \in I$, $x \neq x_0$. *Existiert der Grenzwert*

$$\lim_{x \to x_0} \frac{f'(x)}{g'(x)},$$

so existiert auch der Grenzwert $\lim_{x \to x_0} \dfrac{f(x)}{g(x)}$, *und es gilt*

$$\lim_{x \to x_0} \frac{f(x)}{g(x)} = \lim_{x \to x_0} \frac{f'(x)}{g'(x)}.$$

In Satz 11.6 wird die Existenz des Grenzwertes $\lim_{x \to x_0} \frac{f'(x)}{g'(x)}$ gefordert. Gelegentlich läßt sich dieser Grenzwert wieder mit einer Regel von de l'Hospital bestimmen.

Beispiele:

(19)   Um $\lim_{x \to 0} \dfrac{1 - \cos x}{x^2}$ zu bestimmen, wählen wir $f(x) = 1 - \cos x$, $g(x) = x^2$ für $x \in I = [-1, 1]$ und $x_0 = 0$. Es ist $f(0) = g(0) = 0$ und $f'(x) = \sin x$, $g'(x) = 2x \neq 0$ für $x \neq 0$. Demnach ist

$$\lim_{x \to 0} \frac{1 - \cos x}{x^2} = \lim_{x \to 0} \frac{\sin x}{2x},$$

falls der Grenzwert $\lim_{x \to 0} \dfrac{\sin x}{2x}$ existiert. Für $\lim_{x \to 0} \dfrac{\sin x}{2x}$ folgt $\lim_{x \to 0} \dfrac{\sin x}{2x} = \dfrac{1}{2}$ nach Satz 11.5, so daß

$$\lim_{x \to 0} \frac{1 - \cos x}{x^2} = \frac{1}{2}.$$

Es ist zu beachten, daß Satz 11.5 direkt für den Grenzwert $\lim_{x \to 0} \dfrac{1 - \cos x}{x^2}$ nicht anwendbar ist.

(20)   Gegebenenfalls führt eine mehrfache Anwendung von Satz 11.6 zum Ziel. So ist für

$$\lim_{x \to 0} \frac{x - 2 \sin \frac{x}{2}}{x - \sin x}$$

mit $f(x) = x - 2 \sin \frac{x}{2}$, $g(x) = x - \sin x$ wegen $f(0) = g(0) = 0$ der Grenzwert

$$\lim_{x \to 0} \frac{f(x)}{g(x)} = \lim_{x \to 0} \frac{f'(x)}{g'(x)} = \lim_{x \to 0} \frac{1 - \cos \frac{x}{2}}{1 - \cos x},$$

falls $\lim_{x \to 0} \dfrac{f'(x)}{g'(x)}$ existiert. Es ist $f'(0) = g'(0) = 0$, so daß eine erneute Anwendung von Satz 11.6 auf $\lim_{x \to 0} \dfrac{f'(x)}{g'(x)}$ ergibt

$$\lim_{x \to 0} \frac{f'(x)}{g'(x)} = \lim_{x \to 0} \frac{f''(x)}{g''(x)} = \lim_{x \to 0} \frac{\frac{1}{2}\sin\frac{x}{2}}{\sin x} \,,$$

falls $\lim_{x \to 0} \dfrac{f''(x)}{g''(x)}$ existiert. Es ist $f''(0) = g''(0) = 0$, und eine erneute Anwendung von Satz 11.6 auf $\lim_{x \to 0} \dfrac{f''(x)}{g''(x)}$ ergibt

$$\lim_{x \to 0} \frac{f''(x)}{g''(x)} = \lim_{x \to 0} \frac{f'''(x)}{g'''(x)} = \lim_{x \to 0} \frac{\frac{1}{4}\cos\frac{x}{2}}{\cos x} = \frac{1}{4} \,.$$

Demnach folgt

$$\lim_{x \to 0} \frac{x - 2\sin\frac{x}{2}}{x - \sin x} = \frac{1}{4} \,.$$

Bemerkungen und Ergänzungen:

(21)   Eine Modifikation von Satz 11.6 gilt, falls $x_0 \notin I$ Randpunkt von I ist: Die reellen Funktionen f und g seien differenzierbar auf dem Intervall (a, b), sei $g'(x) \neq 0$ für $x \in (a, b)$. Gelte für die einseitigen Grenzwerte $\lim_{x \searrow a} f(x) = 0$, $\lim_{x \searrow a} g(x) = 0$. Existiert der einseitige Grenzwert $\lim_{x \searrow a} \dfrac{f'(x)}{g'(x)}$, so existiert auch der einseitige Grenzwert $\lim_{x \searrow a} \dfrac{f(x)}{g(x)}$, und es gilt

$$\lim_{x \searrow a} \frac{f(x)}{g(x)} = \lim_{x \searrow a} \frac{f'(x)}{g'(x)} \,.$$

Die Aussage ist auch dann gültig, wenn statt der Voraussetzung $\lim_{x \searrow a} f(x) = \lim_{x \searrow a} g(x) = 0$ die Voraussetzung $\lim_{x \searrow a} f(x) = \infty$ (oder $-\infty$) und $\lim_{x \searrow a} g(x) = \infty$ (oder $-\infty$) gilt. Entsprechendes gilt für $x \nearrow b$.

(22)   Die reelen Funktionen f und g seien differenzierbar auf (a, ∞), sei $g'(x) \neq 0$ für $x \in (a, \infty)$, gelte $\lim_{x \to \infty} f(x) = 0$, $\lim_{x \to \infty} g(x) = 0$. Existiert der Grenzwert $\lim_{x \to \infty} \dfrac{f'(x)}{g'(x)}$, so existiert auch der Grenzwert $\lim_{x \to \infty} \dfrac{f(x)}{g(x)}$, und es gilt

$$\lim_{x \to \infty} \frac{f(x)}{g(x)} = \lim_{x \to \infty} \frac{f'(x)}{g'(x)} \,.$$

Wiederum ist die Aussage auch dann gültig, wenn statt $\lim_{x \to \infty} f(x) = \lim_{x \to \infty} g(x) = 0$ die Voraussetzung $\lim_{x \to \infty} f(x) = \infty$ (oder $-\infty$) und $\lim_{x \to \infty} g(x) = \infty$ (oder $-\infty$) gilt.

Beispiele:

(23) $\displaystyle\lim_{x\searrow 0} \frac{\sin x}{\sqrt{x}} = \lim_{x\searrow 0} \frac{\cos x}{\frac{1}{2\sqrt{x}}} = \lim_{x\searrow 0} 2\sqrt{x}\cos x = 0\,.$

(24) $\displaystyle\lim_{x\to\infty} \frac{\sin\frac{2}{x}\cdot\cos\frac{4}{x}}{\sin\frac{1}{x}\cdot\cos\frac{3}{x}} = \lim_{x\to\infty} \frac{-\frac{2}{x^2}\cos\frac{2}{x}\cos\frac{4}{x} - \frac{4}{x^2}\sin\frac{2}{x}(-\sin\frac{4}{x})}{-\frac{1}{x^2}\cos\frac{1}{x}\cos\frac{3}{x} - \frac{3}{x^2}\sin\frac{1}{x}(-\sin\frac{3}{x})}$

$\displaystyle\qquad\quad = \lim_{x\to\infty} \frac{-2\cos\frac{2}{x}\cos\frac{4}{x} + 4\sin\frac{2}{x}\sin\frac{4}{x}}{-\cos\frac{1}{x}\cos\frac{3}{x} + 3\sin\frac{1}{x}\sin\frac{3}{x}} = 2\,.$

(25) $\displaystyle\lim_{x\nearrow\frac{\pi}{2}} \left(x - \frac{\pi}{2}\right)\tan x = \lim_{x\nearrow\frac{\pi}{2}} \frac{(x-\frac{\pi}{2})\sin x}{\cos x} = \lim_{x\nearrow\frac{\pi}{2}} \frac{\sin x + (x-\frac{\pi}{2})\cos x}{-\sin x} = -1\,.$

(26) Gelegentlich helfen Umformungen. So ist

$$\lim_{x\to\infty} \left(\sqrt{x(x+1)} - x\right) = \lim_{x\to\infty} \frac{\sqrt{1+\frac{1}{x}} - 1}{\frac{1}{x}}\,.$$

Die Regel von l'Hospital ergibt

$$\lim_{x\to\infty} \left(\sqrt{x(x+1)} - x\right) = \lim_{x\to\infty} \frac{\frac{1}{2\sqrt{1+\frac{1}{x}}}\cdot(-\frac{1}{x^2})}{-\frac{1}{x^2}} = \lim_{x\to\infty} \frac{1}{2\sqrt{1+\frac{1}{x}}} = \frac{1}{2}\,.$$

Ist $f : \mathbb{R} \to \mathbb{R}$ mit $D(f) = [a,b]$ streng monoton, so existiert nach Satz 9.4 die Umkehrfunktion f^{-1}. Es ist f^{-1} stetig und streng monoton. Ist f differenzierbar auf (a,b) und gilt $f'(x) > 0$ bzw. $f'(x) < 0$ auf (a,b), so ist f nach Satz 11.3 streng monoton. Über die Ableitung der Umkehrfunktion gibt der folgende Satz Auskunft

---

Satz 11.7 *Die Funktion $f : \mathbb{R} \to \mathbb{R}$ sei auf dem Intervall I differenzierbar mit $f'(\xi) > 0$ oder $f'(\xi) < 0$ für alle $\xi \in I$. Dann ist die Umkehrfunktion f^{-1} differenzierbar, und es gilt*

$$(f^{-1})'(x) = \frac{1}{f'(f^{-1}(x))}\,, \qquad x \in D(f^{-1}) = B(f)\,.$$

Beispiele:

(27) Sei $f(\xi) = \xi^2$ für $\xi \in I = (0,\infty)$. Es ist $f'(\xi) = 2\xi > 0$. Daher ist die Umkehrfunktion f^{-1} mit $f^{-1}(x) = \sqrt{x}$ differenzierbar mit

$$(\sqrt{x})' = \frac{1}{2[f^{-1}(x)]} = \frac{1}{2\sqrt{x}} \quad \text{für } x \in D(f^{-1}) = (0,\infty)\,.$$

(28) Sei $f(\xi) = \xi^n$ für $\xi \in I = (0,\infty)$ und $n \in \mathbb{N}, n \geq 2$. Wie im letzten Beispiel zeigt man

$$(\sqrt[n]{x})' = \frac{1}{n[f^{-1}(x)]^{n-1}} = \frac{1}{n}x^{\frac{1}{n}-1} \quad \text{für } x \in (0,\infty)\,.$$

(29)   Sei $f(\xi) = \sin \xi$ für $\xi \in I = (-\frac{\pi}{2}, \frac{\pi}{2})$. Es ist $f'(\xi) = \cos \xi > 0$. Daher ist die Umkehrfunktion f^{-1} mit $f^{-1}(x) = \arcsin x$ differenzierbar mit

$$(\arcsin x)' = \frac{1}{\cos\left(f^{-1}(x)\right)} = \frac{1}{\cos(\arcsin x)} = \frac{1}{\sqrt{1 - [\sin(\arcsin x)]^2}}.$$

Demnach gilt

$$\boxed{(\arcsin x)' = \frac{1}{\sqrt{1 - x^2}}, \quad x \in (-1, 1).}$$

Anmerkung: Hätten wir $I = [-\frac{\pi}{2}, \frac{\pi}{2}]$ wie in Kapitel 4 bei der Definition von arcsin gewählt, so wäre wegen $f'(-\frac{\pi}{2}) = f'(\frac{\pi}{2}) = 0$ der Satz 11.7 nicht anwendbar. In der Tat ist $\arcsin x$ für $x = -1$ und $x = +1$ nicht differenzierbar.

Analog läßt sich zeigen

$$\boxed{(\arccos x)' = -\frac{1}{\sqrt{1 - x^2}}, \quad x \in (-1, 1).}$$

(30)   Sei $f(\xi) = \tan \xi$ für $\xi \in I = (-\frac{\pi}{2}, \frac{\pi}{2})$. Es ist $f'(\xi) = \frac{1}{\cos^2 \xi} > 0$. Daher ist f^{-1} mit $f^{-1}(x) = \arctan x$ differenzierbar mit

$$(\arctan x)' = \frac{1}{\dfrac{1}{\cos^2\left(f^{-1}(x)\right)}} = \frac{1}{1 + \left[\tan\left(f^{-1}(x)\right)\right]^2}.$$

Demnach gilt

$$\boxed{(\arctan x)' = \frac{1}{1 + x^2}, \quad x \in \mathbb{R}.}$$

Analog zeigt man

$$\boxed{(\operatorname{arccot} x)' = -\frac{1}{1 + x^2}, \quad x \in \mathbb{R}.}$$

TESTS

T11.1: Die Funktion $f : \mathbb{R} \to \mathbb{R}$ mit der Definitionsmenge $D(f) = [0, 1]$ sei auf $[0, 1]$ stetig und auf $(0, 1)$ differenzierbar. Dann

( )   besitzt f in $(0, 1)$ ein lokales Extremum

( )   besitzt f in $[0, 1]$ ein globales Extremum

( )   gibt es ein $x_0 \in (0, 1)$ mit $f'(x_0) = f(1) - f(0)$.

T11.2: Die Funktion $f : \mathbb{R} \to \mathbb{R}$ mit $D(f) = [a, b]$ sei auf $[a, b]$ stetig und auf (a, b) zweimal differenzierbar. Sei $x_0 \in (a, b)$.

( )   Ist $f'(x_0) = 0$, dann ist x_0 Stelle eines lokalen Extremums.

( )   Ist $f'(x_0) = 0$, dann ist die Steigung der Tangente an den Graphen von f im Punkt $(x_0, f(x_0))$ gleich 0 .

( )   Ist $f'(x_0) = 0$ und $f''(x_0) \neq 0$, dann ist x_0 Stelle eines lokalen Extremums.

T11.3: Es seien $f : \mathbb{R} \to \mathbb{R}$ und $g : \mathbb{R} \to \mathbb{R}$ zwei auf $D(f) = D(g) = [-1, 1]$ differenzierbare Funktionen mit $f(0) = g(0) = 0$. Dann gilt:

( ) $\lim\limits_{x \to 0} \dfrac{f(x)}{g(x)}$ existiert

( ) $\lim\limits_{x \to 0} \dfrac{f'(x)}{g'(x)}$ existiert

( )   Sei $g'(x) > 0$ für alle $x \in D(g)$, $x \neq 0$. Falls $\lim\limits_{x \to 0} \dfrac{f'(x)}{g'(x)}$ existiert, dann existiert auch $\lim\limits_{x \to 0} \dfrac{f(x)}{g(x)}$.

T11.4: Es sei $f : \mathbb{R} \to \mathbb{R}$ eine streng monoton wachsende, auf $D(f) = [-1, 1]$ differenzierbare Funktion. Dann gilt:

( )   Die Umkehrfunktion von f ist streng monoton wachsend auf $D(f^{-1})$.

( )   Die Umkehrfunktion von f ist stetig auf $D(f^{-1})$.

( )   Die Umkehrfunktion von f ist differenzierbar auf $D(f^{-1})$.

ÜBUNGEN

Ü11.1:   Gegeben sei die Funktion $f : \mathbb{R} \to \mathbb{R}$ mit $D(f) = [-\sqrt{\pi}, \sqrt{\pi}]$ und

$$f(x) = 1 - \frac{\sqrt{2}}{2} x^2 - \cos(x^2).$$

a)   Geben Sie alle lokalen und globalen Extrema von f in $(-\sqrt{\pi}, \sqrt{\pi})$ an. Bestimmen Sie jeweils die Art der Extrema.

b)   Zeigen Sie, daß die Funktion f im Intervall $[\sqrt{\frac{1}{4}\pi}, \sqrt{\frac{3}{4}\pi}]$ **genau** eine Nullstelle hat.

c)   Skizzieren Sie die Funktion.

Ü11.2: Aus einem Baumstamm mit kreisförmigem Querschnitt (Durchmesser D) soll ein Balken mit rechteckigem Querschnitt herausgeschnitten werden, der maximale Tragfähigkeit besitzt (siehe Skizze). Die Tragfähigkeit eines Balkens der Breite x und der Höhe y ist dabei gegeben durch $T = cxy^2$ mit einer Konstanten $c > 0$. Wie müssen x und y gewählt werden, um die maximale Tragfähigkeit zu erreichen?

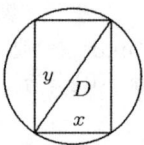

Ü11.3: a) Berechnen Sie die folgenden Grenzwerte mit der Regel von de l'Hospital:

$$\lim_{x\to 1} \frac{\cos(\frac{\pi}{2}x)}{x-1}, \qquad \lim_{x\to 0}\left(\frac{1}{\sin x \cos x} - \frac{1}{x\cos x}\right),$$
$$\lim_{x\to\infty}(5x+1)\sin\frac{1}{x}.$$

b) Wo steckt bei der folgenden vermeintlichen Anwendung der de l'Hospitalschen Regel der Fehler? Bestimmen Sie den richtigen Grenzwert.

$$\lim_{x\to 1}\frac{2x^5 - 5x^2 + 3}{2x^3 + x^2 - 8x + 5} = \lim_{x\to 1}\frac{10x^4 - 10x}{6x^2 + 2x - 8}$$
$$= \lim_{x\to 1}\frac{40x^3 - 10}{12x + 2} = \lim_{x\to 1}\frac{120x^2}{12} = 10$$

Ü11.4: Berechnen Sie die folgenden Grenzwerte mit der Regel von de l'Hospital:

a) $\displaystyle\lim_{x\to\frac{\pi}{4}}\frac{x-\frac{\pi}{4}}{\sin x - \cos x}$

b) $\displaystyle\lim_{x\to 0}\left(\frac{x^2}{x-\sin x} - 2\frac{\cos x - 1}{\sin x - x}\right)$

c) $\displaystyle\lim_{x\to\infty}\frac{\sin\frac{2}{x}\cos\frac{4}{x}}{\sin\frac{1}{x}\cos\frac{3}{x}}$.

Ü11.5: Gegeben sei die Funktion $f : \mathbb{R} \to \mathbb{R}$ mit $D(f) = [0, \frac{\pi}{4}]$ und $f(x) = x \sin x$.

    a)   Zeigen Sie, daß f eine Umkehrfunktion besitzt.

    b)   Zeigen Sie, daß f^{-1} streng monoton wachsend und stetig ist.

    c)   Zeigen Sie, daß $D(f^{-1}) = [0, \frac{\sqrt{2}}{8}\pi]$ gilt.

    d)   Berechnen Sie $(f^{-1})'(\frac{\sqrt{2}}{8}\pi)$.

    e)   Geben Sie allgemein $(f^{-1})'(y)$ für $y = f(x) \in D(f^{-1})\backslash\{0\}$ an.

    f)   Zeigen Sie, daß f^{-1} in $y_0 = 0$ nicht differenzierbar ist.

12　Reihen

In Kapitel 7 haben wir Folgen eingeführt. Reihen sind spezielle Folgen.

Definition 12.1 *Sei* $\left(a_k\right)_{k \in \mathbb{N}_0}$ *eine Folge reeller Zahlen, sei*

$$s_n = \sum_{k=0}^{n} a_k \, , \quad n \in \mathbb{N}_0 \, .$$

Dann heißt die Folge $\left(s_n\right)_{n \in \mathbb{N}_0}$ *eine (unendliche)* **Reihe**. *Für diese Reihe schreibt man*

$$\sum_{k=0}^{\infty} a_k \quad oder \quad a_0 + a_1 + a_2 + \dots ,$$

die a_k *heißen* **Glieder** *der Reihe, die* s_n *heißen* **Partialsummen**.

Definition 12.2 *Die Reihe* $\sum_{k=0}^{\infty} a_k$ *heißt* **konvergent**, *wenn die Folge* $\left(s_n\right)_{n \in \mathbb{N}_0}$ *der Partialsummen konvergent ist. Dann heißt der Grenzwert* s *der Folge* $\left(s_n\right)_{n \in \mathbb{N}_0}$ **Wert** *(oder Summe) der Reihe, und man schreibt*

$$s = \sum_{k=0}^{\infty} a_k \, .$$

Eine nicht konvergente Reihe heißt **divergent**.

Bemerkungen und Ergänzungen:

(1)　Eine Reihe ist keine Summe von unendlich vielen Summanden, vielmehr eine Folge von Partialsummen.

(2)　Der Summationsindex k muß nicht bei $k = 0$ beginnen. Es kann praktisch sein, die Numerierung der Glieder erst bei $k = m$ zu beginnen, $\sum_{k=m}^{\infty} a_k$.

(3)　Auf die Bezeichnung des Summationsindex kommt es nicht an: $\sum_{k=0}^{\infty} a_k = \sum_{\ell=0}^{\infty} a_\ell$.

(4)　Eine Änderung von endlich vielen Gliedern der Reihe ändert nicht das Konvergenzverhalten der Reihe, unter Umständen aber den Wert der Reihe.

Beispiele:

(5)   Die Reihe

$$\sum_{k=0}^{\infty} \frac{1}{k!}$$

ist nach 7 (39) konvergent, der Wert der Reihe ist nach 7 (40) die Eulersche Zahl e.

(6)   Die **harmonische Reihe**

$$\sum_{k=1}^{\infty} \frac{1}{k}$$

ist nach 7 (48) divergent.

(7)   Die **Leibnizsche Reihe**

$$\sum_{k=1}^{\infty} \frac{(-1)^k}{k}$$

ist nach 7 (47) konvergent.

(8)   Die **geometrische Reihe**

$$\sum_{k=0}^{\infty} q^k$$

ist konvergent für $|q| < 1$ mit dem Wert

$$\boxed{\sum_{k=0}^{\infty} q^k = \frac{1}{1-q}\,.}$$

Sie ist divergent für $|q| \geq 1$. Denn es ist

$$s_n = \sum_{k=0}^{n} q^k = \begin{cases} \dfrac{1 - q^{n+1}}{1 - q} & \text{für } q \neq 1 \\ n + 1 & \text{für } q = 1 \end{cases}$$

nach 2 (4). Für $|q| < 1$ gilt $\lim_{n\to\infty} q^{n+1} = 0$, so daß $\lim_{n\to\infty} s_n = \dfrac{1}{1-q}$, für $|q| \geq 1$ existiert $\lim_{n\to\infty} s_n$ nicht nach 7 (15).

(9)   Für die Reihe

$$\sum_{k=2}^{\infty} \frac{1}{k(k-1)}$$

haben wir

$$s_n = \sum_{k=2}^{n} \frac{1}{k(k-1)} = \sum_{k=2}^{n} \left(-\frac{1}{k} + \frac{1}{k-1} \right) = 1 - \frac{1}{n}\,.$$

Es ist $\lim_{n\to\infty} s_n = 1$, so daß die Reihe konvergent ist mit dem Wert $s = 1$.

Die Konvergenz einer Reihe ist definiert über die Konvergenz der zugehörigen Folge der Partialsummen. Daher ergeben sich aus Konvergenzkriterien für Folgen entsprechende Konvergenzkriterien für Reihen.

Satz 12.1 (Cauchy-Kriterium)
Die Reihe $\sum_{k=0}^{\infty} a_k$, $a_k \in \mathbb{R}$, ist genau dann konvergent, wenn für jedes $\varepsilon > 0$ ein $N(\varepsilon) \in \mathbb{N}$ existiert, so daß

$$\left| \sum_{k=n}^{m} a_k \right| < \varepsilon \quad \text{für alle } m \geq n \geq N(\varepsilon).$$

Bemerkungen und Ergänzungen:

(10) Es ist $\lim_{k \to \infty} a_k = 0$ eine notwendige Bedingung für Konvergenz, die für $m = n$ aus Satz 12.1 folgt. Diese Bedingung ist jedoch nicht hinreichend für Konvergenz, wie das Beispiel (6) der harmonischen Reihe zeigt.

(11) Eine Reihe mit abwechselnd positiven und negativen Gliedern heißt **alternierend**.

Satz 12.2 (Leibniz-Kriterium)
In der alternierenden Reihe

$$\sum_{k=0}^{\infty} (-1)^k b_k = b_0 - b_1 + b_2 - b_3 \pm \ldots$$

gelte $b_k \geq 0$, $b_{k+1} \leq b_k$ für $k \in \mathbb{N}_0$ und $\lim_{k \to \infty} b_k = 0$. Dann ist die Reihe konvergent, und es gelten die Abschätzungen

$$|s_n - s| \leq b_{n+1}, \quad n \in \mathbb{N}$$

$$s_{2m+1} \leq s \leq s_{2m}, \quad m \in \mathbb{N}.$$

Dabei sind s_ℓ die Partialsummen und s der Wert der Reihe.

Bemerkungen und Ergänzungen:

(12) Die b_k bilden eine monoton fallende Nullfolge.

(13) Der Betrag $|s_n - s|$ der Abweichung der n-ten Partialsumme vom Wert s ist höchstens gleich dem Betrag b_{n+1} des nächsten Reihengliedes.

(14) Die Partialsummen liefern untere (s_{2m+1}) und obere (s_{2m}) Schranken für den Wert s der Reihe .

Beispiele:

(15) In der Leibnizschen Reihe (7) ist $b_k = \frac{1}{k}$. Demnach ist $b_k \geq 0$, $b_{k+1} \leq b_k$ und $\lim_{k \to \infty} b_k = 0$ erfüllt, so daß die Reihe konvergent ist.

(16) In der Reihe $\sum_{k=0}^{\infty} \frac{(-1)^k}{k!}$ ist $b_k = \frac{1}{k!}$. Wegen $b_k \geq 0$, $b_{k+1} \leq b_k$ und $\lim_{k \to \infty} b_k = 0$ ist die Reihe konvergent, und für die Summe s gelten beispielsweise die Abschätzungen ($n = 5$, $m = 3$)

$$\left| 1 - 1 + \frac{1}{2!} - \frac{1}{3!} + \frac{1}{4!} - \frac{1}{5!} - s \right| \leq \frac{1}{6!},$$

also $|0.3\overline{6} - s| \leq 1.3\overline{8} \cdot 10^{-3}$,   sowie

$$1 - 1 + \frac{1}{2!} - \frac{1}{3!} + \frac{1}{4!} - \frac{1}{5!} + \frac{1}{6!} - \frac{1}{7!} \leq s \leq 1 - 1 + \frac{1}{2!} - \frac{1}{3!} + \frac{1}{4!} - \frac{1}{5!} + \frac{1}{6!},$$

also $0.3678 \leq s \leq 0.3681$.

Definition 12.3 *Die Reihe $\sum_{k=0}^{\infty} a_k$ heißt* **absolut konvergent***, wenn die Reihe $\sum_{k=0}^{\infty} |a_k|$ der Beträge der Glieder konvergent ist.*

Bemerkungen und Ergänzungen:

(17) Ist eine Reihe absolut konvergent, so ist sie auch konvergent.

(18) Reihen, die konvergent, aber nicht absolut konvergent sind, nennt man auch bedingt konvergent.

(19) Ist die Folge $(\sigma_n)_{n \in \mathbb{N}}$ der Partialsummen $\sigma_n = \sum_{k=0}^{n} |a_k|$ der Reihe $\sum_{k=0}^{\infty} |a_k|$ nach oben beschränkt, so ist nach dem Monotoniekriterium für Folgen die Reihe $\sum_{k=0}^{\infty} a_k$ absolut konvergent.

Satz 12.3   (Majoranten-Kriterium)
Für die Reihe $\sum_{k=0}^{\infty} a_k$ gelte $|a_k| \leq b_k$ für alle $k \in \mathbb{N}_0$. Ist die Reihe $\sum_{k=0}^{\infty} b_k$ konvergent, so ist die Reihe $\sum_{k=0}^{\infty} a_k$ absolut konvergent.

Bemerkungen und Ergänzungen:

(20) Gilt für zwei Reihen $\sum_{k=0}^{\infty} a_k$ und $\sum_{k=0}^{\infty} b_k$ die Beziehung $|a_k| \leq b_k$ für alle $k \in \mathbb{N}_0$, so heißt $\sum_{k=0}^{\infty} b_k$ eine Majorante von $\sum_{k=0}^{\infty} a_k$.

(21) In Satz 12.3 darf die Voraussetzung $|a_k| \leq b_k$ für endlich viele k verletzt sein.

(22) Aus dem Majoranten-Kriterium lassen sich das Quotienten-Kriterium und das Wurzel-Kriterium in Satz 12.4 und Satz 12.5 herleiten.

Beispiele:

(23)   In der Reihe $\sum_{k=2}^{\infty} a_k = \sum_{k=2}^{\infty} \dfrac{2\arctan\sqrt{k}}{\pi k(k-1)} \sin k$ gilt $|a_k| \leq \dfrac{2 \cdot \frac{\pi}{2}}{\pi k(k-1)} = b_k$ für $k \geq 2$. Die Reihe $\sum_{k=2}^{\infty} b_k = \sum_{k=2}^{\infty} \frac{1}{k(k-1)}$ ist nach (9) konvergent. Demnach konvergiert die Reihe $\sum_{k=2}^{\infty} a_k$ absolut.

(24)   Die Reihe $\sum_{k=1}^{\infty} \frac{1}{k^2}$ ist konvergent, denn $|a_k| = \frac{1}{k^2} \leq \frac{1}{k(k-1)} = b_k$ für $k \geq 2$ und die Reihe $\sum_{k=2}^{\infty} b_k$ ist konvergent nach (9). Für $k = 1$ setzen wir etwa $b_1 = 0$, die Majorisierungsbedingung $|a_k| \leq b_k$ braucht für $k = 1$ nicht erfüllt zu sein nach (21).

Satz 12.4 (Quotientenkriterium)

(i)   *Existieren ein q mit $0 < q < 1$ und ein $N \in \mathbb{N}$, so daß für alle $k \geq N$ gilt*

$$\left| \frac{a_{k+1}}{a_k} \right| \leq q < 1 \,,$$

so ist die Reihe $\sum_{k=0}^{\infty} a_k$ absolut konvergent.

(ii)   *Existiert ein $N \in \mathbb{N}$, so daß für alle $k \geq N$ gilt*

$$\left| \frac{a_{k+1}}{a_k} \right| \geq 1 \,,$$

so ist die Reihe $\sum_{k=0}^{\infty} a_k$ divergent.

Satz 12.5 (Wurzelkriterium)

(i)   *Existieren ein q mit $0 < q < 1$ und ein $N \in \mathbb{N}$, so daß für alle $k \geq N$ gilt*

$$\sqrt[k]{|a_k|} \leq q < 1 \,,$$

so ist die Reihe $\sum_{k=0}^{\infty} a_k$ absolut konvergent.

(ii)   *Existiert ein $N \in \mathbb{N}$, so daß für alle $k \geq N$ gilt*

$$\sqrt[k]{|a_k|} \geq 1 \,,$$

so ist die Reihe $\sum_{k=0}^{\infty} a_k$ divergent.

Bemerkungen und Ergänzungen:

(25) Im Falle $q = 1$ liefert das Quotientenkriterium bzw. das Wurzelkriterium keine Aussage.

(26) Beim Quotientenkriterium bzw. Wurzelkriterium reicht es **nicht** nachzuweisen, daß $|\frac{a_{k+1}}{a_k}| < 1$ bzw. $\sqrt[k]{|a_k|} < 1$ für alle $k \geq N$. So ist bei der harmonischen Reihe $\sum_{k=1}^{\infty} \frac{1}{k}$ der Quotient $|\frac{a_{k+1}}{a_k}| = \frac{k}{k+1} = 1 - \frac{1}{k+1} < 1$ für alle $k \geq 1$. Doch existiert kein $q < 1$ mit $|\frac{a_{k+1}}{a_k}| = 1 - \frac{1}{k+1} < q$ für alle $k \geq N$ und einem geeigneten $N \in \mathbb{N}$. Das Quotientenkriterium liefert keine Aussage.

(27) Existiert der Grenzwert

$$\lim_{k \to \infty} \left| \frac{a_{k+1}}{a_k} \right| = q^* ,$$

so läßt sich das Quotientenkriterium auch so fassen: Die Reihe $\sum_{k=0}^{\infty} a_k$ ist absolut konvergent für $0 \leq q^* < 1$, sie ist divergent für $q^* > 1$. Für $q^* = 1$ kann die Reihe konvergent oder divergent sein.

(28) Existiert der Grenzwert

$$\lim_{k \to \infty} \sqrt[k]{|a_k|} = q^* ,$$

so läßt sich das Wurzelkriterium auch so fassen: Die Reihe $\sum_{k=0}^{\infty} a_k$ ist absolut konvergent für $0 \leq q^* < 1$, sie ist divergent für $q^* > 1$. Für $q^* = 1$ kann die Reihe konvergent oder divergent sein.

Beispiele:

(29) Für die Reihe $\sum_{k=1}^{\infty} a_k = \sum_{k=1}^{\infty} \frac{[k!]^2}{(2k)!}$ gilt

$$\left| \frac{a_{k+1}}{a_k} \right| = \frac{[(k+1)!]^2 (2k)!}{(2k+2)![k!]^2} = \frac{(k+1)^2}{(2k+1)(2k+2)} \leq \frac{(k+1)^2}{4k^2}$$

$$= \frac{1}{4} + \frac{1}{2k} + \frac{1}{4k^2} \leq \frac{3}{4} = q < 1 \quad \text{für } k \geq 2 .$$

Demnach ist die Reihe (absolut) konvergent. Dies folgt auch aus

$$\lim_{k \to \infty} \left| \frac{a_{k+1}}{a_k} \right| = \lim_{k \to \infty} \frac{k+1}{2k+1} \cdot \frac{k+1}{2k+2} = \frac{1}{4} = q^* < 1 .$$

(30) Die Reihe $\sum_{k=1}^{\infty} a_k = \sum_{k=1}^{\infty} \frac{k!}{k^k}$ ist (absolut) konvergent. Denn es ist

$$\lim_{k \to \infty} \left| \frac{a_{k+1}}{a_k} \right| = \lim_{k \to \infty} \frac{(k+1)! \, k^k}{(k+1)^{k+1} \, k!} = \lim_{k \to \infty} \left(\frac{k}{k+1} \right)^k$$

$$= \lim_{k \to \infty} \frac{1}{(1 + \frac{1}{k})^k} = \frac{1}{e} = q^* < 1 .$$

(31)   Für $x \in \mathbb{R}$ sei $\sum_{k=0}^{\infty} \frac{x^k}{k!}$. Die Reihe ist konvergent für $x = 0$. Das Quotientenkriterium in Limesform liefert für $x \neq 0$

$$\lim_{k \to \infty} \left| \frac{a_{k+1}}{a_k} \right| = \lim_{k \to \infty} \left| \frac{x^{k+1} k!}{(k+1)! \, x^k} \right| = \lim_{k \to \infty} \frac{|x|}{k+1} = 0 = q^* .$$

Demnach ist die Reihe absolut konvergent für alle $x \in \mathbb{R}$.

(32)   Für $x \in \mathbb{R}$ sei $\sum_{k=1}^{\infty} a_k = \sum_{k=1}^{\infty} (-1)^k \frac{k}{2^k} x^k$. Die Reihe ist konvergent für $x = 0$. Das Quotientenkriterium in Limesform liefert für $x \neq 0$

$$\lim_{k \to \infty} \left| \frac{a_{k+1}}{a_k} \right| = \lim_{k \to \infty} \left| \frac{(k+1) x^{k+1} 2^k}{2^{k+1} \cdot k x^k} \right| = \lim_{k \to \infty} \frac{(1 + \frac{1}{k}) |x|}{2} = \frac{|x|}{2} = q^* .$$

Demanch ist die Reihe absolut konvergent für $|x| < 2$, sie ist divergent für $|x| > 2$.

(33)   Die Reihe $\sum_{k=1}^{\infty} a_k = \sum_{k=1}^{\infty} (-1)^k \left(\frac{4}{k} \right)^k$ ist absolut konvergent, denn für ein q mit $0 < q < 1$ ist

$$\sqrt[k]{|a_k|} = \sqrt[k]{\left(\frac{4}{k} \right)^k} = \frac{4}{k} \leq q \quad \text{für } k \geq \frac{4}{q} .$$

Die Behauptung folgt auch aus $\lim_{k \to \infty} \sqrt[k]{|a_k|} = 0 = q^*$.

(34)   Für die Reihe $\sum_{k=1}^{\infty} a_k = \sum_{k=1}^{\infty} \frac{1}{k^2}$ liefert das Quotienkriterium keine Aussage. Denn es ist

$$\left| \frac{a_{k+1}}{a_k} \right| = \frac{k^2}{(k+1)^2} = \left(1 - \frac{1}{k+1} \right)^2 ,$$

und es läßt sich kein $q < 1$ finden mit $\left| \frac{a_{k+1}}{a_k} \right| \leq q$ für alle hinreichend großen k. Auch das Quotientenkriterium in Limesform liefert keine Aussage, denn es ist

$$\lim_{k \to \infty} \left| \frac{a_{k+1}}{a_k} \right| = 1 = q^* .$$

Ebenso liefert das Wurzelkriterium in Limesform keine Aussage, denn es ist (wegen $\lim_{k \to \infty} \sqrt[k]{k} = 1$)

$$\lim_{k \to \infty} |a_k| = \lim_{k \to \infty} \sqrt[k]{\frac{1}{k^2}} = \lim_{k \to \infty} \frac{1}{\sqrt[k]{k}} \cdot \frac{1}{\sqrt[k]{k}} = 1 = q^* .$$

(Nach (24) ist die Reihe konvergent.)

Rechenregeln für Reihen ergeben sich einfach aus Rechenregeln für Folgen.

Satz 12.6 *Die Reihen $\sum_{k=0}^{\infty} a_k$ und $\sum_{k=0}^{\infty} b_k$ seien konvergent mit den Werten a und b. Für $\alpha, \beta \in \mathbb{R}$ ist dann auch die Reihe*

$$\sum_{k=0}^{\infty} (\alpha a_k + \beta b_k)$$

konvergent mit dem Wert

$$s = \alpha \sum_{k=0}^{\infty} a_k + \beta \sum_{k=0}^{\infty} b_k = \alpha a + \beta b \,.$$

Satz 12.7 (Cauchy-Produkt)
Die Reihen $\sum_{k=0}^{\infty} a_k$ und $\sum_{k=0}^{\infty} b_k$ seien absolut konvergent. Dann gilt

$$\left(\sum_{k=0}^{\infty} a_k \right) \left(\sum_{k=0}^{\infty} b_k \right) = \sum_{n=0}^{\infty} c_n$$

mit

$$c_n = a_0 b_n + a_1 b_{n-1} + \ldots + a_n b_0 = \sum_{k=0}^{n} a_k b_{n-k} \,,$$

und die Reihe $\sum_{n=0}^{\infty} c_n$ ist absolut konvergent.

Bemerkungen und Ergänzungen:

(35)   Ist die Reihe $\sum_{k=1}^{\infty} a_k$ konvergent mit dem Wert a, so ist für $\alpha \in \mathbb{R}$

$$\sum_{k=1}^{\infty} \alpha a_k = \alpha \sum_{k=1}^{\infty} a_k = \alpha \cdot a \,.$$

(36)   Die Bildung der c_n aus den a_k und b_k im Cauchy-Produkt erfolgt durch diagonale Summierung in folgendem Schema

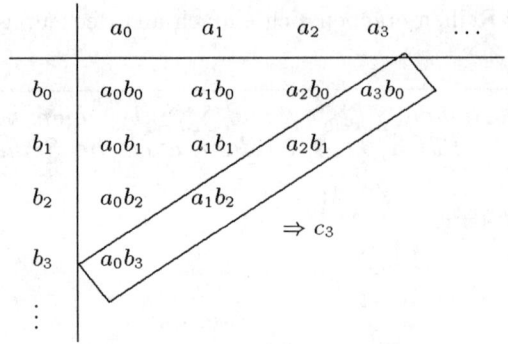

Beispiele:

(37) $\displaystyle\sum_{k=0}^{\infty} 3\left(\frac{x}{2}\right)^k = 3 \sum_{k=0}^{\infty} \left(\frac{x}{2}\right)^k = \frac{3}{1-\frac{x}{2}}$ für $|x| < 2$.

(38) $\displaystyle\sum_{k=0}^{\infty} \left(2x^k - 3\left(\frac{x}{2}\right)^k\right) = 2 \sum_{k=0}^{\infty} x^k - 3 \sum_{k=0}^{\infty} \left(\frac{x}{2}\right)^k = \frac{2}{1-x} - \frac{3}{1-\frac{x}{2}}$ für $|x| < 1$.

Bemerkung: für $1 \le |x| < 2$ ist die Reihe $\sum_{k=0}^{\infty} 2x^k$ divergent.

(39)   Für $x, y \in \mathbb{R}$ sind die Reihen $\sum_{k=0}^{\infty} \dfrac{x^k}{k!}$ und $\sum_{k=0}^{\infty} \dfrac{y^k}{k!}$ nach (31) absolut konvergent. Daher ist

$$\left(\sum_{k=0}^{\infty} \frac{x^k}{k!}\right)\left(\sum_{k=0}^{\infty} \frac{y^k}{k!}\right) = \sum_{n=0}^{\infty} c_n$$

mit

$$c_n = \sum_{k=0}^{n} \cdot \frac{x^k}{k!} \frac{y^{n-k}}{(n-k)!} = \frac{1}{n!} \sum_{k=0}^{n} \frac{n!}{k!(n-k)!} x^k y^{n-k}$$

$$= \frac{1}{n!} \sum_{k=0}^{n} \binom{n}{k} x^k y^{n-k} = \frac{(x+y)^n}{n!}$$

nach der binomischen Formel. Demnach gilt

$$\left(\sum_{k=0}^{\infty} \frac{x^k}{k!}\right)\left(\sum_{k=0}^{\infty} \frac{y^k}{k!}\right) = \sum_{n=0}^{\infty} \frac{(x+y)^n}{n!}.$$

TESTS

T12.1: Sei $(a_k)_{k \in \mathbb{N}_0}$ eine Folge reeller Zahlen. Die Reihe $\sum_{k=0}^{\infty} a_k$ ist konvergent, wenn gilt

( ) $\lim\limits_{k \to \infty} a_k = 0$

( ) $\lim\limits_{n \to \infty} \sum\limits_{k=0}^{n} a_k$ existiert

( )   Die Reihe $\sum\limits_{k=0}^{\infty} |a_k|$ konvergiert

( )   Für jedes $\varepsilon > 0$ existiert ein $N(\varepsilon) \in \mathbb{N}$, so daß für alle $m \geq n \geq N(\varepsilon)$ gilt: $|\sum_{k=n}^{m} a_k| < \varepsilon$.

T12.2: Sei $(a_k)_{k \in \mathbb{N}_0}$ eine Folge reeller Zahlen. Welche Aussagen für die "Teleskopreihe" $\sum_{k=0}^{\infty}(a_{k+1} - a_k)$ sind richtig?

( )   Für die Folge $(s_n)_{n \in \mathbb{N}_0}$ der Partialsummen $s_n = \sum_{k=0}^{n}(a_{k+1} - a_k)$ gilt $s_n = a_{n+1} - a_0$.

( )   Wenn die Teleskopreihe konvergiert, dann konvergiert die Folge $(a_k)_{k \in \mathbb{N}_0}$.

( )   Gilt $\lim_{k \to \infty} a_k = a$, $a \in \mathbb{R}$, dann konvergiert die Teleskopreihe, und es ist

$$\sum_{k=0}^{\infty}(a_{k+1} - a_k) = a - a_0.$$

T12.3: In der Reihe $\sum_{k=0}^{\infty} a_k$ sei $a_k = (-1)^k b_k$ für $k \in \mathbb{N}_0$. Dann gilt:

( )   Die Reihe ist alternierend.

( )   Die Reihe ist alternierend, falls $b_k \geq 0$ für $k \in \mathbb{N}_0$.

( )   Die Reihe ist konvergent, falls sie alternierend ist mit $b_{k+1} \leq b_k$ für $k \in \mathbb{N}_0$.

( )   Die Reihe ist konvergent, falls sie alternierend ist mit $b_{k+1} \leq b_k$ für $k \in \mathbb{N}_0$ und $\lim_{k \to \infty} b_k = 0$.

T12.4: Seien $\sum_{k=1}^{\infty} a_k$ und $\sum_{k=1}^{\infty} b_k$ zwei Reihen, sei $\sum_{k=1}^{\infty} b_k$ konvergent.

( )   Gilt $a_k \leq b_k$ für $k \in \mathbb{N}_0$, so ist die Reihe $\sum_{k=1}^{\infty} a_k$ konvergent.

( )   Gilt $|a_k| \leq b_k$ für $k \in \mathbb{N}_0$, so ist die Reihe $\sum_{k=1}^{\infty} a_k$ absolut konvergent.

( )   Gilt $|a_k| \leq b_k$ für $k \in \mathbb{N}_0$, so ist die Reihe $\sum_{k=1}^{\infty}(-1)^k a_k$ konvergent.

T12.5: Die Reihe $\sum_{k=0}^{\infty} a_k$ ist

( )   konvergent, falls $|\frac{a_{k+1}}{a_k}| < 1$ für alle $k \in \mathbb{N}_0$

( )   konvergent, falls $|\frac{a_{k+1}}{a_k}| \leq q$ für alle $k \in \mathbb{N}_0$ mit einem $q < 1$

( )   divergent, falls $|\frac{a_{k+1}}{a_k}| \geq 1$ für alle $k \in \mathbb{N}_0$.

T12.6: Sind $\sum_{k=0}^{\infty} a_k$ und $\sum_{k=0}^{\infty} b_k$ absolut konvergente Reihen, dann ist

( )   die Reihe $\sum_{k=0}^{\infty} a_k$ konvergent

( )   die Reihe $\sum_{k=0}^{\infty} c_k$ mit $c_k = a_k + b_k$ konvergent

( )   die Reihe $\sum_{k=0}^{\infty} c_k$ mit $c_k = a_0 b_k + a_1 b_{k-1} + \ldots + a_k b_0$ konvergent.

ÜBUNGEN

Ü12.1:   Untersuchen Sie die folgenden Reihen auf Konvergenz bzw. Divergenz. Geben Sie bei den konvergenten Reihen an, ob diese auch absolut konvergieren.

a) $\sum_{n=0}^{\infty} \frac{(n+1)^2}{2^n}$ b) $\sum_{n=2}^{\infty} \frac{\sqrt{n}}{\sqrt{n+1}} (-1)^{n+1}$

c) $\sum_{n=2}^{\infty} \frac{\binom{n}{2}}{n^2}$ d) $\sum_{n=1}^{\infty} \frac{\sin n}{\sqrt{n!}}$

Ü12.2:   Untersuchen Sie die folgenden Teleskopreihen (vgl. T12.2) auf Konvergenz, und berechnen Sie im Falle der Konvergenz den Grenzwert.

a) $\sum_{n=1}^{\infty} (\sin \frac{1}{n} - \sin \frac{1}{n+1})$

b) $\sum_{n=1}^{\infty} ((n+1)^{n+1} - n^n)$

Ü12.3:   Gegeben sei die Folge $(s_n)_{n \in \mathbb{N}}$ mit $s_n = \sum_{k=1}^{n} \frac{(-1)^{k+1}}{k^2}$.

a)   Zeigen Sie, daß die Folge $(s_n)_{n \in \mathbb{N}}$ konvergiert.

b)   Sei $s := \lim_{n \to \infty} s_n$. Bestimmen Sie s mit einem Fehler von höchstens $\frac{1}{20}$.

c)   Berechnen Sie $\sum_{k=1}^{\infty} \frac{(-1)^k}{k^4}$ mit einem Fehler von höchstens 10^{-3}.

Ü12.4: a) Gegeben sei eine Kurve (Spirale), die aus aneinergesetzen Halbkreisen besteht, wobei der Radius des jeweiligen Halbkreises halb so groß ist wie der Radius des vorangegangenen (vgl. Skizze). Der größte Halbkreis habe den Radius r. Wie groß ist die Gesamtlänge der Kurve?

  b) In einem Quadrat mit der Seitenlänge a verbindet man die benachbarten Mittenpunkte der Quadratseiten. Dadurch erhält man ein Mittenquadrat. In dieses wird wieder ein Mittenquadrat eingeschrieben usw. Wie groß ist die Summe aller Umfänge und die aller Flächeninhalte der Quadrate?

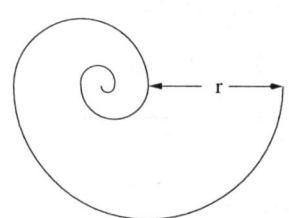
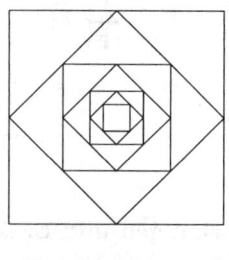

Ü12.5: a) Untersuchen Sie die folgenen Reihen auf Konvergenz bzw. Divergenz.

$$\text{(i) } \sum_{n=1}^{\infty} \frac{(3n^2 + 1)^n}{(2n)^{2n}}, \quad \text{(ii) } \sum_{n=0}^{\infty} \frac{\arctan(\sqrt{2n})}{\sqrt{n!}}.$$

  b) Berechnen Sie die Werte der folgenden Reihen:

$$\text{(i) } \sum_{n=0}^{\infty} \frac{2^n + 3^{n+2}}{16 \cdot 12^n}, \quad \text{(ii) } \sum_{n=1}^{\infty} \frac{2^{n-1}(n-2)}{n!}.$$

Ü12.6: Gegeben seien die Reihen $\sum_{n=1}^{\infty} \frac{x^n}{n^n}$ und $\sum_{n=1}^{\infty} \frac{n(-1)^n}{2^n} x^n$ für $x \in \mathbb{R}$.

  a) Für welche $x \in \mathbb{R}$ konvegieren diese Reihen? Liegt auch absolute Konvergenz vor?

  b) Bestimmen Sie das Cauchy-Produkt der Reihen, und geben Sie die ersten fünf Glieder der Produktreihe an.

  c) Geben Sie ein Intervall I an, so daß für alle $x \in I$ das Cauchy-Produkt konvergiert.

13 Exponentialfunktion und Logarithmus

Zur Definition der Exponentialfunktion gehen wir von der Reihe $\sum_{k=0}^{\infty} \frac{x^k}{k!}$ aus. Diese ist nach 12 (31) konvergent für alle $x \in \mathbb{R}$. Für $x = 1$ ist $\sum_{k=0}^{\infty} \frac{1}{k!} = e = 2.71828\ldots$ mit der Eulerschen Zahl e nach 7 (40). Spezielle Eigenschaften der Reihe motivieren

---

Definition 13.1 *Für $x \in \mathbb{R}$ sei*

$$e^x = \sum_{k=0}^{\infty} \frac{x^k}{k!} \, .$$

Die Funktion $f : \mathbb{R} \to \mathbb{R}$ mit $D(f) = \mathbb{R}$ und $f(x) = e^x$ heißt **Exponentialfunktion**.

Bemerkungen und Ergänzungen:

(1)   Definieren wir $R(x) = \sum_{k=0}^{\infty} \frac{x^k}{k!}$ für $x \in \mathbb{R}$, läßt sich (ohne Verwendung der Definition 13.1) zeigen: $R(1) = e$, $R(m) = e^m$ für $m \in \mathbb{N}_0$ und $R(r) = R(\frac{m}{n}) = (e^m)^{1/n}$ für rationale $r = \frac{m}{n}$ mit $m, n \in \mathbb{N}$. Nun ist für $a > 0$ die allgemeine Potenz a^r mit rationalem Exponenten $r = \frac{m}{n}$ definiert durch $a^r = (a^m)^{1/n} = \sqrt[n]{a^m}$. Daher ist $R(r) = e^r$ für rationales r. Dies liefert auch Definition 13.1. Da die Funktion R stetig ist, motiviert dies $R(x) = e^x$ auch für reelle x zu setzen. Dies führt zur Definition 13.1.

(2)   Der Graph der Exponentialfunktion hat die Gestalt

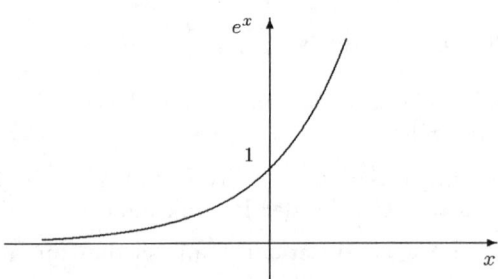

Die Bildmenge ist $B(f) = \{x : x > 0\}$. Speziell ist $e^0 = 1$.

(3)   Es läßt sich zeigen: $e^x = \lim_{n\to\infty}(1 + \frac{x}{n})^n$ für $x \in \mathbb{R}$.

Satz 13.1 *Für die Exponentialfunktion $f(x) = e^x$, $x \in \mathbb{R}$, gilt*

(i) $e^x \cdot e^y = e^{x+y}$ *für alle $x, y \in \mathbb{R}$*

(ii) $e^x > 0$ *und* $e^{-x} = \dfrac{1}{e^x}$ *für alle $x \in \mathbb{R}$*

(iii) *f ist stetig und streng monoton wachsend auf $\mathbb{R}$*

(iv) *f ist differenzierbar auf $\mathbb{R}$ mit $(e^x)' = e^x$.*

Da die Exponetialfunktion streng monoton wachsend ist, existiert eine streng monoton wachsende und stetige Umkehrfunktion.

Definition 13.2 *Die Umkehrfunktion f^{-1} der Exponentialfunktion f heißt* **natürlicher Logarithmus**

$$f^{-1}(x) = \ln x \,, \quad x \in D(f^{-1}) = (0, \infty) \,.$$

Bemerkungen und Ergänzungen:

(4)   Es ist $\ln x$ nur für $x > 0$ definiert. Aus der Tatsache, daß Exponentialfunktion und Logarithmus Umkehrfunktionen sind, ergeben sich die Eigenschaften

- $\ln 1 = 0$, $\ln e = 1$.

- $\ln x$ ist streng monoton wachsend mit $\lim_{x \to \infty} \ln x = \infty$ und $\lim_{x \searrow 0} \ln x = -\infty$.

(5)   Der Graph des Logarithmus hat die Gestalt

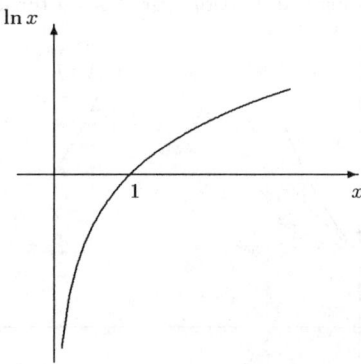

Satz 13.2 *Für die Logarithmusfunktion* $g(x) = \ln x$, $x > 0$, *gilt:*

(i)   Für $x > 0$, $y > 0$ *ist*

$$\ln(xy) = \ln x + \ln y$$

$$\ln\left(\frac{x}{y}\right) = \ln x - \ln y$$

$$\ln\frac{1}{x} = -\ln x \ .$$

(ii)   Für $x > 0$ *ist* $e^{\ln x} = x$.

(iii)   Für $x \in \mathbb{R}$ *ist* $\ln(e^x) = x$.

(iv)   g ist differenzierbar auf $(0, \infty)$ *mit* $(\ln x)' = \dfrac{1}{x}$.

Die Definition der Exponentialfunktion läßt sich verallgemeinern

Definition 13.3 *Für* $a > 0$ *und* $x \in \mathbb{R}$ *sei*

$$a^x = e^{x \ln a} \ .$$

Die Funktion $f : \mathbb{R} \to \mathbb{R}$ *mit* $D(f) = \mathbb{R}$ *und* $f(x) = a^x$ *heißt (allgemeine)* **Exponentialfunktion zur Basis** a.

Bemerkungen und Ergänzungen:

(6)   Es ist a^x nur für $a > 0$ definiert.

(7)   Graphen der Exponentialfunktion zur Basis a für $a = e$, $a = 2$, $a = 1$, $a = \frac{1}{2}$

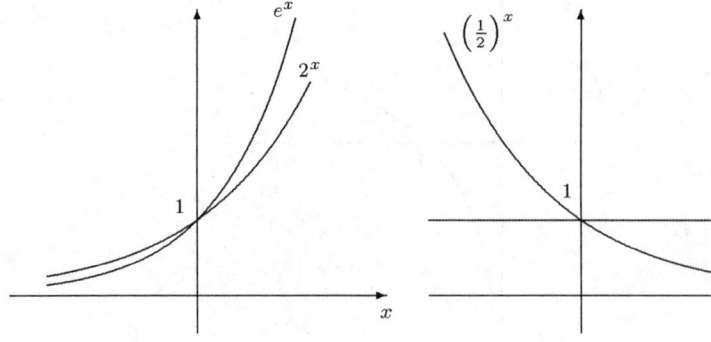

Satz 13.3 *Sei* $g(x) = a^x$, $x \in \mathbb{R}$, *die Exponentialfunktion zur Basis* a.
Dann gilt:

(i)   *Für* $x, y \in \mathbb{R}$ *ist*

$$a^x a^y = a^{x+y}, \quad \left(a^x\right)^y = a^{xy}.$$

(ii) $a^x > 0$ *für* $x \in \mathbb{R}$.

(iii)   *Für* $a = 1$ *ist* $a^x = 1$ *für alle* $x \in \mathbb{R}$. *Für* $a > 1$ *ist* g *streng monoton wachsend. Für* $0 < a < 1$ *ist* g *streng monoton fallend.*

(iv) g *ist differenzierbar auf* $\mathbb{R}$ *mit*

$$(a^x)' = a^x \ln a .$$

Aus der strengen Monotonie der Exponentialfunktion zur Basis a für $a \neq 1$ folgt die Existenz einer Umkehrfunktion

Definition 13.4 *Die Umkehrfunktion* f^{-1} *der Exponentialfunktion zur Basis* a *mit* $a \neq 1$ *heißt* **Logarithmus zur Basis** a

$$f^{-1}(x) = \log_a x, \quad x \in D(f^{-1}) = (0, \infty) .$$

Wichtige Basen der Logarithmen sind $a = e$ und $a = 10$. Statt $\log_e x$ schreibt man $\ln x$ und spricht vom natürlichen Logarithmus. Statt $\log_{10} x$ schreibt man $\lg x$ und spricht vom dekadischen Logarithmus.

Satz 13.4 *Sei* $g(x) = \log_a x$, $x > 0$, *der Logarithmus zur Basis* $a \neq 1$.
Dann gilt:

(i)   *Für* $x > 0$, $y > 0$ *ist*

$$\log_a(xy) = \log_a x + \log_a y, \quad \log_a \left(\frac{x}{y}\right) = \log_a x - \log_a y.$$

(ii)   *Für* $x > 0$ *ist* $a^{\log_a x} = x$.

(iii)   *Für* $x \in \mathbb{R}$ *ist* $\log_a(a^x) = x$.

(iv) g *ist differenzierbar auf* $(0, \infty)$ *mit* $(\log_a x)' = \dfrac{\log_a e}{x} = \dfrac{1}{x \ln a}$.

Bemerkungen und Ergänzungen:

(8)   Für $x > 0$ ist

$$\boxed{\log_a x = \frac{\ln x}{\ln a}\,.}$$

Für $x = e$ folgt speziell

$$\log_a e = \frac{1}{\ln a}\,.$$

Demnach folgt für die Umrechnung des natürlichen Logarithmus auf den Logarithmus zur Basis a

$$\boxed{\log_a x = (\log_a e)(\ln x)\,.}$$

Für die Basis $a = 10$ ist $\log_{10} e = \lg e = 0.43429\ldots$, so daß

$$\lg x = 0.43429\ldots \cdot \ln x\,.$$

(9)   Für $x \in \mathbb{R}$ ist

$$\ln(a^x) = x \cdot \ln a\,.$$

(10)   Für $x > 0$ und $a \in \mathbb{R}$ folgt wegen $x^a = e^{a \ln x}$ mit der Kettenregel

$$\boxed{\left(x^a\right)' = a x^{a-1}\,.}$$

(11) $[\ln(\ln x)]' = \dfrac{1}{x \ln x} \quad$ für $x > 1\,.$

(12)   Für $x > 0$ folgt wegen $x^x = e^{x \ln x}$ mit der Kettenregel

$$\left(x^x\right)' = x^x(1 + \ln x)\,.$$

(13)   Die de l'Hospitalsche Regel ergibt

$$\lim_{x \searrow 0}(x \ln x) = \lim_{x \searrow 0}\left(\frac{\ln x}{\frac{1}{x}}\right) = \lim_{x \searrow 0}\frac{\frac{1}{x}}{-\frac{1}{x^2}} = \lim_{x \searrow 0}(-x)\,, \quad \text{also}$$

$$\boxed{\lim_{x \searrow 0}(x \ln x) = 0\,.}$$

(14)   Die de l'Hospitalsche Regel ergibt auch

$$\lim_{x \to \infty}\left(\frac{\ln x}{x}\right) = \lim_{x \to \infty}\frac{\frac{1}{x}}{1}\,, \quad \text{also}$$

$$\boxed{\lim_{x \to \infty}\frac{\ln x}{x} = 0\,.}$$

(15)   Es ist $\lim\limits_{x\to\infty} x^{1/x} = \lim\limits_{x\to\infty} e^{\frac{\ln x}{x}} = e^{\lim_{x\to\infty} \frac{\ln x}{x}}$, und mit (14) ergibt sich
$\lim\limits_{x\to\infty} x^{1/x} = 1$.

Speziell folgt daraus für $\lim_{n\to\infty} n^{1/n}$

$$\boxed{\lim_{n\to\infty} \sqrt[n]{n} = 1\,.}$$

Hyperbelfunktionen sind als spezielle Kombinationen von Exponentialfunktionen definiert.

Definition 13.5 *Die durch*

(i) $\sinh x = \frac{1}{2}(e^x - e^{-x})\,, \quad x \in \mathbb{R}$

(ii) $\cosh x = \frac{1}{2}(e^x + e^{-x})\,, \quad x \in \mathbb{R}$

(iii) $\tanh x = \dfrac{\sinh x}{\cosh x}\,, \quad x \in \mathbb{R}$

(iv) $\coth x = \dfrac{\cosh x}{\sinh x}\,, \quad x \in \mathbb{R}\backslash\{0\}$

definierten reellen Funktionen heißen (i) **sinus hyperbolicus**, *(ii)* **cosinus hyperbolicus**, *(iii)* **tangens hyperbolicus**, *(iv)* **cotangens hyperbolicus**.

Bemerkungen und Ergänzungen:

(16)   Die Graphen der Hyperbelfunktionen haben die Gestalt

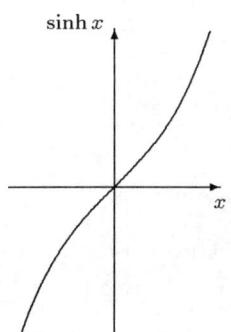
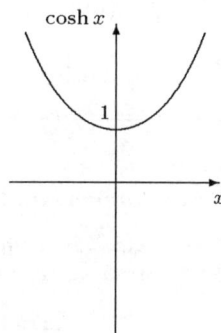

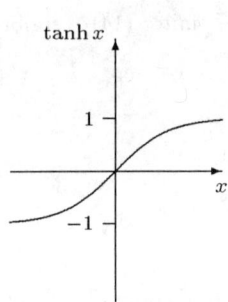

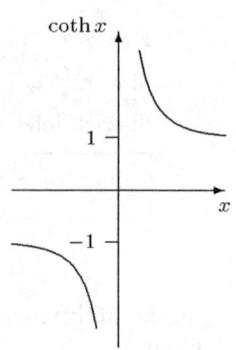

(17)   Durch den cosinus hyperbolicus wird (bei geeigneter Normierung) die Form eines aufgehängten Seils beschrieben. Man spricht auch von einer Kettenlinie.

Satz 13.5 *Für $x, y \in \mathbb{R}$ gilt*

$$\sinh(-x) = -\sinh x, \quad \cosh(-x) = \cosh x$$

$$\sinh(x + y) = \sinh x \cdot \cosh y + \cosh x \cdot \sinh y$$

$$\cosh(x + y) = \cosh x \cdot \cosh y + \sinh x \cdot \sinh y$$

$$\cosh^2 x - \sinh^2 x = 1$$

$$\tanh(x + y) = \frac{\tanh x + \tanh y}{1 + \tanh x \cdot \tanh y} \ .$$

Satz 13.6 *Für die Ableitungen der Hyperbelfunktionen gilt*

$$(\sinh x)' = \cosh x, \quad (\cosh x)' = \sinh x \quad \textit{für } x \in \mathbb{R}$$

$$(\tanh x)' = \frac{1}{\cosh^2 x} = 1 - \tanh^2 x, \qquad \textit{für } x \in \mathbb{R}$$

$$(\coth x)' = -\frac{1}{\sinh^2 x} = 1 - \coth^2 x, \qquad \textit{für } x \in \mathbb{R} \backslash \{0\} \ .$$

Bemerkungen und Ergänzungen:

(18)   Auf $\mathbb{R}$ ist sinh streng monoton, so daß eine Umkehrfunktion existiert. Diese heißt **area sinus hyperbolicus**. Es gilt die Darstellung

$$\text{arsinh } x = \ln(x + \sqrt{x^2 + 1}), \quad x \in \mathbb{R} \ .$$

Die Ableitung ist

$$(\operatorname{arsinh} x)' = \frac{1}{\sqrt{x^2 + 1}}\,, \quad x \in \mathbb{R}\,.$$

(19)   Auf $[0, \infty)$ ist cosh streng monoton, so daß eine Umkehrfunktion existiert. Diese heißt **area cosinus hyperbolicus.** Es gilt die Darstellung

$$\operatorname{arcosh} x = \ln(x + \sqrt{x^2 - 1})\,, \quad x \in [1, \infty)\,.$$

Die Ableitung existiert für $x > 1$

$$(\operatorname{arcosh} x)' = \frac{1}{\sqrt{x^2 - 1}}\,, \quad x \in (1, \infty)\,.$$

TESTS

T13.1: Für $a > 0$, $a \neq 1$ und $x \in \mathbb{R}$ gilt

( ) $(a^x)' = a^x$

( ) $(a^x)' = a^x \log_a x$

( ) $(a^x)' = a^x \ln a$

( ) $(a^x)' = x a^{x-1}$.

T13.2: Welche der folgenden Logarithmen sind definiert?

( ) $\log_2 16$

( ) $\log_{16} 2$

( ) $\log_2(-16)$

( ) $\log_{-16} 2$

( ) $\log_{\frac{1}{2}} 16$

( ) $\log_{16}\left(\frac{1}{2}\right)$.

T13.3: Für $a > 0$, $a \neq 1$ und $x \in \mathbb{R}$ gilt

( ) $\left(a^x\right)^x = a^{2x}$

( ) $\left(a^x\right)^x = a^{x^2}$

( ) $\log_a a = 1$

( ) $\left(\ln |x|\right)' = \dfrac{1}{x}$ für $x \neq 0$.

ÜBUNGEN

Ü13.1:   Berechnen Sie

$$\log_2 16, \ \log_{16} 2, \ \log_{\frac{1}{2}} 16, \ \log_{16} \tfrac{1}{2}, \ \log_2 3.$$

Ü13.2:   Lösen Sie die folgenden Gleichungen:

a) $e^{3x}\left(e^x\right)^2 = \sqrt{\dfrac{e^{-8}}{e^{2x}}}, \quad x \in \mathbb{R}$

b) $\ln \sqrt{7^{2x(12-x)}} + 11\ln 2 = 11\ln 16, \quad x \in \mathbb{R}.$

Ü13.3:   Berechnen Sie jeweils die erste Ableitung der folgenden Funktionen:

a) $f : \mathbb{R} \to \mathbb{R}$ mit $D(f) = \mathbb{R}$ und $f(x) = e^{x^2-7}$

b) $g : \mathbb{R} \to \mathbb{R}$ mit $D(g) = \mathbb{R}$ und $g(x) = \ln \sqrt{1 + \sin^2 x}$

c) $h : \mathbb{R} \to \mathbb{R}$ mit $D(h) = (0, \pi)$ und $h(x) = (\sin x)^{\cos x}.$

Ü13.4:   Berechnen Sie die folgenden Grenzwerte mit der Regel von de l'Hospital:

a) $\displaystyle\lim_{x \searrow 0} \left(\ln x \cdot \ln(1 - x) \right)$

b) $\displaystyle\lim_{x \to 1} x^{\frac{1}{1-x}}$

c) $\displaystyle\lim_{x \searrow 0} \left(\dfrac{1}{x} \right)^x.$

14 Das Integral

Die Integralrechnung geht auf das geometrische Problem zurück, den Flächeninhalt von Punktmengen der Ebene zu bestimmen.

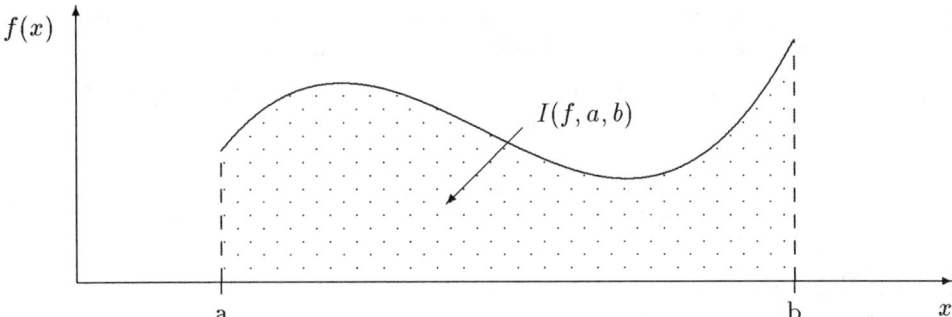

Auf dem Intervall $[a, b]$ mit $a < b$ sei f eine positive, stetige, reelle Funktion und es sei $I(f, a, b)$ der Flächeninhalt, falls existent, der durch f und das Intervall $[a, b]$ der x-Achse begrenzten Punktmenge.

Im Sonderfall $f(x) = c$ für $x \in [a, b]$ mit $c > 0$ sei $I(f, a, b) = c(b - a)$, der bekannte Flächeninhalt von Rechtecken. Wir grenzen $I(f, a, b)$ durch "Rechtecksummen" (Untersummen bzw. Obersummen) ein wie folgende zwei Bilder zeigen.

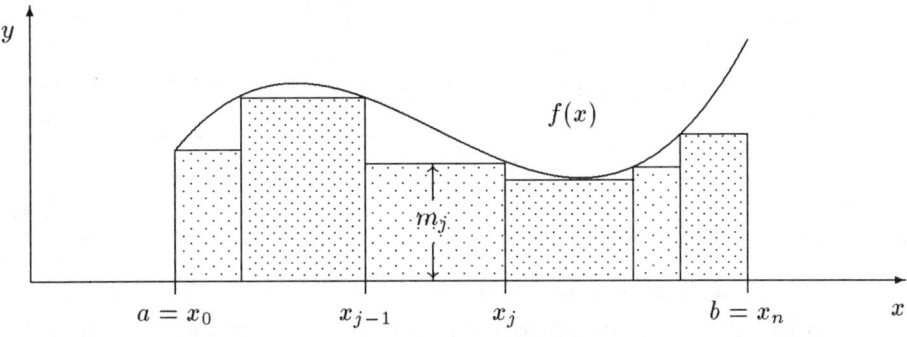

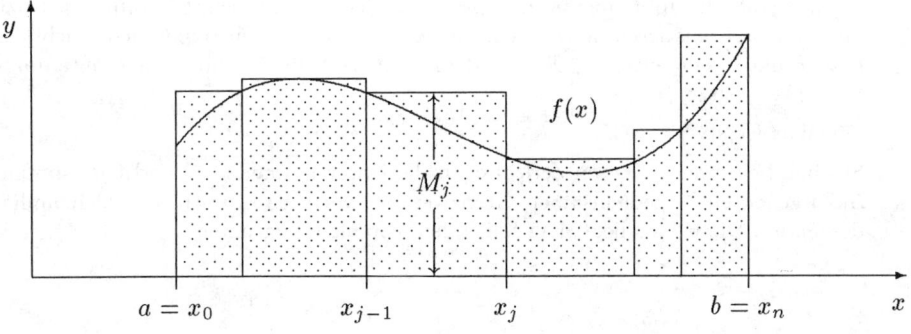

Dabei sind m_j bzw. M_j, $j = 1, \ldots, n$, das Minimum bzw. Maximum von f auf $[x_{j-1}, x_j]$. Dieses anschauliche Vorgehen motiviert folgende

---

Definition 14.1

(i)   *Ist $[a, b]$ ein Intervall, so heißt die Menge $Z = \{x_0, x_1, \ldots, x_n\}$ mit $a = x_0 < x_1 < \cdots < x_n = b$ für $n \in \mathbb{N}$ eine* **Zerlegung** *von $[a, b]$.*

(ii)   *Die reelle Funktion f sei beschränkt auf $[a, b]$. Für die Zerlegung Z nach (i) seien für $j = 1, 2, \ldots, n$ definiert*

$$m_j = \inf\{f(x) : x \in [x_{j-1}, x_j]\}$$
$$M_j = \sup\{f(x) : x \in [x_{j-1}, x_j]\}.$$

Dann heißen

$$s(Z) = \sum_{j=1}^{n} m_j(x_j - x_{j-1})$$

und

$$S(Z) = \sum_{j=1}^{n} M_j(x_j - x_{j-1})$$

die zur Zerlegung Z (und zur Funktion f) gehörige **Untersumme** *und* **Obersumme**.

Bemerkungen und Ergänzungen:

(1)   Statt Zerlegung sagt man auch Partition.

(2)   Da in Definition 14.1 die Stetigkeit von f nicht vorausgesetzt ist, müssen m_j bzw. M_j mit Hilfe des Infimums bzw. Supremums definiert werden. Die Infima m_j bzw. Suprema M_j existieren stets, da nach dem Vollständigkeitsaxiom jede nichtleere beschränkte Teilmenge $T \subset \mathbb{R}$ eine kleinste obere Schranke und eine größte untere Schranke besitzt.

(3)   Offenbar ist $s(Z) \leq S(Z)$.

(4)   Streben bei immer feineren Zerlegungen die Untersummen $s(Z)$ und Obersummen $S(Z)$ gegen einen gemeinsamen Grenzwert, so wird man diesen als Flächeninhalt definieren. Diese Idee liegt dem folgenden Vorgehen zugrunde.

Definition 14.2 *Eine Zerlegung* $Z' = \{x'_0, x'_1, \ldots, x'_m\}$ *von* $[a, b]$ *heißt* **Verfeinerung** *einer Zerlegung* $Z = \{x_0, x_1, \ldots, x_n\}$ *von* $[a, b]$, *falls*

$$\{x_0, x_1, \ldots, x_n\} \subset \{x'_0, x'_1, \ldots, x'_m\} \ .$$

Bemerkungen und Ergänzungen:

(5)   Aus Z erhält man eine Verfeinerung Z' durch Hinzufügen weiterer Punkte aus $[a, b]$.

(6)   Sind Z und Z' Zerlegungen von $[a, b]$ mit Z' Verfeinerung von Z und sind $s(Z), s(Z')$ bzw. $S(Z), S(Z')$ die zugehörigen Untersummen bzw. Obersummen (zu gegebenem f), so gilt offenbar

$$s(Z) \leq s(Z') \leq S(Z') \leq S(Z).$$

(7)   Sind Z und $\hat{Z}$ beliebige Zerlegungen von $[a, b]$, so ist $Z^* = Z \cup \hat{Z}$ eine Verfeinerung von Z und $\hat{Z}$, daher folgt nach (6)

$$s(Z) \leq s(Z^*) \leq S(Z^*) \leq S(\hat{Z}).$$

Demnach gilt

$$s(Z) \leq S(\hat{Z}).$$

(8)   Für die gröbste Zerlegung $\tilde{Z} = \{x_0, x_1\}$ mit $x_0 = a$, $x_1 = b$ und $m = \inf\{f(x) : x \in [a, b]\}$, $M = \sup\{f(x) : x \in [a, b]\}$ ist

$$s(\tilde{Z}) = m(b - a) \quad \text{und} \quad S(\tilde{Z}) = M(b - a).$$

Sind Z und $\hat{Z}$ beliebige Zerlegungen von $[a, b]$ so folgt demnach aus (6), (7)

$$m(b - a) \leq s(Z) \leq S(\hat{Z}) \leq M(b - a).$$

(9)   Nach (8) sind $s(Z)$ und $S(\hat{Z})$ beschränkt. Daher existiert das Supremum

$$\overline{s}(f, a, b) = \sup_{Z} s(Z)$$

von $s(Z)$ über alle Zerlegungen Z von $[a, b]$, und es existiert das Infimum

$$\underline{S}(f, a, b) = \inf_{\hat{Z}} S(\hat{Z})$$

von $S(\hat{Z})$ über alle Zerlegungen $\hat{Z}$ von $[a, b]$. Weiter ist

$$\overline{s}(f, a, b) \leq \underline{S}(f, a, b).$$

Dies motiviert

Definition 14.3 *Die reelle Funktion* f *sei beschränkt auf* $[a,b]$. *Gilt*

$$\overline{s}(f,a,b) = \underline{S}(f,a,b) = r \ ,$$

so heißt f **Riemann-integrierbar** *auf* $[a,b]$. *Der gemeinsame Wert* r *heißt dann* **Riemann-Integral** *von* f *auf* $[a,b]$ *und wird mit*

$$\int_a^b f(x)\,dx$$

bezeichnet. Es heißen a **untere Grenze** *und* b **obere Grenze** *des Integrals,* $[a,b]$ *heißt* **Integrationsintervall**, f *heißt* **Integrand** *und* x *heißt* **Integrationsvariable**.

Bemerkungen und Ergänzungen:

(10)   BERNHARD RIEMANN (1826-1866) verfaßte bedeutende Arbeiten in vielen Zweigen der Mathematik, so in der Funktionentheorie, der Theorie der reellen Funktionen, der Theorie der Differentialgleichungen, der Zahlentheorie. Berühmt sind seine Untersuchungen zu Grundlagen der Geometrie.

(11)   Statt Riemann-integrierbar schreiben wir oft einfach integrierbar, da wir hier keine anderen Integrale betrachten.

Auf den Namen der Integrationsvariablen kommt es nicht an

$$\int_a^b f(x)\,dx = \int_a^b f(u)\,du.$$

(12)   Ist $f \geq 0$ und integrierbar auf $[a,b]$, so stellt $\int_a^b f(x)\,dx$ den Flächeninhalt $I(f,a,b)$ dar.

(13)   Zur Prüfung auf Integrierbarkeit ist oft folgende Aussage nützlich: Die reelle Funktion f sei beschränkt auf $[a,b]$. Sie ist genau dann integrierbar auf $[a,b]$, wenn zu jedem $\varepsilon > 0$ eine Zerlegung Z existiert mit $S(Z) - s(Z) < \varepsilon$.

Beispiele:

(14)   Sei $f(x) = c$ auf $[a,b]$ mit $c \in \mathbb{R}$. Für jede Zerlegung Z gilt

$$s(Z) = c(b-a), \quad S(Z) = c(b-a).$$

Demnach ist f integrierbar auf $[a,b]$ und es ist

$$\int_a^b f(x)\,dx = \int_a^b c\,dx = c(b-a).$$

Für $c > 0$ ist dies der bekannte Flächeninhalt $I(f,a,b)$ von Rechtecken.

(15) Sei $f(x) = x^2$ auf $[a, b]$ mit $a \geq 0$. Wir wählen eine gleichmäßige Zerlegung $Z = \{x_0, x_1 \ldots, x_n\}$ mit

$$x_j = a + \frac{b-a}{n}j \quad \text{für} \quad j = 0, 1, \ldots, n.$$

Mit $h = \dfrac{b-a}{n}$ gilt für $j = 1, 2, \ldots, n$

$$x_j - x_{j-1} = h, \quad m_j = x_{j-1}^2, \quad M_j = x_j^2$$

$$s(Z) = h \sum_{j=0}^{n-1} x_j^2, \quad S(Z) = h \sum_{j=1}^{n} x_j^2.$$

Demnach ist

$$S(Z) - s(Z) = h(x_n^2 - x_0^2) = h(b^2 - a^2) = \frac{(b-a)(b^2 - a^2)}{n}.$$

Zu beliebigem $\varepsilon > 0$ wird $S(Z) - s(Z) < \varepsilon$ für eine Zerlegung Z mit $n > \dfrac{(b-a)(b^2 - a^2)}{\varepsilon}$. Nach (13) ist demnach f integrierbar auf $[a, b]$.

Der folgende Satz sichert für zwei wichtige Klassen von Funktionen die Integrierbarkeit.

Satz 14.1

(i) *Ist die reelle Funktion f stetig auf $[a, b]$, so ist f integrierbar auf $[a, b]$.*

(ii) *Ist die reelle Funktion f monoton auf $[a, b]$, so ist f integrierbar auf $[a, b]$.*

Wir stellen einige Eigenschaften des Integrals zusammen

Satz 14.2 *Die Funktionen f und g seien integrierbar auf $[a, b]$.*

(i) *Mit $c \in \mathbb{R}$ ist cf integrierbar auf $[a, b]$ und es gilt*

$$\int_a^b cf(x)\,dx = c \int_a^b f(x)\,dx.$$

Fortsetzung von Satz 14.2

(ii) Die Summe $f + g$ ist integrierbar auf $[a, b]$ und es gilt

$$\int_a^b \left[f(x) + g(x) \right] dx = \int_a^b f(x)\, dx. + \int_a^b g(x)\, dx$$

(iii) Gilt $f(x) \geq g(x)$ für alle $x \in [a, b]$, so ist

$$\int_a^b f(x)\, dx \geq \int_a^b g(x)\, dx.$$

Speziell ist $\int_a^b f(x)\, dx \geq 0$ falls $f \geq 0$.

(iv) Es ist $|f|$ integrierbar auf $[a, b]$ und es gilt

$$\left| \int_a^b f(x)\, dx \right| \leq \int_a^b |f(x)|\, dx.$$

(v) Das Produkt $f \cdot g$ ist integrierbar auf $[a, b]$.

Bisher haben wir das Integral $\int_a^b f(x)\, dx$ für $a < b$ definiert. Um Fallunterscheidungen zu vermeiden, treffen wir folgende **Vereinbarung:**

(i) $\displaystyle \int_a^a f(x)\, dx = 0$

(ii) Ist f integrierbar auf $[a, b]$ mit $a < b$, so sei

$$\int_b^a f(x)\, dx = - \int_a^b f(x)\, dx \ .$$

Zur Integration über Teilintervalle gibt Auskunft

Satz 14.3

(i) Ist f auf $[a, b]$ und auf $[b, c]$ integrierbar mit $a < b < c$, so ist f auch auf $[a, c]$ integrierbar und es gilt

$$\int_a^b f(x)\, dx + \int_b^c f(x)\, dx = \int_a^c f(x)\, dx \ .$$

Fortsetzung von Satz 14.3

(ii) Ist f auf [a, b] mit a < b integrierbar, so ist f auch auf jedem ab-geschlossenen Teilintervall [c, d] ⊂ [a, b] integrierbar. Für beliebige α, β, γ ∈ [a, b] gilt

$$\int_{\alpha}^{\beta} f(x)\,dx + \int_{\beta}^{\gamma} f(x)\,dx = \int_{\alpha}^{\gamma} f(x)\,dx \ .$$

Bemerkungen und Ergänzungen:

(16)   Nach Satz 14.2 (i), (ii) ist mit integrierbaren f und g auch die Summe $\alpha f + \beta g$ für $\alpha, \beta \in \mathbb{R}$ integrierbar und es gilt

$$\int_{a}^{b} [\alpha f(x) + \beta g(x)]\,dx = \alpha \int_{a}^{b} f(x)\,dx + \beta \int_{a}^{b} g(x)\,dx \ .$$

(17)   Nach Satz 14.2 (v) ist mit integrierbaren f und g das Produkt $f \cdot g$ auch integrierbar, aber es gilt i.a.

$$\int_{a}^{b} f(x)\,g(x)\,dx \neq \int_{a}^{b} f(x)\,dx \cdot \int_{a}^{b} g(x)\,dx.$$

(18)   In Satz 14.1 (i) wurde f als stetig auf $[a, b]$ vorausgesetzt. Ist f beschränkt auf $[a, b]$ und an höchstens endlich vielen Punkten aus $[a, b]$ unstetig, so ist f integrierbar.

(19)   Ist die reelle Funktion f integrierbar auf $[a, b]$ und ist $f = g$ mit Ausnahme von endlich vielen Punkten aus $[a, b]$, so ist auch g integrierbar auf $[a, b]$ und es gilt

$$\int_{a}^{b} f(x)\,dx = \int_{a}^{b} g(x)\,dx \ .$$

Demnach kann man f an endlich vielen Punkten abändern ohne den Wert des Integrals zu ändern.

(20)   Ist reelle Funktion f integrierbar auf $[a, b]$, so folgt aus (8)

$$m(b - a) \leq \int_{a}^{b} f(x)\,dx \leq M(b - a)$$

mit $m = \inf\{f(x) : x \in [a, b]\}$ und $M = \sup\{f(x) : x \in [a, b]\}$. Zusammen mit Satz 14.2 (iv) ergibt sich daraus die Abschätzung

$$\left| \int_{a}^{b} f(x)\,dx \right| \leq (b - a) \cdot \sup\{|f(x)| : x \in [a, b]\} \ .$$

(21)   Ist die reelle Funktion f stetig auf $[a, b]$, so existiert ein $\xi \in (a, b)$ mit

$$\int_{a}^{b} f(x)\,dx = (b - a) f(\xi) \ .$$

Dies ist die Aussage des **Mittelwertsatzes der Integralrechnung**. Da die Stelle ξ i.a. unbekannt ist, hilft er nicht direkt bei der Berechnung von Integralen, ist jedoch beweistechnisch von Bedeutung.

(22)   Ebenfalls von beweistechnischer Bedeutung ist die

Schwarzsche Ungleichung

$$\int_a^b |f(x)\,g(x)|\,dx \leq \sqrt{\int_a^b f^2(x)\,dx}\,\sqrt{\int_a^b g^2(x)\,dx}$$

für auf $[a, b]$ integrierbare reelle Funktionen f und g.

(23)   Wir haben das Riemann-Integral über Untersummen und Obersummen eingeführt. Eine andere Möglichkeit ist, die Definition mit Hilfe von Riemann-Summen vorzunehmen.

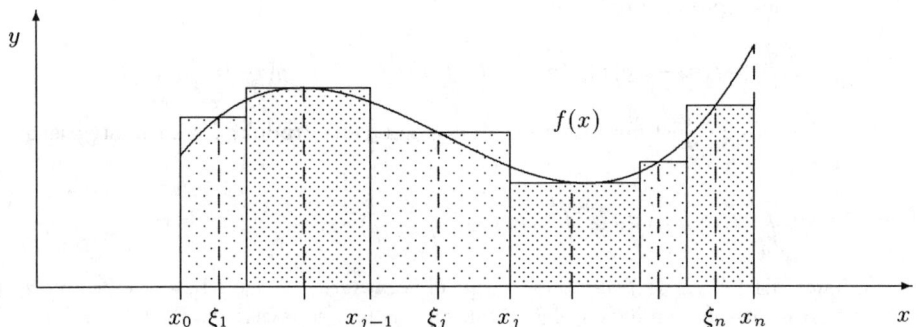

Ist f beschränkt auf $[a, b]$ und $Z = \{x_0, x_1, \ldots, x_n\}$ eine Zerlegung von $[a, b]$, so heißt

$$R(Z) = \sum_{j=1}^{n} f(\xi_j)(x_j - x_{j-1})$$

für $\xi_j \in [x_{j-1}, x_j]$, $j = 1, \ldots, n$, Riemann-Summe. Haben die Riemann-Summen bei Variation der Zerlegung und der Zwischenpunkte ξ_j für $\max(x_j - x_{j-1}) \to 0$ einen Grenzwert unabhängig von der Art der Zerlegung und der Wahl der Zwischenpunkte, so wird dieser Grenzwert als Riemann-Integral definiert. Diese Definition führt zum gleichen Integral wie unsere Definition 14.3.

Beispiele:

(24)   Nach (16) ist

$$\int_1^4 (3x^2 - 5)\,dx = 3\int_1^4 x^2\,dx - 5\int_1^4 1\,dx \ .$$

(25)   Sei

$$g(x) = \begin{cases} 0 & \text{für } x = 0 \\ 1 & \text{für } x \in (0, 2] \end{cases}$$

Es ist $g = f$ für $f(x) = 1$, $x \in [0, 2]$, mit Ausnahme des Punktes $x = 0$. Daher ist g nach (19) integrierbar auf $[0, 2]$ und es gilt

$$\int_0^2 g(x)\,dx = \int_0^2 f(x)\,dx = \int_0^2 1\,dx = 1 \cdot (2 - 0) = 2.$$

(26)   Sei

$$f(x) = \begin{cases} 1 & \text{für } x \in [0, 1) \\ x^2 - 1 & \text{für } x \in [1, 2] \end{cases}.$$

Nach (18) ist f integrierbar auf $[0, 2]$ und mit Satz 14.3 (ii) und (19) folgt

$$\int_0^2 f(x)\,dx = \int_0^1 1\,dx + \int_1^2 (x^2 - 1)\,dx .$$

TESTS

T14.1: Sei $f : \mathbb{R} \to \mathbb{R}$ eine reelle Funktion mit $D(f) = [a, b]$. Dann gilt:

( )   Ist f stetig auf $[a, b]$, so ist f integrierbar auf $[a, b]$.

( )   Ist f beschränkt auf $[a, b]$, so ist f integrierbar auf $[a, b]$.

( )   Ist f integrierbar auf $[a, b]$, so gilt:

$$\left| \int_a^b f(x)\,dx \right| \leq \sup_{x \in [a,b]} |f(x)| (b - a).$$

T14.2: Es seien $f : \mathbb{R} \to \mathbb{R}$ und $g : \mathbb{R} \to \mathbb{R}$ mit $D(f) = D(g)$ auf $[a, b]$ integrierbare Funktionen. Dann gilt

( ) $\displaystyle\int_a^b f(x)\,dx \leq \int_a^b g(x)\,dx$, falls $f(x) \leq g(x)$ für alle $x \in [a, b]$

( ) $\displaystyle\int_a^b [f(x) + g(x)]\,dx = \int_a^b f(x)\,dx + \int_a^b g(x)\,dx$

( ) $\displaystyle\int_a^b [f(x) \cdot g(x)]\,dx = \int_a^b f(x)\,dx \cdot \int_a^b g(x)\,dx.$

T14.3: Welche der folgenden Funktionen $f_i : \mathbb{R} \to \mathbb{R}$ sind auf $D(f_i) = [0, 1]$, $i = 1, 2, 3$, integrierbar?

( ) $f_1(x) = e^{-x^2}$

( ) $f_2(x) = \begin{cases} x & \text{für } x \leq \frac{1}{2} \\ x^2 & \text{für } x > \frac{1}{2} \end{cases}$

( ) $f_3(x) = \begin{cases} 0 & \text{für } x = 0 \\ \frac{1}{x} & \text{für } x > 0 \,. \end{cases}$

ÜBUNGEN

Ü14.1:   Begründen Sie, warum die folgenden Funktionen $f_i : \mathbb{R} \to \mathbb{R}$ mit $D(f_i) = [0, 1]$, $i = 1, \ldots, 4$, integrierbar sind:

a) $f_1(x) = e^{-x^2}$

b) $f_2(x) = \sinh x$

c) $f_3(x) = 2 \sin x + 3 \cos 2x$

d) $f_4(x) = \begin{cases} x & \text{für } x \leq \frac{1}{4} \\ x^3 & \text{für } x > \frac{1}{4} \,. \end{cases}$

Ü14.2:   Die Funktion $f : \mathbb{R} \to \mathbb{R}$ mit $D(f) = [0, 1]$ und $f(x) = e^x$ sei gegeben. Begründen Sie, warum f auf $[0, 1]$ integrierbar ist. Berechnen Sie für die gleichmäßige Zerlegung $Z = \{0, \frac{1}{n}, \frac{2}{n}, \ldots, \frac{n-1}{n}, 1\}$ die Untersumme $s(Z)$ und die Obersumme $S(Z)$. Was folgt für $\lim_{n \to \infty} s(Z)$ und $\lim_{n \to \infty} S(Z)$? Welche Vermutung haben Sie daher für $\int_0^1 e^x \, dx$?

Ü14.3:   Zeigen Sie, daß die Funktion $g : \mathbb{R} \to \mathbb{R}$ mit $D(g) = [0, 1]$ und

$$g(x) = \begin{cases} 0 & \text{für } x \in \mathbb{Q} \\ 1 & \text{für } x \in \mathbb{R} \backslash \mathbb{Q} \end{cases}$$

auf $[0, 1]$ nicht integrierbar ist.

Hinweis: Jedes Intervall $[a, b]$, $a, b \in \mathbb{R}$, $a < b$, enthält sowohl rationale als auch irrationale Zahlen.

15 Der Hauptsatz der Differential- und Integralrechnung

Zur Berechnung eines Integrals ist der Weg nach der Definition über Untersummen und Obersummen in der Regel äußerst mühsam. Einfache Integrationsmethoden ergeben sich aus dem Zusammenhang zwischen Integration und Differentiation.

Definition 15.1 *Die reellen Funktionen f und F seien auf dem Intervall I definiert. Ist F differenzierbar auf I mit*

$$F'(x) = f(x) \quad \text{für alle } x \in I,$$

so heißt F **Stammfunktion** *von f auf I.*

Bemerkungen und Ergänzungen:

(1)   Ist F Stammfunktion von f auf I, so auch $F + c$ mit $c \in \mathbb{R}$. Sind F und G Stammfunktionen von f auf I, so gilt $F(x) = G(x) + k$ für ein $k \in \mathbb{R}$ und alle $x \in I$. Verschiedene Stammfunktionen unterscheiden sich demnach nur durch eine additive Konstante.

(2)   Ist f stetig, so besteht ein enger Zusammenhang zwischen dem Integral von f und einer zugehörigen Stammfunktion gemäß Satz 15.1.

Satz 15.1 (Hauptsatz der Differential- und Integralrechnung)
Die Funktion f sei stetig auf $[a, b]$. Für beliebiges $x_0 \in [a, b]$ ist die Funktion

$$F_{x_0}(x) = \int_{x_0}^{x} f(t)\, dt, \qquad x \in [a, b]$$

differenzierbar und eine Stammfunktion von f auf $[a, b]$.

Bemerkungen und Ergänzungen:

(3)   Nach Satz 15.1 gilt für stetiges f auf $[a, b]$ mit $x_0 \in [a, b]$

$$\frac{d}{dx} \int_{x_0}^{x} f(t)\, dt = f(x), \qquad x \in [a, b].$$

(4)   Ist f stetig auf $[a, b]$ und ist F eine **beliebige** Stammfunktion von f auf $[a, b]$, so gilt nach (1)

$$F(x) = F_a(x) + k = \int_{a}^{x} f(t)\, dt + k.$$

Für $x = a$ folgt daraus $k = F(a)$. Demnach ist

$$F_a(x) = \int_a^x f(t)\,dt = F(x) - k = F(x) - F(a)$$

und für $x = b$ ergibt sich unmittelbar Satz 15.2.

Satz 15.2 *Die Funktion f sei stetig auf $[a, b]$. Ist F eine beliebige Stammfunktion von f auf $[a, b]$, so gilt*

$$\int_a^b f(x)\,dx = F(b) - F(a).$$

Die Berechnung des Integrals kann bei stetigem Integranden demnach mit Hilfe einer Stammfunktion erfolgen. Die Integration ist dann zurückgeführt auf die Ermittlung einer Stammfunktion.

Beispiele:

(5)   Sei $f(x) = x$ für $x \in [0, 2]$. Es ist f stetig auf $[0, 2]$ und es ist $F(x) = \dfrac{x^2}{2}$ eine Stammfunktion von f auf $[0, 2]$, da $F'(x) = f(x)$. Demnach ist

$$\int_0^2 x\,dx = F(2) - F(0) = 2 - 0 = 2.$$

(6)   Sei $f(x) = x^2$ für $x \in [1, 2]$. Es ist $F(x) = \dfrac{x^3}{3}$ eine Stammfunktion von f auf $[1, 2]$. Daher gilt

$$\int_1^2 x^2\,dx = F(2) - F(1) = \frac{8}{3} - \frac{1}{3} = \frac{7}{3}.$$

(7)   Sei $f(x) = \cos x$ für $x \in [0, \frac{\pi}{2}]$. Es ist $F(x) = \sin x$ eine Stammfunktion von f auf $[0, \frac{\pi}{2}]$. Also gilt

$$\int_0^{\frac{\pi}{2}} \cos x\,dx = F(\tfrac{\pi}{2}) - F(0) = 1 - 0 = 1.$$

Bemerkungen und Ergänzungen:

(8)   Für $F(b) - F(a)$ schreibt man auch $\left[F(x)\right]_a^b$ so daß

$$\int_a^b f(x)\,dx = \left[F(x)\right]_a^b = F(b) - F(a).$$

(9)   Eine integrierbare Funktion f muß keine Stammfunktion besitzen. (Dann ist f nach Satz 15.1 unstetig). So ist die Funktion $f : \mathbb{R} \to \mathbb{R}$ mit $D(f) = [-1,1]$ und

$$f(x) = \begin{cases} -1 & \text{für } x \in [-1,0) \\ +1 & \text{für } x \in [0,1] \end{cases}$$

integrierbar auf $[-1,1]$, da f auf $[-1,1]$ mit Ausnahme des Punktes $x = 0$ stetig. Es gibt jedoch kein differenzierbares F mit $F' = f$ auf $[-1,1]$. Für $x \in [-1,0)$ müßte nämlich sein $F(x) = -x + c^-$, für $x \in (0,1]$ müßte sein $F(x) = x + c^+$ und für kein c^-, c^+ wäre F differenzierbar im Nullpunkt.

(10)   Eine Funktion f, die eine Stammfunktion besitzt, muß nicht integrierbar sein. So läßt sich zeigen, daß $F : \mathbb{R} \to \mathbb{R}$ mit $D(F) = [-1,1]$ und

$$F(x) = \begin{cases} x^2 \cos \dfrac{\pi}{x^2} & \text{für } x \neq 0 \\ 0 & \text{für } x = 0 \end{cases}$$

differenzierbar ist auf $[-1,1]$, die Ableitung F' aber unbeschränkt und damit nicht integrierbar ist.

(11)   Ist die Funktion f integrierbar und besitzt sie eine Stammfunktion F auf $[a,b]$, so gilt

$$\int_a^b f(x)\,dx = F(b) - F(a).$$

Gegenüber Satz 15.2 wird die Stetigkeit von f nicht gefordert.

(12)   Ist F eine Stammfunktion von f auf dem Intervall I, so heißt F auch **unbestimmtes Integral** von f auf I. Da Stammfunktionen bis auf eine additive Konstante eindeutig sind, schreibt man für das unbestimmte Integral

$$\int f(x)\,dx = F(x) + c$$

mit einer beliebigen Integrationskonstanten c. Es sind also

$$f(x) = F'(x) \quad \text{und} \quad \int f(x)\,dx = F(x) + c$$

äquivalente Aussagen. Im Gegensatz dazu heißt $\int_a^b f(x)\,dx$ auch **bestimmtes Integral**.

(13)   Unbestimmte Integrale kann man durch "Rückwärtslesen" von Ergebnissen der Differentiation gewinnen. So folgt beispielsweise aus

$$(\ln x)' = \frac{1}{x} \quad \text{für } x > 0$$

das unbestimmte Integral

$$\int \frac{1}{x}\,dx = \ln x + c, \quad x > 0.$$

(14) Die Aussagen der folgenden Tabelle sind wie in (13) gewonnen. Ableitung der Funktionen $\int f(x)\,dx = F(x) + c$ der zweiten Spalte ergibt die Funktionen $f(x)$ der ersten Spalte

$f(x)$	$\int f(x)\,dx$	Gültigkeitsbereich
x^n	$\dfrac{1}{n+1}x^{n+1} + c$	$n \in \mathbb{Z},\ n \neq -1,\ x \in \mathbb{R}$ für $n \geq 0$, $x \neq 0$ für $n < 0$
$\dfrac{1}{x}$	$\ln|x| + c$	$x \in \mathbb{R},\ x \neq 0$
x^a	$\dfrac{1}{a+1}x^{a+1} + c$	$x > 0,\ a \in \mathbb{R},\ a \neq -1$
e^{ax}	$\dfrac{1}{a}e^{ax} + c$	$x \in \mathbb{R},\ a \neq 0$
a^x	$\dfrac{a^x}{\ln a} + c$	$x \in \mathbb{R},\ a > 0,\ a \neq 1$
$\sin x$	$-\cos x + c$	$x \in \mathbb{R}$
$\cos x$	$\sin x + c$	$x \in \mathbb{R}$
$\tan x$	$-\ln|\cos x| + c$	$x \neq (2k+1)\frac{\pi}{2},\ k \in \mathbb{Z}$
$\cot x$	$\ln|\sin x| + c$	$x \neq \pi k,\ k \in \mathbb{Z}$
$\dfrac{1}{\cos^2 x}$	$\tan x + c$	$x \neq (2k+1)\frac{\pi}{2},\ k \in \mathbb{Z}$
$\dfrac{1}{\sin^2 x}$	$-\cotan x + c$	$x \neq \pi k,\ k \in \mathbb{Z}$
$\dfrac{1}{1+x^2}$	$\arctan x + c$	$x \in \mathbb{R}$
$\dfrac{1}{\sqrt{1-x^2}}$	$\arcsin x + c$	$-1 < x < 1$

TESTS

T15.1: Welche Aussagen sind richtig für $x \in \mathbb{R}$?

( ) $\int x^3\, dx = \frac{1}{3}x^3 + c$

( ) $\int x^3\, dx = \frac{1}{3}x^4 + c$

( ) $\int x^3\, dx = \frac{1}{4}x^4 + c$

( ) $\int e^{2x}\, dx = 2e^{2x} + c$

( ) $\int e^{2x}\, dx = \frac{1}{2}e^{2x} + c.$

T15.2: Bestimmen Sie die richtigen Aussagen

( ) $\int \frac{1}{x}\, dx = \ln x + c$ für $x \in \mathbb{R}$, $x \neq 0$

( ) $\int \frac{1}{x}\, dx = \ln x + c$ für $x > 0$

( ) $\int \frac{1}{x}\, dx = \ln x + c$ für $x < 0$

( ) $\int \frac{1}{x}\, dx = \ln(-x) + c$ für $x < 0$

( ) $\int \frac{1}{x}\, dx = \ln|x| + c$ für $x \in \mathbb{R}$, $x \neq 0$.

T15.3: Welche bestimmte Integrale sind richtig?

( ) $\int_{-1}^{2} \frac{1}{x}\, dx = \left[\ln|x|\right]_{-1}^{2} = \ln 2 - \ln 1$

( ) $\int_{-1}^{2} \frac{1}{x}\, dx$ existiert nicht

( ) $\int_{\frac{\pi}{4}}^{\frac{\pi}{2}} \cot x\, dx = \ln 1 - \ln(\frac{1}{2}\sqrt{2})$

( ) $\int_{0}^{\ln 2} e^x\, dx = 2 - 1.$

ÜBUNGEN

Ü15.1:   Bestimmem Sie die folgenden Integrale

a) $\displaystyle\int (4e^x - 4x^3 + 2x + 5\cos x)\, dx$

b) $\displaystyle\int_1^8 \sqrt[3]{x}\, dx$

c) $\displaystyle\int 2^{x+1}\, dx$

d) $\displaystyle\int_0^{\pi/4} (4\tan x + 2\cos x)\, dx.$

Ü15.2:   Gegeben seien die Funktionen $F : \mathbb{R} \to \mathbb{R}$ und $G : \mathbb{R} \to \mathbb{R}$ mit $D(F) = D(G) = (-1, \infty)$ und $F(x) = -\arctan x$, sowie $G(x) = \arctan\left(\dfrac{1-x}{1+x}\right).$

a)   Zeigen Sie, daß F und G beide Stammfunktionen von ein und derselben Funktion f sind und bestimmen Sie f.

b)   Geben Sie alle Stammfunktionen von f an.

c)   Bestimmen Sie $c \in \mathbb{R}$, so daß $G(x) = F(x) + c$ für alle $x \in D(F)$ gilt.

16   Einige Integrationstechniken

Das Aufsuchen einer Stammfunktion zur Berechnung eines Integrals kann sehr schwierig sein. Anders als bei der Differentiation gibt es keine fertigen Rezepte, die stets zum Ziel führen. Oft gelingt es, komplizierte Integrale mit geeigneten Techniken auf einfachere Integrale zurückzuführen, für die die Integration ausgeführt werden kann. Man mache dann stets die (einfache) Probe, ob die Ableitung der gefundenen Stammfunktion gleich dem Integranden ist.

Eine einfache Integrationstechnik liefert die Linearität des Integrals, wie in 14(16) notiert:

Satz 16.1 *Sind f und g integrierbar, so ist für $\alpha, \beta \in \mathbb{R}$*

$$\int [\alpha f(x) + \beta g(x)]\, dx = \alpha \int f(x)\, dx + \beta \int g(x)\, dx \ .$$

Bei speziellen Typen von Integranden läßt sich die Stammfunktion direkt ablesen:

Satz 16.2 *Sind f und f' stetig, so gilt*

(i) $\displaystyle \int f(x)\, f'(x)\, dx = \tfrac{1}{2}[f(x)]^2 + c$

(ii) $\displaystyle \int \frac{f'(x)}{f(x)}\, dx = \ln |f(x)| + c \quad \text{für } f(x) \neq 0.$

Beispiele:

(1)   Nach Satz 16.1 darf ein Polynom gliedweise integriert werden:

$$\int \sum_{j=0}^{n} a_j x^j\, dx = \sum_{j=0}^{n} a_j \int x^j\, dx = \sum_{j=0}^{n} a_j \frac{x^{j+1}}{j+1} + c$$

(2)   Für das Integral

$$\int \frac{\arctan x}{1+x^2}\, dx$$

erkennt man mit $f(x) = \arctan x$ den Typ $\int f(x)\, f'(x)\, dx$. Demnach ist

$$\int \frac{\arctan x}{1+x^2}\, dx = \tfrac{1}{2}[\arctan x]^2 + c.$$

(3)   Schreibt man für $x \neq \frac{\pi}{2} + k\pi,\ k \in \mathbb{Z}$,

$$\int \tan x\, dx = \int \frac{\sin x}{\cos x}\, dx$$

so sieht man mit $f(x) = \cos x$, daß bis auf das Vorzeichen der Typ $\int \frac{f'(x)}{f(x)}\, dx$ vorliegt. Demnach ist

$$\int \tan x \, dx = -\ln|\cos x| + c \ .$$

(4)   Nach Satz 16.2 (ii) ist

$$\int \frac{e^x}{e^x + 1}\, dx = \ln(e^x + 1) + c \ .$$

(5) $$\int_2^3 \frac{6x^2 - 2}{x^3 - x}\, dx = 2\int_2^3 \frac{3x^2 - 1}{x^3 - x}\, dx = \left[2\ln|x^3 - x| \right]_2^3 = 2\ln 4$$

nach Satz 16.2(ii).

(6)   Sei $f(x) = \ln x$ für $x > 0$. Mit $f'(x) = \frac{1}{x}$ folgt aus (i) und (ii) von Satz 16.2

$$\int \frac{\ln x}{x}\, dx = \tfrac{1}{2}\left[\ln x \right]^2 + c, \quad x > 0$$

$$\int \frac{1}{x \ln x}\, dx = \ln|\ln x| + c, \quad x > 0, \quad x \neq 1.$$

Für stetig differenzierbare Funktionen f und g folgt aus der Produktregel der Differentiation $(f \cdot g)' = f'g + g'f$, daß $f \cdot g$ eine Stammfunktion von $f'g + g'f$ ist. Demnach ist $\int f'(x)\, g(x)\, dx + \int g'(x)\, f(x)\, dx = f(x)\, g(x) + c$. Dies ergibt

---

Satz 16.3 (Partielle Integration)
Seien f und g stetig differenzierbar. Dann gilt

(i) $\displaystyle \int f(x)\, g'(x)\, dx = f(x)\, g(x) - \int f'(x)\, g(x)\, dx$

(ii) $\displaystyle \int_a^b f(x)\, g'(x)\, dx = \left[f(x)\, g(x) \right]_a^b - \int_a^b f'(x)\, g(x)\, dx.$

Bemerkungen und Ergänzungen:

(7)   Schreiben wir $u(x) = f(x)$, $v(x) = g'(x)$ und ist V eine Stammfunktion von v, so lautet Satz 16.3

$$\int u(x)\, v(x)\, dx = u(x)\, V(x) - \int V(x)\, u'(x)\, dx.$$

---

(8)   Zur wirksamen Anwendung der partiellen Integration eines Produktes zweier Funktionen kommt es in (7) darauf an, u und v passend zu wählen. Wir verdeutlichen dies am Integral $\int xe^x\, dx$.

Wählen wir $u(x) = x$ und $v(x) = e^x$, so folgt aus (7)

$$\int xe^x\, dx = xe^x - \int e^x \cdot 1\, dx = xe^x - e^x + c.$$

Wählen wir hingegen $u(x) = e^x$ und $v(x) = x$, so ergibt sich aus (7)

$$\int xe^x\, dx = \frac{x^2}{2}e^x - \int \frac{x^2}{2}e^x\, dx.$$

Während die erste Wahl zu einem einfachen Integral führt, das leicht bestimmt werden kann, führt die zweite Wahl zu einem gegenüber dem Ausgangsintegral komplizierteren Integral.

Beispiele:

(9)   Zu $\displaystyle\int x\cos x\, dx$ wählen wir $u(x) = x$ und $v(x) = \cos x$. Dann folgt

$$\int x\cos x\, dx = x\sin x - \int \sin x \cdot 1\, dx = x\sin x + \cos x + c\ .$$

(10)   Gelegentlich hilft ein Trick. Schreiben wir das Integral $\int \ln x\, dx$ in der Form $\int 1 \cdot \ln x\, dx$ und wählen $u(x) = \ln x$ und $v(x) = 1$, so ist für $x > 0$

$$\int \ln x\, dx = x\ln x - \int x \cdot \frac{1}{x}\, dx = x\ln x - x + c\ .$$

(11)   Partielle Integration kann mehrmals hintereinander angewendet werden. So ist

$$\int x^2 e^{3x}\, dx = x^2 \cdot \tfrac{1}{3}e^{3x} - \int \tfrac{1}{3}e^{3x} \cdot (2x)\, dx = \tfrac{1}{3}x^2 e^{3x} - \tfrac{2}{3}\int xe^{3x}\, dx$$

$$= \tfrac{1}{3}x^2 e^{3x} - \tfrac{2}{3}\left[x \cdot \tfrac{1}{3}e^{3x} - \int 1 \cdot \tfrac{1}{3}e^{3x}\, dx\right]$$

$$= \left[\tfrac{1}{3}x^2 - \tfrac{2}{9}x + \tfrac{2}{27}\right]e^{3x} + c.$$

(12)   Manchmal führt (mehrmalige) Anwendung der partiellen Integration zu einem Integral vom Typ des Ausgangsintegrals. Dann ist u.U. ein "Rückgriff" möglich wie in folgendem Beispiel

$$\int \cos^2 x\, dx = \int \cos x \cos x\, dx = \cos x \cdot \sin x + \int \sin x \cdot \sin x\, dx$$

$$= \cos x \cdot \sin x + \int [1 - \cos^2 x]\, dx$$

$$= \cos x\ \sin x + \int 1\, dx - \int \cos^2 x\, dx$$

Demnach ist

$$2\int \cos^2 x\, dx = \cos x \cdot \sin x + x$$

$$\int \cos^2 x\, dx = \tfrac{1}{2}[\cos x \cdot \sin x + x] + c.$$

Ist F Stammfunktion der stetigen Funktion f und ist g stetig differenzierbar, so gilt nach der Kettenregel

$$[F(g(x))]' = F'(g(x))\, g'(x) = f(g(x))\, g'(x).$$

Demnach ist $\int f(g(x))\, g'(x)\, dx = F(g(x)) + c$.

Wir fassen das Ergebnis zusammen in

Satz 16.4 (Substitutionsregel)
Seien f auf $[a,b]$ und g auf $[\alpha,\beta]$ stetig, für die Bildmenge $B(g)$ von g gelte $B(g) \subset [a,b]$. Ist g stetig differenzierbar, so gilt

(i) $\displaystyle \int f(g(x))\, g'(x)\, dx = \int f(u)\, du$

  wobei nach der Integration $u = g(x)$ zu setzen ist.

(ii) $\displaystyle \int_\alpha^\beta f(g(x))\, g'(x)\, dx = \int_{g(\alpha)}^{g(\beta)} f(u)\, du.$

Beispiele:

(13)   Für das unbestimmte Integral $\int \cos(\sin x)\cos x\, dx$ erhalten wir mit $f(u) = \cos u$ und $g(x) = \sin x$, $g'(x) = \cos x$

$$\int \cos(\sin x)\cos x\, dx = \int \cos u\, du = \sin u + c = \sin(\sin x) + c.$$

Für das bestimmte Integral folgt

$$\int_0^{\pi/2} \cos(\sin x)\cos x\, dx = \int_{g(0)}^{g(\pi/2)} \cos u\, du = \int_0^1 \cos u\, du = \sin 1.$$

(14)   Im Integral $\displaystyle \int_1^2 \frac{(\ln x)^3}{x}\, dx$ ergibt sich mit $f(u) = u^3$ und $g(x) = \ln x$ sowie $g'(x) = \dfrac{1}{x}$

$$\int_1^2 \frac{(\ln x)^3}{x}\, dx = \int_{g(1)}^{g(2)} u^3\, du = \int_0^{\ln 2} u^3\, du = \left[\frac{u^4}{4}\right]_0^{\ln 2} = \tfrac{1}{4}(\ln 2)^4.$$

Bemerkungen und Ergänzungen:

(15)   Vielfach ist zur Berechnung eines Integrals $\int f(x)\,dx$ eine andere Sicht von Satz 16.4 vorteilhaft. Neben den Voraussetzungen von Satz 16.4 habe g eine Umkehrfunktion ψ (die Voraussetzung ist beispielsweise erfüllt, falls $g' \neq 0$). Nehmen wir in Satz 16.4 die Umbenennung $u \to x$ und $x \to t$ vor, so folgt mit $x = g(t)$ bzw. $t = \psi(x)$

$$\int f(x)\,dx = \int f(g(t))\,g'(t)\,dt \tag{$*$}$$

wobei nach der Integration $t = \psi(x)$ zu setzen ist, sowie

$$\int_a^b f(x)\,dx = \int_{\psi(a)}^{\psi(b)} f(g(t))\,g'(t)\,dt \tag{$**$}$$

(16)   Das formale Vorgehen in (15) kann man sich so merken: Im Integral $\int_a^b f(x)\,dx$ substituiert man $x = g(t)$. Wegen $\frac{dx}{dt} = g'(t)$ schreibt man formal $dx = g'(t)\,dt$ und setzt dies in das Integral ein. Dies ergibt ($*$) mit $t = \psi(x)$. Für das bestimmte Integral transformiert man noch die Integrationsgrenzen $x = a$ bzw. $x = b$ in $t = \psi(a)$ bzw. $t = \psi(b)$ und erhält ($**$).

(17)   Es gehört Erfahrung und Übung dazu, eine geeignete Substitution zu finden. Doch gibt es viele Integrale, für die sich keine Substitution finden läßt, die zu geschlossen lösbaren Integralen führt. So existiert beispielsweise das Integral $\int_0^1 e^{-x^2}\,dx$, da der Integrand stetig ist. Doch gibt es keine durch elementare Funktionen darstellbare Stammfunktion.

Beispiele:

(18)   Der Flächeninhalt eines Viertelkreises vom Radius r ist $\int_0^r \sqrt{r^2 - x^2}\,dx$. Wir wählen für $x \in [0, r]$ die Substitution $x = r\sin t = g(t)$. Wegen $x \in [0, r]$ folgt $t \in [0, \frac{\pi}{2}]$. Mit $g'(t) = r\cos t$ und $t = \arcsin \frac{x}{r} = \psi(x)$ ergibt sich

$$\int_0^r \sqrt{r^2 - x^2}\,dx = \int_{\psi(0)}^{\psi(r)} \sqrt{r^2 - r^2\sin^2 t}\; r\cos t\,dt$$

$$= \int_0^{\frac{\pi}{2}} r^2 \sqrt{1 - \sin^2 t}\;\cos t\,dt = r^2 \int_0^{\pi/2} \cos^2 t\,dt$$

$$= \frac{r^2}{2}\left[t + \sin t\cos t\right]_0^{\frac{\pi}{2}} = \frac{\pi r^2}{4}.$$

(19)   In $\int_0^r \sqrt{r^2 + x^2}\,dx$ für $r > 0$ wählen wir für $x \in [0, r]$ die Substitution $x = r\sinh t = g(t)$. Die Umkehrfunktion des sinus hyberbolicus $\sinh$ ist der area sinus hyberbolicus arsinh. Demnach ist $t = \operatorname{arsinh}\dfrac{x}{r} = \psi(x)$. Mit $g'(t) = r\cosh t$ folgt

$$\int_0^r \sqrt{r^2 + x^2}\,dx = \int_{\psi(0)}^{\psi(r)} \sqrt{r^2 + r^2\sinh^2 t}\; r\cosh t\,dt$$

$$= r^2 \int_{\psi(0)}^{\psi(r)} \cosh^2 t \, dt = \frac{r^2}{2} \Big[t + \sinh t \cosh t \Big]_0^{\mathrm{arsinh}\ 1}$$

$$= \frac{r^2}{2} \Big[\mathrm{arsinh}\, 1 + \sinh(\,\mathrm{arsinh}\, 1) \cosh(\,\mathrm{arsinh}\, 1) \Big]$$

$$= \frac{r^2}{2} \Big[\mathrm{arsinh}\, 1 + \cosh(\,\mathrm{arsinh}\, 1) \Big].$$

(20)   Im Integral $\int \cos 3x \, dx$ wählen wir die Substitution $t = 3x = \psi(x)$, also $x = \frac{t}{3} = g(t)$. Wir erhalten

$$\int \cos 3x \, dx = \int \tfrac{1}{3} \cos t \, dt = \tfrac{1}{3} \int \cos t \, dt = \tfrac{1}{3} \sin t + c = \tfrac{1}{3} \sin 3x + c.$$

(21)   Für das Integral $\int \frac{1}{1+e^x} \, dx$ liefert die Substitution $t = e^x = \psi(x)$, also $x = \ln t = g(t)$ mit $t > 0$.

$$\int \frac{1}{1+e^x} \, dx = \int \frac{1}{1+t} \cdot \frac{1}{t} \, dt = \int \left(\frac{1}{t} - \frac{1}{t+1} \right) dt$$

$$= \ln t - \ln(t+1) + c = x - \ln(e^x + 1) + c.$$

(22)   Im Integral $\int_{-1}^{1} |x| \sin(x^2) \, dx$ dürfen wir nicht einfach die Substitution $t = x^2$ wählen, da für $x \in [-1, 1]$ keine Umkehrfunktion existiert. Vielmehr spalten wir das Integral auf

$$\int_{-1}^{1} |x| \sin(x^2) \, dx = \int_{-1}^{0} |x| \sin(x^2) \, dx + \int_{0}^{1} |x| \sin(x^2) \, dx$$

$$= \int_{-1}^{0} (-x) \sin(x^2) \, dx + \int_{0}^{1} x \sin(x^2) \, dx.$$

Jetzt führt die Substitution $t = x^2$ für $x \in [-1, 0]$ bzw. $x \in [0, 1]$ zum Ziel.

$$\int_{-1}^{1} |x| \sin(x^2) \, dx = -\tfrac{1}{2} \int_{1}^{0} \sin t \, dt + \tfrac{1}{2} \int_{0}^{1} \sin t \, dt$$

$$= \tfrac{1}{2} \Big[\cos t \Big]_1^0 - \tfrac{1}{2} \Big[\cos t \Big]_0^1 = 1 - \cos 1.$$

Zur Integration **rationaler Funktionen** gibt es spezielle Techniken, die Integration geschlossen durchzuführen. Bei einer rationalen Funktion

$$r(x) = \frac{b_m x^m + \cdots + b_1 x + b_0}{a_n x^n + \cdots + a_1 x + a_0}$$

als Quotient zweier Polynome prüfe man zuerst, ob $m < n$, d.h. ob der Grad des Zählerpolynoms kleiner ist als der Grad des Nennerpolynoms. Ist dies nicht der Fall, so spalte man durch Division ein Polynom ab, so daß $r(x)$ die Darstellung

$$r(x) = p(x) + \frac{P(x)}{Q(x)}$$

hat, wobei jetzt der Grad von $P(x)$ kleiner ist als der Grad von $Q(x)$. Das abgespaltene Polynom $p(x)$ kann man sofort integrieren. O.B.d.A. setzen wir daher im folgenden

$$r(x) = \frac{P(x)}{Q(x)}$$

mit Grad $P = m <$ Grad $Q = n$ voraus.

Für $\frac{P(x)}{Q(x)}$ nehmen wir zunächst eine **Partialbruchzerlegung** vor. Dazu müssen zuerst die Nullstellen des Nennerpolynoms $Q(x)$ bestimmt werden. Wir betrachten die verschiedenen möglichen Fälle nacheinander.

Fall 1: Alle Nullstellen x_i, $i = 1, \ldots, n$, von $Q(x)$ sind reell und verschieden. $Q(x)$ hat dann die Darstellung

$$Q(x) = \text{const } (x - x_1)(x - x_2) \cdots (x - x_n)$$

mit $x_i \neq x_k$ für $i \neq k$ und $i, k = 1, 2, \ldots, n$. Dann hat $\frac{P(x)}{Q(x)}$ die **eindeutige Partialbruchzerlegung**

$$\frac{P(x)}{Q(x)} = \frac{A_1}{x - x_1} + \frac{A_2}{x - x_2} + \frac{A_3}{x - x_3} + \cdots + \frac{A_n}{x - x_n} .$$

Die Koeffizienten $A_1, \ldots, A_n$ lassen sich bestimmen entweder durch Koeffizientenvergleich oder direkt durch

$$A_i = \frac{P(x_i)}{Q'(x_i)}, \quad i = 1, \ldots n.$$

Integration ergibt:

$$\int \frac{P(x)}{Q(x)} \, dx = \sum_{i=1}^{n} A_i \ln |x - x_i| + c$$

für $x \neq x_i$, $i = 1, \ldots n$.

Beispiele:

(23)   Sei

$$r(x) = \frac{x^4 - x^3 - 6x^2 + x + 7}{x^3 - 2x^2 - 5x + 6}$$

Es ist $m = 4 > n = 3$, also spalten wir zunächst durch Division ein Polynom $p(x)$ ab. Es ist

$$
\begin{array}{l}
(x^4 - x^3 - 6x^2 + x + 7) : (x^3 - 2x^2 - 5x + 6) = x + 1 \\
\underline{-(x^4 - 2x^3 - 5x^2 + 6x)} \\
\qquad\qquad x^3 - x^2 - 5x + 7 \\
\qquad\qquad \underline{-(x^3 - 2x^2 - 5x + 6)} \\
\qquad\qquad\qquad x^2 + 0 \;\; + 1
\end{array}
$$

Demnach ist

$$
r(x) = x + 1 + \frac{x^2 + 1}{x^3 - 2x^2 - 5x + 6} .
$$

Für $\dfrac{P(x)}{Q(x)} = \dfrac{x^2 + 1}{x^3 - 2x^2 - 5x + 6}$ bestimmen wir die Nullstellen von Q. Diese sind $x_1 = 1,\ x_2 = -2, x_3 = 3$. Daher gilt die Partialbruchzerlegung

$$
\frac{P(x)}{Q(x)} = \frac{A_1}{x - 1} + \frac{A_2}{x + 2} + \frac{A_3}{x - 3} .
$$

Um die Methode des Koeffizientenvergleichs zur Bestimmung von A_1, A_2, A_3 anzuwenden, bringen wir die rechte Seite auf den Hauptnenner

$$
\frac{P(x)}{Q(x)} = \frac{A_1(x^2 - x - 6) + A_2(x^2 - 4x + 3) + A_3(x^2 + x - 2)}{(x - 1)(x + 2)(x - 3)}
$$

Vergleich mit den Koeffizienten von $P(x)$ ergibt

$$
\begin{aligned}
x^2 &: \ 1 = A_1 + A_2 + A_3 \\
x &: \ 0 = -A_1 - 4A_2 + A_3 \\
x^0 &: \ 1 = -6A_1 + 3A_2 - 2A_3 .
\end{aligned}
$$

Die Lösung dieses linearen Gleichungssystems ist

$$
A_1 = -\tfrac{1}{3}, \quad A_2 = \tfrac{1}{3}, \quad A_3 = 1.
$$

Wir erhalten A_1, A_2, A_3 bequem auch so:

$$
\begin{aligned}
A_1 &= \frac{P(x_1)}{Q'(x_1)} = \frac{P(1)}{Q'(1)} = \frac{2}{-6} = -\frac{1}{3} \\
A_2 &= \frac{P(x_2)}{Q'(x_2)} = \frac{P(-2)}{Q'(-2)} = \frac{5}{15} = \frac{1}{3} \\
A_3 &= \frac{P(x_3)}{Q'(x_3)} = \frac{P(3)}{Q'(3)} = \frac{10}{10} = 1 .
\end{aligned}
$$

Daher ist

$$
\int \frac{x^4 - x^3 - 6x^2 + x + 7}{x^3 - 2x^2 - 5x + 6}\, dx =
$$

$$
\frac{x^2}{2} + x - \tfrac{1}{3}\ln|x - 1| + \tfrac{1}{3}\ln|x + 2| + \ln|x - 3| + c
$$

für $x \neq 1, -2, 3$.

Fall 2: Alle Nullstellen von $Q(x)$ sind reell, es treten mehrfache Nullstellen auf. Sind $x_1, x_2, \ldots, x_k$ mit $k < n$ die **verschiedenen** Nullstellen und hat x_i die Vielfachheit n_i für $i = 1, \ldots, k$, so hat $Q(x)$ die Darstellung

$$Q(x) = \text{const } (x - x_1)^{n_1}(x - x_2)^{n_2} \cdots (x - x_k)^{n_k}.$$

Dann hat $\frac{P(x)}{Q(x)}$ die **eindeutige Partialbruchzerlegung**

$$\frac{P(x)}{Q(x)} = \frac{A_{1,1}}{x - x_1} + \frac{A_{1,2}}{(x - x_1)^2} + \cdots \frac{A_{1,n_1}}{(x - x_1)^{n_1}} +$$

$$\frac{A_{2,1}}{x - x_2} + \frac{A_{2,2}}{(x - x_2)^2} + \cdots \frac{A_{2,n_2}}{(x - x_2)^{n_2}} +$$

$$\vdots$$

$$\frac{A_{k,1}}{x - x_k} + \frac{A_{k,2}}{(x - x_k)^2} + \cdots \frac{A_{k,n_k}}{(x - x_k)^{n_k}}.$$

Die Koeffiezienten $A_{i,j}$ lassen sich wieder durch Koeffizientenvergleich bestimmen. Es treten zwei Typen von Integralen auf:

Typ 1: $\displaystyle\int \frac{A_{i,1}}{x - x_i}\, dx = A_{i,1} \ln |x - x_i| + c$

Typ 2: $\displaystyle\int \frac{A_{i,j}}{(x - x_i)^j}\, dx = -\frac{A_{i,j}}{j - 1} \cdot \frac{1}{(x - x_i)^{j-1}} + c$
für $i = 1, \ldots, k$ und $j \geq 2$.

Beispiele:

(24)   Es sei

$$r(x) = \frac{P(x)}{Q(x)} = \frac{4x^2 - 3x + 1}{x^3 - x^2 - x + 1}$$

Es hat Q die zweifache Nullstelle $x_1 = 1$ und die einfache Nullstelle $x_2 = -1$. Daher lautet die Partialbruchzerlegung

$$\frac{P(x)}{Q(x)} = \frac{A_{1,1}}{x - 1} + \frac{A_{1,2}}{(x - 1)^2} + \frac{A_{2,1}}{x + 1}.$$

Der Koeffizientenvergleich liefert

$$A_{1,1} = 2, \quad A_{1,2} = 1, \quad A_{2,1} = 2.$$

Daher ist

$$\int \frac{4x^2 - 3x + 1}{x^3 - x^2 - x + 1}\, dx = 2\ln|x-1| - \frac{1}{x-1} + 2\ln|x+1| + c.$$

Fall 3: $Q(x)$ hat auch komplexe Nullstellen. Für diesen Fall verweisen wir auf Burg/Haf/Wille [1].

TESTS

T16.1: Sind f und f' stetig, so gilt

( ) $\int f(x)\, f'(x)\, dx = 2[f(x)]^2 + c$

( ) $\int f(x)\, f'(x)\, dx = \ln|f(x)| + c$

( ) $\int f(x)\, f'(x)\, dx = \frac{1}{2}[f(x)]^2 + c$

( ) $\int \dfrac{f'(x)}{f(x)}\, dx = \frac{1}{2}\ln|f(x)| + c \quad \text{für } f(x) \neq 0$

( ) $\int \dfrac{f'(x)}{f(x)}\, dx = \ln|f(x)| + c \quad \text{für } f(x) \neq 0.$

T16.2: Sind f und g stetig differenzierbar und ist F Stammfunktion von f, so gilt

( ) $\int f(x)\, g(x)\, dx = f(x)\, g(x) - \int F(x)\, g'(x)\, dx$

( ) $\int f(x)\, g(x)\, dx = F(x)\, g(x) - \int F(x)\, g(x)\, dx$

( ) $\int f(x)\, g(x)\, dx = F(x)\, g(x) - \int F(x)\, g'(x)\, dx$

( ) $\int f(x)\, g(x)\, dx = f'(x)\, g(x) - \int f'(x)\, g'(x)\, dx.$

T16.3: Seien $f : \mathbb{R} \to \mathbb{R}$ mit $D(f) = [a, b]$ und $g : \mathbb{R} \to \mathbb{R}$ mit $D(g) = [\alpha, \beta]$ stetige Funktionen mit $[a, b] = B(g)$. Ist g differenzierbar auf $[\alpha, \beta]$ und $g'(x) \neq 0$ für $x \in [\alpha, \beta]$, so gilt

( ) $\displaystyle\int_a^b f(t)\, dt = \int_{g(a)}^{g(b)} f(g(x))\, dx$

( ) $\displaystyle\int_a^b f(t)\, dt = \int_{g(a)}^{g(b)} f(g(x))\, g'(x)\, dx$

( ) $\displaystyle\int_a^b f(t)\, dt = \int_{g^{-1}(a)}^{g^{-1}(b)} f(g(x))\, g'(x)\, dx.$

T16.4: In der rationalen Funktion $r(x) = \dfrac{P(x)}{Q(x)}$ habe P den Grad 2 und Q den Grad 3. Es habe Q die Nullstellen $x_1 = 2$ und $x_2 = x_3 = -3$. Für die Partialbruchzerlegung lautet der Ansatz

( ) $r(x) = \dfrac{A_1}{x-2} + \dfrac{A_2}{x-3} + \dfrac{A_3}{x+3}$

( ) $r(x) = \dfrac{A_{1,1}}{x+2} + \dfrac{A_{2,1}}{x-3} + \dfrac{A_{2,2}}{(x-3)^2}$

( ) $r(x) = \dfrac{A_{1,1}}{x-2} + \dfrac{A_{2,1}}{x+3} + \dfrac{A_{2,2}}{(x+3)^2}$.

ÜBUNGEN

Ü16.1: Bestimmen Sie die folgenden Integrale

a) $\displaystyle \int \left(\sin x + e^{2x} + x^{\frac{1}{2}} + 2^x \right) dx$

b) $\displaystyle \int \sin x \cdot \cos x \, dx$

c) $\displaystyle \int \frac{(\arctan x)^3}{1 + x^2} \, dx$

d) $\displaystyle \int \frac{x}{1 + x^2}$

e) $\displaystyle \int \frac{\sin x}{2 + \cos x} \, dx$.

Ü16.2: Berechnen Sie die folgenden Integrale durch partielle Integration:

a) $\displaystyle \int_0^\pi x \sin x \, dx$

b) $\displaystyle \int_0^{\frac{1}{2}} \cosh^2 x \, dx$

c) $\displaystyle \int \arctan x \, dx$.

Ü16.3: a)   Berechnen Sie die folgenden Integrale durch Substitution

(i) $\displaystyle \int_1^4 e^{\sqrt{x}} \, dx$

(ii) $\displaystyle \int_0^2 \frac{x + 1}{\sqrt{x^2 + 2x + 2}} \, dx$.

    b)   Berechnen Sie mit Hilfe der Substitution $x = 2\arctan t$ das Integral

$$I(x) = \int \frac{1}{\sin x} \, dx \quad \text{für } x \in (0, \pi).$$

Ü16.4:   Berechnen Sie die folgenden Integrale durch Substitution

    a) $\displaystyle \int \sin 2x \cdot e^{\sin^2 x} \, dx$

    b) $\displaystyle \int_{\frac{\pi}{6}}^{\frac{\pi}{3}} \cot x \cdot \ln(\sin x) \, dx.$

Ü16.5:   Berechnen Sie die folgenden Integrale mittels Partialbruchzerlegung

    a) $\displaystyle \int \frac{2x^3 - x^2 - 10x + 19}{x^2 + x - 6} \, dx$

    b) $\displaystyle \int_0^1 \frac{x}{(x+1)^3} \, dx.$

17   Uneigentliche Integrale

Bisher haben wir das Integral $\int_a^b f(x)\,dx$ definiert unter den Voraussetzungen

(1) eines endlichen Integrationsintervalls $[a, b]$,
(2) einer auf ganz $[a, b]$ definierten Funktion f,
(3) einer auf $[a, b]$ beschränkten Funktion f.

Sind diese Voraussetzungen nicht alle erfüllt, so lassen sich in manchen Fällen durch Grenzwertbildungen sog. **uneigentliche Integrale** definieren. Im Gegensatz dazu spricht man bei den gewöhnlichen Integralen auch von eigentlichen Integralen. Wir betrachten zunächst eine naheliegende Erweiterung des Integralbegriffs auf unbeschränkte Integrationsintervalle.

Definition 17.1 *Die Funktion $f : \mathbb{R} \to \mathbb{R}$ sei definiert auf $[a, \infty)$ und integrierbar auf $[a, b]$ für alle $b > a$. Existiert der Grenzwert*

$$\lim_{b \to \infty} \int_a^b f(x)\,dx,$$

*so heißt f **uneigentlich integrierbar** auf $[a, \infty)$ und man schreibt*

$$\int_a^\infty f(x)\,dx = \lim_{b \to \infty} \int_a^b f(x)\,dx.$$

Bemerkungen und Ergänzungen:

(1)   Im Fall von Definition 17.1 sagt man auch, das uneigentliche Integral existiert oder konvergiert. Existiert der Grenzwert $\lim_{b \to \infty} \int_a^b f(x)\,dx$ nicht, so sagt man, das uneigentliche Integral sei divergent.

(2)   Analog definiert man das uneigentliche Integral

$$\int_{-\infty}^b f(x)\,dx = \lim_{a \to -\infty} \int_a^b f(x)\,dx,$$

falls f auf $(-\infty, b]$ definiert, integrierbar auf $[a, b]$ für alle $a < b$ ist und der Grenzwert existiert.

(3)   In $\int_a^\infty f(x)\,dx$ und $\int_{-\infty}^b f(x)\,dx$ sind a und b endlich. Ein Integral $\int_{-\infty}^\infty f(x)\,dx$ definiert man so: Existieren für irgendein $c \in \mathbb{R}$ die uneigentlichen Integrale $\int_{-\infty}^c f(x)\,dx$ und $\int_c^\infty f(x)\,dx$, so ist das uneigentliche Integral

$$\int_{-\infty}^\infty f(x)\,dx = \int_{-\infty}^c f(x)\,dx + \int_c^\infty f(x)\,dx \ .$$

Beispiele:

(4)   Für $x \geq 0$ sei $f(x) = e^{-x}$. Es ist

$$\lim_{b \to \infty} \int_0^b e^{-x}\, dx = \lim_{b \to \infty} \left[-e^{-x} \right]_0^b = \lim_{b \to \infty} \left[1 - e^{-b} \right] = 1.$$

Demnach ist

$$\int_0^\infty e^{-x}\, dx = 1 \ .$$

(5)   Für $x \in \mathbb{R}$ sei $f(x) = \frac{1}{1+x^2}$. Es ist

$$\lim_{a \to -\infty} \int_a^0 \frac{1}{1+x^2}\, dx = \lim_{a \to -\infty} \left[\arctan x \right]_a^0 = \frac{\pi}{2} \ .$$

Also ist

$$\int_{-\infty}^0 \frac{1}{1+x^2}\, dx = \frac{\pi}{2} \ .$$

(6)   Für $x \in \mathbb{R}$ sei $f(x) = \frac{1}{1+x^2}$. Wir wählen $c = 0$ in (3). Da die Integrale

$$\int_{-\infty}^0 \frac{1}{1+x^2}\, dx = \frac{\pi}{2} \quad \text{und} \quad \int_0^\infty \frac{1}{1+x^2}\, dx = \frac{\pi}{2}$$

existieren, ist

$$\int_{-\infty}^\infty \frac{1}{1+x^2}\, dx = \int_{-\infty}^0 \frac{1}{1+x^2}\, dx + \int_0^\infty \frac{1}{1+x^2}\, dx = \pi \ .$$

Das Ergebnis läßt sich interpretieren als Flächeninhalt zwischen der durch f gegebenen Kurve und der x-Achse auf $(-\infty, \infty)$.

(7)   Für $x \in [1, \infty)$ sei $f(x) = \frac{1}{x^\alpha}$ mit $\alpha \in \mathbb{R}$. Es ist

$$\int_1^b \frac{1}{x^\alpha}\, dx = \begin{cases} \ln b & \text{für } \alpha = 1 \\ \dfrac{1}{1-\alpha}[b^{1-\alpha} - 1] & \text{für } \alpha \neq 1 \ . \end{cases}$$

Bildet man den Grenzwert $b \to \infty$, so folgt:

Das uneigentliche Integral $\displaystyle\int_1^\infty \frac{1}{x^\alpha}\, dx$ ist divergent für $\alpha \leq 1$, es ist konvergent für $\alpha > 1$ mit

$$\int_1^\infty \frac{1}{x^\alpha}\, dx = \frac{1}{\alpha - 1} \ .$$

---

(8)   Für $b > 0$ ist $\int_0^b \sin x\, dx = 1 - \cos b$ und $\cos b$ hat für $b \to \infty$ keinen Grenzwert. Demnach ist das Integral $\int_0^\infty \sin x\, dx$ divergent.

Konvergenzuntersuchungen zur Prüfung der Existenz eines uneigentlichen Integrals können schwierig sein, insbesondere dann, wenn $\int_a^b f(x)\,dx$ nicht formelmäßig bekannt ist. Hier hilft gelegentlich

---

Satz 17.1 (Vergleichskriterium)
Die reellen Funktionen f und g seien integrierbar auf $[a,b]$ für alle $b > a$.

(i)   Ist $|f(x)| \leq g(x)$ für alle $x \in [a,\infty)$ und existiert $\int_a^\infty g(x)\,dx$, so existieren auch die uneigentlichen Integrale

$$\int_a^\infty f(x)\,dx \quad und \quad \int_a^\infty |f(x)|\,dx\ .$$

(ii)   Ist $0 \leq g(x) \leq f(x)$ für alle $x \in [a,\infty)$ und divergiert $\int_a^\infty g(x)\,dx$, so divergiert auch das uneigentliche Integral $\int_a^\infty f(x)\,dx$.

Bemerkungen und Ergänzungen:

(9)   Existiert $\int_a^\infty |f(x)|\,dx$, so heißt $\int_a^\infty f(x)\,dx$ absolut konvergent. Aus der absoluten Konvergenz folgt nach Satz 17.1 (wähle $g(x) = |f(x)|$) die Konvergenz. Die Umkehrung gilt bei uneigentlichen Integralen jedoch nicht. So läßt sich zeigen (vgl. (12)), daß $\int_1^\infty \frac{\sin x}{x}\,dx$ existiert, während $\int_1^\infty \left|\frac{\sin x}{x}\right|\,dx$ nicht existiert.

(10)   Ist es möglich, für die Vergleichsfunktion $g(x) = \frac{1}{x^\alpha}$ mit $\alpha > 1$ zu wählen, so gilt im Hinblick auf (7): Ist $|f(x)| \leq K\frac{1}{x^\alpha}$ für $x \in [a,\infty)$ und $K \in \mathbb{R}$, so existiert das uneigentliche Integral $\int_a^\infty f(x)\,dx$.

Beispiele:

(11)   Für $x \in [0,\infty)$ sei $f(x) = e^{-x^2}$. Wegen $(x-1)^2 \geq 0$ gilt $x^2 \geq 2x - 1$. Demnach ist $|f(x)| \leq e^{1-2x} = g(x)$. Nun ist $\int_0^b g(x)\,dx = \int_0^b e^{1-2x}\,dx = \frac{e}{2}(1 - e^{-2b})$. Also existiert $\int_0^\infty g(x)\,dx = \lim_{b\to\infty} \frac{e}{2}(1 - e^{-2b}) = \frac{e}{2}$, daraus folgt die Existenz des uneigentlichen Integrals $\int_0^\infty e^{-x^2}\,dx$. Den Wert des Integrals erhalten wir so jedoch nicht.

(12)   Um die Existenz des Integrals $\int_1^\infty \frac{\sin x}{x}\,dx$ nachzuweisen, wenden wir (10) an. Es ist mit partieller Integration $\int_1^b \frac{\sin x}{x}\,dx = \left[-\frac{\cos x}{x}\right]_1^b - \int_1^b \frac{\cos x}{x^2}\,dx$, also

$$\lim_{b\to\infty} \int_1^b \frac{\sin x}{x}\,dx = \cos 1 - \lim_{b\to\infty} \int_1^b \frac{\cos x}{x^2}\,dx.$$

Nun gilt $|f(x)| = \left|\frac{\cos x}{x^2}\right| \leq \frac{1}{x^2}$, demnach existiert nach (10) das Integral $\int_1^\infty \frac{\cos x}{x^2}\,dx$ und damit das Integral $\int_1^\infty \frac{\sin x}{x}\,dx$.

(13)   Das Integral $\int_1^\infty \frac{x}{x^2+1}\,dx$ ist divergent. Denn für $x \geq 1$ gilt $f(x) = \frac{x}{x^2+1} \geq \frac{x}{2x^2} = \frac{1}{2x} = g(x) \geq 0$ und das Integral $\int_1^\infty \frac{1}{2x}\,dx$ ist divergent nach (7).

Wir betrachten eine weitere Verallgemeinerung des Integralbegriffs für nicht auf ganz $[a, b]$ definierte und ggf. unbeschränkte Funktionen.

Definition 17.2 *Die Funktion $f : \mathbb{R} \to \mathbb{R}$ sei definiert auf dem halboffenen Intervall $[a, b)$ und integrierbar auf $[a, c]$ für alle c mit $a < c < b$. Existiert der Grenzwert*

$$\lim_{c \to b-} \int_a^c f(x)\,dx = \lim_{\substack{c \to b \\ c < b}} \int_a^c f(x)\,dx,$$

so heißt f **uneigentlich integrierbar** *und man setzt*

$$\int_a^b f(x)\,dx = \lim_{c \to b-} \int_a^c f(x)\,dx \ .$$

Bemerkungen und Ergänzungen:

(14)   Aus der Integrierbarkeit von f auf $[a, c]$ für alle $c < b$ folgt nicht die Beschränktheit von f auf $[a, b)$ wie das Beispiel $f(x) = \dfrac{1}{1-x}$ für $x \in [0, 1)$ zeigt. Für $0 < c < 1$ existiert $\int_0^c f(x)\,dx$, aber f ist unbeschränkt auf $[0, 1)$.

(15)   Existiert der Grenzwert $\lim_{c \to b-} \int_a^c f(x)\,dx$ nicht, so sagt man, das uneigentliche Integral sei divergent, im anderen Falle konvergent.

(16)   Analog definiert man das uneigentliche Integral

$$\int_a^b f(x)\,dx = \lim_{c \to a+} \int_c^b f(x)\,dx = \lim_{\substack{c \to a \\ c > a}} \int_c^b f(x)\,dx \ ,$$

falls f auf $(a, b]$ definiert und integrierbar auf $[c, b]$ für alle c mit $a < c < b$ ist und der Grenzwert existiert.

(17)   Ist f auf (a, b) definiert und integrierbar auf jedem abgeschlossenen Teilintervall $[\alpha, \beta]$ von (a, b), so heißt f uneigentlich integrierbar, falls für ein beliebiges $c \in (a, b)$ die uneigentliche Integrale $\int_a^c f(x)\,dx$ und $\int_c^b f(x)\,dx$ existieren. Das Integral ist dann

$$\int_a^b f(x)\,dx = \int_a^c f(x)\,dx + \int_c^b f(x)\,dx \ .$$

(18)   Ist f auf (a, b) mit Ausnahme einer Stelle $c \in (a, b)$ definiert, und existieren die uneigentlichen Integrale $\int_a^c f(x)\,dx$ und $\int_c^b f(x)\,dx$, so wird das uneigentliche Integral

$$\int_a^b f(x)\,dx = \int_a^c f(x)\,dx + \int_c^b f(x)\,dx$$

definiert.

(19)   Definition 17.2 ist wichtig für Funktionen f, die bei b unbeschränkt sind, analog ist (16) bzw. (17) wichtig für Funktionen, die bei a unbeschränkt sind, bzw. bei a und b unbeschränkt sind. Es ist (18) wichtig für Funktionen, die bei einer Stelle $c \in (a, b)$ unbeschränkt sind.

Beispiele:

(20)   Sei $f(x) = \frac{1}{\sqrt{1-x^2}}$ für $x \in [0, 1)$. Es ist f unbeschränkt (bei 1). Für c mit $0 < c < 1$ ist

$$\lim_{c \to 1-} \int_0^c \frac{1}{\sqrt{1-x^2}}\, dx = \lim_{c \to 1-} \left[\arcsin x \right]_0^c = \lim_{c \to 1-} \arcsin c = \arcsin 1 = \frac{\pi}{2}\ .$$

Demnach existiert das uneigentliche Integral $\int_0^1 f(x)\, dx$ und es ist

$$\int_0^1 \frac{1}{\sqrt{1-x^2}}\, dx = \lim_{c \to 1-} \int_0^c \frac{1}{\sqrt{1-x^2}}\, dx = \frac{\pi}{2}.$$

(21)   Sei $f(x) = \frac{1}{x^\alpha}$ für $x \in (0, 1]$. Für c mit $0 < c < 1$ ist

$$\int_c^1 \frac{1}{x^\alpha}\, dx = \begin{cases} -\ln c & \text{für } \alpha = 1 \\ \dfrac{1}{1-\alpha}[1 - c^{1-\alpha}] & \text{für } \alpha \neq 1. \end{cases}$$

Bildet man den Grenzwert $c \to 0+$, so folgt aus (16):

Das uneigentliche Integral $\int_0^1 \frac{1}{x^\alpha}\, dx$ ist divergent für $\alpha \geq 1$, es ist konvergent für $\alpha < 1$ mit

$$\int_0^1 \frac{1}{x^\alpha}\, dx = \frac{1}{1-\alpha}\ .$$

---

(22)   Sei $f(x) = \frac{1}{\sqrt{1-x^2}}$ für $x \in (-1, 1)$. Wählen wir in (17) $c = 0$, so existiert nach (20) das uneigentliche Integral $\int_0^1 \frac{1}{\sqrt{1-x^2}}\, dx$, analog zeigt man die Existenz des uneigentlichen Integrals $\int_{-1}^0 \frac{1}{\sqrt{1-x^2}}\, dx$. Demnach existiert nach (17) das uneigentliche Integral

$$\int_{-1}^1 \frac{1}{\sqrt{1-x^2}}\, dx = \int_{-1}^0 \frac{1}{\sqrt{1-x^2}}\, dx + \int_0^1 \frac{1}{\sqrt{1-x^2}}\, dx = \pi\ .$$

(23)   Für $x \in [0, 2]$, $x \neq 1$, sei $f(x) = \frac{1}{\sqrt{|x-1|}}$. Es ist f nicht definiert an $x = 1$ im Innern von $[0, 2]$ und unbeschränkt. Um das uneigentliche Integral $\int_0^2 \frac{1}{\sqrt{|x-1|}}\, dx$ zu untersuchen, wählen wir $c = 1$ in (18) und betrachten die Integrale

$$\int_0^1 f(x)\, dx = \int_0^1 \frac{1}{\sqrt{1-x}}\, dx = \lim_{\delta \to 1-} \int_0^\delta \frac{1}{\sqrt{1-x}}\, dx = \lim_{\delta \to 1-} \left[-2\sqrt{1-x} \right]_0^\delta$$

$$= \lim_{\delta \to 1-} 2\left[1 - \sqrt{1-\delta} \right] = 2$$

und

$$\int_1^2 f(x)\,dx = \int_1^2 \frac{1}{\sqrt{x-1}}\,dx = \lim_{\delta \to 1+} \int_\delta^2 \frac{1}{\sqrt{x-1}}\,dx = \lim_{\delta \to 1+} \left[2\sqrt{x-1}\right]_\delta^2$$

$$= \lim_{\delta \to 1+} 2[1 - \sqrt{\delta - 1}] = 2.$$

Nach (18) existiert demnach das uneigentliche Integral

$$\int_0^2 \frac{1}{\sqrt{|1-x|}}\,dx = \int_0^1 f(x)\,dx + \int_1^2 f(x)\,dx = 4.$$

(24)   In (18) ist es wichtig, die Existenz der uneigentlichen Integrale $\int_a^c f(x)\,dx$ und $\int_c^b f(x)\,dx$ getrennt zu untersuchen. Sei beispielsweise $f(x) = \frac{1}{x}$ für $x \in [-1, 1]$ mit $x \neq 0$. Um die Existenz von $\int_{-1}^1 \frac{1}{x}\,dx$ zu untersuchen, müssen für $c = 0$ die uneigentlichen Integrale $\int_{-1}^0 \frac{1}{x}\,dx$ und $\int_0^1 \frac{1}{x}\,dx$ betrachtet werden. Beide sind nach (21) divergent, so daß $\int_{-1}^1 \frac{1}{x}\,dx$ divergent ist. Falsch wäre folgendes Vorgehen

$$\int_{-1}^1 \frac{1}{x}\,dx = \lim_{\substack{\varepsilon \to 0 \\ \varepsilon > 0}} \left[\int_{-1}^{-\varepsilon} \frac{1}{x}\,dx + \int_\varepsilon^1 \frac{1}{x}\,dx\right]$$

$$= \lim_{\substack{\varepsilon \to 0 \\ \varepsilon > 0}} \left\{\left[\ln|x|\right]_{-1}^{-\varepsilon} + \left[\ln|x|\right]_\varepsilon^1\right\}$$

$$= \lim_{\substack{\varepsilon \to 0 \\ \varepsilon > 0}} \left\{\ln \varepsilon - \ln 1 + \ln 1 - \ln \varepsilon\right\} = 0 .$$

TESTS

T17.1: Die Funktion $f : \mathbb{R} \to \mathbb{R}$ sei definiert auf $[0, \infty)$ und stetig.

( )   Es ist f integrierbar auf $[a, b]$ für alle $b > a$.

( )   Das uneigentliche Integral $\displaystyle\int_0^\infty f(x)\,dx$ existiert.

( ) $\displaystyle\int_0^\infty f(x)\,dx$ existiert, falls der Grenzwert $\displaystyle\lim_{b \to \infty} \int_0^b f(x)\,dx$ existiert.

T17.2: Die Funktion $f : \mathbb{R} \to \mathbb{R}$ mit $D(f) = \mathbb{R}$ sei integrierbar auf $[a,b]$ für alle $a, b \in \mathbb{R}$ mit $b > a$. Dann ist f uneigentlich integrierbar auf $(-\infty, \infty)$, falls

( )   der Grenzwert $\displaystyle\lim_{a\to\infty} \int_{-a}^{a} f(x)\, dx$ existiert

( )   die Grenzwerte $\displaystyle\lim_{a\to-\infty} \int_{a}^{0} f(x)\, dx$ und $\displaystyle\lim_{b\to\infty} \int_{0}^{b} f(x)\, dx$ existieren

( ) $|f(x)| \leq \frac{1}{x}$ für alle $x \in \mathbb{R}$ gilt.

T17.3: Für das Integral $I = \displaystyle\int_{0}^{2} \frac{1}{(1-x)^2}\, dx$ gilt

( ) I ist ein eigentliches Integral mit $I = \left[(1-x)^{-1}\right]_{0}^{2} = -1 - 1 = -2$

( ) I ist ein uneigentliches Integral

( ) I existiert nicht, da $\displaystyle\lim_{\alpha\to1-} \int_{0}^{\alpha} \frac{1}{(1-x)^2}\, dx$ nicht existiert.

ÜBUNGEN

Ü17.1: Überprüfen Sie die Existenz der folgenden uneigentlichen Integrale

a) $\displaystyle\int_{0}^{\infty} \sin x \cdot e^{-x^3}\, dx$

b) $\displaystyle\int_{3}^{\infty} \left(\frac{\ln(x-2)}{x-2} + \frac{1}{(x-1)^2}\right) dx$.

Ü17.2: Überprüfen Sie die Existenz der folgenden uneigentlichen Integrale und berechnen Sie diese gegebenenfalls

a) $\displaystyle\int_{0}^{2} \frac{1}{x+x^2}\, dx$

b) $\displaystyle\int_{0}^{\infty} xe^{-\alpha x}\, dx, \quad \alpha > 0$

c) $\displaystyle\int_{-1}^{1} \frac{1}{1-\cosh(x)}\, dx$

d) $\displaystyle\int_{0}^{2} \frac{1}{\sqrt[4]{|x-1|^3}}\, dx.$

Ü17.3:   Für welche Parameter $\alpha \geq 0$ existiert das uneigentliche Integral

$$\int_0^1 x^{\alpha-1} \ln x \, dx \ ?$$

Berechnen Sie das Integral gegebenenfalls.

Ü17.4:   Überprüfen Sie Existenz der folgenden uneigentlichen Integrale, und berechnen Sie diese gegebenenfalls:

a) $\displaystyle\int_0^\infty \frac{x}{(x+1)^3} \, dx$

b) $\displaystyle\int_1^\infty \frac{x}{\sqrt{x^4+1}} \, dx$

c) $\displaystyle\int_0^1 \frac{1}{e^x - 1} \, dx$.

Ü17.5:   Weisen Sie die Existenz bzw. Divergenz folgender uneigentlicher Integrale nach:

a) $\displaystyle\int_2^\infty \frac{1}{\sqrt{\ln x}} \, dx$

   (*Hinweis:* $\ln x < x$ für alle $x \in [2, \infty)$)

b) $\displaystyle\int_0^2 \frac{x}{x^3 - x^2 - x + 1} \, dx$

c) $\displaystyle\int_2^\infty \frac{x}{x^3 - x^2 - x + 1} \, dx$

d) $\displaystyle\int_0^\infty \frac{\sin x + \cos x}{1 + x^2} \, dx$.

18   Folgen und Reihen von Funktionen

Bisher haben wir Folgen und Reihen reeller Zahlen betrachtet. Wir erweitern die Betrachtung auf Folgen und Reihen reeller Funktionen.

Definition 18.1 *Sei M eine Menge reeller Funktionen, die auf $D \subset \mathbb{R}$ definiert sind.*

(i)   *Ordnet man jeder natürlichen Zahl $n \in \mathbb{N}$ ein Element $f_n \in M$ zu, so entsteht eine* **Funktionenfolge** *$(f_n)_{n \in \mathbb{N}}$ (auf D).*

(ii)   *Ist $(f_n)_{n \in \mathbb{N}}$ eine Funktionenfolge, so heißt die Folge $(s_n)_{n \in \mathbb{N}}$ der Partialsummen*

$$s_n(x) = \sum_{i=1}^{n} f_i(x), \quad x \in D$$

eine **Funktionenreihe**, *für die man $\displaystyle\sum_{n=1}^{\infty} f_n$ schreibt.*

Bemerkungen und Ergänzungen:

(1)   Der Index n der Folgenglieder f_n muß nicht bei 1 beginnen.

(2)   Für festes $x \in D$ ist $(f_n(x))_{n \in \mathbb{N}}$ eine Folge reeller Zahlen und $\sum_{n=1}^{\infty} f_n(x)$ eine Reihe reeller Zahlen.

(3)   Für jedes feste $x \in D$ können wir die Folge $(f_n(x))_{n \in \mathbb{N}}$ bzw. die Reihe $\sum_{n=1}^{\infty} f_n(x)$ auf Konvergenz untersuchen. Für gewisse x kann Konvergenz vorliegen, für andere nicht.

Definition 18.2

(i)   *Die* **Funktionenfolge** *$(f_n)_{n \in \mathbb{N}}$ heißt auf D* **punktweise konvergent**, *wenn für alle $x \in D$ die Folge $(f_n(x))_{n \in \mathbb{N}}$ konvergiert. Ist $(f_n)_{n \in \mathbb{N}}$ punktweise konvergent, so heißt die Funktion $f : \mathbb{R} \to \mathbb{R}$ mit $D(f) = D$ und*

$$f(x) = \lim_{n \to \infty} f_n(x), \quad x \in D$$

Grenzfunktion *der Funktionenfolge.*

Fortsetzung von Definition 18.2

(ii)　*Die* **Funktionenreihe** $\sum\limits_{n=1}^{\infty} f_n$ *heißt auf D* **punktweise konvergent**,

wenn für alle $x \in D$ die Reihe $\sum\limits_{n=1}^{\infty} f_n(x)$ konvergiert. Ist die Reihe $\sum\limits_{n=1}^{\infty} f_n$ punktweise konvergent auf D, so heißt die Funktion $g : \mathbb{R} \to \mathbb{R}$ mit $D(g) = D$ und

$$g(x) = \sum_{n=1}^{\infty} f_n(x), \quad x \in D$$

Summe *der Funktionenreihe.*

Beispiele:

(4)　Die Funktionenfolge $(x^n)_{n \in \mathbb{N}}$ ist punktweise konvergent auf $D = [0,1]$. Für die Grenzfunktion f gilt

$$f(x) = \lim_{n \to \infty} x^n = \begin{cases} 0 & \text{für } 0 \le x < 1 \\ 1 & \text{für } x = 1 \end{cases}.$$

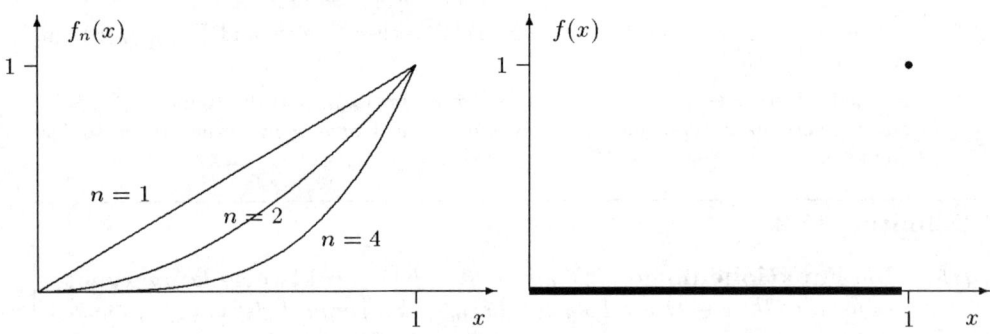

Wir haben das bemerkenswerte Ergebnis, daß trotz stetiger Funktionen $f_n(x) = x^n$, $x \in D$, die Grenzfunktion f unstetig ist.

(5)　Die Funktionenreihe $\sum_{n=1}^{\infty} x^n$ ist punktweise konvergent auf $D = [0,1)$. Für die Summe g gilt

$$g(x) = \sum_{n=1}^{\infty} x^n = \frac{x}{1-x}, \quad x \in D.$$

Wir beachten, daß, anders als in (4), jetzt $1 \notin D$. Denn für $x = 1$ wäre die Reihe $\sum_{n=1}^{\infty} x^n$ divergent.

Beispiel (4) zeigt, daß Eigenschaften (z.B. Stetigkeit) der f_n sich nicht auf die Grenzfunktion übertragen müssen. Das Ergebnis wird verständlich, wenn wir beachten, daß bei punktweiser Konvergenz jedes $x \in D$ für sich alleine betrachtet wird, während bei der Stetigkeit die Umgebung von x hereinspielt.

Die punktweise Konvergenz der Folge $(f_n)_{n \in \mathbb{N}}$ gegen die Grenzfunktion f besagt: Für jedes $x \in D$ existiert zu jedem $\varepsilon > 0$ eine natürliche Zahl $N(\varepsilon, x)$ mit

$$|f_n(x) - f(x)| < \varepsilon \quad \text{für alle } n \geq N(\varepsilon, x).$$

Hierbei darf $N(\varepsilon, x)$ von x abhängen. Im Unterschied dazu wird bei der **gleichmäßigen** Konvergenz ein universelles $N(\varepsilon)$ für **alle** $x \in D$ gefordert.

Definition 18.3

(i)   *Die* **Funktionenfolge** $(f_n)_{n \in \mathbb{N}}$ *heißt auf* D **gleichmäßig konvergent** *gegen die Grenzfunktion* f, *wenn zu jedem* $\varepsilon > 0$ *ein universelles* $N(\varepsilon)$ *existiert, so daß*

$$|f_n(x) - f(x)| < \varepsilon$$

für alle $n \geq N(\varepsilon)$ **und** *alle* $x \in D$ *gilt.*

(ii)   *Die* **Funktionenreihe** $\sum\limits_{n=1}^{\infty} f_n$ *heißt auf* D **gleichmäßig konvergent**, *wenn die Folge ihrer Partialsummen auf* D *gleichmäßig konvergiert.*

Bemerkungen und Ergänzungen:

(6)   Gleichmäßige Konvergenz zieht stets die punktweise Konvergenz nach sich, aber nicht umgekehrt.

(7)   Anschaulich bedeutet die Forderung $|f_n(x) - f(x)| < \varepsilon$ für alle $n \geq N(\varepsilon)$ und alle $x \in D$, daß für $n \geq N(\varepsilon)$ alle f_n in einem Streifen der Breite 2ε um f liegen.

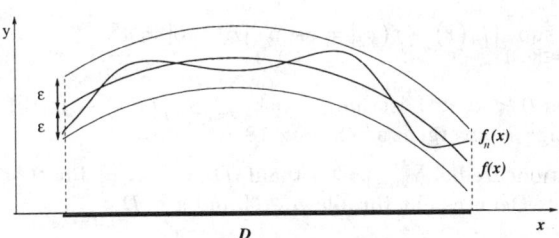

Beispiele:

(8)   Die Funktionenfolge $(x^n)_{n \in \mathbb{N}}$ ist auf $D = [0,1]$ zwar punktweise konvergent, aber nicht gleichmäßig konvergent. Wir zeigen dies in (14).

(9)   Ändern wir in (8) den Definitionsbereich in $D = [0,1)$, so ist die Folge $(x^n)_{n \in \mathbb{N}}$ wieder nicht gleichmäßig konvergent auf D.

(10) Ändern wir in (8) den Definitionsbereich in $D = [0,a]$ mit $0 < a < 1$, so ist die Folge $(x^n)_{n \in \mathbb{N}}$ gleichmäßig konvergent auf D. Einen Beweis geben wir in (11).

Kriterien für gleichmäßige Konvergenz geben die beiden folgenden Sätze.

Satz 18.1 *Die Funktionenfolge $(f_n)_{n \in \mathbb{N}}$ ist auf D genau dann gleichmäßig konvergent gegen f, wenn*

$$\lim_{n \to \infty} \left[\sup_{x \in D} |f_n(x) - f(x)| \right] = 0.$$

Satz 18.2 *In der Funktionenreihe $\displaystyle\sum_{n=1}^{\infty} f_n$ auf D gelte*

$$|f_n(x)| \leq c_n, \quad n \in \mathbb{N}$$

für alle $x \in D$ und die Reihe $\displaystyle\sum_{n=1}^{\infty} c_n$ reeller Zahlen sei konvergent. Dann konvergiert die Reihe $\displaystyle\sum_{n=1}^{\infty} f_n$ gleichmäßig auf D.

Beispiele:

(11) Wir zeigen die gleichmäßige Konvergenz der Folge $(x^n)_{n \in \mathbb{N}}$ auf $[0,a]$ mit $0 < a < 1$ wie in (10) behauptet. Es ist

$$\sup_{x \in [0,a]} |f_n(x) - f(x)| = \sup_{x \in [0,a]} |x^n - 0| = a^n$$

und wegen $0 < a < 1$ ist $\lim_{n \to \infty} [\sup_{x \in [0,a]} |f_n(x) - f(x)|] = 0$. Dies ergibt die gleichmäßige Konvergenz nach Satz 18.1.

(12) Die Funktionenreihe $\sum_{n=1}^{\infty} x^n$ ist auf $D = [-a,a]$ für $0 < a < 1$ gleichmäßig konvergent. Denn es gilt für alle $n \in \mathbb{N}$ und $x \in D$

$$|x^n| \leq a^n = c_n$$

und die Reihe

$$\sum_{n=1}^{\infty} c_n = \sum_{n=1}^{\infty} a^n = \frac{a}{1-a}$$

ist konvergent. Satz 18.2 liefert die Behauptung.

(13) Die Funktionenreihe $\sum_{n=1}^{\infty} \frac{\sin nx}{n^2}$ ist auf $D = \mathbb{R}$ gleichmäßig konvergent. Denn es gilt

$$\left| \frac{\sin nx}{n^2} \right| \le \frac{1}{n^2} = c_n$$

und die Reihe $\sum_{n=1}^{\infty} \frac{1}{n^2}$ ist konvergent.

Aus der gleichmäßigen Konvergenz folgen nützliche Eigenschaften, wie die folgenden Sätze zeigen.

Satz 18.3

(i)   *In der Folge $(f_n)_{n\in\mathbb{N}}$ seien die Funktionen f_n stetig auf D. Ist die Folge $(f_n)_{n\in\mathbb{N}}$ gleichmäßig konvergent auf D gegen die Grenzfunktion f, so ist auch f stetig auf D.*

(ii) *In der Reihe $\sum_{n=1}^{\infty} f_n$ seien die Funktionen f_n stetig auf D. Ist die Reihe $\sum_{n=1}^{\infty} f_n$ gleichmäßig konvergent auf D mit der Summe g, so ist auch g stetig auf D.*

Bemerkungen und Ergänzungen:

(14) Bei unstetiger Grenzfunktion kann wegen Satz 18.3(i) eine Folge stetiger Funktionen nicht gleichmäßig konvergent sein. Dies beweist die Aussage in (8).

(15) Wie (9) zeigt, kann aus der Stetigkeit der Grenzfunktion nicht auf gleichmäßige Konvergenz der Folge geschlossen werden.

Satz 18.4

(i)   *In der Folge $(f_n)_{n\in\mathbb{N}}$ seien die Funktionen f_n integrierbar auf dem abgeschlossenen Intervall $D = [a,b]$ und die Folge $(f_n)_{n\in\mathbb{N}}$ sei gleichmäßig konvergent auf D mit der Grenzfunktion f. Dann ist f integrierbar auf D und es gilt*

$$\lim_{n\to\infty} \int_a^b f_n(x)\,dx = \int_a^b \lim_{n\to\infty} f_n(x)\,dx = \int_a^b f(x)\,dx \ .$$

Fortsetzung von Satz 18.4

(ii) In der Reihe $\displaystyle\sum_{n=1}^{\infty} f_n$ seien die Funktionen f_n integrierbar auf dem ab-

geschlossenen Intervall $D = [a, b]$ und die Reihe $\displaystyle\sum_{n=1}^{\infty} f_n$ sei gleichmäßig

konvergent auf D mit der Summe g. Dann ist g integrierbar auf D und
es gilt

$$\int_a^b g(x)\, dx = \int_a^b \left[\sum_{n=1}^{\infty} f(x)\right] dx = \sum_{n=1}^{\infty} \int_a^b f_n(x)\, dx \ .$$

Bemerkungen und Ergänzungen:

(16)   Im Falle der gleichmäßigen Konvergenz dürfen bei Folgen Grenzwertbildung und Integration vertauscht werden

$$\lim_{n\to\infty} \int_a^b f_n(x)\, dx = \int_a^b \lim_{n\to\infty} f_n(x)\, dx \ .$$

(17)   Im Falle der gleichmäßigen Konvergenz darf die Integration einer Reihe "gliedweise" erfolgen

$$\int_a^b \sum_{n=1}^{\infty} f_n(x)\, dx = \sum_{n=1}^{\infty} \int_a^b f_n(x)\, dx \ .$$

(18)   Ohne die Eigenschaft der gleichmäßigen Konvergenz muß bei Folgen die Vertauschung von Grenzwertbildung und Integration nicht gelten. Dies zeigt die Folge $\left(2nxe^{-nx^2}\right)_{n\in\mathbb{N}}$ auf $D = [0, 1]$. Die Folge ist punktweise konvergent auf D mit der Grenzfunktion $f = 0$. Demnach ist

$$\int_0^1 \lim_{n\to\infty} f_n(x)\, dx = \int_0^1 f(x)\, dx = 0 \ .$$

Andererseits ist

$$\lim_{n\to\infty} \int_0^1 f_n(x) = \lim_{n\to\infty} \int_0^1 2nxe^{-nx^2}\, dx = \lim_{n\to\infty} \left(1 - e^{-n}\right) = 1 \neq 0 \ .$$

Beispiele:

(19)   Die Reihe $\sum_{n=0}^{\infty} x^n$ ist gleichmäßig konvergent auf $D = [0, a]$ für $0 < a < 1$ mit der Summe g,

$$g(x) = \sum_{n=0}^{\infty} x^n = \frac{1}{1-x}, \quad x \in D.$$

Es ist

$$\int_0^a \sum_{n=0}^{\infty} x^n \, dx = \int_0^a \frac{1}{1-x} \, dx = -\ln(1-a).$$

Andererseits ist

$$\sum_{n=0}^{\infty} \int_0^a x^n \, dx = \sum_{n=0}^{\infty} \frac{a^{n+1}}{n+1} = \sum_{n=1}^{\infty} \frac{a^n}{n} \ .$$

Demnach gilt

$$\ln(1-a) = -\sum_{n=1}^{\infty} \frac{a^n}{n} \quad \text{für } 0 < a < 1.$$

Man weist leicht nach, daß die Beziehung auch für $|a| < 1$ gilt.

Satz 18.5

(i) *In der Folge $(f_n)_{n \in \mathbb{N}}$ seien die Funktionen f_n stetig differenzierbar auf einem Intervall I und die Folge $(f_n)_{n \in \mathbb{N}}$ sei punktweise konvergent auf I mit der Grenzfunktion f.*

   Ist die Folge $(f_n')_{n \in \mathbb{N}}$ der Ableitungen gleichmäßig konvergent auf I, so ist die Grenzfunktion f der Folge $(f_n)_{n \in \mathbb{N}}$ differenzierbar auf I und es gilt

$$\lim_{n \to \infty} f_n'(x) = \left[\lim_{n \to \infty} f_n(x) \right]' = f'(x), \quad x \in I \ .$$

(ii) *In der Reihe $\sum_{n=1}^{\infty} f_n$ seien die Funktionen f_n stetig differenzierbar auf einem Intervall I und die Reihe $\sum_{n=1}^{\infty} f_n$ sei punktweise konvergent auf I mit der Summe g.*

   Ist die Reihe $\sum_{n=1}^{\infty} f_n'$ der Ableitungen gleichmäßig konvergent auf I, so ist die Summe g differenzierbar auf I und es gilt

$$\sum_{n=1}^{\infty} f_n'(x) = \left[\sum_{n=1}^{\infty} f_n(x) \right]' = g'(x), \quad x \in I.$$

Bemerkungen und Ergänzungen:

(20)   Die gleichmäßige Konvergenz der Folge der Ableitungen wird gefordert, um Grenzübergang und Differentiation bei der Folge $(f_n)_{n \in \mathbb{N}}$ vertauschen zu können

$$\lim_{n \to \infty} f_n'(x) = \left[\lim f_n(x) \right]' .$$

(21)   Die gleichmäßige Konvergenz der Reihe $\sum_{n=1}^{\infty} f_n'$ der Ableitungen wird gefordert, um "gliedweise" differenzieren zu können

$$\left[\sum_{n=1}^{\infty} f_n(x) \right]' = \sum_{n=1}^{\infty} f_n'(x) .$$

(22)   Die gleichmäßige Konvergenz der Folge $(f_n)_{n \in \mathbb{N}}$ reicht nicht aus, um Grenzübergang und Differentiation vertauschen zu können, wie folgendes Beispiel zeigt: Die Folge

$$(f_n(x))_{n \in \mathbb{N}} = \left(\frac{\sin n^2 x}{n} \right)_{n \in \mathbb{N}}$$

ist auf $\mathbb{R}$ gleichmäßig konvergent mit der Grenzfunktion $f = 0$. Demnach ist

$$\left[\lim f_n(x) \right]' = f'(x) = 0.$$

Andererseits ist die Folge der Ableitungen

$$\left(f_n'(x) \right)_{n \in \mathbb{N}} = \left(n \cos n^2 x \right)_{n \in \mathbb{N}}$$

divergent, so daß $\lim_{n \to \infty} f_n'(x)$ nicht existiert.

TESTS

T18.1: Die Funktionenfolge $(f_n)_{n \in \mathbb{N}}$, $f_n : \mathbb{R} \to \mathbb{R}$ mit $D(f_n) = [0,1]$ und $f_n(x) = \sqrt[n]{x}$ ist auf $[0,1]$ punktweise konvergent mit

( ) $\lim\limits_{n \to \infty} f_n(x) = 1$ für $x \in [0,1]$

( ) $\lim\limits_{n \to \infty} f_n(x) = \begin{cases} 1 & \text{für } x \in (0,1] \\ 0 & \text{für } x = 0 \end{cases}.$

T18.2: Die Funktionenfolge $(f_n)_{n \in \mathbb{N}}$, $f_n : \mathbb{R} \to \mathbb{R}$ mit $D(f_n) = D = [0,1]$ und $f_n(x) = \sqrt[n]{x}$ ist

( )   gleichmäßig konvergent auf D

( )   punktweise konvergent auf D

( )   gleichmäßig konvergent auf $[0.5, 1]$.

T18.3: Die Funktionen $f_n : \mathbb{R} \to \mathbb{R}$ mit $D(f_n) = D = [a, b]$, $a, b \in \mathbb{R}$, $n \in \mathbb{N}$, seien differenzierbar auf D und die Reihe $\sum_{n=1}^{\infty} f_n$ sei auf D gleichmäßig konvergent. Die Grenzfunktion sei g mit $g(x) = \sum_{n=1}^{\infty} f_n(x)$. Dann ist

( ) g auf D stetig

( ) g auf D differenzierbar mit $g'(x) = \sum_{n=1}^{\infty} f_n'(x)$

( ) g integrierbar auf D und es gilt $\int_a^b g(x)\, dx = \sum_{n=1}^{\infty} \int_a^b f_n(x)\, dx$.

ÜBUNGEN

Ü18.1: Gegeben sei die Funktionenreihe $\sum_{n=0}^{\infty} \frac{x^2}{(1+x^2)^n}$, $x \in \mathbb{R}$.

    a) Zeigen Sie, daß die Funktionenreihe für alle $x \in \mathbb{R}$ punktweise konvergiert. Wie lautet die Grenzfunktion?

    b) Zeigen Sie, daß die Funktionenreihe im Intervall $[0, 1]$ nicht gleichmäßig konvergiert.

    c) Zeigen Sie, daß die Funktionenreihe in jedem Intervall $[1, a]$, $a \in \mathbb{R}$, $a > 1$ gleichmäßig konvergiert.

Ü18.2: Gegeben seien die Funktionen $f_n : \mathbb{R} \to \mathbb{R}$ mit $D(f_n) = \mathbb{R}$ und $f_n(x) = \frac{\sin(nx)}{n^3}$, $n \in \mathbb{N}$.

    a) Zeigen Sie, daß die Reihe $\sum_{n=1}^{\infty} f_n$ auf $\mathbb{R}$ gleichmäßig konvergiert.

    b) Berechnen Sie das Integral $\int_0^{\pi} g(x)\, dx$, wobei $g(x) = \sum_{n=1}^{\infty} f_n(x)$.

    c) Zeigen Sie, daß für die Ableitung der Funktion g gilt:

$$g'(x) = \sum_{n=1}^{\infty} \frac{\cos nx}{n^2}.$$

Ü18.3: Gegeben seien die Funktionen $f_n : \mathbb{R} \to \mathbb{R}$ mit $D(f_n) = D = [0, \infty)$ und $f_n = \frac{e^{-nx}}{n^2}$, $n \in \mathbb{N}$.

    a) Zeigen Sie, daß die Reihe $\sum_{n=1}^{\infty} f_n$ für alle $x \in D$ gleichmäßig konvergiert.

    b) Berechnen Sie das Integral $\int_0^1 g(x)\, dx$, wobei $g(x) = \sum_{n=1}^{\infty} f_n(x)$.

    c) Für welche $x \in D$ ist die Reihe $\sum_{n=1}^{\infty} f_n'(x)$ konvergent?

Ü18.4:   Gegeben sei die Funktionenfolge $(f_n)_{n \in \mathbb{N}}$, $f_n : \mathbb{R} \to \mathbb{R}$ mit $D(f_n) = D = [0, \frac{\pi}{2}]$ und $f_n(x) = \frac{\sin(x)}{n^2} e^{-\frac{x}{n}}$.

a)   Zeigen Sie, daß die Folge $(f_n)_{n \in \mathbb{N}}$ für alle $x \in D$ punktweise konvergiert. Geben Sie die Grenzfunktion f an.

b)   Untersuchen Sie, ob die Folge $(f'_n)_{n \in \mathbb{N}}$ gleichmäßig auf D konvergiert.

c)   Berechnen Sie $\lim_{n \to \infty} f'_n(x)$ und $f'(x)$. Hätte man auf die Berechnung von $\lim_{n \to \infty} f'_n(x)$ verzichten können?

Ü18.5:   Gegeben sei die Funktionenreihe $\sum_{n=1}^{\infty} \frac{(\sin x)^n}{n}$, $x \in \mathbb{R}$.

a)   Für welche $x \in \mathbb{R}$ konvergiert diese Reihe punktweise?

b)   Ist die Funktionenreihe im Intervall $\left[-\frac{\pi}{6}, \frac{\pi}{6}\right]$ gleichmäßig konvergent?

c)   Ist die Funktionenreihe im Intervall $\left[-\frac{\pi}{6}, \frac{\pi}{6}\right]$ gliedweise differenzierbar?

19   Potenzreihen

Wichtige Funktionenreihen sind die Potenzreihen.

Definition 19.1 *Ist $(a_n)_{n \in \mathbb{N}_0}$ eine Folge reeller Zahlen und ist $x_0 \in \mathbb{R}$, so heißt die Funktionenreihe*

$$\sum_{n=0}^{\infty} a_n (x - x_0)^n, \quad x \in \mathbb{R}$$

eine **Potenzreihe** *um x_0. Die a_n heißen* **Koeffizienten** *der Potenzreihe.*

Bemerkungen und Ergänzungen:

(1)   Potenzreihen sind Funktionenreihen $\sum_{n=0}^{\infty} f_n$ mit $f_n(x) = a_n (x - x_0)^n$.

(2)   Mit $t = x - x_0$ erhalten wir die Reihe $\sum_{n=0}^{\infty} a_n t^n$, also eine Potenzreihe um $t_0 = 0$. Wir wählen daher im folgenden $x_0 = 0$.

(3)   Fehlende x-Potenzen haben Koeffizienten 0.

(4)   Die Partialsummen $s_k(x) = \sum_{n=0}^{k} a_n x^n$ sind Polynome.

(5)   Die Glieder $a_n x^n$ einer Potenzreihe sind zwar für alle $x \in \mathbb{R}$ definiert, doch kann Konvergenz der Reihe nur für gewisse $x \in \mathbb{R}$ vorliegen.

Beispiele:

(6)   Die Potenzreihe $\sum_{n=0}^{\infty} \frac{x^n}{n!}$ (Exponentialreihe) ist konvergent für alle $x \in \mathbb{R}$. Ihre Summe ist e^x.

(7)   Die Potenzreihe $\sum_{n=0}^{\infty} x^n$ (geometrische Reihe) ist konvergent für $|x| < 1$. Dann ist ihre Summe $\frac{1}{1-x}$. Für $|x| \geq 1$ ist die Reihe divergent.

(8)   Die Potenzreihe $\sum_{n=0}^{\infty} n! x^n$ ist nur für $x = 0$ konvergent, sie ist divergent für $x \neq 0$.

(9)   In der Potenzreihe $\sum_{n=0}^{\infty} a_n x^n = \sum_{n=0}^{\infty} \frac{x^{2n}}{n!}$ sind die Koeffizienten $a_1, a_3, a_5, \ldots$ alle null. Setzen wir $t = x^2$, so folgt

$$\sum_{n=0}^{\infty} \frac{x^{2n}}{n!} = \sum_{n=0}^{\infty} \frac{t^n}{n!} = e^t = e^{x^2}.$$

Die Reihe ist also konvergent für alle $x \in \mathbb{R}$ mit der Summe e^{x^2}.

Satz 19.1

(i)   *Ist die Reihe $\displaystyle\sum_{n=0}^{\infty} a_n x^n$ konvergent für ein $x = r$ mit $r \neq 0$, so ist die Reihe absolut konvergent für alle x mit $|x| < |r|$.*

(ii)   *Ist die Reihe $\displaystyle\sum_{n=0}^{\infty} a_n x^n$ divergent für ein $x = s$, so ist die Reihe divergent für alle x mit $|x| > |s|$.*

Aus Satz 19.1 gewinnen wir die

Folgerung: Für jede Potenzreihe $\sum_{n=0}^{\infty} a_n x^n$ gilt genau eine der drei Aussagen (A1), (A2), (A3):

(A1)   Die Reihe konvergiert nur für $x = 0$.

(A2)   Die Reihe konvergiert für alle $x \in \mathbb{R}$.

(A3)   Es existiert genau eine Zahl $\varrho > 0$, so daß die Reihe für $|x| < \varrho$ konvergiert und für $|x| > \varrho$ divergiert. Es heißt ϱ **Konvergenzradius** der Reihe.

Im Fall (A1) sagt man auch, die Reihe divergiert und setzt $\varrho = 0$, im Fall (A2) setzt man formal $\varrho = \infty$. Anschaulich besagt (A3)

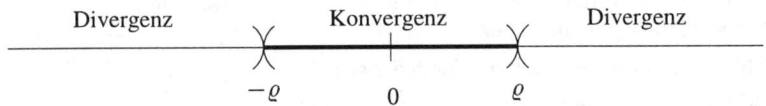

Für $x = \varrho$ bzw. $x = -\varrho$ liegt im Fall (A3) keine Aussage vor. Es kann Konvergenz oder Divergenz herrschen. Das Intervall $(-\varrho, \varrho)$ heißt auch **Konvergenzintervall**. Für $x \in (-\varrho, \varrho)$ konvergiert die Reihe punktweise. Darüberhinaus konvergiert die Reihe gleichmäßig auf jedem abgeschlossenen Intervall $[a, b] \subset (-\varrho, \varrho)$, das im Konvergenzintervall liegt, speziell auf $[-r, r]$ mit $0 < r < \varrho$.

Beispiele:

(10)   In obigen Beispielen ist $\varrho = \infty$ in (6), $\varrho = 1$ in (7), $\varrho = 0$ in (8).

(11)   Wir betrachten die Reihe $\sum_{n=1}^{\infty} \frac{x^n}{n}$. Für $x = -1$ ist die Reihe konvergent (Leibnizsche Reihe $\sum_{n=1}^{\infty} \frac{(-1)^n}{n}$). Demnach ist die Reihe absolut konvergent für $|x| < 1$. Für $x = 1$ ist die Reihe divergent (harmonische Reihe $\sum_{n=1}^{\infty} \frac{1}{n}$). Also ist die Reihe divergent für $|x| > 1$. Der Konvergenzradius ist $\varrho = 1$. Für $x = \varrho$ liegt Divergenz, für $x = -\varrho$ liegt Konvergenz vor.

(12)   In der Potenzreihe $\sum_{n=0}^{\infty}(x - 2)^n$ setzen wir $t = x - 2$ und erhalten die Reihe $\sum_{n=0}^{\infty} t^n$. Diese ist nach (7) konvergent für $|t| < 1$ und divergent für $|t| \geq 1$. Demnach ist die ursprüngliche Potenzreihe konvergent für $|x - 2| < 1$, d.h. für $x \in (1, 3)$, und divergent für $|x - 2| \geq 1$, d.h. für $x \leq 1$ und $x \geq 3$.

(13)   In der Potenzreihe $\sum_{n=0}^{\infty}(\frac{x}{3})^{2n}$ setzen wir $t = (\frac{x}{3})^2$, die resultierende Reihe $\sum_{n=0}^{\infty} t^n$ ist konvergent für $|t| < 1$ mit der Summe $\frac{1}{1-t}$ und divergent für $|t| \geq 1$. Demnach ist die ursprüngliche Potenzreihe konvergent für $\left|\frac{x}{3}\right|^2 < 1$, also $x^2 < 9$, und damit $|x| < 3$. Sie ist divergent für $|x| \geq 3$. Der Konvergenzradius ist $\varrho = 3$ und die Summe der Reihe ist $\dfrac{1}{1 - (\frac{x}{3})^2}$ für $|x| < 3$.

Der Konvergenzradius ϱ einer Potenzreihe $\sum_{n=0}^{\infty} a_n x^n$ ist durch die Koeffizienten a_n, $n \in \mathbb{N}_0$, bestimmt. Wir betrachten zwei wichtige Sonderfälle.

Quotientenkriterium: Gilt $a_n \neq 0$ für $n \geq n_0$ und existiert der Grenzwert

$$\lim_{n \to \infty} \left| \frac{a_n}{a_{n+1}} \right| = b$$

als eigentlicher Grenzwert $0 \leq b < \infty$ oder als uneigentlicher Grenzwert (vgl. Kapitel 7) $b = \infty$, so ist $\varrho = b$.

Wurzelkriterium: Existiert der Grenzwert

$$\lim_{n \to \infty} \sqrt[n]{|a_n|} = c$$

als eigentlicher Grenzwert $0 \leq c < \infty$ oder als uneigentlicher Grenzwert $c = \infty$, so ist $\varrho = \infty$ falls $c = 0$, $\varrho = \frac{1}{c}$ falls $0 < c < \infty$, $\varrho = 0$ falls $c = \infty$.

Beispiele:

(14)   In der Reihe $\sum_{n=1}^{\infty} \frac{x^n}{n}$ ist $a_n = \frac{1}{n} > 0$ und der Grenzwert

$$\lim_{n \to \infty} \left| \frac{a_n}{a_{n+1}} \right| = \lim_{n \to \infty} \frac{n+1}{n} = \lim_{n \to \infty} \left(1 + \frac{1}{n} \right) = 1$$

existiert. Daher ist der Konvergenzradius $\varrho = 1$.

(15)   In der Reihe $\sum_{n=0}^{\infty} \frac{x^n}{n!}$ ist $a_n = \frac{1}{n!} > 0$ und der (uneigentliche) Grenzwert

$$\lim_{n \to \infty} \left| \frac{a_n}{a_{n+1}} \right| = \lim_{n \to \infty} \frac{(n+1)!}{n!} = \lim_{n \to \infty} (n+1) = \infty$$

existiert. Es ist $\varrho = \infty$.

(16)   In der Reihe $\sum_{n=0}^{\infty} (2^n + 1) x^n$ ist $a_n = (2^n + 1) > 0$ und der Grenzwert

$$\lim_{n \to \infty} \left| \frac{a_n}{a_{n+1}} \right| = \lim_{n \to \infty} \frac{2^n + 1}{2^{n+1} + 1} = \frac{1}{2}$$

existiert. Es ist $\varrho = \frac{1}{2}$.

(17)   In der Reihe $\sum_{n=1}^{\infty} \frac{n^n}{n!} x^n$ ist $a_n = \frac{n^n}{n!} > 0$ und der Grenzwert

$$\lim_{n \to \infty} \left| \frac{a_n}{a_{n+1}} \right| = \lim_{n \to \infty} \frac{n^n (n+1)!}{n! (n+1)^{n+1}} = \lim_{n \to \infty} \left(\frac{n}{n+1} \right)^n$$

$$= \lim_{n \to \infty} \left(1 - \frac{1}{n+1} \right)^n = \frac{1}{e}$$

existiert. Es ist $\varrho = \frac{1}{e}$.

(18)   In der Reihe $\sum_{n=1}^{\infty} n^2 2^n x^n$ ist $a_n = n^2 2^n$ und wegen $\lim_{n\to\infty} \sqrt[n]{n} = 1$ existiert der Grenzwert

$$\lim_{n\to\infty} \sqrt[n]{|a_n|} = \lim_{n\to\infty} \sqrt[n]{n^2 2^n} = \lim_{n\to\infty} 2\sqrt[n]{n^2}$$
$$= \lim_{n\to\infty} 2\sqrt[n]{n}\,\sqrt[n]{n} = 2.$$

Daher ist $\varrho = \frac{1}{2}$.

(19)   In der Reihe $\sum_{n=0}^{\infty} n! x^n$ (vgl. (8)) ist $a_n = n!$ und der (uneigentliche) Grenzwert

$$\lim_{n\to\infty} \sqrt[n]{|a_n|} = \lim_{n\to\infty} \sqrt[n]{n!} = \infty$$

existiert. Daher ist $\varrho = 0$. Dies folgt auch aus dem Quotientenkriterium.

Satz 19.2 *Haben die Potenzreihen* $\displaystyle\sum_{n=0}^{\infty} a_n x^n$ *und* $\displaystyle\sum_{n=0}^{\infty} b_n x^n$ *die positiven Konvergenzradien* ϱ_a *und* ϱ_b, *so gilt für alle* x *mit* $|x| < \min(\varrho_a, \varrho_b)$

(i) $$\sum_{n=0}^{\infty} a_n x^n \pm \sum_{n=0}^{\infty} b_n x^n = \sum_{n=0}^{\infty} (a_n \pm b_n) x^n$$

(ii) $$\left[\sum_{n=0}^{\infty} a_n x^n\right]\left[\sum_{n=0}^{\infty} b_n x^n\right] = \sum_{n=0}^{\infty} c_n x^n$$

mit $c_n = a_0 b_n + a_1 b_{n-1} + \cdots + a_n b_0.$

Satz 19.3 *Die Potenzreihe* $\displaystyle\sum_{n=0}^{\infty} a_n x^n$ *habe den Konvergenzradius* $\varrho > 0$. *Für* $x \in (-\varrho, \varrho)$ *sei* $f(x)$ *die Summe der Reihe,*

$$f(x) = \sum_{n=0}^{\infty} a_n x^n.$$

(i)   *Es ist* f *differenzierbar auf* $(-\varrho, \varrho)$ *und es gilt*

$$f'(x) = \sum_{n=1}^{\infty} n a_n x^{n-1}, \quad x \in (-\varrho, \varrho).$$

Die Reihe $\displaystyle\sum_{n=1}^{\infty} n a_n x^{n-1}$ *hat wieder den Konvergenzradius* ϱ.

Fortsetzung von Satz 19.3

(ii) Es ist f integrierbar auf jedem Intervall $[a, b] \subset (-\varrho, \varrho)$, das im Konvergenzintervall liegt, und es gilt

$$\int_0^x f(t)\, dt = \sum_{n=0}^{\infty} \int_0^x a_n t^n \, dt = \sum_{n=0}^{\infty} \frac{a_n}{n+1} x^{n+1}, \quad x \in (-\varrho, \varrho).$$

Die Reihe $\displaystyle\sum_{n=0}^{\infty} \frac{a_n}{n+1} x^{n+1}$ hat wieder den Konvergenzradius ϱ.

Bemerkungen und Ergänzungen:

(20)   Addition und Subtraktion von Potenzreihen können nach Satz 19.2 gliedweise erfolgen. Die Multiplikation erfolgt nach dem Cauchy-Produkt.

(21)   Die Ableitung der Summe f der Potenzreihe erhält man durch gliedweises differenzieren der Reihe. Da die resultierende Reihe der Ableitungen wieder den Konvergenzradius ϱ hat, ist f beliebig oft differenzierbar und es gilt für $k = 1, 2, \ldots$

$$f^{(k)}(x) = \sum_{n=k}^{\infty} n(n-1)\cdots(n-k+1) a_n x^{n-k}, \quad x \in (-\varrho, \varrho).$$

(22)   Das Integral der Summe f der Potenzreihe erhält man durch gliedweises integrieren der Reihe. Es ist $\sum_{n=0}^{\infty} \frac{a_n}{n+1} x^{n+1}$, $x \in (-\varrho, \varrho)$, eine Stammfunktion von f.

(23)   Ein Vergleich von Satz 19.3 für Potenzreihen mit Satz 18.5(ii) und Satz 18.4(ii) für allgemeine Funktionenreihen zeigt eine viel einfachere Situation bei Potenzreihen.

Beispiele:

(24)   Die Potenzreihe $\sum_{n=0}^{\infty} x^n$ hat den Konvergenzradius $\varrho = 1$ und die Summe

$$f(x) = \sum_{n=0}^{\infty} x^n = \frac{1}{1-x} \quad \text{für } x \in (-1, 1).$$

Gliedweises Differenzieren liefert

$$\sum_{n=1}^{\infty} n x^{n-1} = \frac{1}{(1-x)^2} \quad \text{für } x \in (-1, 1).$$

(25)   Differenzieren wir in (24) k-mal, so erhalten wir

$$\sum_{n=k}^{\infty} n(n-1)\cdots(n-k+1) x^{n-k} = \frac{k!}{(1-x)^{k+1}},$$

also für $k \in \mathbb{N}$

$$\sum_{n=k}^{\infty} \binom{n}{k} x^{n-k} = \frac{1}{(1-x)^{k+1}} \qquad \text{für } x \in (-1, 1).$$

(26)   Die Potenzreihe $\sum_{n=0}^{\infty}(-1)^n x^{2n}$ hat den Konvergenzradius $\varrho = 1$ und die Summe

$$f(x) = \sum_{n=0}^{\infty}(-1)^n x^{2n} = \frac{1}{1+x^2} \qquad \text{für } x \in (-1, 1).$$

Dies folgt aus (24), falls man dort x durch $-x^2$ ersetzt. Gliedweise Integration liefert

$$\sum_{n=0}^{\infty} \frac{(-1)^n}{2n+1} x^{2n+1} = \int_0^x f(t)\, dt = \int_0^x \frac{1}{1+t^2}\, dt = \arctan x$$

also

$$\arctan x = \sum_{n=0}^{\infty} \frac{(-1)^n}{2n+1} x^{2n+1} \qquad \text{für } x \in (-1, 1).$$

(27)   Die Potenzreihe $\sum_{n=0}^{\infty}(-1)^n x^n$ hat den Konvergenzradius $\varrho = 1$ und die Summe

$$f(x) = \sum_{n=0}^{\infty}(-1)^n x^n = \frac{1}{1+x} \qquad \text{für } x \in (-1, 1).$$

Gliedweise Integration liefert

$$\sum_{n=0}^{\infty} \frac{(-1)^n}{n+1} x^{n+1} = \int_0^x f(t)\, dt = \int_0^x \frac{1}{1+t}\, dt = \ln(1+x),$$

also

$$\ln(1+x) = \sum_{n=0}^{\infty} \frac{(-1)^n}{n+1} x^{n+1} \qquad \text{für } x \in (-1, 1).$$

TESTS

T19.1: Die Potenzreihe $\sum_{n=0}^{\infty} a_n x^n$ sei konvergent für $x = t_1$ und divergent für $x = t_2$. Es bezeichne ϱ den Konvergenzradius der Reihe. Dann gilt:

( ) $|t_1| < \varrho < |t_2|$.

( )   Die Reihe divergiert für alle $x \in \mathbb{R}$ mit $|x| > |t_2|$.

( )   Die Reihe konvergiert für alle $x \in \mathbb{R}$ mit $|x| \leq |t_1|$.

( )   Die Reihe konvergiert gleichmäßig für alle $x \in \mathbb{R}$ mit $|x| \leq r < \varrho$.

( )   Es kann sein $|t_1| = |t_2|$.

T19.2: Die Potenzreihe $\sum_{n=0}^{\infty} a_n x^n$ habe den Konvergenzradius ϱ. Dann hat die Reihe $\sum_{n=0}^{\infty} \frac{3^n a_n}{2} x^n$ den Konvergenzradius

( ) 2ϱ

( ) 3ϱ

( ) $\frac{1}{2}\varrho$

( ) $\frac{1}{3}\varrho$.

T19.3: Die Potenzreihe $\sum_{n=0}^{\infty} a_n x^n$ habe das Konvergenzintervall $(-\varrho, \varrho) = (-2, 2)$. Dann gilt:

( )   Die Potenzreihe $\sum_{n=0}^{\infty} a_n (x-1)^n$ hat das Konvergenzintervall $(-3, 1)$.

( )   Die Potenzreihe $\sum_{n=0}^{\infty} a_n (x-1)^n$ hat das Konvergenzintervall $(-1, 3)$.

( )   Die Potenzreihe $\sum_{n=1}^{\infty} a_n x^n = \sum_{n=0}^{\infty} a_n x^n - a_0$ hat das Konvergenzintervall $(-2 - a_0, 2 - a_0)$.

( )   Die Potenzreihe $\sum_{n=0}^{\infty} a_n 2^n$ ist konvergent.

T19.4: Die Potenzreihe $\sum_{n=1}^{\infty} a_n x^n$ habe den Konvergenzradius ϱ. Dann hat die Potenzreihe $\sum_{n=1}^{\infty} \frac{4^n a_n}{3} t^{2n}$ den Konvergenzradius

( ) 4ϱ

( ) $\frac{4}{3}\varrho$

( ) $\sqrt{2\varrho}$

( ) $\frac{1}{2}\sqrt{\varrho}$.

ÜBUNGEN

Ü19.1:   Bestimmen Sie die Konvergenzradien folgender Potenzreihen:

a) $\displaystyle\sum_{n=0}^{\infty} \frac{x^n}{n^n}$

b) $\displaystyle\sum_{n=1}^{\infty} \sqrt{n}\, x^n$

c) $\displaystyle\sum_{n=0}^{\infty} 8^n x^{3n}$

Ü19.2:   Bestimmen Sie die Konvergenzradien folgender Potenzreihen:

a) $\displaystyle\sum_{n=0}^{\infty} \frac{x^{2n}}{(2n)!}$

b) $\displaystyle\sum_{n=1}^{\infty} (1+\frac{1}{n})^{n^2} \frac{x^n}{2}$

c) $\displaystyle\sum_{n=1}^{\infty} \left(1-\frac{2}{n}\right)^{n^2} \frac{x^{2n}}{3}$

Ü19.3:   Bestimmen Sie die Konvergenzradien folgender Potenzreihen:

a) $\displaystyle\sum_{n=1}^{\infty} n^{\frac{n}{2}} x^n$

b) $\displaystyle\sum_{n=1}^{\infty} \frac{1}{1\cdot 3\cdot\ldots\cdot(2n-1)}\, x^{2n}$

c) $\displaystyle\sum_{n=1}^{\infty} \left(1-\frac{1}{n}\right)^{n^2} x^n$

d) $\displaystyle\sum_{n=1}^{\infty} n\left(\frac{x}{2}\right)^{3n}$

Ü19.4:   Berechnen Sie für $|x+1|<1$ die Summe der Reihe $\sum_{n=1}^{\infty} n^2(x+1)^n$.

Ü19.5:   Bestimmen Sie für $|x|<1$ die Summe der Reihe $\sum_{n=1}^{\infty} \frac{n^2(n+1)+1}{n}\, x^n$.

Hinweis: Betrachten Sie die Potenzreihe der Funktion f mit $f(x) = \frac{1}{1-x}$.

20   Der Satz von Taylor

Wir haben bereits mehrmals reelle Funktionen durch Potenzreihen dargestellt. Kapitel 19 enthält eine Reihe von Beispielen. Solche Potenzreihen können u.a. dazu dienen, Funktionswerte näherungsweise zu berechnen, indem man nur die ersten n Glieder der Potenzreihe zur Berechnung heranzieht und den Fehler (Reihenrest) abschätzt. Dies entspricht einer Darstellung

$$f = T_n + R_n \qquad (*)$$

mit einem Polynom T_n und einem Restglied R_n. Dabei dient $T_n(x)$ als Approximation der Funktion $f(x)$. Wir untersuchen allgemein die Darstellbarkeit einer Funktion f in der Form $(*)$.

Satz 20.1 (Satz von Taylor)
Die Funktion f sei auf dem Intervall I $(n+1)$-mal stetig differenzierbar. Dann gilt für $x, x_0 \in I$

$$f(x) = T_n(x, x_0) + R_n(x, x_0)$$

mit dem **Taylor-Polynom**

$$T_n(x, x_0) = \sum_{k=0}^{n} \frac{f^{(k)}(x_0)}{k!}(x - x_0)^k$$

und dem **Restglied**

$$R_n(x, x_0) = \frac{1}{n!} \int_{x_0}^{x} (x - t)^n f^{(n+1)}(t)\, dt.$$

Bemerkungen und Ergänzungen:

(1) Es wird $f^{(0)} = f$ gesetzt. Die Stelle x_0 heißt auch Entwicklungsstelle. Die Koeffizienten $a_k = \frac{f^{(k)}(x_0)}{k!}$ im Taylor-Polynom $T_n(x, x_0) = \sum_{k=0}^{n} a_k(x - x_0)^k$ heißen Taylor-Koeffizienten.

(2) Integrieren wir für $0 \leq k < n$ das Restglied
$R_k(x, x_0) = \frac{1}{k!} \int_{x_0}^{x} (x - t)^k f^{(k+1)}(t)\, dt$ partiell, so folgt

$$R_k(x, x_0) = \frac{1}{k!}\left[\frac{-(x - t)^{k+1}}{k + 1} f^{(k+1)}(t)\right]_{x_0}^{x} + \frac{1}{(k + 1)!} \int_{x_0}^{x} (x - t)^{k+1} f^{(k+2)}(t)\, dt.$$

Demnach gilt die Rekursionsformel

$$R_k(x, x_0) = \frac{(x - x_0)^{k+1}}{(k + 1)!} f^{(k+1)}(x_0) + R_{k+1}(x, x_0).$$

Daraus folgt zusammen mit

$$R_0(x, x_0) = \int_{x_0}^{x} f'(t) = f(x) - f(x_0)$$

der Satz von Taylor.

(3)   Ist f ein Polynom P_n vom Grad n, so ist $R_k(x, x_0) = 0$ für $k \geq n$. Demnach ist P_n bestimmt, wenn für eine beliebige Stelle x_0 der Funktionswert $P_n(x_0)$, sowie die Ableitungen $P_n'(x_0), \dots, P_n^{(n)}(x_0)$ bekannt sind. Es gilt die Darstellung

$$P_n(x) = T_n(x, x_0) = \sum_{k=0}^{n} \frac{P_n^{(k)}(x_0)}{k!}(x - x_0)^k.$$

(4)   An der Stelle x_0 stimmen die Funktionswerte und die ersten n Ableitungen der Funktion f und des Taylor-Polynoms T_n überein. Man spricht daher auch vom Schmiegungspolynom T_n für f in der Umgebung von x_0.

(5)   Satz 20.1 gibt das Restglied in Integralform. Für Abschätzungen ist oft hilfreich die

---

Darstellung von Lagrange:

$$R_n(x, x_0) = \frac{f^{(n+1)}(x_0 + \vartheta(x - x_0))}{(n+1)!}(x - x_0)^{n+1}$$

für ein $0 < \vartheta < 1$ oder die
Darstellung von Cauchy:

$$R_n(x, x_0) = \frac{f^{(n+1)}(x_0 + \vartheta(x - x_0))}{n!}(1 - \vartheta)^n (x - x_0)^{n+1}$$

für ein $0 < \vartheta < 1$.

In der Darstellung von Lagrange und Cauchy sind i.a. die Werte von ϑ unterschiedlich. Es ist $f^{(n+1)}(x_0 + \vartheta(x - x_0))$ der Wert von $f^{(n+1)}$ an einer Zwischenstelle zwischen x_0 und x, dabei ist ϑ jedoch i.a. nicht explizit bekannt.

Beispiele:

(6)   Sei $f(x) = \sin x$ für $x \in I = \mathbb{R}$. Es ist f beliebig oft differenzierbar mit $f'(x) = \cos x$, $f''(x) = -\sin x$, $f'''(x) = -\cos x$, $f^{(iv)}(x) = f(x), \dots$. Für $x_0 = 0$ folgt für die Taylor-Koeffizienten

$$a_k = \frac{f^{(k)}(0)}{k!} = \begin{cases} 0 & \text{für } k \text{ gerade} \\ \dfrac{1}{k!} & \text{für } k = 1, 5, 9, \dots \\ -\dfrac{1}{k!} & \text{für } k = 3, 7, 11, \dots \end{cases}$$

Der Satz von Taylor ergibt für $n = 2m - 1$, $m \in \mathbb{N}$,

$$\sin x = x - \frac{x^3}{3!} + \frac{x^5}{5!} \mp \cdots + (-1)^{m-1} \frac{x^{2m-1}}{(2m-1)!} + R_{2m-1}(x, 0)$$

mit

$$R_{2m-1}(x,0) = \frac{1}{(2m-1)!} \int_0^x (x-t)^{2m-1} f^{(2m)}(t)\, dt \ .$$

Wegen $|f^{(2m)}(t)| \leq 1$ für alle $t \in \mathbb{R}$ folgt aus der Restglieddarstellung von Lagrange die Abschätzung

$$|R_{2m-1}(x,0)| \leq \frac{|x|^{2m}}{(2m)!} \ .$$

Die Taylor-Polynome sind

$$T_1(x,0) = x$$
$$T_2(x,0) = T_1(x,0)$$
$$T_3(x,0) = x - \frac{x^3}{3!}$$
$$T_4(x,0) = T_3(x,0)$$
$$\vdots$$

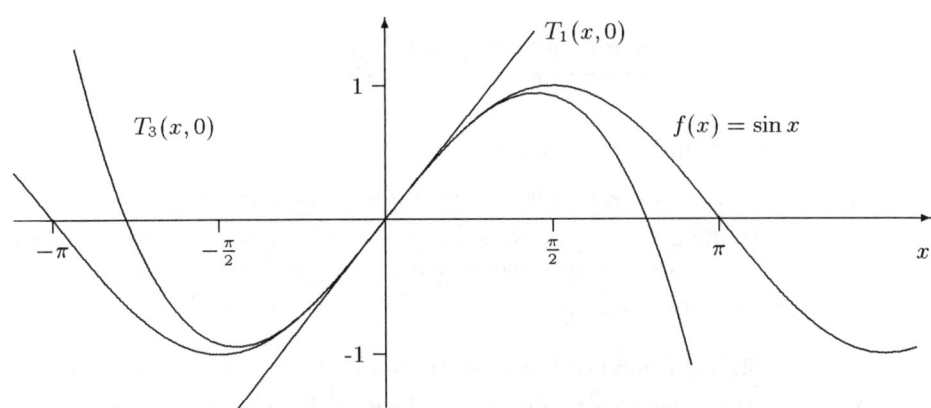

Das Bild zeigt, wie sich die Taylor-Polynome an f in der Umgebung von $x_0 = 0$ anschmiegen.

(7)   Sei $f(x) = \ln(1+x)$ für $x \in I = (-1,1]$. Es gilt für $k = 1,2,\ldots$

$$f^{(k)}(x) = \frac{(-1)^{k+1}(k-1)!}{(1+x)^k} \ .$$

Für $x_0 = 0$ folgt für die Taylor-Koeffizienten

$$a_k = \frac{f^{(k)}(0)}{k!} = \frac{(-1)^{k+1}}{k}, \quad k = 1,2,\ldots$$

und $a_0 = 0$, so daß

$$\ln(1+x) = \sum_{k=1}^n \frac{(-1)^{k+1}}{k} x^k + R_n(x,0).$$

In der Darstellung von Lagrange lautet das Restglied

$$R_n(x,0) = \frac{f^{(n+1)}(\vartheta x)}{(n+1)!}x^{n+1} = \frac{(-1)^n}{n+1}\left(\frac{x}{1+\vartheta x}\right)^{n+1}, \quad 0 < \vartheta < 1.$$

In der Darstellung von Cauchy lautet das Restglied mit $0 < \vartheta < 1$

$$R_n(x,0) = \frac{f^{(n+1)}(\vartheta x)}{n!}(1-\vartheta)^n x^{n+1} = (-1)^n(1-\vartheta)^n\left(\frac{x}{1+\vartheta x}\right)^{n+1}.$$

Aus dem Satz von Taylor erhalten wir eine Potenzreihendarstellung von f, falls f beliebig oft differenzierbar ist und das Restglied für $n \to \infty$ gegen Null konvergiert.

Satz 20.2 *Die Funktion f sei auf dem Intervall I beliebig oft differenzierbar. Seien $x, x_0 \in I$, dann gilt*

$$f(x) = \sum_{k=0}^{\infty} \frac{f^{(k)}(x_0)}{k!}(x - x_0)^k$$

genau dann, wenn für das Restglied $\lim_{n\to\infty} R_n(x, x_0) = 0$ gilt.

Bemerkungen und Ergänzungen:

(8)   Die Potenzreihe in Satz 20.2 heißt **Taylor-Reihe** von f um x_0.

(9)   Zur Prüfung auf $\lim_{n\to\infty} R_n(x, x_0) = 0$ ist gelegentlich die Aussage hilfreich: Gibt es positive Konstanten c und k, so daß

$$|f^{(n)}(x)| \le ck^n$$

für alle $x \in I$ und fast alle n, so ist $\lim_{n\to\infty} R_n(x, x_0) = 0$.

(10)   Zur Darstellung von f durch eine Taylor-Reihe ist $\lim_{n\to\infty} R_n(x, x_0) = 0$ erforderlich. Die Konvergenz der formal gebildeten Taylor-Reihe allein reicht nicht. So folgen für $I = \mathbb{R}$, $x_0 = 0$ und

$$f(x) = \begin{cases} e^{-\frac{1}{x^2}} & \text{für } x \ne 0 \\ 0 & \text{für } x = 0 \end{cases}$$

die Ableitungen $f^{(k)}(0) = 0$ für alle $k \in \mathbb{N}_0$, so daß für alle $x \in \mathbb{R}$ die formal gebildete Taylor-Reihe von f lautet

$$\sum_{k=0}^{\infty} \frac{f^{(k)}(0)}{k!}x^k = 0.$$

Die Reihe ist konvergent gegen Null, aber $f(x) \ne 0$ für $x \ne 0$.

Beispiele:

(11)   In Beispiel (6) mit $f(x) = \sin x$ und $I = \mathbb{R}$ war

$$|R_{2m-1}(x,0)| \leq \frac{|x|^{2m}}{(2m)!}.$$

Für $m \to \infty$ folgt $\lim_{m \to \infty} R_{2m-1}(x,0) = 0$, so daß f in eine Taylor-Reihe entwickelbar ist und mit (6) gilt

$$\sin x = x - \frac{x^3}{3!} + \frac{x^5}{5!} \mp \cdots = \sum_{m=0}^{\infty} (-1)^m \frac{x^{2m+1}}{(2m+1)!}, \quad x \in \mathbb{R}.$$

(12)   Für $f(x) = \ln(1+x)$, $x \in I = (-1,1]$ von Beispiel (7) betrachten wir zunächst den Fall $0 \leq x \leq 1$. Dann gilt für das Restglied in der Darstellung von Lagrange nach (7) mit $0 < \vartheta < 1$ die Abschätzung

$$|R_n(x,0)| = \frac{1}{n+1} \left| \frac{x}{1+\vartheta x} \right|^{n+1} \leq \frac{1}{n+1},$$

so daß $\lim_{n \to \infty} R_n(x,0) = 0$. Für den Fall $-1 < x < 0$ haben wir für das Restglied in der Darstellung von Cauchy nach (7) mit $0 < \vartheta < 1$ die Abschätzung

$$\begin{aligned}
|R_n(x,0)| &= (1-\vartheta)^n \left| \frac{x}{1+\vartheta x} \right|^{n+1} \\
&= \frac{|x|^{n+1}}{1+\vartheta x} \left| \frac{1-\vartheta}{1+\vartheta x} \right|^n \\
&= \frac{|x|^{n+1}}{1-\vartheta|x|} \left| \frac{1-\vartheta}{1-\vartheta|x|} \right|^n \\
&\leq \frac{|x|^{n+1}}{1-\vartheta|x|},
\end{aligned}$$

so daß $\lim_{n \to \infty} R_n(x,0) = 0$. Daher gilt

$$\ln(1+x) = \sum_{k=1}^{\infty} \frac{(-1)^{k+1}}{k} x^k, \quad x \in (-1,1].$$

Speziell folgt daraus für $x = 1$ (Leibnizsche Reihe)

$$\ln 2 = 1 - \tfrac{1}{2} + \tfrac{1}{3} - \tfrac{1}{4} \pm \cdots = \sum_{k=1}^{\infty} \frac{(-1)^{k+1}}{k}.$$

(13)   Mit $\alpha \in \mathbb{R}$ sei $f(x) = (1+x)^\alpha$ für $x \in I = (-1,1)$. Sei $x_0 = 0$. Es ist $f(0) = 1$ und $f^{(k)}(0) = \alpha(\alpha-1)\cdots(\alpha-k+1)$ für $k \geq 1$. Demnach lauten die Taylor-Koeffizienten von f

$$a_0 = 1, \quad a_k = \frac{f^{(k)}(0)}{k!} = \frac{\alpha(\alpha-1)\cdots(\alpha-k+1)}{k!}, \quad k \geq 1.$$

Mit den Binomialkoeffizienten $\binom{\alpha}{0} = 1$ und

$$\binom{\alpha}{k} = \frac{\alpha(\alpha - 1) \cdots (\alpha - k + 1)}{k!}, \quad k \geq 1$$

folgt

$$a_k = \binom{\alpha}{k}, \quad k = 0, 1, 2, \ldots.$$

Es läßt sich zeigen, daß $\lim_{n \to \infty} R_n(x, 0) = 0$ für $x \in (-1, 1)$. Daher gilt

$$(1 + x)^\alpha = \sum_{k=0}^{\infty} \binom{\alpha}{k} x^k \quad \text{für } x \in (-1, 1), \; \alpha \in \mathbb{R}.$$

Im Sonderfall $\alpha = n \in \mathbb{N}$ folgt wegen $\binom{n}{k} = 0$ für $k > n$

$$(1 + x)^n = \sum_{k=0}^{n} \binom{n}{k} x^k,$$

die bekannte binomische Formel.

Im Sonderfall $\alpha = -n$ mit $n \in \mathbb{N}$ folgt wegen $\binom{-n}{k} = (-1)^k \binom{n+k-1}{k}$

$$(1 + x)^{-n} = \sum_{k=0}^{\infty} (-1)^k \binom{n + k - 1}{k} x^k \; .$$

Satz 20.3 (Identitätssatz für Potenzreihen)

Sind $\sum_{n=0}^{\infty} a_n(x - x_0)^n$ *und* $\sum_{n=0}^{\infty} b_n(x - x_0)^n$ *zwei Potenzreihendarstellungen der Funktion* f, *die beide konvergent sind für* $|x - x_0| < \varrho$ *mit* $\varrho > 0$, *so gilt für alle* $n \in \mathbb{N}_0$

$$a_n = b_n = \frac{f^{(n)}(x_0)}{n!}.$$

Bemerkungen und Ergänzungen:

(14)   Die Potenzreihendarstellung von f um x_0 ist also eindeutig.

(15)   Der Weg zur Gewinnung einer Potenzreihendarstellung von f muß demnach nicht immer über den Satz von Taylor erfolgen. (Die Bildung der Ableitungen ist oft unbequem). So haben wir in (12) eine Potenzreihendarstellung von $\ln(1 + x)$ mit Hilfe des Satzes von Taylor hergeleitet. Andererseits haben wir in 19(27) die gleiche Potenzreihendarstellung durch Integration der geometrischen Reihe gefunden.

(16) Der Identitätssatz besagt: Wird die Funktion f auf zwei verschiedene Weisen als Potenzreihe um x_0 dargestellt, dann stimmen die entsprechenden Koeffizienten beider Potenzreihen überein. Dies ist die Basis der Methode des **Koeffizientenvergleichs.**

(17) Wir erläutern die Methode des Koeffizientenvergleichs am Beispiel des unbestimmten Ansatzes für den Quotienten zweier Potenzreihen. Sind $f(x) = \sum_{n=0}^{\infty} a_n x^n$ und $g(x) = \sum_{n=0}^{\infty} b_n x^n$ zwei für $|x| < \varrho$ konvergente Potenzreihen und gilt $g(0) = b_0 \neq 0$, so läßt sich der Quotient $\frac{f(x)}{g(x)}$ in eine Potenzreihe $\sum_{n=0}^{\infty} c_n x^n$ entwickeln, die konvergent für $|x| < r$ mit einem gewissen $r > 0$ ist. Es ist also

$$\frac{\sum_{n=0}^{\infty} a_n x^n}{\sum_{n=0}^{\infty} b_n x^n} = \sum_{n=0}^{\infty} c_n x^n.$$

Daraus folgt unter Verwendung des Cauchy-Produkts

$$\sum_{n=0}^{\infty} a_n x^n = \left(\sum_{n=0}^{\infty} b_n x^n\right)\left(\sum_{n=0}^{\infty} c_n x^n\right) = \sum_{n=0}^{\infty} d_n x^n$$

mit $d_n = b_0 c_n + b_1 c_{n-1} + \cdots + b_n c_0$.

Koeffizientenvergleich ergibt $a_n = d_n$, also

$$\left. \begin{aligned} a_0 &= d_0 = b_0 c_0 \\ a_1 &= d_1 = b_0 c_1 + b_1 c_0 \\ a_2 &= d_2 = b_0 c_2 + b_1 c_1 + b_2 c_0 \\ a_3 &= d_3 = b_0 c_3 + b_1 c_2 + b_2 c_1 + b_3 c_0 \\ &\ \vdots \end{aligned} \right\} \tag{$*$}$$

Daraus lassen sich $c_0, c_1, c_2, \ldots$ sukzessive berechnen. Der Konvergenzradius der Reihe $\sum_{n=0}^{\infty} c_n x^n$ muß gesondert untersucht werden.

Wir betrachten als Beispiel die Potenzreihendarstellung von $\tan x = \frac{\sin x}{\cos x}$ für $|x|$ klein.

Mit den Reihen

$$\sin x = \sum_{n=0}^{\infty} a_n x^n = x - \frac{x^3}{3!} + \frac{x^5}{5!} \mp \cdots$$

$$\cos x = \sum_{n=0}^{\infty} b_n x^n = 1 - \frac{x^2}{2!} + \frac{x^4}{4!} \mp \cdots$$

und dem Ansatz

$$\frac{\sin x}{\cos x} = \sum_{n=0}^{\infty} c_n x^n$$

ergibt (∗)

$$
\begin{aligned}
0 &= 1c_0 & &\Rightarrow c_0 = 0 \\
1 &= 1c_1 + 0c_0 & &\Rightarrow c_1 = 1 \\
0 &= 1c_2 + 0c_1 - \tfrac{1}{2!}c_0 & &\Rightarrow c_2 = 0 \\
-\tfrac{1}{3!} &= 1c_3 + 0c_2 - \tfrac{1}{2!}c_1 + 0c_0 & &\Rightarrow c_3 = \tfrac{1}{3} \\
\cdots & \quad \cdots\cdots
\end{aligned}
$$

Fortsetzung des Vorgehens liefert

$$
\tan x = x + \tfrac{1}{3}x^3 + \tfrac{2}{15}x^5 + \cdots \quad .
$$

(18)   Aus dem Satz von Taylor ergibt sich folgender **Test auf Extremstellen**. Es sei f auf dem Intervall I n-mal stetig differenzierbar, $n \geq 2$. Für $x_0 \in I$ gelte $f'(x_0) = f''(x_0) = \cdots = f^{(n-1)}(x_0) = 0$ und $f^{(n)}(x_0) \neq 0$. Ist n ungerade, so hat f an x_0 kein Extremum. Ist n gerade, so hat f an x_0 ein lokales Minimum, falls $f^{(n)}(x_0) > 0$ bzw. an x_0 ein lokales Maximum, falls $f^{(n)}(x_0) < 0$.

So gilt mit $x_0 = 1$ für

$$
f(x) = x^5 - 4x^4 + 6x^3 - 4x^2 + x + 3
$$

$f'(1) = f''(1) = f'''(1) = 0$ und $f^{(iv)}(1) = 24 > 0$. Daher hat f an $x_0 = 1$ ein lokales Minimum.

(19)   Taylor-Reihen können hilfreich sein bei Grenzwertberechnungen. So ist

$$
\lim_{x \to 0} \frac{\sin x}{x} = \lim_{x \to 0} \frac{x - \frac{x^3}{3!} + \frac{x^5}{5!} + \cdots}{x} = \lim_{x \to 0}\left(1 - \frac{x^2}{3!} + \frac{x^4}{5!} \mp \cdots\right) = 1.
$$

(20)   Bricht man Taylor-Reihen ab, so können nützliche Näherungen entstehen.

So erhält man aus der Binominalreihe $(1+x)^\alpha = \sum_{k=1}^{\infty} \binom{\alpha}{k} x^k$ für $|x| < 1$ bei Abbruch nach dem linearen Glied

$$
(1+x)^\alpha \approx 1 + \alpha x
$$

bzw. bei Abbruch nach dem quadratischen Glied

$$
(1+x)^\alpha \approx 1 + \alpha x + \frac{\alpha(\alpha-1)}{2}x^2.
$$

Speziell für $\alpha = \tfrac{1}{2}$ bzw. $\alpha = -\tfrac{1}{2}$ ergibt sich

$$
\sqrt{1+x} \approx 1 + \tfrac{1}{2}x
$$

bzw.

$$
\sqrt{1+x} \approx 1 + \tfrac{1}{2}x - \tfrac{1}{8}x^2
$$

$$
\frac{1}{\sqrt{1+x}} \approx 1 - \tfrac{1}{2}x
$$

bzw.

$$
\frac{1}{\sqrt{1+x}} \approx 1 - \tfrac{1}{2}x + \tfrac{3}{8}x^2.
$$

Das Restglied ist noch abzuschätzen.

(21)   Wir stellen die Taylor-Reihen einiger Funktionen zusammen:

$$\sin x = \sum_{n=0}^{\infty} \frac{(-1)^n}{(2n+1)!}\, x^{2n+1}, \quad x \in \mathbb{R}$$

$$\cos x = \sum_{n=0}^{\infty} \frac{(-1)^n}{(2n)!}\, x^{2n}, \quad x \in \mathbb{R}$$

$$\sinh x = \sum_{n=0}^{\infty} \frac{1}{(2n+1)!}\, x^{2n+1}, \quad x \in \mathbb{R}$$

$$\cosh x = \sum_{n=0}^{\infty} \frac{1}{(2n)!}\, x^{2n}, \quad x \in \mathbb{R}$$

$$e^x = \sum_{n=0}^{\infty} \frac{1}{n!}\, x^n, \quad x \in \mathbb{R}$$

$$\ln(1+x) = \sum_{n=1}^{\infty} \frac{(-1)^{n+1}}{n}\, x^n, \quad x \in (-1, 1]$$

$$(1+x)^\alpha = \sum_{n=0}^{\infty} \binom{\alpha}{n} x^n, \quad \alpha \in \mathbb{R}, \quad x \in (-1, 1)$$

$$\arctan x = \sum_{n=0}^{\infty} \frac{(-1)^n}{2n+1}\, x^{2n+1}, \quad x \in (-1, 1)$$

$$\arcsin x = \sum_{n=0}^{\infty} \binom{-\frac{1}{2}}{n} \frac{(-1)^n}{2n+1}\, x^{2n+1}, \quad x \in (-1, 1) \,.$$

(22)   BROOK TAYLOR (1685-1731) arbeitete auf dem Gebiet der Differential- und Integralrechnung.

(23)   JOSEPH LOUIS LAGRANGE (1736-1813) gilt als Begründer der analytischen Mechanik. Bedeutsam sind seine Arbeiten zur Himmelsmechanik, Variationsrechnung und zur Wahrscheinlichkeitsrechnung.

TESTS

T20.1: Welche der folgenden Aussagen sind richtig?

( )   Jede Taylor-Reihe ist eine Potenzreihe.

( )   Jede Potenzreihe ist auf ihrem Konvergenzgebiet eine Taylor-Reihe.

( )   Taylor-Reihen und Potenzreihen sind Spezialfälle von Funktionenreihen.

T20.2: Die Taylor-Reihe der Funktion $f : \mathbb{R} \to \mathbb{R}$ mit $D(f) = \mathbb{R}$ und
$f(x) = x^2$ um $x_0 = 1$ lautet

( ) $(x-1)^2$

( ) $\sum_{n=0}^{\infty} (n+1)(x-1)^n$

( ) $1 + 2(x-1) + (x-1)^2$

( ) $1 + 2(x-1) + 2(x-1)^2.$

T20.3: Die reelle Funktion f habe für $|x-1| < \varrho$ ($\varrho > 0$) die Potenzreihendarstellung $f(x) = \sum_{n=0}^{\infty} a_n (x-1)^n$. Dann gilt

( ) $a_n = \dfrac{f^{(n)}(1)}{n!}$ für alle $n \in \mathbb{N}_0$

( ) $a_n = \dfrac{f^{(n)}(0)}{n!}$ für alle $n \in \mathbb{N}_0$

( ) f ist für $|x-1| < \varrho$ durch eine Taylor-Reihe mit Entwicklungspunkt $x_0 = 1$ darstellbar, und diese Taylor-Reihe ist obige Potenzreihe.

T20.4: Die Taylor-Reihe $\sum_{n=0}^{\infty} a_n (x-2)^n$ der Funktion f sei konvergent für $|x-2| < \varrho$ mit $\varrho > 0$.

( )   Die Ableitung $f'(x)$ für $|x-2| < \varrho$ ergibt sich durch gliedweise Differentiation der Taylor-Reihe.

( )   Es ist $f'(2) = a_2$.

( )   Es ist $f'(2) = a_1$.

( )   Es ist $f^{(5)}(2) = 5!a_5$.

ÜBUNGEN

Ü20.1:   Gegeben sei die Funktion $f : \mathbb{R} \to \mathbb{R}$ mit $D(f) = \mathbb{R}$ und $f(x) = \sinh x$.

   a)   Bestimmen Sie die Taylor-Koeffizienten von f für die Entwicklungsstelle $x_0 = 0$.

   b)   Wie lauten die Taylor-Polynome $T_3(x, x_0)$ und $T_4(x, x_0)$ für die Entwicklungsstelle $x_0 = 0$? Geben Sie das Restglied $R_4(x, 0)$ in Integralform an.

c)   Zeigen Sie, daß für alle $x \in \mathbb{R}$ mit $|x| < 1$ die folgende Abschätzung gilt:

$$|\sinh x - T_4(x,0)| \leq \frac{1}{60}.$$

d)   Zeigen Sie, daß f durch eine Taylor-Reihe um $x_0 = 0$ darstellbar ist, die für alle $x \in \mathbb{R}$ konvergiert. Wie lautet die Taylor-Reihe von f um $x_0 = 0$?

Ü20.2:   Gegeben sei die Funktion $f : \mathbb{R} \to \mathbb{R}$ mit $D(f) = (-1,1)$ und $f(x) = \arcsin x$.

a)   Bestimmen Sie für $|x| < 1$ die Taylor-Reihe der Funktion f für den Entwicklungspunkt $x_0 = 0$.

Hinweis: Verwenden Sie die Taylor-Reihe von $(1 - x^2)^{-\frac{1}{2}}$.

b)   Bestimmen Sie $f^{(9)}(0)$.

Ü20.3:   Gegeben sei die Funktion $f : \mathbb{R} \to \mathbb{R}$ mit $D(f) = \mathbb{R} \backslash \{-3\}$ und $f(x) = \frac{1}{6+2x}$

a)   Bestimmen Sie das Intervall $I = (a,b)$ maximaler Länge so, daß sich die Funktion f in I als Taylor-Reihe um $x_0 = 2$ darstellen läßt.

b)   Geben Sie die Taylor-Reihe der Funktion f um $x_0 = 2$ an.

Hinweis: Formen Sie f geeignet um und verwenden Sie dann die geometrische Reihe.

Ü20.4:   Bestimmen Sie durch einen Potenzreihenansatz mit allgemeinen Koeffizienten a_n, $n \in \mathbb{N}_0$, die ersten drei Koeffizienten der Taylor-Entwicklung um $x_0 = 0$ der Funktion $f : \mathbb{R} \to \mathbb{R}$ mit $D(f) = \mathbb{R}$ und $f(x) = \frac{2}{1+e^x}$.

Ü20.5:   Berechnen Sie unter Verwendung von Taylor-Reihen die Grenzwerte

a) $\displaystyle \lim_{x \to 0} \frac{e^{x^2} - 1}{(\sin x)^2}$

b) $\displaystyle \lim_{x \to 0} \frac{e^{x^4} - 1}{(1 - \cos x)^2}$.

21   Fourier-Reihen

In den Anwendungen treten häufig periodische Vorgänge auf, die sich nach einer festen Periode T wiederholen (Schwingungen, Wechselstrom). Zu ihrer Beschreibung dienen periodische Funktionen. Dabei heißt eine reelle Funktion $f : \mathbb{R} \to \mathbb{R}$ mit $D(f) = \mathbb{R}$ **periodisch** mit der Periode $T > 0$ (kurz T-perodisch), falls für alle $x \in \mathbb{R}$ gilt

$$f(x + T) = f(x).$$

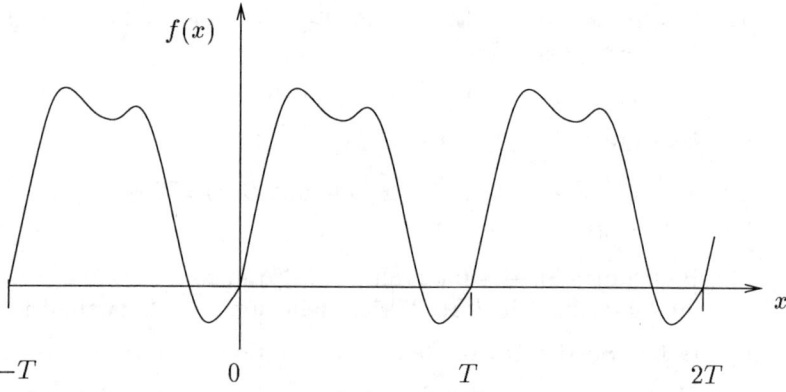

Wichtige periodische Funktionen sind neben den Konstanten die trigonometrischen Funktionen

$$\sin nx \quad \text{und} \quad \cos nx \quad \text{für } n \in \mathbb{N}.$$

Sie haben die gemeinsame Periode $T = 2\pi$. Zur Darstellung oder Approximation von periodischen Funktionen sind Potenzreihen wegen ihrer lokalen Approximation (Schmiegungspolynome) i.a. wenig geeignet. Auch müßten die Funktionen beliebig oft differenzierbar sein. In den Anwendungen treten dagegen oft auch unstetige und damit nicht differenzierbare periodische Funktionen auf (Einschaltvorgänge). Wir bemerken, daß für eine T-periodische Funktion f die Funktion $\hat{f}(x) = f(\frac{T}{2\pi}x)$, $x \in \mathbb{R}$, eine 2π-periodische Funktion ist. Wir werden daher zunächst 2π-periodische Funktionen betrachten. Hier bieten sich Funktionenreihen mit 2π-periodischen Funktionen an, insbesondere mit den Funktionen $\sin nx$ und $\cos nx$. Eine solche Funktionenreihe

$$\frac{a_0}{2} + \sum_{n=1}^{\infty}(a_n \cos nx + b_n \sin nx)$$

heißt **Fourier-Reihe**. Es wird sich zeigen, daß es praktisch ist, $\frac{a_0}{2}$ als Koeffizienten von $\cos 0x$ zu wählen.

Wir stellen zunächst einige Eigenschaften der trigonometrischen Funktionen zusammen

Orthogonalitätsbeziehungen: Für $m, n \in \mathbb{N}_0$ gilt

$$\int_0^{2\pi} \cos mt \, \cos nt \, dt = 0 \quad \text{für } m \neq n$$

$$\int_0^{2\pi} \sin mt \, \sin nt \, dt = 0 \quad \text{für } m \neq n$$

$$\int_0^{2\pi} \cos mt \, \sin nt \, dt = 0 \; .$$

Normierungsbeziehungen:

$$\int_0^{2\pi} \cos^2 nt \, dt = \begin{cases} \pi & \text{für } n \in \mathbb{N} \\ 2\pi & \text{für } n = 0 \end{cases}$$

$$\int_0^{2\pi} \sin^2 nt \, dt = \begin{cases} \pi & \text{für } n \in \mathbb{N} \\ 0 & \text{für } n = 0. \end{cases}$$

Speziell ist $\int_0^{2\pi} \cos mt \, dt = 0$ für $m \in \mathbb{N}$ und $\int_0^{2\pi} \sin mt \, dt = 0$ für $m \in \mathbb{N}_0$. Orthogonalitäts- und Normierungsbeziehungen gelten auch bei Integration über ein Intervall $[a, a+2\pi]$ für beliebiges $a \in \mathbb{R}$. Denn für jede integrierbare 2π-periodische Funktion f gilt

$$\int_0^{2\pi} f(x) \, dx = \int_a^{a+2\pi} f(x) \, dx.$$

Ist eine 2π-periodische Funktion f durch eine Fourier-Reihe darstellbar,

$$f(x) = \frac{a_0}{2} + \sum_{n=1}^{\infty} (a_n \cos nx + b_n \sin nx),$$

und ist die Reihe gliedweise integrierbar (dies ist beispielsweise der Fall, falls die Reihe gleichmäßig konvergent ist), so ergeben sich nach Multiplikation mit $\cos mx$ bzw. $\sin mx$ und Integration über $[0, 2\pi]$ unter Verwendung der Orthogonalitäts- und Normierungsbeziehungen die in der folgenden Definition gegebenen expliziten Darstellungen der a_n und b_n.

Definition 21.1 *Die Funktion f sei auf* $[0, 2\pi]$ *integrierbar.*

(i)   *Die Zahlen*

$$a_n = \frac{1}{\pi} \int_0^{2\pi} f(x) \, \cos nx \, dx, \quad n = 0, 1, \dots$$

$$b_n = \frac{1}{\pi} \int_0^{2\pi} f(x) \, \sin nx \, dx, \quad n = 1, 2, \dots$$

heißen **Fourier-Koeffizienten** *von f.*

(ii)   *Die mit den Fourier-Koeffizienten von f formal gebildete Reihe*

$$FR(x) = \frac{a_0}{2} + \sum_{n=1}^{\infty} (a_n \cos nx + b_n \sin nx)$$

heißt **Fourier-Reihe** *von f.*

Bemerkungen und Ergänzungen:

(1)   Die Fourier-Reihen brauchen nicht zu konvergieren und im Falle der Konvergenz braucht der Reihenwert an einer Stelle x nicht mit $f(x)$ übereinzustimmen. Wir sprechen daher von einer formalen Zuordnung $f \sim FR$.

(2)   Die Wahl von $\frac{a_0}{2}$ als Koeffizient von $\cos 0x$ in FR erlaubt eine einheitliche Darstellung der a_n (auch für $n = 0$). Es ist $a_0 = \frac{1}{\pi} \int_0^{2\pi} f(x) \, dx$, so daß $\frac{a_0}{2}$ ein Mittelwert von f ist.

(3)   Ist f gerade, also $f(-x) = f(x)$ für $x \in \mathbb{R}$, so gilt

$$a_n = \frac{2}{\pi} \int_0^{\pi} f(x) \, \cos nx \, dx, \quad n \in \mathbb{N}_0$$
$$b_n = 0, \ n \in \mathbb{N}.$$

Ist f ungerade, also $f(-x) = -f(x)$ für $x \in \mathbb{R}$, so gilt

$$a_n = 0, \ n \in \mathbb{N}_0$$
$$b_n = \frac{2}{\pi} \int_0^{\pi} f(x) \, \sin nx \, dx, \quad n \in \mathbb{N}.$$

(4)   Da eine Abänderung einer integrierbaren Funktion in einzelnen Punkten das Integral nicht ändert, können verschiedene Funktionen identische Fourier-Reihen haben.

(5)   JEAN-BAPTISTE-JOSEPH FOURIER (1768-1830) entwickelte die Grundzüge der Theorie der trigonometrischen Reihen.

Beispiele:

(6)   Die Funktion f sei 2π-periodisch mit

$$f(x) = \begin{cases} x & \text{für } 0 \le x \le \pi \\ 2\pi - x & \text{für } \pi < x < 2\pi \end{cases}$$

Die Fourier-Koeffizienten sind, da f gerade,

$$n = 0: a_0 = \frac{2}{\pi} \int_0^\pi f(x)\,dx = \pi$$

$$n \in \mathbb{N}: a_n = \frac{2}{\pi} \int_0^\pi f(x) \cos nx\,dx$$

$$= \frac{2}{\pi} \int_0^\pi x \cos nx\,dx = \begin{cases} 0 & \text{für } n \text{ gerade} \\ -\frac{4}{\pi n^2} & \text{für } n \text{ ungerade} \end{cases}$$

$$n \in \mathbb{N}: b_n = 0.$$

Wir haben daher

$$FR(x) = \frac{\pi}{2} - \frac{4}{\pi}\left[\cos x + \frac{1}{3^2} \cos 3x + \frac{1}{5^2} \cos 5x + \cdots\right].$$

Die Fourier-Reihe ist offenbar gleichmäßig konvergent.

(7)   Die Funktion f sei 2π-periodisch mit $f(0) = 0$ und

$$f(x) = \pi - x \quad \text{für } 0 < x < 2\pi$$

Die Fourier-Koeffizienten sind, da f ungerade,

$$n \in \mathbb{N}_0: \quad a_n = 0$$

$$n \in \mathbb{N}: \quad b_n = \frac{2}{\pi} \int_0^\pi f(x) \sin nx\,dx = \frac{2}{\pi} \int_0^\pi (\pi - x) \sin nx\,dx = \frac{2}{n}.$$

Wir haben daher

$$FR(x) = 2\left[\sin x + \frac{\sin 2x}{2} + \frac{\sin 3x}{3} + \cdots\right] = 2 \sum_{n=1}^\infty \frac{\sin nx}{n}.$$

Aussagen zur Konvergenz der Reihe werden wir später geben.

Bisher haben wir der periodischen Funktion f nur formal die Fourier-Reihe zugeordnet. Wir untersuchen jetzt Konvergenzfragen.

Für eine unstetige Funktion f auf (a, b) heißt $x_0 \in (a, b)$ eine **Sprungstelle** von f, wenn die rechtsseitigen und linksseitigen Grenzwerte

$$f(x_{0+}) = \lim_{\substack{x \to x_0 \\ x > x_0}} f(x) \quad \text{und} \quad f(x_{0-}) = \lim_{\substack{x \to x_0 \\ x < x_0}} f(x)$$

existieren mit $f(x_{0+}) \ne f(x_{0-})$. Es heißt $h = f(x_{0+}) - f(x_{0-})$ **Sprung** von f an der Stelle x_0.

Eine Funktion f heißt auf dem Intervall $[a, b]$ **stückweise stetig**, wenn eine Zerlegung $\{x_0, x_1, \ldots, x_m\}$ mit $a = x_0 < x_1 < \cdots < x_m = b$ von $[a, b]$ so existiert, daß f auf allen offenen Intervallen (x_{i-1}, x_i), $i = 1, \ldots, m$, stetig ist und die rechtsseitigen Grenzwerte $f(x_{i+})$, $i = 0, 1, \ldots, m - 1$, und die linksseitigen Grenzwerte $f(x_{i-})$, $i = 1, \ldots m$, existieren. Wir beachten, daß die Funktionswerte $f(x_i)$, $i = 0, 1, \ldots, m$, in den Zerlegungspunkten dabei irrelevant sind. Eine Funktion f heißt auf $[a, b]$ **stückweise glatt** oder **stückweise stetig differenzierbar**, wenn ihre Ableitung stückweise stetig ist. Dabei braucht die Ableitung in den Zerlegungspunkten x_i, $i = 0, \ldots, m$, nicht zu existieren.

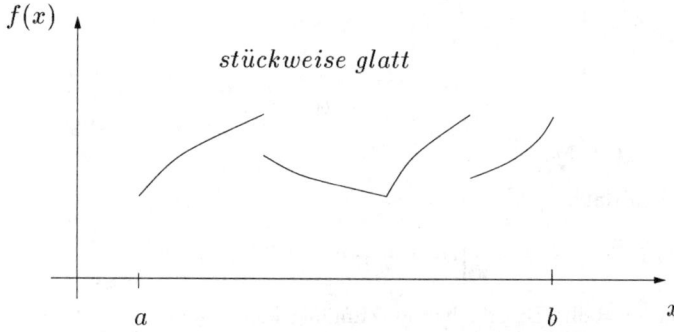

Eine stückweise glatte Funktion hat höchstens endlich viele Sprungstellen. Es gibt endlich viele Teilintervalle von $[a, b]$, so daß f im Innern jedes Teilintervalls eine stetige Ableitung besitzt.

Satz 21.1 *Die 2π-periodische Funktion f sei stückweise glatt auf $[0, 2\pi]$. Dann konvergiert die Fourier-Reihe von f für alle $x \in \mathbb{R}$ und es gilt*

$$\frac{f(x_+) + f(x_-)}{2} = \frac{a_0}{2} + \sum_{n=1}^{\infty} (a_n \cos nx + b_n \sin nx), \quad x \in \mathbb{R}.$$

Ist f stetig an der Stelle x, so gilt sogar

$$f(x) = \frac{a_0}{2} + \sum_{n=1}^{\infty} (a_n \cos nx + b_n \sin nx), \quad x \in \mathbb{R}.$$

Auf jedem abgeschlossenen Intervall, in dem f stetig ist, konvergiert die Fourier-Reihe gleichmäßig gegen f.

Bemerkungen und Ergänzungen:

(8)   An einer Sprungstelle x_0 der stückweise glatten Funktion f konvergiert die Fourier-Reihe gegen das arithmetische Mittel der rechts- und linksseitigen Grenzwerte $f(x_{0+})$ und $f(x_{0-})$.

(9)   Ist die 2π-periodische Funktion f stetig und stückweise glatt auf $[0, 2\pi]$, so konvergiert ihre Fourier-Reihe gleichmäßig gegen f. Sie konvergiert auch absolut und die Reihen $\sum_{n=1}^{\infty} |a_n|$ und $\sum_{n=1}^{\infty} |b_n|$ sind konvergent.

Beispiele:

(10)   In Beispiel (6) ist f stückweise glatt und sogar stetig. Daher gilt die Gleichheit

$$f(x) = \frac{\pi}{2} - \frac{4}{\pi} \sum_{k=0}^{\infty} \frac{\cos(2k+1)x}{(2k+1)^2} \ , \ x \in \mathbb{R}.$$

Für $x = 0$ erhalten wir als Nebenprodukt

$$\sum_{k=0}^{\infty} \frac{1}{(2k+1)^2} = 1 + \frac{1}{3^2} + \frac{1}{5^2} + \cdots = \frac{\pi^2}{8} \ .$$

(11)   Zu Beispiel (7) besagt Satz 21.1, daß die Fourier-Reihe $FR(x) = 2\sum_{n=1}^{\infty} \frac{\sin nx}{n}$ für alle $x \in \mathbb{R}$ konvergent ist. Sie konvergiert gegen $f(x)$ für alle $x \in \mathbb{R}$. Speziell für $x = 2\pi k$, $k \in \mathbb{Z}$, konvergiert die Fourier-Reihe gegen 0, das arithmetische Mittel der rechts- und linksseitigen Grenzwerte von f. Auf jedem abgeschlossenen Intervall $[a, b]$ mit $0 < a < b < 2\pi$ konvergiert die Fourier-Reihe gleichmäßig gegen f.

(12)   Die Funktion f sei 2π-periodisch mit

$$f(x) = \begin{cases} 0 & \text{für} \ x = 0 \text{ und } x = \pi \\ h & \text{für} \ 0 < x < \pi \\ -h & \text{für} \ \pi < x < 2\pi \end{cases}$$

für $h > 0$.

Da f ungerade, sind die Fourier-Koeffizienten

$$a_n = 0 \quad \text{für} \ n \in \mathbb{N}_0$$

$$b_n = \frac{2}{\pi} \int_0^{\pi} f(x) \sin nx \, dx = \frac{2}{\pi} \int_0^{\pi} h \sin nx \, dx$$

$$b_n = \begin{cases} \frac{4h}{\pi n} & \text{für} \ n \text{ ungerade} \\ 0 & \text{für} \ n \text{ gerade.} \end{cases}$$

Da f stückweise glatt auf $[0, 2\pi]$, konvergiert die Fourier-Reihe

$$FR(x) = \frac{4h}{\pi} \sum_{k=0}^{\infty} \frac{\sin[(2k+1)x]}{2k+1}$$

von f für alle $x \in \mathbb{R}$. Für $x \neq \pi k$, $k \in \mathbb{Z}$, konvergiert die Fourier-Reihe gegen $f(x)$. An den Sprungstellen $x = \pi k$, $k \in \mathbb{Z}$, konvergiert die Fourier-Reihe gegen

$$\frac{f(k\pi+) + f(k\pi-)}{2} = 0 = f(k\pi).$$

(13)   Wir veranschaulichen die Approximationen von f in (12) durch Partialsummen

$$s_{2m+1}(x) = \frac{4h}{\pi}\left[\sin x + \tfrac{1}{3}\sin 3x + \cdots + \frac{1}{2m+1}\sin[(2m+1)x]\right].$$

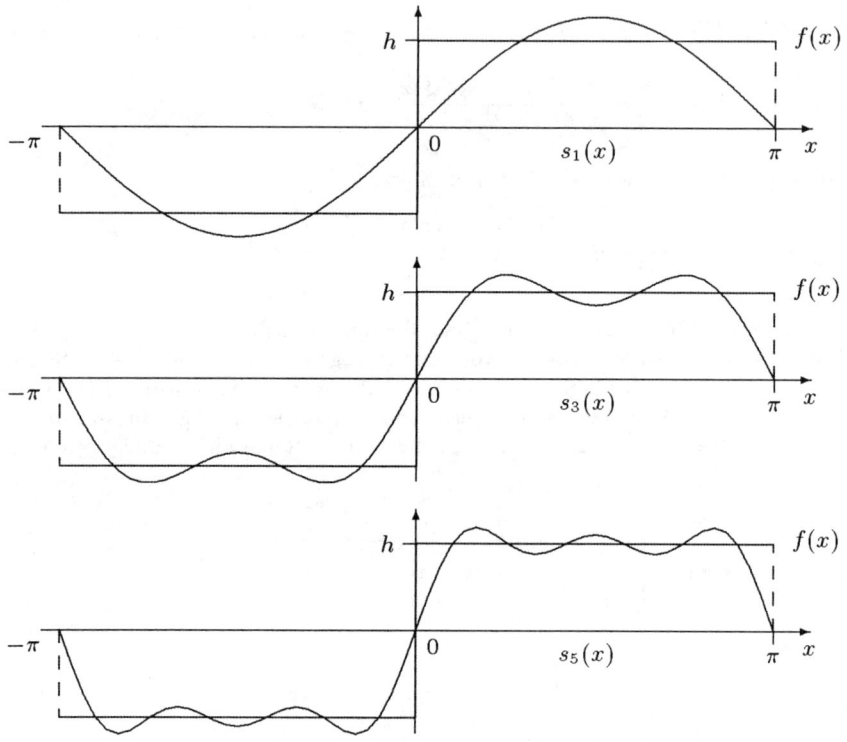

An den Sprungstellen von f schießen auch bei beliebig großem n die Partialsummen s_n über den halben Sprung hinaus. Diese Erscheinung nennt man **Gibbs'sches Phänomen** nach Josiah Willard Gibbs (1839-1903).

Ist die Funktion f periodisch mit der Periode $T > 0$ mit $T \neq 2\pi$, so sind obige Ergebnisse durch eine lineare Transformation direkt übertragbar. Die Fourier-Reihe von f mit der Periode $T > 0$ lautet

$$f(x) \sim \frac{a_0}{2} + \sum_{n=1}^{\infty}\left(a_n\cos\frac{2\pi}{T}nx + b_n\sin\frac{2\pi}{T}nx\right)$$

mit den Fourier-Koeffizienten

$$a_n = \frac{2}{T}\int_0^T f(x)\cos\left(\frac{2\pi}{T}nx\right)dx, \quad n = 0,1,2,\ldots$$

$$b_n = \frac{2}{T} \int_0^T f(x) \sin\left(\frac{2\pi}{T} nx\right) dx, \quad n = 1, 2, \ldots$$

Für gerade bzw. ungerade Funktionen gelten wieder Vereinfachungen analog zu oben.

Beispiele:

(14)   Für $T > 0$ sei $f(x) = |\cos \frac{\pi}{T} x|$, $x \in \mathbb{R}$. Es ist f periodisch mit der Periode T.

Da f gerade, lauten die Fourier-Koeffizienten

$$b_n = 0 \quad \text{für } n \in \mathbb{N}$$

$$a_0 = \frac{2}{T} \int_0^T f(x)\, dx = \frac{4}{T} \int_0^{T/2} \cos \frac{\pi}{T} x\, dx = \frac{4}{\pi}$$

$$a_n = \frac{2}{T} \int_0^T f(x) \cos\left(\frac{2\pi}{T} nx\right) dx = \frac{4}{T} \int_0^{T/2} \cos \frac{\pi}{T} x \cdot \cos\left(\frac{2\pi}{T} nx\right) dx.$$

Ausführung der Integration liefert

$$a_n = \frac{4}{\pi} \frac{(-1)^n}{1 - 4n^2}, \quad n \in \mathbb{N}.$$

Da f stetig und stückweise glatt, gilt

$$|\cos \frac{\pi}{T} x| = \frac{4}{\pi} \left[\frac{1}{2} + \sum_{n=1}^{\infty} \frac{(-1)^{n+1}}{4n^2 - 1} \cos\left(\frac{2\pi}{T} nx\right)\right], \quad x \in \mathbb{R}.$$

Für $x = 0$ folgt

$$\sum_{n=1}^{\infty} \frac{(-1)^{n+1}}{4n^2 - 1} = \frac{\pi}{4} - \frac{1}{2}.$$

Eine Fourier-Reihe läßt sich auch in **komplexer Schreibweise** darstellen. Basierend auf der eulerschen Formel $e^{it} = \cos t + i \sin t$, $t \in \mathbb{R}$, definieren wir für $n \in \mathbb{Z}$ das komplexe Integral

$$\int_{-\pi}^{\pi} f(x) e^{inx}\, dx = \int_{-\pi}^{\pi} f(x) \cos nx\, dx + i \int_{-\pi}^{\pi} f(x) \sin nx\, dx.$$

Die Fourier-Reihe einer stückweise glatten, 2π-periodischen Funktion läßt sich dann schreiben in der komplexen Form

$$FR(x) = \sum_{n=-\infty}^{\infty} c_n e^{inx}, \quad x \in \mathbb{R}$$

wobei unter der Summe der Grenzwert $\lim_{N\to\infty} \sum_{n=-N}^{N} c_n e^{inx}$ zu verstehen ist.

Die **komplexen Fourier-Koeffizienten** c_n haben die Darstellung

$$c_n = \frac{1}{2\pi} \int_{-\pi}^{\pi} f(x)e^{-inx}\, dx, \quad n \in \mathbb{Z}.$$

TESTS

T21.1: Die Funktion $g : \mathbb{R} \to \mathbb{R}$ mit $D(g) = [-1, 1]$ und
$g(x) = \begin{cases} x^2 & \text{für } x \in [-1, 0] \\ \sqrt{x} & \text{für } x \in (0, 1] \end{cases}$ sei gegeben. Dann gilt

( ) g ist stückweise stetig

( ) g ist stetig

( ) g ist beschränkt

( ) g ist stückweise glatt.

T21.2: Sei f eine 2π-periodische Funktion, die auf $[0, 2\pi]$ stückweise glatt ist. Dann gilt:

( )   Die Fourier-Reihe von f konvergiert punktweise.

( )   Die Fourier-Reihe von f konvergiert punktweise gegen f für alle $x \in \mathbb{R}$.

( )   Auf jedem abgeschlossenen Intervall, in dem f stetig ist, konvergiert die Fourier-Reihe gleichmäßig gegen f.

T21.3: Sei $f : \mathbb{R} \to \mathbb{R}$ mit $D(f) = \mathbb{R}$ die 2π-periodische Fortsetzung der durch $f_1 : \mathbb{R} \to \mathbb{R}$ mit $D(f_1) = [-\pi, \pi)$ und $f_1(x) = \sqrt{x + \pi}$ gegebenen Funktion. Dann gilt

( ) f ist stetig auf $[-2\pi, 2\pi]$

( ) f ist stückweise stetig auf $[-2\pi, 2\pi]$

( ) f ist glatt auf $[-2\pi, 2\pi]$

( ) f ist stückweise glatt auf $[-2\pi, 2\pi]$.

T21.4: Für die Funktion $f : \mathbb{R} \to \mathbb{R}$ mit $D(f) = \mathbb{R}$ und $f(x) = \sin \frac{2}{3}x$ gilt

( ) f hat die Periode $T = \frac{2}{3}\pi$

( ) f hat die Periode $T = \frac{3}{2}\pi$

( ) f hat die Periode $T = 3\pi$

( ) $\sin \frac{2}{3}x$ ist die Fourier-Reihe von f.

T21.5: Seien $f, g : \mathbb{R} \to \mathbb{R}$ mit $D(f) = D(g) = \mathbb{R}$ ungerade, 2π-periodische, integrierbare Funktionen. Dann gilt für $f + g$ und $f \cdot g$ sowie für die Fourier-Koeffizienten a_n und b_n von f

( ) $f(x + 2\pi) = -f(-x), \; x \in \mathbb{R}$

( ) $f + g : \mathbb{R} \to \mathbb{R}$ mit $D(f + g) = \mathbb{R}$ ist eine ungerade, 2π-periodische Funktion

( ) $f \cdot g : \mathbb{R} \to \mathbb{R}$ mit $D(f \cdot g) = \mathbb{R}$ ist eine ungerade, 2π-periodische Funktion

( ) $a_n = \frac{1}{\pi} \int_0^{2\pi} f(x) \cos nx \, dx = 0$ für alle $n \in \mathbb{N}_0$

( ) $b_n = \frac{1}{\pi} \int_0^{2\pi} f(x) \sin nx \, dx = 0$ für alle $n \in \mathbb{N}$.

ÜBUNGEN

Ü21.1:   Sei $g : \mathbb{R} \to \mathbb{R}$ mit $D(g) = \mathbb{R}$, die 2π-periodische Fortsetzung der durch $g_1 : \mathbb{R} \to \mathbb{R}$ mit $D(g_1) = [-\pi, \pi)$ und $g_1(x) = e^x$ gegebenen Funktion.

a)   Skizzieren Sie g auf dem Intervall $[-3\pi, 3\pi]$

b)   Bestimmen Sie die Fourier-Koeffizienten von g.

c)   Gegen welche Funktion konvergiert die Fourier-Reihe von g?

d)   Wie verändern sich Fourier-Koeffizienten, wenn g_1 durch $g_2 : \mathbb{R} \to \mathbb{R}$ mit $D(g_2) = [-\pi, \pi)$ und $g_2(x) = e^{|x|}$ ersetzt wird?

Ü21.2:   Berechnen Sie die Fourier-Koeffizienten der Funktionen

a) $\cos(x + \frac{\pi}{4}), \; x \in \mathbb{R}$

b) $|\sin x|, \; x \in \mathbb{R}$.

Ü21.3:   Sei $f : \mathbb{R} \to \mathbb{R}$ mit $D(f) = [0, \pi]$ und $f(x) = x^2$. Seien $g : \mathbb{R} \to \mathbb{R}$ mit $D(g) = \mathbb{R}$ die gerade, 2π-periodische, und $h : \mathbb{R} \to \mathbb{R}$ mit $D(h) = \mathbb{R}$ die ungerade, 2π-periodische Fortsetzung von f (wobei h an den Sprungstellen Null gesetzt werde).

a)   Skizzieren Sie g und h.

b)   Bestimmen Sie die Fourier-Reihen von g und h.

Gegen welche Funktionen konvergieren die Fourier-Reihen?

c)   Leiten Sie aus der Fourier-Reihe von g eine Reihenentwicklung für $\frac{\pi^2}{12}$ ab.

Ü21.4:   Sei $f : \mathbb{R} \to \mathbb{R}$ mit $D(f) = \mathbb{R}$ und $T = 1$ die T-periodische Fortsetzung der durch $f_1 : \mathbb{R} \to \mathbb{R}$ mit $D(f_1) = [0,1)$ und $f_1(x) = \cosh(2\pi x)$ gegebenen Funktion.

   a)   Bestimmen Sie die Fourier-Koeffizienten von f.

   b)   Gegen welche Funktion konvergiert die Fourier-Reihe von f?

Ü21.5:   Sei $f : \mathbb{R} \to \mathbb{R}$ mit $D(f) = \mathbb{R}$ und $T = 2$ die T-periodische Fortsetzung der durch $f_1 : \mathbb{R} \to \mathbb{R}$ mit $D(f_1) = [-1,1)$ und

$$f_1(x) = \begin{cases} -\pi^2 x(1+x) & \text{für } -1 \leq x \leq 0 \\ \pi^2 x(1-x) & \text{für } 0 < x < 1 \end{cases} \quad \text{gegebenen Funktion.}$$

   a)   Skizzieren Sie die Funktion f auf dem Intervall $I = [-3, 3]$.

   b)   Bestimmen Sie die Fourier-Koeffizienten von f.

   c)   Untersuchen Sie, ob die Fourier-Reihe von f konvergiert und bestimmen Sie gegebenenfalls die Grenzfunktion.

   d)   Bestimmen Sie den Wert der Summe $\sum_{n=1}^{\infty} \frac{1}{n^2}$.

22   Reelle Funktionen mehrerer Veränderlicher

In 3(18) haben wir die Menge $\mathbb{R}^2$ als Menge der geordneten Paare reeller Zahlen eingeführt. Wir erweitern die Definition auf beliebige Dimensionen. Für $n \in \mathbb{N}$ heißt die Menge

$$\mathbb{R}^n = \left\{ X : X = (x_1, x_2, \ldots, x_n),\ x_1 \in \mathbb{R}, \ldots, x_n \in \mathbb{R} \right\}$$

n-dimensionaler Punktraum. Es ist die Menge aller geordneter n-Tupel $(x_1, \ldots, x_n)$ von n reellen Zahlen. Die x_i, $i = 1, \ldots, n$, heißen auch Komponeneten von X.

Für $n = 1$ schreiben wir $\mathbb{R} = \mathbb{R}^1$. In den Fällen $n = 1, 2, 3$ lassen sich die Elemente von $\mathbb{R}^n$ veranschaulichen

$n = 1:$

$n = 2:$

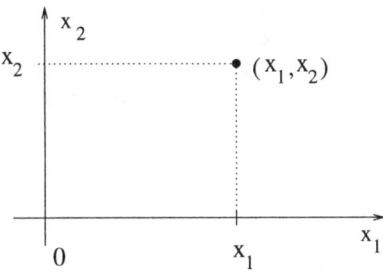

$n = 3:$

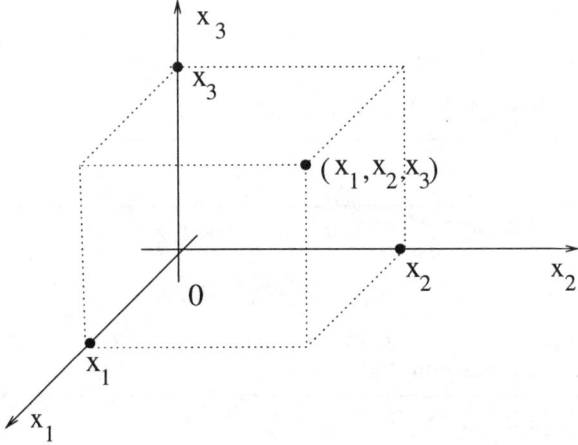

Für die Elemente von $\mathbb{R}^n$ vereinbaren wir Rechenregeln. Mit $X = (x_1, x_2, \ldots, x_n) \in \mathbb{R}^n$ und $Y = (y_1, y_2, \ldots, y_n) \in \mathbb{R}^n$ seien

$$cX = (cx_1, cx_2, \ldots, cx_n) \quad \text{für} \quad c \in \mathbb{R}$$

(**Multiplikation** mit einem **Skalar**),

$$X + Y = (x_1 + y_1, x_2 + y_2, \ldots, x_n + y_n)$$

(**Addition**),

$$X \cdot Y = x_1 y_1 + x_2 y_2 + \cdots + x_n y_n$$

(**Skalarprodukt**),

$$\|X\| = \sqrt{x_1^2 + x_2^2 + \cdots + x_n^2}$$

(**Betrag** oder (euklidische) **Norm** von X.)

Ein $\mathbb{R}^n$ mit diesen Rechenregeln heißt auch reeller (euklidischer) n-dimensionaler Vektorraum.

Speziell ist dann $-X = (-x_1, -x_2, \ldots, -x_n)$ und $\|X\|^2 = X \cdot X = X^2$. Wir bezeichnen mit $O = (0, 0, \ldots, 0)$ das Element, bei dem alle Komponenten Null sind. Es ist $X = O$ genau dann, wenn $\|X\| = 0$. Für $c \in \mathbb{R}$ gilt $\|cX\| = |c| \cdot \|X\|$ und es gilt die

---

Dreiecksungleichung

$$\|X + Y\| \le \|X\| + \|Y\| \quad \text{für } X, Y \in \mathbb{R}^n,$$

---

sowie die

Cauchy-Schwarzsche Ungleichung

$$|X \cdot Y| \le \|X\| \cdot \|Y\| \quad \text{für } X, Y \in \mathbb{R}^n.$$

Definition 22.1 *Ist $X_0 \in \mathbb{R}^n$, so heißt für jedes $\varepsilon > 0$ die Menge*

$$U_\varepsilon(X_0) = \{X : X \in \mathbb{R}^n, \|X - X_0\| < \varepsilon\}$$

*eine ε-**Umgebung** von X_0. Eine Menge $U(X_0)$, die eine ε-Umgebung von X_0 enthält, heißt **Umgebung** von X_0.*

Definition 22.2

(i) $X_0 \in \mathbb{R}^n$ *heißt* **innerer Punkt** *einer Menge* $M \subset \mathbb{R}^n$*, wenn es eine ε-Umgebung von X_0 gibt, die ganz in M liegt. Die Menge $\underline{M}$ der inneren Punkte von M heißt* **Inneres** *von M.*

(ii) $X_0 \in \mathbb{R}^n$ *heißt* **Randpunkt** *einer Menge* $M \subset \mathbb{R}^n$*, wenn jede ε-Umgebung von X_0 mindestens einen Punkt aus M und mindestens einen Punkt, der nicht zu M gehört, enthält. Die Menge ∂M der Randpunkte von M heißt der* **Rand** *von M.*

(iii)   *Die Menge $\overline{M} = M \cup \partial M$ heißt* **abgeschlossene Hülle** *von M.*

Definition 22.3

(i)   *Eine Menge $M \subset \mathbb{R}^n$ heißt* **offen***, wenn jeder Punkt von M ein innerer Punkt ist.*

(ii)   *Eine Menge $M \subset \mathbb{R}^n$ heißt* **abgeschlossen***, wenn ihr Rand ∂M zu M gehört.*

(iii)   *Eine Menge $M \subset \mathbb{R}^n$ heißt* **beschränkt***, wenn es eine Zahl $r > 0$ gibt, so daß $\|X\| \leq r$ für alle $X \in M$.*

(iv)   *Eine Menge $M \subset \mathbb{R}^n$ heißt* **kompakt***, wenn M abgeschlossen und beschränkt ist.*

Bemerkungen und Ergänzungen:

(1)   Im $\mathbb{R}^1$ ist $U_\varepsilon(X_0)$ das "offene" Intervall $(X_0 - \varepsilon, X_0 + \varepsilon)$.
Im $\mathbb{R}^2$ ist $U_\varepsilon(X_0)$ die "offene" Kreisscheibe mit Mittelpunkt X_0 und Radius ε.
Im $\mathbb{R}^3$ ist $U_\varepsilon(X_0)$ die "offene" Kugel mit Mittelpunkt X_0 und Radius ε.

(2)   Statt Inneres $\underline{M}$ von M nennt man $\underline{M}$ auch (offener) Kern der Menge M. Es ist $\underline{M}$ eine offene Menge.

(3)   Eine Menge M ist genau dann offen, wenn $M = \underline{M}$.

(4)   Für eine abgeschlossene Menge gilt: $\partial M \subset M$. Der Rand ∂M ist abgeschlossen.

(5) $\underline{M} \cap \partial M = \emptyset$.

(6)   Die abgeschlossene Hülle $\overline{M}$ ist eine abgeschlossene Menge.

(7)   Eine Menge M ist genau dann abgeschlossen, wenn $M = \overline{M}$.

(8)   Für $A = (a_1, \ldots, a_n) \in \mathbb{R}^n$ und $B = (b_1, \ldots, b_n) \in \mathbb{R}^n$ mit $a_i < b_i$, $i = 1, \ldots, n$, heißt die Punktmenge

   (i) $(A, B) = \{X : X = (x_1, \ldots, x_n),\ a_i < x_i < b_i,\ i = 1, \ldots, n\}$ **offenes Intervall** im $\mathbb{R}^n$.

(ii) $[A, B] = \{X : X = (x_1, \ldots, x_n),\ a_i \leq x_i \leq b_i,\ i = 1, \ldots, n\}$ **abgeschlossenes Intervall** im $\mathbb{R}^n$.

Beispiele:

(9)   Sei $M = \{X : X \in \mathbb{R}^2,\ x_1 \geq 0,\ x_2 \geq 0\}$. Es ist M abgeschlossen, nicht beschränkt, nicht kompakt. Der Punkt $A = (1, 1)$ ist innerer Punkt, der Punkt $B = (2, 0)$ ist Randpunkt.

(10)   Für $\varepsilon > 0$ ist die Menge $M = U_\varepsilon(0) = \{X : X \in \mathbb{R}^2,\ x_1^2 + x_2^2 < \varepsilon^2\}$ offen, beschränkt, nicht kompakt. Der Rand ist $\partial M = \{X : X \in \mathbb{R}^2,\ x_1^2 + x_2^2 = \varepsilon^2\}$. Es ist $M = \underline{M}$.

(11)   Für $\varepsilon > 0$ ist die Menge $M = \{X : X \in \mathbb{R}^2,\ x_1^2 + x_2^2 \leq \varepsilon^2\}$ abgeschlossen, beschränkt, kompakt. Der Rand ist $\partial M = \{X : X \in \mathbb{R}^2,\ x_1^2 + x_2^2 = \varepsilon^2\}$. Es ist $\underline{M} = U_\varepsilon(0)$ und $\overline{M} = M$.

(12)   Für $\varepsilon > 0$ ist die Menge $M = \{X : X \in \mathbb{R}^2,\ x_1^2 + x_2^2 = \varepsilon^2\}$ abgeschlossen, beschränkt und kompakt. Es ist $\partial M = M = \overline{M}$ und $\underline{M} = \emptyset$.

(13)   Für $a < b$ und $c < d$ ist die Menge

$$M = \{X : X \in \mathbb{R}^2,\ a < x_1 \leq b,\ c < x_2 \leq d\}$$

weder offen noch abgeschlossen.

(14) $\mathbb{R}^n$ und die leere Menge $\emptyset$ sind offen und auch abgeschlossen.

Sei M eine Menge von Elementen aus dem $\mathbb{R}^n$. Ordnet man jeder natürlichen Zahl $k \in \mathbb{N}$ ein Element $X_k \in M$ zu, so entsteht eine Folge $(X_k)_{k \in \mathbb{N}}$ im $\mathbb{R}^n$.

Definition 22.4 *Eine Folge $(X_k)_{k \in \mathbb{N}}$ von Elementen $X_k \in \mathbb{R}^n$, $k \in \mathbb{N}$, heißt* **konvergent***, wenn ein $X \in \mathbb{R}^n$ existiert mit folgender Eigenschaft: Zu jedem $\varepsilon > 0$ gibt es ein $N(\varepsilon) \in \mathbb{N}$, so daß*

$$\|X_k - X\| < \varepsilon$$

für alle natürlichen Zahlen $k \geq N(\varepsilon)$. Dann heißt X der **Grenzwert** *der Folge und man schreibt $X = \lim_{k \to \infty} X_k$ oder $X_k \to X$ für $k \to \infty$. Eine Folge, die nicht konvergiert, heißt* **divergent**.

Satz 22.1 *Die Folge $(X_k)_{k \in \mathbb{N}}$ von Elementen $X_k = (x_1^k, x_2^k, \ldots, x_n^k) \in \mathbb{R}^n$ ist genau dann konvergent gegen den Grenzwert $X = (x_1, x_2, \ldots, x_n) \in \mathbb{R}^n$, falls für jedes feste i, $i = 1, \ldots, n$, die Folgen $(x_i^k)_{k \in \mathbb{N}}$ der Komponenten konvergieren mit $\lim_{k \to \infty} x_i^k = x_i$.*

Bemerkungen und Ergänzungen:

(15) Um die Folge $(X_k)_{k\in\mathbb{N}}$ von Elementen $X_k \in \mathbb{R}^n$ auf Konvergenz zu untersuchen, kann man die n Folgen $(x_i^k)_{k\in\mathbb{N}}$, $i = 1, \ldots, n$, reeller Zahlen auf Konvergenz untersuchen (koordinatenweise Konvergenz).

(16) Für Konvergenzuntersuchungen der Folge $(X_k)_{k\in\mathbb{N}}$, $X_k \in \mathbb{R}^n$, lassen sich damit die Aussagen aus Kapitel 7 über reelle Zahlenfolgen heranziehen.

Beispiele:

(17) In der Folge $(X_k)_{k\in\mathbb{N}}$ sei $X_k = \left(\frac{2k^3+1}{k^3+2k-1}, \left(1+\frac{1}{k}\right)^k, \frac{k!}{k^k} \right) \in \mathbb{R}^3$. Es herrscht koordinatenweise Konvergenz, so daß die Folge konvergent ist mit dem Grenzwert

$$X = (2, e, 0).$$

(18) In der Folge $(X_k)_{k\in\mathbb{N}}$ sei $X_k = \left(\frac{1}{k!}, \sum_{l=1}^{k} \frac{1}{l} \right) \in \mathbb{R}^2$. Da die Folge $\left(\sum_{l=1}^{k} \frac{1}{l} \right)_{k\in\mathbb{N}}$ der zweiten Komponenten divergent ist, ist die Folge $(X_k)_{k\in\mathbb{N}}$ divergent.

Definition 22.5 *Eine Vorschrift f, die jedem Element $X = (x_1, \ldots, x_n)$ einer Teilmenge $D(f) \subset \mathbb{R}^n$ genau ein Element $y = f(X) = f(x_1, x_2, \ldots, x_n) \in \mathbb{R}$ zuordnet, heißt* **reelle Funktion von n reellen Veränderlichen**.

Bemerkungen und Ergänzungen:

(19) Eine reelle Funktion von n Veränderlichen ist also eine Abbildung $f : \mathbb{R}^n \to \mathbb{R}$ mit der Definitionsmenge $D(f) \subset \mathbb{R}^n$ und der Bildmenge $B(f) = \{y : y = f(X), X \in D(f)\} \subset \mathbb{R}$.

(20) Im Fall $n = 2$ kann man f geometrisch veranschaulichen.

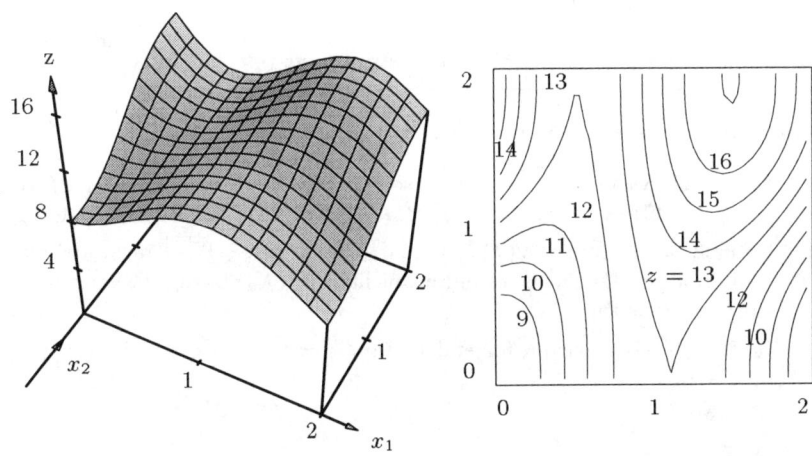

Schreiben wir $z = f(x_1, x_2)$, so läßt sich der Graph $\{(x_1, x_2, z) : (x_1, x_2) \in D(f), z = f(x_1, x_2)\}$ im x_1-x_2-z-Koordinatensystem darstellen ("Gebirge" über der x_1-x_2-Ebene). Hilfreich sind auch die Niveaumengen (Höhenlinien)

$$\{X : X \in D(f), f(X) = c\}$$

zum Niveau $c \in \mathbb{R}$, auf denen f konstant gleich c ist.

Beispiele:

(21)   Die Norm von $X \in \mathbb{R}^n$ ist eine reelle Funktion von n Veränderlichen, $f : \mathbb{R}^n \to \mathbb{R}$ mit $D(f) = \mathbb{R}^n$ und

$$f(X) = \|X\| = \sqrt{x_1^2 + x_2^2 + \cdots + x_n^2}.$$

(22)   Sei $f : \mathbb{R}^2 \to \mathbb{R}$ mit $D(f) = \mathbb{R}^2$ und $f(x_1, x_2) = x_1^2 + x_2^2$. Der Graph läßt sich als Fläche über der x_1-x_2-Ebene darstellen, die Niveaumengen sind Kreise.

Ein Punkt $X_0 \in \mathbb{R}^n$ heißt **Häufungspunkt** einer Menge $M \subset \mathbb{R}^n$, wenn in jeder ε-Umgebung von X_0 unendlich viele Elemente aus M liegen. Dabei muß X_0 nicht zu M gehören.

Ist $X_0 \in \mathbb{R}^n$ Häufungspunkt von M so gibt es eine Folge $(X_k)_{k \in \mathbb{N}}$ mit $X_k \in M$ und $X_k \neq X_0$ für $k \in \mathbb{N}$, die gegen X_0 konvergiert.

Definition 22.6 *Sei $f : \mathbb{R}^n \to \mathbb{R}$ mit der Definitionsmenge $D(f)$ eine reelle Funktion von n Veränderlichen und sei $X_0 \in \mathbb{R}^n$ ein Häufungspunkt von $D(f)$. Existiert ein $c \in \mathbb{R}$, so daß für **jede** Folge $(X_k)_{k \in \mathbb{N}}$ mit*

$$X_k \in D(f), \ X_k \neq X_0, \ \lim_{k \to \infty} X_k = X_0$$

die Beziehung

$$\lim_{k \to \infty} f(X_k) = c$$

*gilt, so hat f an der Stelle X_0 den **Grenzwert** c.*

Bemerkungen und Ergänzungen:

(23)   Hat f an X_0 den Grenzwert c, so schreibt man auch $\lim_{X \to X_0} f(X) = c$ oder $f(X) \to c$ für $X \to X_0$.

(24)   Es muß X_0 nicht zu $D(f)$ gehören, es muß also $f(X_0)$ nicht definiert sein. Die Definition des Grenzwertes nimmt nicht auf $f(X_0)$ bezug. Existiert der Grenzwert, so ist er eindeutig.

(25)   Im $\mathbb{R}^2$ schreiben wir im folgenden statt $X = (x_1, x_2) \in \mathbb{R}^2$ oft $X = (x, y) \in \mathbb{R}^2$.

Beispiele:

(26) Sei $M = \{X : X = (x,y) \in \mathbb{R}^2, \, 0 \leq x < 1, \, 0 < y < 1\} \cup$
$\{X : X = (x,y) \in \mathbb{R}^2, \, 0 \leq x < 2, \, y = 1\}$

Die Menge der Häufungspunkte von M ist

$H = \{X : X = (x,y) \in \mathbb{R}^2, 0 \leq x \leq 1, \, 0 \leq y \leq 1\} \cup$
$\{X : X = (x,y) \in \mathbb{R}, \, 1 < x \leq 2, \, y = 1\}.$

(27) Sei $f : \mathbb{R}^2 \to \mathbb{R}$ mit $D(f) = \mathbb{R}^2 \backslash \{(0,0)\}$ und

$$f(x,y) = \frac{x^2 y^2}{x^2 + y^2}$$

An der Stelle $X_0 = (0,0) \notin D(f)$, die Häufungspunkt von $D(f)$ ist, hat f den Grenzwert $c = 0$. Denn für jede Folge $(X_k)_{k \in \mathbb{N}}$ mit
$X_k = (x_k, y_k) \in D(f)$, $(x_k, y_k) \neq (0,0)$, $\lim_{k \to \infty}(x_k, y_k) = (0,0)$ gilt

$$|f(x_k, y_k) - c| = \left| \frac{x_k^2 y_k^2}{x_k^2 + y_k^2} - 0 \right| \leq \left| \frac{x_k^2 y_k^2}{x_k^2} \right| = |y_k^2| \to 0$$

für $(x_k, y_k) \to (0,0)$.

(28) Sei $f : \mathbb{R}^2 \to \mathbb{R}$ mit $D(f) = \mathbb{R}^2 \backslash \{(0,0)\}$ und

$$f(x,y) = \frac{x^2 - y^2}{x^2 + y^2}$$

An der Stelle $X_0 = (0,0) \notin D(f)$, die Häufungspunkt von $D(f)$ ist, hat f keinen Grenzwert. Zum Beweis betrachten wir einmal Folgen $(X_k)_{k \in \mathbb{N}} = ((x_k, 0))_{k \in \mathbb{N}}$ mit $(x_k, 0) \neq (0,0)$, $\lim_{k \to \infty}(x_k, 0) = (0,0)$. Wegen $f(X_k) = 1$ für alle k ist $\lim_{k \to \infty} f(X_k) = 1$. Zum anderen betrachten wir Folgen $(X_k)_{k \in \mathbb{N}} = ((0, y_k))_{k \in \mathbb{N}}$ mit $(0, y_k) \neq (0,0)$, $\lim_{k \to \infty}(0, y_k) = (0,0)$. Wegen $f(X_k) = -1$ für alle k ist $\lim_{k \to \infty} f(X_k) = -1$. Beide Grenzwerte existieren zwar, sind aber verschieden. Also hat f an $(0,0)$ keinen Grenzwert.

Definition 22.7 *Eine Funktion $f : \mathbb{R}^n \to \mathbb{R}$ mit der Definitionsmenge $D(f)$ heißt* **stetig** *an der Stelle $X_0 \in D(f)$, wenn für jede Folge $(X_k)_{k \in \mathbb{N}}$ mit*

$$X_k \in D(f), \quad \lim_{k \to \infty} X_k = X_0 \qquad gilt \qquad \lim_{k \to \infty} f(X_k) = f(X_0).$$

Es heißt f **stetig auf** *$M \subset D(f)$, falls f stetig ist an allen Stellen $X_0 \in M$.*

Bemerkungen und Ergänzungen:

(29) Es heißt f stetig, falls f stetig auf $D(f)$. Im Gegensatz zur Grenzwertdefinition ist $X_0 \in D(f)$ gefordert, $f(X_0)$ muß also definiert sein. Ist f stetig an X_0, so ist $\lim_{k \to \infty} f(X_k) = f(\lim_{k \to \infty} X_k)$.

(30) Die Funktion f heißt unstetig an der Stelle $X_0 \in D(f)$, wenn sie nicht stetig an X_0 ist. Dann gibt es (mindestens) eine Folge $(X_k)_{k\in\mathbb{N}}$ mit $X_k \in D(f)$ und $\lim_{k\to\infty} X_k = X_0$, für die die Bildfolge $(f(X_k))_{k\in\mathbb{N}}$ nicht konvergent oder aber konvergent gegen einen Wert $c \neq f(X_0)$ ist.

Beispiele:

(31) Sei $f: \mathbb{R}^2 \to \mathbb{R}$ mit $D(f) = \mathbb{R}^2$ und

$$f(x,y) = \begin{cases} \dfrac{x^2 y^2}{x^2 + y^2} & \text{für } (x,y) \neq (0,0) \\ 0 & \text{für } (x,y) = (0,0) \end{cases}$$

Es ist f stetig an der Stelle $X_0 = (0,0) \in D(f)$ wie Beispiel (27) zeigt.

(32) Sei $f: \mathbb{R}^2 \to \mathbb{R}$ mit $D(f) = \mathbb{R}^2$ und

$$f(x,y) = \begin{cases} \dfrac{xy}{x^2 + y^2} & \text{für } (x,y) \neq (0,0) \\ 0 & \text{für } (x,y) = (0,0). \end{cases}$$

Es ist f nicht stetig an der Stelle $X_0 = (0,0) \in D(f)$. Betrachten wir nämlich Folgen $(X_k)_{k\in\mathbb{N}} = ((x_k,0))_{k\in\mathbb{N}}$ mit $(x_k,0) \neq (0,0)$ und $\lim_{k\to\infty}(x_k,0) = (0,0)$, so ist $f(X_k) = 0$ für alle k und damit $\lim f(X_k) = 0$. Betrachten wir andererseits Folgen $(X_k)_{k\in\mathbb{N}} = ((x_k,x_k))_{k\in\mathbb{N}}$ (Winkelhalbierende) mit $(x_k,x_k) \neq (0,0)$ und $\lim_{k\to\infty}(x_k,x_k) = (0,0)$, so gilt $f(X_k) = \frac{1}{2}$ und damit $\lim_{k\to\infty} f(X_k) = \frac{1}{2}$.

Satz 22.2 *Sind $f: \mathbb{R}^n \to \mathbb{R}$ mit $D(f) = D$ und $g: \mathbb{R}^n \to \mathbb{R}$ mit $D(g) = D$ stetig an X_0, so sind auch $c \cdot f$ für $c \in \mathbb{R}$, $f + g$, $f \cdot g$ und auch $\dfrac{f}{g}$, falls $g(X_0) \neq 0$, stetig an X_0.*

Satz 22.3 *Sei $f: \mathbb{R}^n \to \mathbb{R}$ stetig auf $D(f)$ und $D(f)$ sei kompakt. Dann ist f beschränkt und es besitzt f ein Maximum und ein Minimum, d.h. es gibt $X^* \in D(f)$ mit $f(X^*) \geq f(X)$ und $X_* \in D(f)$ mit $f(X_*) \leq f(X)$ für alle $X \in D(f)$.*

TESTS

T22.1: Sei $M = \{(x, y) \in \mathbb{R}^2 : 1 < x < 3,\ |y| \leq \frac{1}{x}\}$. Dann gilt

( ) $(1, 1)$ ist innerer Punkt von M

( ) $(1, 1)$ ist Häufungspunkt von M

( ) M ist beschränkt

( ) M ist kompakt.

T22.2: Seien $M_1 = [(0, 0), (2, 2)]$, $M_2 = ((1, 1), (3, 3))$. Dann gilt

( ) $M_1 \cap M_2$ ist abgeschlossen

( ) M_2 ist kompakt

( ) $M_1 \cup M_2$ ist weder offen noch abgeschlossen

( ) $M_1 \backslash M_2$ ist gleich der Menge ihrer Häufungspunkte.

T22.3: Gegeben sei die Funktion $f : \mathbb{R}^2 \to \mathbb{R}$ mit $D(f) = \mathbb{R}^2$ und

$$f(x, y) = \begin{cases} \dfrac{x^2 y}{x^4 + y^2} & \text{für } (x, y) \neq (0, 0) \\ 0 & \text{für } (x, y) = (0, 0). \end{cases}$$

Dann gilt:

( )   Entlang einer beliebigen Geraden G durch den Ursprung ist $\lim_{\substack{(x,y) \to (0,0) \\ (x,y) \in G}} f(x, y) = 0$.

( ) $\lim_{\substack{x \to 0 \\ x > 0}} f(x, x^2) = 0$.

( ) f ist stetig an der Stelle $(0, 0)$.

T22.4: Eine stetige Funktion $f : \mathbb{R}^2 \to \mathbb{R}$ besitzt mindestens ein Maximum, wenn $D(f)$

( )   abgeschlossen ist

( )   beschränkt ist

( )   kompakt ist.

ÜBUNGEN

Ü22.1: Skizzieren Sie die Mengen M_i, $i = 1, 2, 3$, und untersuchen Sie, ob sie offen, abgeschlossen, beschränkt bzw. kompakt sind. Prüfen Sie, ob $(0, 1)$ jeweils innerer Punkt bzw. Häufungspunkt ist.

  a) $M_1 = \{(x, y) \in \mathbb{R}^2 : |xy| < 1, \ |x - 1| < 2\}$

  b) $M_2 = \{(x, y) \in \mathbb{R}^2 : x + y = 1, \ (x - 1)^2 + y^2 < 4\}$

  c) $M_3 = \{(x, y) \in \mathbb{R}^2 : 0 \leq y \leq \sin x, \ x \in [0, \pi]\}$

Ü22.2: Untersuchen Sie die vorgegebenen Folgen $(X_k)_{k \in \mathbb{N}}$ und $(Y_k)_{k \in \mathbb{N}}$ auf Konvergenz und bestimmen Sie gegebenenfalls den Grenzwert

  a) $X_k = ((2 + \frac{1}{k}), \ -2, \ (1 - \frac{1}{k})^{2k})$

  b) $Y_k = (k, \ (-1)^k, \ \frac{k^2}{2^k}, \ \sin k \frac{\pi}{2})$.

Ü22.3: Sei $f : \mathbb{R}^2 \to \mathbb{R}$ mit $D(f) = \mathbb{R}^2 \backslash \{(x, y) \in \mathbb{R}^2 : y = 0\}$ und $f(x, y) = \frac{y^2 + x^2}{y}$ eine reelle Funktion.

  a) Skizzieren Sie die Höhenlinien von f. Bestimmen Sie die Schnitte von f mit der Ebene mit $x = 0$ (y-z-Ebene) und der Ebene mit $y = 1$.

  b) Ist f stetig auf $D(f)$? Läßt sich f auf $\mathbb{R}^2$ stetig fortsetzen?

Ü22.4: Gegeben seien die Funktionen $f : \mathbb{R}^2 \to \mathbb{R}$ und $g : \mathbb{R}^2 \to \mathbb{R}$ mit $D(f) = D(g) = \mathbb{R}^2$ und

$$f(x, y) = \begin{cases} \frac{xy^2}{x^2 + y^4}, & \text{für } (x, y) \neq (0, 0) \\ 0 & \text{für } (x, y) = (0, 0) \end{cases},$$

$$g(x, y) = \begin{cases} y + x \cos(\frac{1}{y}) & \text{für } y \neq 0 \\ 0 & \text{für } y = 0. \end{cases}$$

Untersuchen Sie f und g auf Stetigkeit in ihren Definitionsbereichen.

Ü22.5: Sei $f : \mathbb{R}^2 \to \mathbb{R}$ eine reelle Funktion mit $D(f) = [0, 1] \times [0, 1]$ und $f(x, y) = \sqrt{y + 1 - x^2}$.

  a) Skizzieren Sie den Graphen der Funktion f, indem Sie die Höhenlinien und Schnitte von f mit der x-z-Ebene, y-z-Ebene und der Ebene mit $x = 1$ bestimmen.

  b) Besitzt f ein Maximum und ein Minimum? Begründen Sie Ihre Aussage und geben Sie gegebenenfalls die Maximal- und Minimallstellen mittels ihrer Graphenskizze an.

23   Differentiation von Funktionen mehrerer Veränderlicher

Die Ableitung einer reellen Funktion **einer** reellen Veränderlichen an einer Stelle $x_0 \in D(f)$ haben wir definiert als

$$f'(x_0) = \frac{df}{dx}\bigg|_{x=x_0} = \lim_{x \to x_0} \frac{f(x) - f(x_0)}{x - x_0} = \lim_{h \to 0} \frac{f(x_0 + h) - f(x_0)}{h},$$

falls der Grenzwert existiert. Auf Funktionen mehrerer Veränderlicher läßt sich diese Definition nicht unmittelbar übertragen, da eine Division durch $X - X_0 = H \in \mathbb{R}^n$ nicht erklärt ist. Wir können jedoch analog eine **partielle Differentiation** erkären, wenn wir alle Variablen bis auf eine konstant halten und die resultierende Funktion nach eben dieser Variablen differenzieren.

Definition 23.1 *Seien* $f : \mathbb{R}^n \to \mathbb{R}$ *und* $X_0 = (x_1^0, x_2^0, \ldots, x_n^0)$ *ein innerer Punkt von* $D(f)$. *Es heißt* f *an* X_0 **partiell differenzierbar** *nach* x_k, $k = 1, \ldots, n$, *falls der Grenzwert*

$$\lim_{h \to 0} \frac{f(x_1^0, x_2^0, \ldots, x_{k-1}^0, x_k^0 + h, x_{k+1}^0, \ldots, x_n^0) - f(x_1^0, x_2^0, \ldots, x_n^0)}{h}$$

existiert. Der Grenzwert heißt dann die **partielle Ableitung** *von* f *nach* x_k *im Punkt* X_0 *und wird mit* $\dfrac{\partial f}{\partial x_k}\bigg|_{X_0}$ *oder* $f_{x_k}(X_0)$ *bezeichnet.*

Bemerkungen und Ergänzungen:

(1)   Veranschaulichung für den Fall $n = 2$ und $X = (x, y)$:

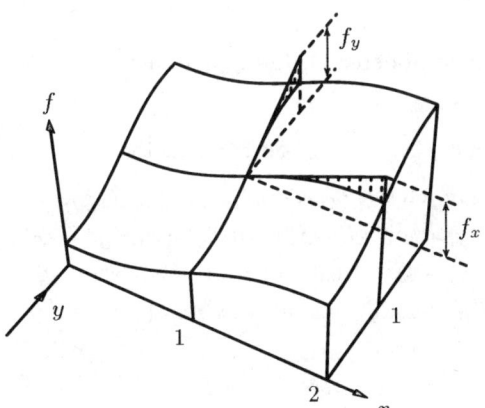

(2)   Es ist f partiell differenzierbar an der Stelle X_0, wenn alle partiellen Ableitungen $f_{x_k}(X_0)$ für $k = 1, 2, \ldots, n$ existieren. Es heißt f partiell differenzierbar auf der offenen Menge $M \subset D(f)$, wenn f an jedem Punkt von M partiell differenzierbar ist. Für $M = D(f)$ heißt f partiell differenzierbar.

(3)   Man erhält also die partielle Ableitung nach einer Variablen, indem man die gewöhnliche Ableitung nach dieser Variablen bildet und dabei die anderen Variablen als Parameter festhält.

Beispiele:

(4)   Sei $f : \mathbb{R}^2 \to \mathbb{R}$ mit $D(f) = \mathbb{R}^2$ und $f(x, y) = 2x^2 + y^2$ für $X = (x, y) \in D(f)$. Es ist

$$f_x(x, y) = 4x, \qquad f_y(x, y) = 2y.$$

(5)   Sei $f : \mathbb{R}^2 \to \mathbb{R}$ mit $D(f) = \mathbb{R}^2$ und $f(x, y) = xy^2 \sin(x^2 y)$ für $X = (x, y) \in D(f)$. Es ist

$$f_x(x, y) = y^2 \sin(x^2 y) + 2x^2 y^3 \cos(x^2 y)$$
$$f_y(x, y) = 2xy \sin(x^2 y) + x^3 y^2 \cos(x^2 y).$$

(6)   Sei $f : \mathbb{R}^3 \to \mathbb{R}$ mit $D(f) = \mathbb{R}^3$ und $f(x, y, z) = x^3 + 4y^2 + y^2 z^3 + 1$ für $X = (x, y, z) \in D(f)$. Es ist

$$f_x = 3x^2, \quad f_y = 8y + 2yz^3, \quad f_z = 3y^2 z^2.$$

Ist f partiell differenzierbar auf $M = \underline{D(f)} \subset \mathbb{R}^n$, dem Innern von $D(f)$, so ist $\dfrac{\partial f}{\partial x_k}$ wieder eine Abbildung von M nach $\mathbb{R}$. Ist diese partiell differenzierbar nach x_l, so ergibt sich die partielle Ableitung zweiter Ordnung

$$\frac{\partial \left(\frac{\partial f}{\partial x_k} \right)}{\partial x_l} = \frac{\partial^2 f}{\partial x_k \partial x_l} = f_{x_k x_l}, \quad k, l = 1, \ldots, n.$$

Analog werden partielle Ableitungen höherer Ordnung gebildet.

Beispiele:

(7)   Wir betrachten Beispiel (5) mit $f(x, y) = xy^2 \sin(x^2 y)$. Es ist

$$f_{xx}(x, y) = 2xy^3 \cos(x^2 y) + 4xy^3 \cos(x^2 y) - 4x^3 y^4 \sin(x^2 y)$$
$$f_{xy}(x, y) = 2y \sin(x^2 y) + x^2 y^2 \cos(x^2 y) + 6x^2 y^2 \cos(x^2 y) - 2x^4 y^3 \sin(x^2 y)$$
$$f_{yx}(x, y) = 2y \sin(x^2 y) + 4x^2 y^2 \cos(x^2 y) + 3x^2 y^2 \cos(x^2 y) - 2x^4 y^3 \sin(x^2 y)$$
$$f_{yy}(x, y) = 2x \sin(x^2 y) + 2x^3 y \cos(x^2 y) + 2x^3 y \cos(x^2 y) - x^5 y^2 \sin(x^2 y).$$

Bemerkungen und Ergänzungen:

(8)   Im Beispiel (7) ist $f_{xy} = f_{yx}$, die Reihenfolge der Ableitungen ist vertauschbar. Das folgende Beispiel zeigt, daß dies nicht immer gelten muß.

Sei $f : \mathbb{R}^2 \to \mathbb{R}$ mit $D(f) = \mathbb{R}^2$ und

$$f(x,y) = \begin{cases} \dfrac{xy^3}{x^2 + y^2} & \text{für } (x,y) \neq (0,0) \\ 0 & \text{für } (x,y) = (0,0). \end{cases}$$

Es ist f partiell differenzierbar auf $\mathbb{R}^2$ mit

$$f_x(x,y) = \begin{cases} \dfrac{y^5 - x^2 y^3}{(x^2 + y^2)^2} & \text{für } (x,y) \neq (0,0) \\ 0 & \text{für } (x,y) = (0,0) \end{cases}$$

$$f_y(x,y) = \begin{cases} \dfrac{3x^3 y^2 + xy^4}{(x^2 + y^2)^2} & \text{für } (x,y) \neq (0,0) \\ 0 & \text{für } (x,y) = (0,0). \end{cases}$$

Es folgt

$$f_{xy}(0,0) = \lim_{h \to 0} \frac{f_x(0,h) - f_x(0,0)}{h} = \lim_{h \to 0} \frac{h - 0}{h} = 1$$

$$f_{yx}(0,0) = \lim_{h \to 0} \frac{f_y(h,0) - f_y(0,0)}{h} = \lim_{h \to 0} \frac{0 - 0}{h} = 0.$$

Demnach ist $f_{xy}(0,0) \neq f_{yx}(0,0)$.

(9)   Zur Vertauschbarkeit der partiellen Ableitungen (vgl. (8)) gilt: Sei $f : \mathbb{R}^2 \to \mathbb{R}$ mit $D(f)$ offen. Sind f, f_x, f_y, f_{xy} und f_{yx} stetig auf $D(f)$, so gilt $f_{xy} = f_{yx}$ auf $D(f)$.

(10)   Bei reellen Funktionen einer Veränderlichen folgt aus der Differenzierbarkeit von f die Stetigkeit von f. Bei einer reellen Funktion von n Veränderlichen folgt aus der Existenz aller partiellen Ableitungen nicht die Stetigkeit der Funktion.

Definition 23.2 *Die Funktion $f : \mathbb{R}^n \to \mathbb{R}$ mit $D(f)$ offen sei an der Stelle $X_0 \in D(f)$ partiell differenzierbar nach jeder Variablen $x_k, k = 1, 2, \ldots, n$. Dann heißt*

$$\text{grad } f(X_0) = (f_{x_1}(X_0), f_{x_2}(X_0), \ldots, f_{x_n}(X_0))$$

Gradient *von f an der Stelle X_0.*

Bemerkungen und Ergänzungen:

(11)   Statt grad $f(X_0)$ schreibt man auch $\nabla f(X_0)$ (lies: Nabla).

(12)   Der Gradient von f ist eine Abbildung grad $f : \mathbb{R}^n \to \mathbb{R}^n$.

Bisher haben wir mit der partiellen Differentiation nur das Verhalten einer Funktion in speziellen Richtungen untersucht. Es ist damit noch nicht berücksichtigt das Verhalten der Funktion in einer Umgebung $U(X_0)$ von X_0. Dies erfolgt in

---

Definition 23.3 *Seien $f : \mathbb{R}^n \to \mathbb{R}$ und X_0 ein innerer Punkt von $D(f)$. Es heißt f **differenzierbar an der Stelle** X_0, wenn ein $A = (a_1, \ldots, a_n) \in \mathbb{R}^n$ existiert und es eine Funktion $g : \mathbb{R}^n \to \mathbb{R}$ gibt, die auf einer Umgebung $U(X_0)$ von X_0 definiert ist, so daß*

(i) $f(X) = f(X_0) + A \cdot (X - X_0) + \|X - X_0\| g(X)$ *für* $X \in U(X_0)$

(ii) $\lim\limits_{X \to X_0} g(X) = 0.$

*Ist $D(f)$ offen und ist f differenzierbar an allen $X_0 \in D(f)$, so heißt f **differenzierbar**.*

Bemerkungen und Ergänzungen:

(13)   Schreiben wir das Skalarprodukt $A \cdot (X - X_0)$ in (i) aus, so haben wir

$$f(X) - f(X_0) = \sum_{k=1}^{n} a_k (x_k - x_k^0) + \|X - X_0\| g(X) \quad \text{für } X \in U(X_0)$$

   mit $g(X) \to 0$ für $X \to X_0$.

(14)   Ist f differenzierbar an X_0, so ist $a_k = f_{x_k}(X_0)$, $k = 1, \ldots, n$, in Definition 23.3, also $A = \text{grad } f(X_0)$.

(15)   Schreiben wir $h(X) = \|X - X_0\| g(X)$ in (i), so gilt $\frac{h(X)}{\|X - X_0\|} \to 0$ für $X \to X_0$. Demnach strebt $h(X)$ "schneller" gegen 0 als $\|X - X_0\|$ für $X \to X_0$. Für Funktionen h mit dieser Eigenschaft schreibt man auch $o(\|X - X_0\|)$, so daß

$$f(X) - f(X_0) = \sum_{k=1}^{\infty} a_k (x_k - x_k^0) + o(\|X - X_0\|) \quad \text{für } X \in U(X_0).$$

(16)   Ein nützliches Kriterium für Differenzierbarkeit gibt Satz 23.1. Eigenschaften differenzierbarer Funktionen gibt Satz 23.2.

Satz 23.1 *Es ist $f : \mathbb{R}^n \to \mathbb{R}$ an einem inneren Punkt X_0 aus $D(f)$ differenzierbar, wenn alle partiellen Ableitungen von f auf einer Umgebung von X_0 existieren und an X_0 stetig sind.*

Satz 23.2

(i)   Ist $f : \mathbb{R}^n \to \mathbb{R}$ differenzierbar an X_0, so ist f auch stetig an X_0.

(ii)   Sind $f : \mathbb{R}^n \to \mathbb{R}$ und $g : \mathbb{R}^n \to \mathbb{R}$ differenzierbar an X_0, so sind auch cf für $c \in \mathbb{R}$, $f + g$, $f \cdot g$ und, falls $g(X_0) \neq 0$, auch $\dfrac{f}{g}$ differenzierbar an X_0.

Beispiele:

(17)   Sei $f : \mathbb{R}^2 \to \mathbb{R}$ mit $D(f) = \mathbb{R}^2$ und $f(x,y) = 2x^2 + y^2$. Für beliebiges $X_0 = (x_0, y_0) \in \mathbb{R}^2$ ist

$$f_x(X_0) = 4x_0, \qquad f_y(X_0) = 2y_0.$$

Die partiellen Ableitungen sind stetig auf $\mathbb{R}^2$, also ist f differenzierbar an X_0 und es ist $A = (4x_0, 2y_0)$ in Definition 23.3.

Bemerkungen und Ergänzungen:

(18)   Satz 23.1 erlaubt, die partiellen Ableitungen zur Prüfung auf Differenzierbarkeit heranzuziehen. Es ist zu beachten, daß aus der Existenz partieller Ableitungen allein nicht die Differenzierbarkeit folgt. Sei beispielsweise $f : \mathbb{R}^2 \to \mathbb{R}$ mit $D(f) = \mathbb{R}^2$ und

$$f(x,y) = \begin{cases} 1 & \text{für} \quad x < 0 \text{ und } y > 0 \\ 0 & \text{sonst.} \end{cases}$$

Es ist f unstetig an $X_0 = (0,0)$, also ist f nicht differenzierbar an X_0 nach Satz 23.2(i). Andererseits existieren die partiellen Ableitungen an X_0 mit $f_x(0,0) = 0$ und $f_y(0,0) = 0$.

(19)   Vernachlässigen wir in (i) von Definition 23.3 wegen $\|X - X_0\| \to 0$ und $g(X) \to 0$ für $X \to X_0$ den Term $\|X - X_0\| g(X)$, so erhalten wir eine lineare Approximation

$$f(X) \approx f(X_0) + A \cdot (X - X_0) = f(X_0) + \text{grad } f(X_0) \cdot (X - X_0)$$

der differenzierbaren Funktion f in der Umgebung von X_0.

(20)   Betrachten wir in (19) den Fall $n = 2$, so wird mit $X = (x,y)$, $X_0 = (x_0, y_0)$, $z = f(x,y)$, $z_0 = f(x_0, y_0)$ die lineare Approximation

$$z - z_0 \approx f_x(x_0, y_0)(x - x_0) + f_y(x_0, y_0)(y - y_0).$$

Setzen wir $\approx$ durch $=$, so stellt dies im x-y-z-Koordinatensystem die Gleichung einer Ebene dar. Es ist die Gleichung der **Tangentialebene** an die durch $z = f(x,y)$ gegebene Fläche "über" der x-y-Ebene an der Stelle $(x_0, y_0, f(x_0, y_0))$, vgl. Beispiel (23).

(21)   Für die Änderung der differenzierbaren Funktion f in der Umgebung von X_0 haben wir nach (19) mit $H = (h_1, h_2, \ldots, h_n)$ die lineare Approximation

$$f(X_0 + H) - f(X_0) \approx \operatorname{grad} f(X_0) \cdot H = \sum_{k=1}^{n} f_{x_k}(X_0) h_k.$$

Vielfach schreibt man das Ergebnis in symbolischer Form

$$df = \sum_{k=1}^{n} \frac{\partial f}{\partial x_k} dx_k$$

und man nennt df das **vollständige Differential** von f. Der Ausdruck läßt sich so interpretieren: Ändern wir die Koordinaten x_k um dx_k (reelle Zahlen), $k = 1, \ldots, n$, so ändert sich f um df bei linearer Approximation unter Vernachlässigung von Fehlern höherer Ordnung.

(22)   Werden statt der wahren Werte $x_1, \ldots, x_n$ mit Fehlern Δx_k, $k = 1, \ldots, n$, behaftete Werte $\hat{x}_k = x_k + \Delta x_k$ gemessen, so läßt sich der Fehler Δf im Funktionswert abschätzen

$$|\Delta f| \leq \sum_{k=1}^{n} \left| \frac{\partial f}{\partial x_k} \right| \cdot |\Delta x_k|$$

bei linearer Approximation. Sind Schranken s_k für die Meßfehler Δx_k bekannt, $|\Delta x_k| \leq s_k$, $k = 1, \ldots, n$, so ergibt sich eine Abschätzung für den maximalen Fehler im Funktionswert

$$|\Delta f| \leq \sum_{k=1}^{n} \left| \frac{\partial f}{\partial x_k} \right| s_k.$$

Beispiele:

(23)   Sei $f : \mathbb{R}^2 \to \mathbb{R}$ mit $D(f) = \{(x, y) : x^2 + y^2 \leq 1\}$ und

$$f(x, y) = \sqrt{1 - (x^2 + y^2)}.$$

Sei $X_0 = (x_0, y_0)$ ein innerer Punkt von $D(f)$, so daß $\|X_0\| < 1$. Es ist

$$f_x(X_0) = -\frac{x_0}{\sqrt{1 - (x_0^2 + y_0^2)}} \, , \qquad f_y(X_0) = -\frac{y_0}{\sqrt{1 - (x_0^2 + y_0^2)}} \, .$$

Die Gleichung der Tangentialebene an der Stelle (x_0, y_0, z_0) mit $z_0 = \sqrt{1 - (x_0^2 + y_0^2)}$ lautet daher

$$z - z_0 = -\frac{x_0}{\sqrt{1 - (x_0^2 + y_0^2)}}(x - x_0) - \frac{y_0}{\sqrt{1 - (x_0^2 + y_0^2)}}(y - y_0).$$

(24)   In einem rechtwinkligen Dreieck mit den Kathedenlängen x und y ist die Länge der Hypothenuse $z = f(x, y) = \sqrt{x^2 + y^2}$. Das vollständige Differential ist

$$df = \frac{x}{\sqrt{x^2 + y^2}} dx + \frac{y}{\sqrt{x^2 + y^2}} dy.$$

Werden statt der "wahren" Längen x_0, y_0 der Katheden die mit Meßfehlern Δx und Δy behafteten Werte $x + \Delta x$ und $y + \Delta y$ gemessen, so ist der resultierende Fehler Δz in z näherungsweise (in linearer Approximation)

$$\Delta z \approx \frac{1}{\sqrt{x_0^2 + y_0^2}} (x_0 \Delta x + y_0 \Delta y).$$

(25)   Sei v das Volumen eines Quaders mit den Seitenlängen x, y, z. Die relative Änderung $\dfrac{\Delta v}{v}$ des Volumens bei Änderung der Seitenlänge um $\Delta x, \Delta y, \Delta z$ beträgt wegen $v = xyz$ bei linearer Approximation

$$\frac{\Delta v}{v} = \frac{\Delta x}{x} + \frac{\Delta y}{y} + \frac{\Delta z}{z}.$$

Die relativen Änderungen werden addiert. Sind nur Schranken $s_1 \geq |\Delta x|$, $s_2 \geq |\Delta y|$, $s_3 \geq |\Delta z|$ für die Änderungen der Seitenlängen $\Delta x, \Delta y, \Delta z$ bekannt, so gilt die Abschätzung

$$\left| \frac{\Delta v}{v} \right| \leq \frac{s_1}{|x|} + \frac{s_2}{|y|} + \frac{s_3}{|z|}.$$

Seither haben wir Abbildungen aus dem $\mathbb{R}^n$ in $\mathbb{R}$ untersucht. Jetzt betrachten wir Abbildungen aus dem $\mathbb{R}^n$ in den $\mathbb{R}^m$.

Definition 23.4 *Für $n, m \in \mathbb{N}$ heißt eine Abbildung $F : \mathbb{R}^n \to \mathbb{R}^m$ mit der Definitionsmenge $D(F)$ ein **Vektorfeld**.*

Bemerkungen und Ergänzungen:

(26)   Beim Vektorfeld ist einem n-Tupel $(x_1, \ldots, x_n) \in D(F)$ ein m-Tupel $(y_1 \ldots, y_m)$ zugeordnet, $y_i = F_i(x_i, \ldots, x_n)$ für $i = 1, \ldots, m$. Es wird F definiert durch m Koordinatenfunktionen $F_i : \mathbb{R}^n \to \mathbb{R}$ mit $D(F_i) = D(F)$, $i = 1, \ldots, m$,

$$F = (F_1, F_2, \ldots, F_m).$$

(27)   Es heißt F stetig an $X_0 \in D(F)$, wenn alle F_i stetig an X_0 sind, $i = 1, \ldots, m$. Es heißt F stetig, falls es stetig ist für alle $X_0 \in D(F)$. Weiter heißt F (partiell) differenzierbar an der Stelle $X_0 \in D(F)$, falls alle $F_i, i = 1, \ldots, m$, (partiell) differenzierbar an X_0 sind.

Beispiele:

(28)   Das elektrische Feld ist ein Vektorfeld $F : \mathbb{R}^3 \to \mathbb{R}^3$.

(29)   Strömt eine Flüssigkeit durch ein Rohr und ordnet man jedem Punkt $X \in \mathbb{R}^3$ im Innern des Rohrs den Geschwindigkeitsvektor eines Flüssigkeitsteilchens zu, so erhält man ein Vektorfeld.

(30)   Sei $f : \mathbb{R}^n \to \mathbb{R}$ partiell differenzierbar auf $D(f)$. Dann ist $F = \operatorname{grad} f$ ein Vektorfeld $F : \mathbb{R}^n \to \mathbb{R}^n$ mit $D(F) = D(f)$,

$$F = (F_1, \ldots, F_n) = \left(\frac{\partial f}{\partial x_1}, \frac{\partial f}{\partial x_2}, \ldots, \frac{\partial f}{\partial x_n} \right).$$

Die Komponentenfunktionen F_i sind die partiellen Ableitungen f_{x_i} von f.

Definition 23.5 *Sei $F : \mathbb{R}^n \to \mathbb{R}^m$ ein Vektorfeld, sei $F = (F_1, \ldots, F_m)$ und $X^0 = (x_1^0, \ldots, x_n^0)$ ein innerer Punkt im $D(f)$. Existieren die partiellen Ableitungen $\dfrac{\partial F_i}{\partial x_k}(X_0)$ der Koordinatenfunktionen an der Stelle $X_0 \in D(F)$ für $i = 1, \ldots, m$ und $k = 1, \ldots, n$, so heißt die $m \times n$-Matrix*

$$J_F(X_0) = \begin{pmatrix} \dfrac{\partial F_1}{\partial x_1}(X_0) & \dfrac{\partial F_1}{\partial x_2}(X_0) & \cdots & \dfrac{\partial F_1}{\partial x_n}(X_0) \\[2ex] \vdots & \ddots & \cdots & \vdots \\[2ex] \dfrac{\partial F_m}{\partial x_1}(X_0) & \dfrac{\partial F_m}{\partial x_2}(X_0) & \cdots & \dfrac{\partial F_m}{\partial x_n}(X_0) \end{pmatrix}$$

*die **Funktionalmatrix** von F an der Stelle X_0. Ist $m = n$, so heißt die Determinante $\det(J_F(X_0))$ von $J_F(X_0)$ die **Funktionaldeterminante** von F an der Stelle X_0.*

Bemerkungen und Ergänzungen:

(31)   Zum Begriff der Matrix und der Determinante siehe Kapitel Lineare Algebra in Band 2.

Für J_F schreibt man auch $\frac{\partial F}{\partial X}$, oder

$$\frac{\partial(F_1, F_2, \ldots, F_m)}{\partial(x_1, x_2, \ldots, x_n)}.$$

(32)   Es ist

$$J_F = \begin{pmatrix} \operatorname{grad} F_1 \\ \operatorname{grad} F_2 \\ \vdots \\ \operatorname{grad} F_m \end{pmatrix}.$$

Beispiele:

(33)   Sei $F : \mathbb{R}^2 \to \mathbb{R}^3$ mit $D(F) = \mathbb{R}^2$ und $F(X) = (\sin xy, 2x^2 + y, xy^2)$ für $X = (x, y)$. Die Funktionalmatrix von F ist

$$J_F = \begin{pmatrix} y \cos xy & x \cos xy \\ 4x & 1 \\ y^2 & 2xy \end{pmatrix}.$$

(34)   Sei $F : \mathbb{R}^2 \to \mathbb{R}^2$ mit $D(f) = (0, \infty) \times (0, 2\pi)$ und $F(X) = (r \cos \varphi, r \sin \varphi)$ für $X = (r, \varphi)$. Die Funktionalmatrix von F ist

$$J_F = \begin{pmatrix} \cos \varphi & -r \sin \varphi \\ \sin \varphi & r \cos \varphi \end{pmatrix},$$

die Funktionaldeterminante ist

$$\det(J_F) = r.$$

Satz 23.3 (Kettenregel)
Für $n, m \in \mathbb{N}$ seien $G : \mathbb{R}^n \to \mathbb{R}^m$ und $F : \mathbb{R}^m \to \mathbb{R}^k$ mit $B(G) \subset D(F)$. Sei X_0 innerer Punkt von $D(G)$ und sei $Y_0 = G(X_0)$ innerer Punkt von $D(F)$. Sei G differenzierbar an X_0 und sei F differenzierbar an Y_0. Dann ist die Funktion $H : \mathbb{R}^n \to \mathbb{R}^k$ mit $D(H) = D(G)$ und $H(X) = F(G(X))$ differenzierbar an X_0. Sind J_F, J_G und J_H die Funktionalmatrizen von F, G und H, so gilt

$$J_H(X_0) = J_F(Y_0) \cdot J_G(X_0).$$

Bemerkungen und Ergänzungen:

(35)   Veranschaulichung der Abbildungen:

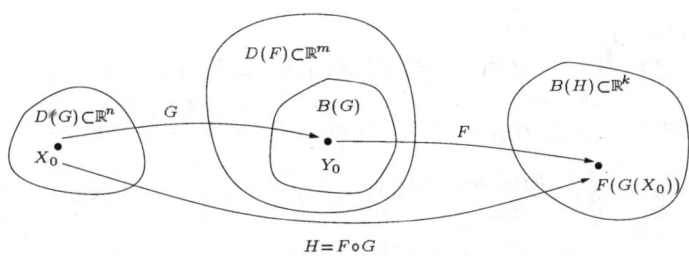

(36) J_H ergibt sich als Matrizenprodukt aus J_F und J_G. Sind $F = (F_1, F_2, \ldots, F_k)$, $G = (G_1, G_2, \ldots, G_m)$ und $H = (H_1, H_2, \ldots, H_k)$, so lauten die Elemente der Funktionalmatrix J_H

$$\frac{\partial H_i}{\partial x_j} = \sum_{r=1}^{m} \frac{\partial F_i(y_1, \ldots, y_m)}{\partial y_r} \cdot \frac{\partial G_r(x_1, \ldots, x_n)}{\partial x_j}$$

für $i = 1, \ldots, k$ und $j = 1, \ldots, n$ mit $y_r = G_r(x_1, \ldots, x_n)$ für $r = 1, \ldots, m$.

Beispiele:

(37)   Sei $F : \mathbb{R}^2 \to \mathbb{R}$ mit $D(F) = \mathbb{R}^2$ und $F(y_1, y_2) = e^{y_1 y_2}$, sei $G : \mathbb{R}^2 \to \mathbb{R}^2$ mit $D(G) = (0, \infty) \times (0, 2\pi)$ und $G_1(x_1, x_2) = x_1 \cos x_2$, $G_2(x_1, x_2) = x_1 \sin x_2$. Sei $H : \mathbb{R}^2 \to \mathbb{R}$ mit $H(x_1, x_2) = F(G(x_1, x_2))$. Die Funktionalmatrizen J_F und J_G sind

$$J_F(Y) = \left(\frac{\partial F}{\partial y_1}, \frac{\partial F}{\partial y_2} \right) = (y_2 e^{y_1 y_2}, y_1 e^{y_1 y_2})$$

$$J_G(X) = \begin{pmatrix} \dfrac{\partial G_1}{\partial x_1} & \dfrac{\partial G_1}{\partial x_2} \\ \dfrac{\partial G_2}{\partial x_1} & \dfrac{\partial G_2}{\partial x_2} \end{pmatrix} = \begin{pmatrix} \cos x_2 & -x_1 \sin x_2 \\ \sin x_2 & x_1 \cos x_2 \end{pmatrix}$$

mit $Y = (y_1, y_2) = G(x_1, x_2) = (x_1 \cos x_2, x_1 \sin x_2)$.

Die Funktionalmatrix J_H von H ergibt sich aus dem Matrizenprodukt $J_H = J_F J_G$ zu

$$J_H(X) = \left(y_2 e^{y_1 y_2} \cos x_2 + y_1 e^{y_1 y_2} \sin x_2, -y_2 e^{y_1 y_2} x_1 \sin x_2 + y_1 e^{y_1 y_2} x_1 \cos x_2 \right)$$
$$= \left(2x_1 \sin x_2 \cos x_2 e^{x_1^2 \sin x_2 \cos x_2}, x_1^2 (\cos^2 x_2 - \sin^2 x_2) e^{x_1^2 \sin x_2 \cos x_2} \right).$$

Wir sind hier den formalen Weg nach Satz 23.3 gegangen. Der Leser verifiziere das Ergebnis direkt unter Verwendung von $H(x_1, x_2) = F(G(x_1, x_2)) = e^{x_1^2 \sin x_2 \cos x_2}$.

(38)   Seien $F : \mathbb{R}^m \to \mathbb{R}$ und $G : \mathbb{R} \to \mathbb{R}^m$. Für $H : \mathbb{R} \to \mathbb{R}$ mit $D(H) = D(G)$ und $H(x) = F(G(x))$, $x \in D(G) \subset \mathbb{R}$, gilt unter den Voraussetzungen von Satz 23.3

$$\frac{\partial H}{\partial x} = \frac{dH}{dx} = \sum_{r=1}^{m} \frac{\partial F(y_1, \ldots, y_m)}{\partial y_r} \cdot \frac{\partial G_r(x)}{\partial x} = \sum_{r=1}^{m} \frac{\partial F(y_1, \ldots, y_m)}{\partial y_r} \cdot \frac{dG_r(x)}{dx}$$

mit $y_r = G_r(x)$.

(39)   Sei $F : \mathbb{R}^2 \to \mathbb{R}$ mit $D(F) = \mathbb{R}^2$ und $F(y_1, y_2) = y_1^2 + 2y_2^3$, sei $G : \mathbb{R} \to \mathbb{R}^2$ mit $D(G) = \mathbb{R}$ und $G(x) = (x - \sin x, 1 - \cos x)$. Für $H : \mathbb{R} \to \mathbb{R}$ mit $H(x) = F(G(x))$, $x \in D(G) = \mathbb{R}$ gilt nach (38) mit $y_r = G_r(x)$, $r = 1, 2$

$$\frac{dH}{dx} = \sum_{r=1}^{2} \frac{\partial F(y_1, y_2)}{\partial y_r} \cdot \frac{dG_r(x)}{dx} = 2y_1(1 - \cos x) + 6y_2^2 \sin x$$

$$= 2(x - \sin x)(1 - \cos x) + 6(1 - \cos x)^2 \sin x.$$

TESTS

T23.1: Eine reelle Funktion $f : \mathbb{R}^n \to \mathbb{R}$ mit $D(f) = \mathbb{R}^n$ ist differenzierbar an einer Stelle $X_0 \in \mathbb{R}^n$, falls

( )   alle partiellen Ableitungen erster Ordnung von f an X_0 existieren

( )   alle partiellen Ableitungen erster Ordnung von f in einer Umgebung von X_0 existieren

( )   alle partiellen Ableitungen erster Ordnung von f in einer Umgebung von X_0 existieren und stetig sind.

T23.2: Gegeben sei das Vektorfeld $F : \mathbb{R}^2 \to \mathbb{R}^2$ mit $D(F) = \mathbb{R}^2$ und $F(x, y) = (x^2 - y^2, 3xy)$ für $X = (x, y)$. Dann ergibt sich die Funktionalmatrix J_F von F an der Stelle $(0, 1)$ zu

( ) $(-2, 3)$

( ) $\begin{pmatrix} 0 & -2 \\ 3 & 0 \end{pmatrix}$

( ) 6

( ) $\begin{pmatrix} 0 & 3 \\ -2 & 0 \end{pmatrix}$.

T23.3: Gegeben seien die stetig differenzierbaren Vektorfelder $F : \mathbb{R}^3 \to \mathbb{R}^2$ mit $D(F) = \mathbb{R}^3$, $G : \mathbb{R}^2 \to \mathbb{R}^3$ mit $D(G) = \mathbb{R}^2$ und $B(G) \subset D(F)$. Ferner sei $H : \mathbb{R}^2 \to \mathbb{R}^2$ mit $H(X) = F(G(X))$. Sei J_H die Funktionalmatrix H. Welche Aussage ist richtig?

( )   Der maximale Definitionsbereich für H ist $D(H) = D(G)$.

( ) $J_H \in \mathbb{R}^2$.

( ) J_H ist eine 2×2-Matrix.

( ) J_H kann als Produkt zweier Matrizen dargestellt werden.

T23.4: Gegeben seien vier Abbildungen F, G, V, W. Sei $F : \mathbb{R}^3 \to \mathbb{R}^2$ mit $D(F) = \{(x, y, z) \in \mathbb{R}^3 : x, y, z \geq 0\}$ und $F(x, y, z) = (x^2 y^2, e^{yz})$, sei $G : \mathbb{R}^2 \to \mathbb{R}^3$ mit $D(G) = \{(x, y) \in \mathbb{R}^2 : x, y \geq 0\}$ und $G(x, y) = (\sin \pi x, 2xy, \cos \pi y)$, sei $V : \mathbb{R}^3 \to \mathbb{R}^3$ mit $D(V) = \{(x, y, z) \in \mathbb{R}^3 : x, y, z \geq 0\}$ und $V(x, y, z) = G(F(x, y, z))$, sei $W : \mathbb{R}^2 \to \mathbb{R}^2$ mit $W(x, y) = F(G(x, y))$. Dann gilt

( ) $B(F) \subset D(G)$

( ) $B(G) \subset D(F)$

( ) $\frac{\partial V}{\partial X}(1, 1, 1) = \frac{\partial G}{\partial Y}(1, e) \cdot \frac{\partial F}{\partial X}(1, 1, 1)$ mit $Y = F(X)$

( ) W ist wohldefiniert.

ÜBUNGEN

Ü23.1: Gegeben sei die Funktion $f : \mathbb{R}^2 \to \mathbb{R}$ mit $D(f) = \mathbb{R}^2$ und

$$f(x, y) = x^4 + y^4 - 2x^2 + 4xy - 2y^2.$$

a) Bestimmen Sie den Gradienten von f an den Stellen $(0, 0)$, $(0, \sqrt{2})$, $(\sqrt{2}, \sqrt{2})$ und $(\sqrt{2}, -\sqrt{2})$.

b) Wie lauten die Gleichungen der Tangentialebenen an die durch $z = f(x, y)$ gegebene Fläche in den Punkten $(x_0, y_0, f(x_0, y_0))$ mit den vier Stellen (x_0, y_0) aus Aufgabenteil a)?

Ü23.2: Untersuchen Sie die Funktionen $f : \mathbb{R}^3 \to \mathbb{R}$ mit

$$D(f) = \mathbb{R}^3 \backslash \{(x, y, 0) : x, y \in \mathbb{R}\} \quad \text{und} \quad f(x, y, z) = \frac{xy}{z},$$

sowie $g : \mathbb{R}^2 \to \mathbb{R}$, mit

$$D(g) = \{(x, y) \in \mathbb{R}^2 : x, y > 0\} \quad \text{und} \quad g(x, y) = x\sqrt{y} + \sqrt{x}$$

auf Differenzierbarkeit in ihren Definitionsbereichen.

Ü23.3: Für den Gesamtwiderstand R einer Parallelschaltung zweier Widerstände R_1 und R_2 gilt $R = \frac{R_1 R_2}{R_1 + R_2}$.
Gegeben seien $R_1 = 100\Omega(\pm 2\Omega)$ und $R_2 = 200\Omega(\pm 4\Omega)$.

a) Geben Sie das vollständige Differential von R an.

b) Schätzen Sie mit Hilfe des vollständigen Differentials den Betrag $|\Delta R|$ des absoluten Fehlers von R ab.

c) Wie groß ist der maximale relative Fehler $\left|\frac{\Delta R}{R}\right|$?

Ü23.4: Die Vektorfelder G und H seien wie im folgenden definiert. Bestimmen Sie die Funktionalmatrix von G und von H. Existieren die Funktionaldeterminanten?

a) $G : \mathbb{R}^4 \to \mathbb{R}^2$ mit $D(G) = \{(x_1, x_2, x_3, x_4) \in \mathbb{R}^4 : x_1, x_2, x_3 > 0\}$ und $G(x_1, x_2, x_3, x_4) = (1 + \ln x_1, x_1\sqrt{x_2} + \sqrt{x_3})$.

b) $H : \mathbb{R}^3 \to \mathbb{R}^3$ mit $D(H) = \mathbb{R}^3$ und $H(x_1, x_2, x_3) = (\cosh(x_1{}^2 + x_2{}^2 + x_3), \sqrt{e^{x_1 x_2}}, x_2)$.

Ü23.5: Betrachten Sie die Funktion $f : \mathbb{R}^4 \to \mathbb{R}$ mit $D(f) = \mathbb{R}^4$ und

$$f(x_1, x_2, x_3, x_4) = x_1 + x_2{}^2 x_3 - e^{x_4}$$

sowie die Funktion $X : \mathbb{R} \to \mathbb{R}^4$ mit $D(X) = [-2\pi, 2\pi]$ und

$$X(t) = (t^2, t^3, 1 - \cos t, \ t \sin t).$$

Es sei $F : \mathbb{R} \to \mathbb{R}$ mit $D(F) = D(X)$ definiert durch $F(t) = f(X(t))$. Berechnen Sie $\frac{dF}{dt}$ direkt und mit Hilfe der Kettenregel.

Ü23.6: Gegeben seien die Vektorfelder $F : \mathbb{R}^3 \to \mathbb{R}^2$ mit $D(F) = \mathbb{R}^3$ und

$$F(y_1, y_2, y_3) = (y_1, y_2 e^{y_3})$$

sowie $G : \mathbb{R}^4 \to \mathbb{R}^3$ mit $D(G) = \mathbb{R}^4$ und

$$G(x_1, x_2, x_3, x_4) = (x_1 x_4 \cos x_3, \cos x_2, x_2 e^{x_2}).$$

Weiter sei $H : \mathbb{R}^4 \to \mathbb{R}^2$ mit $D(H) = \mathbb{R}^4$ und $H(X) = F(G(X))$.

a) Bestimmen Sie mit Hilfe der Kettenregel die Funktionalmatrix J_H von H an der Stelle $(1, 0, \frac{\pi}{2}, 2)$.

b) Geben Sie H explizit an, berechnen Sie daraus $J_H(1, 0, \frac{\pi}{2}, 2)$ und vergleichen Sie das Ergebnis mit a).

24   Richtungsableitung, Satz von Taylor, Extrema

Wir knüpfen an Beispiel 23(38) an. Seien also $F : \mathbb{R}^m \to \mathbb{R}$ und $G : \mathbb{R} \to \mathbb{R}^m$. Speziell sei $G(x) = X_0 + xA$ mit $X_0 = (x_1^0, \ldots, x_m^0) \in D(F)$ und $A = (a_1, \ldots, a_m)$. Für $H(x) = F(G(x))$ gilt dann mit $y_r = x_r^0 + xa_r$

$$\frac{dH}{dx} = \sum_{r=1}^{m} \frac{\partial F(y_1, \ldots, y_m)}{\partial y_r} \cdot a_r = A \cdot \operatorname{grad} F(y_1, \ldots, y_m).$$

Für $x = 0$ folgt

$$\frac{dH}{dx}(0) = A \cdot \operatorname{grad} F(X_0).$$

Hat A den Betrag $\|A\| = 1$, so erhält diese Ableitung eine spezielle Bedeutung gemäß

Definition 24.1 *Sei $F : \mathbb{R}^m \to \mathbb{R}$ mit $D(F)$ offen differenzierbar an der Stelle $X_0 \in D(F)$. Sei $A = (a_1, \ldots, a_m) \in \mathbb{R}^m$ mit $\|A\| = 1$. Dann existiert*

$$F'(X_0, A) = \sum_{r=1}^{m} \frac{\partial F}{\partial x_r}\bigg|_{X_0} a_r = A \cdot grad\ F(X_0)$$

und heißt **Ableitung** *von F* **in Richtung** *A im Punkt X_0.*

Bemerkungen und Ergänzungen:

(1)   Anschaulich stellt $X_0 + xA$, $x \in \mathbb{R}$, eine Gerade im $\mathbb{R}^m$ durch X_0 in Richtung A dar. Die zugehörigen Funktionswerte sind $F(X_0 + xA)$. Es ist

$$F'(X_0, A) = \lim_{x \to 0} \frac{F(X_0 + xA) - F(X_0)}{x}$$

Dies erklärt die Bezeichnung Ableitung von F in Richtung A im Punkt X_0.

(2)   Im Fall $m = 2$ können wir $F'(X_0, A)$ veranschaulichen (siehe Abbildung nach (3)).

Legen wir durch die Gerade $X_0 + xA$ eine Ebene senkrecht zur x-y-Ebene, so schneidet sie in dem durch F gegebenen "Gebirge" über der x-y-Ebene eine Kurve ein. Es ist $F'(X_0, A)$ die Steigung dieser Kurve im Punkt X_0 innerhalb der errichteten Ebene.

(3)   Es wird $|F'(X_0, A)|$ maximal, falls A die Richtung von $\operatorname{grad} F$ besitzt. Dann ist $|F'(X_0, A)| = \|\operatorname{grad} F(X_0)\|$. Der Gradient zeigt in Richtung des stärksten Anstiegs.

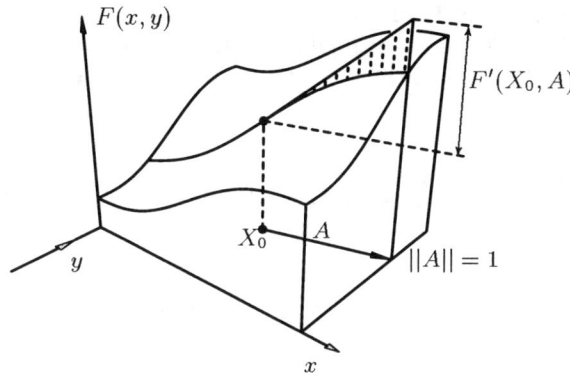

Beispiele:

(4)   Seien $F: \mathbb{R}^3 \to \mathbb{R}$ mit $D(F) = \mathbb{R}^3$ und $f(x_1, x_2, x_3) = x_1 x_3 e^{x_1 x_2}$,

$$A = \frac{1}{\sqrt{11}}(1, -1, 3) \quad \text{und} \quad X_0 = (1, 1, 1).$$

Wegen grad $F = (x_3 + x_1 x_2 x_3)e^{x_1 x_2}, x_1^2 x_3 e^{x_1 x_2}, x_1 e^{x_1 x_2})$ ist

$$F'(X_0, A) = \frac{1}{\sqrt{11}}(1, -1, 3) \cdot (2e, e, e) = \frac{4e}{\sqrt{11}}.$$

(5)   Für die Richtung $\hat{A}$ von grad $F(X_0)$ in Beispiel (4), also $\hat{A} = \frac{1}{\sqrt{6}\,e}(2e, e, e)$, ist

$$F'(X_0, \hat{A}) = \frac{1}{\sqrt{6}\,e}(2e, e, e)(2e, e, e) = \sqrt{6}\,e > F'(X_0, A).$$

Der Satz von Taylor für reelle Funktionen einer reellen Veränderlichen läßt sich auf reelle Funktionen mehrerer Veränderlichen übertragen. Wir beschränken uns auf den Fall zweier Veränderlicher.

Für eine Funktion $f: \mathbb{R}^2 \to \mathbb{R}$ und für $h, k \in \mathbb{R}$ vereinbaren wir die Schreibweise

$$\left.\left(h\frac{\partial}{\partial x} + k\frac{\partial}{\partial y}\right)^0 f\right|_{(x_0, y_0)} = f(x_0, y_0)$$

$$\left.\left(h\frac{\partial}{\partial x} + k\frac{\partial}{\partial y}\right)^1 f\right|_{(x_0, y_0)} = \left.h\frac{\partial f}{\partial x}\right|_{(x_0, y_0)} + \left.k\frac{\partial f}{\partial y}\right|_{(x_0, y_0)}$$

$$\vdots \qquad\qquad \vdots$$

$$\left.\left(h\frac{\partial}{\partial x} + k\frac{\partial}{\partial y}\right)^i f\right|_{(x_0, y_0)} = \sum_{r=0}^{i} \binom{i}{r} \left.\frac{\partial^i f}{\partial x^r \partial y^{i-r}}\right|_{(x_0, y_0)} h^r k^{i-r}, \quad i \in \mathbb{N}.$$

Satz 24.1 (Satz von Taylor)
Die Funktion $f : \mathbb{R}^2 \to \mathbb{R}$ mit $D(f)$ offen sei $(m+1)$-mal stetig differenzierbar. Seien $X_0 = (x_0, y_0) \in D(f)$ und $X = (x_0 + h, y_0 + k) \in D(f)$ für $h, k \in \mathbb{R}$. Die Verbindungsgerade $\overline{X_0 X}$ liege ganz in $D(f)$. Dann gilt

$$f(x_0 + h, y_0 + k) = \sum_{i=0}^{m} \frac{1}{i!} \left(h\frac{\partial}{\partial x} + k\frac{\partial}{\partial y} \right)^i f \bigg|_{(x_0, y_0)} + R_{m, x_0, y_0}(h, k)$$

mit dem Restglied

$$R_{m, x_0, y_0}(h, k) = \frac{1}{(m+1)!} \left(h\frac{\partial}{\partial x} + k\frac{\partial}{\partial y} \right)^{m+1} f \bigg|_{(\bar{x}, \bar{y})}$$

für $(\bar{x}, \bar{y}) = (x_0 + \vartheta h, y_0 + \vartheta k)$ mit $0 < \vartheta < 1$.

Beispiele:

(6)   Sei $f : \mathbb{R}^2 \to \mathbb{R}$ mit $D(f) = \mathbb{R}^2$ und $f(x, y) = \sin(x + 2y)$. Es ist

$$f_x = \cos(x + 2y)$$
$$f_y = 2\cos(x + 2y)$$
$$f_{xx} = -\sin(x + 2y)$$
$$f_{xy} = -2\sin(x + 2y)$$
$$f_{yy} = -4\sin(x + 2y).$$

Aus

$$f(x_0 + h, y_0 + k) = f(x_0, y_0) + hf_x(x_0, y_0) + kf_y(x_0, y_0) + R_{1, x_0, y_0}(h, k)$$
$$R_{1, x_0, y_0}(h, k) = \frac{1}{2!} \left[h^2 f_{xx}(\bar{x}, \bar{y}) + 2hk f_{xy}(\bar{y}, \bar{y}) + k^2 f_{yy}(\bar{x}, \bar{y}) \right]$$
$$\text{mit } \bar{x} = x_0 + \vartheta h, \quad \bar{y} = y_0 + \vartheta k, \quad 0 < \vartheta < 1$$

folgt

$$\sin(x_0 + h + 2y_0 + 2k) = \sin(x_0 + 2y_0) + h\cos(x_0 + 2y_0) +$$
$$+ 2k\cos(x_0 + 2y_0) - \tfrac{1}{2}\sin(\bar{x} + 2\bar{y})[h^2 + 4hk + 4k^2].$$

(7)   Sei $f : \mathbb{R}^2 \to \mathbb{R}$ mit $D(F) = \mathbb{R}^2$ und $f(x, y) = e^{xy}$. Es ist

$$f_x = ye^{xy}$$
$$f_y = xe^{xy}$$
$$f_{xx} = y^2 e^{xy}$$
$$f_{xy} = (1 + xy)e^{xy}$$
$$f_{yy} = x^2 e^{xy}$$
$$f_{xxx} = y^3 e^{xy}$$

$$f_{xxy} = (2y + xy^2)e^{xy}$$
$$f_{xyy} = (2x + x^2 y)e^{xy}$$
$$f_{yyy} = x^3 e^{xy}.$$

Damit folgt

$$e^{(x_0+h)(y_0+k)} = e^{x_0 y_0}\{1 + hy_0 + kx_0 + \tfrac{1}{2}[h^2 y_0^2 + 2hk(1 + x_0 y_0) + k^2 x_0^2]\}$$
$$+ R_{2,x_0,y_0}(h,k)$$

$$R_{2,x_0,y_0}(h,k) = \tfrac{1}{3!}e^{\bar{x}\bar{y}}\left[h^3 \bar{y}^3 + 3h^2 k(2\bar{y} + \bar{x}\bar{y}^2) + 3hk^2(2\bar{x} + \bar{x}^2\bar{y}) + k^3 \bar{x}^3\right]$$

$$\text{mit } \bar{x} = x_0 + \vartheta h, \quad \bar{y} = y_0 + \vartheta k, \quad 0 < \vartheta < 1.$$

Eine Funktion $f : \mathbb{R}^n \to \mathbb{R}$ hat an der Stelle $X_0 = (x_1^0, \ldots, x_n^0) \in D(f)$ ein **absolutes Maximum**, falls $f(x_1^0, \ldots, x_n^0) \geq f(x_1, \ldots, x_n)$ für alle $X = (x_1, \ldots, x_n) \in D(f)$. Sie hat an X_0 ein **relatives Maximum**, falls $f(x_1^0, \ldots, x_n^0) \geq f(x_1, \ldots, x_n)$ für alle $X = (x_1, \ldots, x_n) \in D(f)$ aus einer Umgebung $U(X_0)$ von X_0. Analog ist ein **absolutes** bzw. **relatives Minimum** definiert. Ein relatives (absolutes) **Extremum** ist ein relatives (absolutes) Maximum oder Minimum. Ist $f : \mathbb{R}^n \to \mathbb{R}$ stetig und ist $D(f)$ kompakt, so besitzt f ein absolutes Maximum und ein absolutes Minimum.

Satz 24.2 *Hat* $f : \mathbb{R}^n \to \mathbb{R}$ *an der Stelle* $X_0 = (x_1^0, \ldots, x_n^0) \in D(f)$ *ein relatives Extremum, ist* f *partiell differenzierbar nach jeder Variablen und ist* X_0 *innerer Punkt von* $D(f)$, *so gilt für die partiellen Ableitungen*

$$f_{x_1}(X_0) = f_{x_2}(X_0) = \cdots = f_{x_n}(X_0) = 0. \qquad (*)$$

Bemerkungen und Ergänzungen:

(8)   Die Bedingung $(*)$ läßt sich schreiben

$$\text{grad } f(X_0) = 0.$$

(9)   Es ist $(*)$ eine notwendige Bedingung für ein Extremum. Nicht alle Stellen, die $(*)$ erfüllen, müssen Stellen relativer Extrema sein. Zur Bestimmung relativer Extrema kann man so vorgehen, daß man alle Stellen sucht, die der Bedingung grad $f = 0$ genügen. Dies sind Kandidaten für Stellen relativer Extrema. Anschließend ist gesondert zu prüfen, ob tatsächlich Stellen relativer Extrema vorliegen.

(10)   Ist $(*)$ erfüllt, so nennt man X_0 einen **stationären Punkt** von f. Ein stationärer Punkt, der keine Extremalstelle von f ist, heißt **Sattelpunkt**.

Beispiele:

(11)   Sei $f : \mathbb{R}^2 \to \mathbb{R}$ mit $D(f) = \mathbb{R}^2$ und $f(x,y) = (x^2 + y^2)^2$. Die Forderungen

$$f_x(x,y) = 4x(x^2 + y^2) = 0$$
$$f_y(x,y) = 4y(x^2 + y^2) = 0$$

sind erfüllt für die Stelle $X_0 = (0,0)$ und für keine weiteren Stellen. Es ist X_0 also einziger Kandidat für ein relatives Extremum. Tatsächlich ist X_0 Stelle eines relativen (und sogar absoluten) Minimums.

(12)   Sei $f : \mathbb{R}^2 \to \mathbb{R}$ mit $D(f) = \mathbb{R}^2$ und $f(x,y) = \sin x \cdot \sin y$. Die Bedingungen

$$f_x(x_0, y_0) = \cos x_0 \cdot \sin y_0 = 0$$
$$f_y(x_0, y_0) = \sin x_0 \cdot \cos y_0 = 0$$

sind beispielsweise erfüllt für $X_0 = (x_0, y_0) = (0,0)$. Doch hat f an $(0,0)$ weder ein relatives Maximum noch ein relatives Minimum. Denn für $y = x$ ist $f(x,x) = \sin^2 x \geq 0$ und für $y = -x$ ist $f(x,-x) = -\sin^2 x \leq 0$.

Satz 24.3 *Die Funktion* $f : \mathbb{R}^2 \to \mathbb{R}$ *habe stetige partielle Ableitungen erster und zweiter Ordnung. Sei* $X_0 = (x_0, y_0)$ *innerer Punkt von* $D(f)$. *Gilt*

$$f_x(x_0, y_0) = 0, \qquad f_y(x_0, y_0) = 0,$$

$$[f_{xy}(x_0, y_0)]^2 < f_{xx}(x_0, y_0) \cdot f_{yy}(x_0, y_0), \qquad (**)$$

so hat f *an der Stelle* X_0 *ein relatives Extremum. Es ist ein relatives Minimum, falls* $f_{xx}(x_0, y_0) > 0$, *es ist ein relatives Maximum, falls* $f_{xx}(x_0, y_0) < 0$.

Bemerkungen und Ergänzungen:

(13)   Im Gegensatz zu Satz 24.2 liefert Satz 24.3 ein hinreichendes Kriterium für ein relatives Extremum.

(14)   Gilt $>$ in $(**)$ von Satz 24.3, so liegt kein Extremum vor, vielmehr ein Sattelpunkt. So gilt beispielsweise für $f(x,y) = xy$, $(x,y) \in \mathbb{R}^2$, und $X_0 = (0,0)$: $f_x(X_0) = 0$, $f_y(X_0) = 0$ und $[f_{xy}(X_0)]^2 = 1 > f_{xx}(X_0) \cdot f_{yy}(X_0) = 0$. Bei Betrachtung von f ist leicht zu sehen, daß f an X_0 kein Extremum hat.

(15)   Gilt $=$ in $(**)$, so ist eine Entscheidung, ob ein Extremum vorliegt, nicht möglich. So gilt beispielsweise für $f(x,y) = y^2$, $(x,y) \in \mathbb{R}^2$, und $X_0 = (0,0)$: $f_x(X_0) = 0$, $f_y(X_0) = 0$ und $[f_{xy}(X_0)]^2 = 0 = f_{xx}(X_0) \cdot f_{yy}(X_0)$. Es hat f an X_0 ein Extremum.

Andererseits gilt beispielsweise für $g(x,y) = x^2 y^3$, $(x,y) \in \mathbb{R}^2$ und $X_0 = (0,0)$: $g_x(X_0) = 0$, $g_y(X_0) = 0$ und $[g_{xy}(X_0)]^2 = 0 = g_{xx}(X_0) \cdot g_{yy}(X_0)$. Doch hat g bei X_0 kein Extremum, wie eine Untersuchung von g in einer Umgebung von X_0 zeigt.

Beispiele:

(16)   Wir betrachten die Funktion f aus Beispiel (12),

$$f(x, y) = \sin x \cdot \sin y, \ (x, y) \in \mathbb{R}^2.$$

Für $X_0 = \left(\frac{\pi}{2}, \frac{\pi}{2}\right)$ ist $f_x(X_0) = 0, \ f_y(X_0) = 0$ und

$$[f_{xy}(X_0)]^2 = 0 < f_{xx}(X_0) \cdot f_{yy}(X_0) = (-1) \cdot (-1) = 1.$$

Weiter ist $f_{xx}(X_0) = -1 < 0$, so daß an X_0 ein relatives Maximum vorliegt. Für den Punkt $(0, 0)$ gilt

$$[f_{xy}(0, 0)]^2 = 1 > f_{xx}(0, 0) f_{yy}(0, 0) = 0,$$

so daß $(0, 0)$ ein Sattelpunkt ist, wie bereits in (12) festgestellt.

(17)   Sei $f(x, y) = x^3 - 12xy + 8y^3, \ (x, y) \in \mathbb{R}^2$. Es ist $f_x = 3x^2 - 12y$, $f_y = -12x + 24y^2$. Potentielle Stellen für Extrema ergeben sich aus grad $f = 0$, also aus

$$3x_0^2 - 12y_0 = 0$$
$$-12x_0 + 24y_0^2 = 0.$$

Die erste Gleichung liefert $y_0 = \frac{1}{4}x_0^2$, Einsetzen in die zweite Gleichung ergibt $x_0 - \frac{1}{8}x_0^4 = 0$. Die Gleichung $x_0 - \frac{1}{8}x_0^4 = 0$ hat genau zwei reelle Lösungen, nämlich $x_0^{(1)} = 0$ und $x_0^{(2)} = 2$. Aus $y_0 = \frac{1}{4}x_0^2$ ergeben sich $y_0^{(1)} = 0$ und $y_0^{(2)} = 1$. Demnach sind $X_0^{(1)} = (0, 0)$ und $X_0^{(2)} = (2, 1)$ Kandidaten für Extremstellen. Man rechnet leicht nach, daß

$$[f_{xy}(X_0^{(1)})]^2 = 144 > f_{xx}(X_0^{(1)}) \cdot f_{yy}(X_0^{(1)}) = 0$$

so daß f an $X_0^{(1)}$ kein Extremum besitzt. Andererseits ist

$$[f_{xy}(X_0^{(2)})]^2 = 144 < f_{xx}(X_0^{(2)}) \cdot f_{yy}(X_0^{(2)}) = 576$$

und $f_{xx}(X_0^{(2)}) = 12 > 0$. Daher hat f an $X_0^{(2)}$ ein relatives Minimum.

TESTS

T24.1: Für differenzierbares $f : \ \mathbb{R}^m \to \mathbb{R}$ ist die Ableitung von f in Richtung $A = (a_1, \dots, a_m) \in \mathbb{R}^m$ am inneren Punkt $X_0 \in D(f)$

( )   grad $f(A)$

( ) $X_0 \cdot$ grad $f(A)$

( ) $A \cdot$ grad $f(X_0)$, falls $\|A\| = 1$.

T24.2: Sei $f : \mathbb{R}^2 \to \mathbb{R}$. Das Taylor-Polynom 2. Grades für $f(x_0 + h, y_0 + k)$ und die Entwicklungsstelle $X_0 = (x_0, y_0)$ hat die Gestalt

( ) $f(x_0, y_0)$

( ) $f(x_0, y_0) + h f_x(x_0, y_0) + k f_y(x_0, y_0)$

( ) $f(x_0, y_0) + h f_x(x_0, y_0) + k f_y(x_0, y_0) + h^2 f_{xx}(x_0, y_0) + hk f_{xy}(x_0, y_0) + k^2 f_{yy}(x_0, y_0)$

( ) $f(x_0, y_0) + h f_x(x_0, y_0) + k f_y(x_0, y_0) + \frac{1}{2}\Big[h^2 f_{xx}(x_0, y_0) + 2hk f_{xy}(x_0, y_0) + k^2 f_{yy}(x_0, y_0) \Big]$.

T24.3: Gegeben sei die Funktion $f : \mathbb{R}^2 \to \mathbb{R}$ mit $D(f) = \mathbb{R}^2$ und $f(x, y) = |\sin x| + |\sin y|$. Welche der folgenden Aussagen sind richtig?

( )   grad $f(0, 0) = (0, 0)$.

( ) f besitzt in $(0, 0)$ ein relatives Minimum.

( ) f besitzt in $(0, 0)$ ein absolutes Minimum.

T24.4: Gegeben sei die Funktion $f : \mathbb{R}^2 \to \mathbb{R}$ mit $D(f) = \mathbb{R}^2$ und $f(x, y) = \sin x + \frac{1}{2}\sin y$. Dann gilt: Es hat f an

( ) $X_1 = (\frac{\pi}{2}, \frac{\pi}{2})$ ein relatives Maximum

( ) $X_2 = (-\frac{\pi}{2}, \frac{\pi}{2})$ ein relatives Minimum

( ) $X_3 = (\pi, \frac{\pi}{2})$ ein relatives Maximum

( ) $X_4 = (-\frac{\pi}{2}, -\frac{\pi}{2})$ ein absolutes (und somit auch relatives) Minimum.

T24.5: Sei $f : \mathbb{R}^2 \to \mathbb{R}$ mit $D(f) = \mathbb{R}^2$. Es besitze f stetige partielle Ableitungen erster und zweiter Ordnung. Mit der Bezeichnung $X_0 = (x_0, y_0)$ gelte weiter grad $f(X_0) = (0, 0)$. Folgende Aussagen sind richtig:

( ) $f_{xy}(X_0)^2 < f_{xx}(X_0) f_{yy}(X_0) \Rightarrow f$ hat an der Stelle X_0 ein relatives Minimum.

( ) $f_{xy}(X_0) > 0 \Rightarrow f$ hat an der Stelle X_0 ein relatives Minimum.

( ) $f_{xy}(X_0)^2 < f_{xx}(X_0) f_{yy}(X_0)$ und $f_{xx}(X_0) > 0 \Rightarrow f$ hat an der Stelle X_0 ein relatives Minimum.

( ) $f_{xy}(X_0)^2 = f_{xx}(X_0) f_{yy}(X_0) \Rightarrow f$ hat an der Stelle X_0 kein Extremum.

T24.6: Gegeben sei die Funktion $f : \mathbb{R}^2 \to \mathbb{R}$ mit $D(f) = [-\pi, \pi] \times [-\pi, \pi]$ und $f(x, y) = \sin x + \frac{1}{2}\sin y$. Dann gilt:

( ) f besitzt mindestens ein absolutes Maximum.

( ) f besitzt an $X_1 = (\frac{\pi}{2}, \frac{\pi}{2})$ ein relatives Maximum, das zugleich absolutes Maximum ist.

( ) f besitzt auf dem Rand des Definitionsbereichs ein absolutes Maximum.

ÜBUNGEN

Ü24.1:   Gegeben sei die Funktion $f : \mathbb{R}^2 \to \mathbb{R}$ mit $D(f) = \mathbb{R}^2$ und $f(x, y) = xy + 2x \sin(y + \frac{\pi}{2}) + e^{-y} \cos x$.

    a)   Berechnen Sie die Richtungsableitung $f'(X_0, A)$ von f im Punkt $X_0 = (0, 0)$ in die durch den Vektor $(-3, 1)$ gegebene Richtung.

    b)   In welcher Richtung A wird $|f'(X_0, A)|$ maximal?

    c)   Gibt es Richtungen A, für die $f'(X_0, A) = 0$ gilt?

Ü24.2:   Durch $T : \mathbb{R}^3 \to \mathbb{R}$ mit

$$D(T) = \{(x, y, z) : -5 \le x \le 5, \ -5 \le y \le 5, \ -5 \le z \le 5\}$$

und $T(x, y, z) = xyz \sin(xy)e^{-z}$ sei ein Temperaturfeld gegeben.

    a)   Bestimmen Sie die Änderung der Temperatur (pro Längeneinheit) in der Umgebung des Punktes $P = (1, 1, 1)$ sowohl in Richtung der Koordinatenachsen als auch in Richtung des Vektors $(1, 1, 1)$.

    b)   In welcher Richtung von P aus ändert sich das Temperaturfeld (pro Längeneinheit) am meisten?

    c)   Gibt es von P aus Richtungen, in denen die Temperatur unverändert bleibt?

Ü24.3:   Sei $f : \mathbb{R}^2 \to \mathbb{R}$ mit $D(f) = \mathbb{R}^2$ und $f(x, y) = xy - \cos x - \sin y$.

    a)   Bestimmen Sie das Taylor-Polynom 2. Grades von f um den Entwicklungspunkt $(x_0, y_0) = (\frac{\pi}{2}, \frac{\pi}{2})$.

    b)   Zeigen Sie für das Restglied die Abschätzung $|R_{2,x_0,y_0}(h, k)| \le \frac{1}{6}(|h|^3 + |k|^3)$.

Ü24.4:   Betrachten Sie die Funktion $f : \mathbb{R}^2 \to \mathbb{R}$ mit $D(f) = \{(x, y) \in \mathbb{R}^2 : x \ne 0, \ y \ne 0\}$ und $f(x, y) = \dfrac{1}{y} - \dfrac{1}{x} - 4x + y$.

    a)   Geben Sie Lage und Art der relativen Extrema von f in $D(f)$ an.

    b)   Untersuchen Sie f auf absolute Extrema.

25   Implizite Funktionen, Extrema mit Nebenbedingungen

Sei $g : \mathbb{R}^2 \to \mathbb{R}$ eine reelle Funktion von zwei reellen Veränderlichen x und y. Wir betrachten das Problem, die **implizite** Gleichung $g(x,y) = 0$ nach y aufzulösen. Wir suchen eine Funktion $f : \mathbb{R} \to \mathbb{R}$ auf einem Intervall I, so daß für alle $x \in I$ gilt $g(x, f(x)) = 0$. Im Falle der Existenz einer solchen Funktion f haben wir durch $y = f(x)$, $x \in I$, eine Auflösung der Gleichung $g(x,y) = 0$ gegeben.

Beispiele:

(1)   Sei $g : \mathbb{R}^2 \to \mathbb{R}$ mit $D(g) = \mathbb{R}^2$ und $g(x,y) = 3x + 2y - 4$. Die implizite Gleichung $g(x,y) = 0$, also $3x + 2y - 4 = 0$, erlaubt die Auflösung nach y,

$$y = f(x) = -\tfrac{3}{2}x + 2, \quad x \in \mathbb{R}.$$

Es existiert genau eine Funktion $f : \mathbb{R} \to \mathbb{R}$ mit $g(x, f(x)) = 0$, $x \in \mathbb{R}$.

(2)   Sei $g :   \mathbb{R}^2 \to \mathbb{R}$ mit $D(g) = \mathbb{R}^2$ und $g(x,y) = x^2 + y^2 - 1$. Die implizite Gleichung $g(x,y) = 0$, also $x^2 + y^2 - 1 = 0$, ist erfüllt für Punkte (x,y), die auf dem Einheitskreis um Null liegen. Demnach hat $g(x,y) = 0$ keine Lösung für $x \notin [-1,1]$. Aber auch für $x \in (-1,1)$ existiert keine eindeutige Funktion $y = f(x)$ mit $g(x, f(x)) = 0$. Denn für $x \in (-1,1)$ erfüllen $y = y_1 = +\sqrt{1 - x^2}$ und $y = y_2 = -\sqrt{1 - x^2}$ die Gleichung $g(x,y) = 0$.

(3)   Modifizieren wir Beispiel (2), indem wir $g(x,y) = 0$ nur für $(x,y) \in \mathbb{R}^2$ betrachten, die etwa für $\varepsilon = 0.5$ in einer ε-Umgebung von $(x_0, y_0) = (0,1)$ liegen, so existiert in dieser ε-Umgebung genau eine Lösung, nämlich $y = f(x) = +\sqrt{1 - x^2}$. Wir beachten, daß $(x_0, y_0) = (0,1)$ die Gleichung $g(x,y) = 0$ erfüllt.

Satz 25.1 *Sei $g : \mathbb{R}^2 \to \mathbb{R}$ eine reelle Funktion von zwei Veränderlichen. Die Definitionsmenge $D(g)$ sei ein offenes Rechteck, $D(g) = (a,b) \times (c,d)$. Die partiellen Ableitungen g_x und g_y seien existent und stetig auf $D(g)$. Sei $(x_0, y_0) \in D(g)$ so, daß $g(x_0, y_0) = 0$ und $g_y(x_0, y_0) \neq 0$. Dann gibt es ein Intervall $U \subset (a,b)$ um x_0, ein Intervall $V \subset (c,d)$ um y_0 und eine differenzierbare Funktion $f : \mathbb{R} \to \mathbb{R}$ mit $D(f) = U$, Werten in V, $f(x_0) = y_0$ und $g(x, f(x)) = 0$ für alle $x \in U$, sowie*

$$f'(x) = -\frac{g_x(x, f(x))}{g_y(x, f(x))}, \quad x \in U.$$

Bemerkungen und Ergänzungen:

(4)   Unter den Voraussetzungen von Satz 25.1 ist $g(x,y) = 0$ um (x_0, y_0) **lokal** auflösbar nach y. Die Bezeichnung lokal bezieht sich auf eine Umgebung, die nicht näher spezifiziert ist.

(5)   Es ist bemerkenswert, daß $f'(x_0)$ bestimmt werden kann, ohne $f(x)$ explizit zu kennen, nämlich

$$f'(x_0) = -\frac{g_x(x_0, y_0)}{g_y(x_0, y_0)} \ .$$

Beispiele:

(6)   Sei $g : \mathbb{R}^2 \to \mathbb{R}$ mit $D(g) = (-0.5, 0.5) \times (0.5, 1.5)$ und $g(x,y) = x^2 + y^2 - 1$. Die partiellen Ableitungen $g_x = 2x$ und $g_y = 2y$ sind stetig auf $D(g)$. Für $(x_0, y_0) = (0, 1) \in D(g)$ gilt $g(x_0, y_0) = 0$ und $g_y(x_0, y_0) = 2 \neq 0$. Dann gibt es ein Intervall $U \subset (-0.5, 0.5)$ um $x_0 = 0$, ein Intervall $V \subset (0.5, 1.5)$ um $y_0 = 1$ und eine differenzierbare Funktion f auf U mit Werten in V, $f(0) = 1$, $g(x, f(x)) = 0$ für alle $x \in U$, sowie

$$f'(x) = -\frac{2x}{2f(x)}, \quad x \in U \ . \tag{$*$}$$

Es ist $f(x) = \sqrt{1 - x^2}$, $x \in U$, so daß nach $(*)$

$$f'(x) = -\frac{2x}{2\sqrt{1 - x^2}} = -\frac{x}{\sqrt{1 - x^2}} \ .$$

Dies folgt auch durch direkte Differentiation von f.

Analoge Aussagen sind möglich, falls bei der impliziten Gleichung $g(x_1, \ldots, x_n, y) = 0$ für $g : \mathbb{R}^{n+1} \to \mathbb{R}$ eine Auflösung $y = f(x_1, \ldots, x_n)$ mit einer Funktion $f : \mathbb{R}^n \to \mathbb{R}$ gesucht ist, so daß $g(x_1, \ldots, x_n, f(x_1, \ldots, x_n)) = 0$. Wir betrachten den allgemeinen Fall, daß m Funktionen $g_j : \mathbb{R}^{n+m} \to \mathbb{R}$, $j = 1, \ldots, m$, gegeben sind und das Gleichungssystem

$$g_1(x_1, \ldots, x_n, y_1, \ldots, y_m) = 0$$
$$g_2(x_1, \ldots, x_n, y_1, \ldots, y_m) = 0$$
$$\vdots$$
$$g_m(x_1, \ldots, x_n, y_1, \ldots, y_m) = 0$$

nach $y_1, \ldots, y_m$ aufgelöst werden soll,

$$y_1 = f_1(x_1, \ldots, x_n)$$
$$y_2 = f_2(x_1, \ldots, x_n)$$
$$\vdots$$
$$y_m = f_m(x_1, \ldots, x_n).$$

Das Ergebnis ist zusammengefaßt in

Satz 25.2 *Seien $g_j : \mathbb{R}^{n+m} \to \mathbb{R}$ mit $D(g_j)$ offen für $j = 1, \ldots, m$ reelle Funktionen von $n + m$ Veränderlichen. Seien $X_0 = (x_1^0, x_2^0, \ldots, x_n^0)$ und $Y_0 = (y_1^0, y_2^0, \ldots, y_m^0)$ so, daß $(X_0, Y_0) \in D(g_j)$, $j = 1, \ldots, m$, und*

$$g_1(X_0, Y_0) = 0$$
$$g_2(X_0, Y_0) = 0$$
$$\vdots$$
$$g_m(X_0, Y_0) = 0.$$

Die Funktionen g_j, $j = 1, \ldots, m$, seien auf einer Umgebung von (X_0, Y_0) definiert und stetig differenzierbar. An der Stelle (X_0, Y_0) sei die Determinante

$$\det\left(\frac{\partial(g_1, \ldots, g_m)}{\partial(y_1, \ldots, y_m)}\right) = \begin{vmatrix} \frac{\partial g_1}{\partial y_1} & \cdots & \frac{\partial g_1}{\partial y_m} \\ \vdots & & \vdots \\ \frac{\partial g_m}{\partial y_1} & \cdots & \frac{\partial g_m}{\partial y_m} \end{vmatrix}$$

von Null verschieden. Dann gibt es eine Umgebung $U \subset \mathbb{R}^n$ von X_0, eine Umgebung $V \subset \mathbb{R}^m$ von Y_0 und es existieren m differenzierbare Funktionen $f_j : \mathbb{R}^n \to \mathbb{R}$ mit $D(f_j) = U$, $j = 1, \ldots, m$, Werten in V, sowie

$$f_j(X_0) = y_j^0, \quad j = 1, \ldots, m$$

und

$$g_j(x_1, \ldots, x_n, f_1(x_1, \ldots, x_n), \ldots, f_m(x_1, \ldots, x_n)) = 0$$

für $j = 1, \ldots, m$ und alle $X = (x_1, \ldots, x_m) \in U$.

Bemerkungen und Ergänzungen:

(7)   Es ist Satz 25.2 der **Hauptsatz über implizite Funktionen**.

(8)   Es gibt Satz 25.2 die lokale Auflösbarkeit des Gleichungssystems

$$g_j(X, Y) = 0, \quad j = 1, \ldots, m$$

für $X = (x_1, \ldots, x_n)$ und $Y = (y_1, \ldots, y_m)$ nach Y.

Beispiele:

(9) Bei der Transformation kartesischer Koordinaten (x_1, x_2) in Polarkoordinaten (r, φ) gilt $x_1 = r \cos \varphi$ und $x_2 = r \sin \varphi$. Lassen sich r und φ eindeutig durch x_1 und x_2 darstellen? Mit $X = (x_1, x_2)$ und $Y = (y_1, y_2) = (r, \varphi)$ haben wir

$$g_1(X, Y) = x_1 - r \cos \varphi$$
$$g_2(X, Y) = x_2 - r \sin \varphi \ .$$

Für die Determinante gilt

$$\det \left(\frac{\partial(g_1, g_2)}{\partial(r, \varphi)} \right) = \begin{vmatrix} -\cos \varphi & r \sin \varphi \\ -\sin \varphi & -r \cos \varphi \end{vmatrix} = r.$$

Für $r \neq 0$ ist demnach eine eindeutige Auflösung nach r und φ möglich.

Aus dem Satz über implizite Funktionen folgt eine wichtige Anwendung bei Extremalproblemen unter Nebenbedingungen. Bei diesen Problemen wird das Extremum einer Funktion $f : \mathbb{R}^n \to \mathbb{R}$ gesucht, wobei die Menge der zulässigen Punkte $X = (x_1, \ldots, x_n)$ durch eine Nebenbedingung der Form $g(x_1, \ldots, x_n) = 0$ eingeschränkt wird. Man nennt $X_0 = (x_1^0, \ldots, x_n^0)$ eine **relative Maximalstelle (bzw. Minimalstelle) von f unter der Nebenbedingung** $g(X) = 0$, wenn es eine Umgebung $U(X_0)$ gibt, so daß $f(X) \leq f(X_0)$ (bzw. $f(X) \geq f(X_0)$) gilt für alle $X \in U(X_0) \cap \{X \in \mathbb{R}^n : g(X) = 0\}$. Zum Auffinden einer Extremalstelle unter einer Nebenbedingung ist der folgende Satz hilfreich.

Satz 25.3 *Seien $f : \mathbb{R}^n \to \mathbb{R}$ und $g : \mathbb{R}^n \to \mathbb{R}$ auf einer Umgebung $U(X_0)$ von $X_0 = (x_1^0, \ldots, x_n^0) \in D(f) \cap D(g)$ stetig differenzierbare Funktionen. Hat die Funktion f unter der Nebenbedingung $g = 0$ ein relatives Extremum an der Stelle X_0 und verschwinden nicht alle partiellen Ableitungen g_{x_i}, $i = 1, \ldots, n$, an der Stelle X_0, so existiert ein $\lambda \in \mathbb{R}$ mit*

$$f_{x_i}(X_0) + \lambda g_{x_i}(X_0) = 0 \quad \text{für } i = 1, 2, \ldots, n.$$

Bemerkungen und Ergänzungen:

(10) Die Funktion f hat unter der Nebenbedingung $g = 0$ ein relatives Extremum (Maximum oder Minimum) bedeutet: Es werden bei der Suche nach Extremalstellen nur solche $X = (x_1, \ldots, x_n)$ zugelassen, die $g(X) = 0$ erfüllen.

(11) Sucht man ein relatives Extremum von f unter der Nebenbedingung $g = 0$, so kann man im Hinblick auf Satz 25.3 wie folgt vorgehen: Man bildet die **Lagrange-Funktion** $L : \mathbb{R}^{n+1} \to \mathbb{R}$ mit

$$L(x_1, \ldots, x_n, \lambda) = f(x_1, \ldots, x_n) + \lambda g(x_1, \ldots, x_n)$$

mit einem unbekannten Lagrange-Faktor $\lambda \in \mathbb{R}$ und betrachtet das System der $n + 1$ Gleichungen

$$
\left.
\begin{aligned}
L_{x_1}(X, \lambda) &= f_{x_1}(X) + \lambda g_{x_1}(X) = 0 \\
L_{x_2}(X, \lambda) &= f_{x_2}(X) + \lambda g_{x_2}(X) = 0 \\
&\vdots \\
L_{x_n}(X, \lambda) &= f_{x_n}(X) + \lambda g_{x_n}(X) = 0 \\
L_\lambda(X, \lambda) &= \qquad\qquad\ \ g(X) = 0
\end{aligned}
\right\} \tag{$*$}
$$

für die $n + 1$ Unbekannten $x_1, \dots, x_n$ und λ. Jede Lösung $(x_1^0, \dots, x_n^0, \lambda^0)$ von $(*)$ liefert einen Kandidaten $X_0 = (x_1^0, \dots, x_n^0)$ für eine Extremalstelle von f unter der Nebenbedingung $g = 0$. Ob ein solcher Kandidat wirklich eine Extremalstelle von f unter $g = 0$ ist, muß gesondert untersucht werden. Der Wert λ^0 ist nicht relevant.

(12)   Die Lagrange-Funktion ist eine Hilfsfunktion.

Beispiele:

(13)   Gesucht sei ein Dreieck, das bei gegebenem Umfang U maximalen Flächeninhalt hat. Sind x, y, z die Seitenlängen des Dreiecks, so gilt $U = x + y + z$ und der Flächeninhalt ist

$$
F = \sqrt{\tfrac{U}{2}(\tfrac{U}{2} - x)(\tfrac{U}{2} - y)(\tfrac{U}{2} - z)}.
$$

Beachten wir, daß F genau dann maximal wird, wenn F^2 maximal wird, so haben wir demnach die Funktion $f : \mathbb{R}^3 \to \mathbb{R}$ mit

$$
f(x, y, z) = \tfrac{U}{2}(\tfrac{U}{2} - x)(\tfrac{U}{2} - y)(\tfrac{U}{2} - z)
$$

unter der Nebenbedingung

$$
g(x, y, z) = x + y + z - U = 0
$$

zu maximieren. Die Lagrange-Funktion lautet

$$
L(x, y, z, \lambda) = \tfrac{U}{2}(\tfrac{U}{2} - x)(\tfrac{U}{2} - y)(\tfrac{U}{2} - z) + \lambda(x + y + z - U).
$$

Das Gleichungssystem $(*)$ in (11) lautet

$$
\begin{aligned}
L_x(x, y, z, \lambda) &= -\tfrac{U}{2}(\tfrac{U}{2} - y)(\tfrac{U}{2} - z) + \lambda = 0 & (1) \\
L_y(x, y, z, \lambda) &= -\tfrac{U}{2}(\tfrac{U}{2} - x)(\tfrac{U}{2} - z) + \lambda = 0 & (2) \\
L_z(x, y, z, \lambda) &= -\tfrac{U}{2}(\tfrac{U}{2} - x)(\tfrac{U}{2} - y) + \lambda = 0 & (3) \\
L_\lambda(x, y, z, \lambda) &= x + y + z - U = 0. & (4)
\end{aligned}
$$

Subtraktion von (1) und (2) bzw. (2) und (3) zeigt zusammen mit (4), daß

$$
x_0 = y_0 = z_0 = \frac{U}{3} \text{ mit } \lambda^0 = \frac{U^3}{72}, \text{ also}
$$

$$
(x_0, y_0, z_0, \lambda_0) = (\frac{U}{3}, \frac{U}{3}, \frac{U}{3}, \frac{U^3}{72})
$$

eine Lösung ist. Die folgenden drei Lösungen sind direkt zu sehen:

$$(x_0, y_0, z_0, \lambda_0) = (\frac{U}{2}, \frac{U}{2}, 0, 0)$$

$$(x_0, y_0, z_0, \lambda_0) = (\frac{U}{2}, 0, \frac{U}{2}, 0)$$

$$(x_0, y_0, z_0, \lambda_0) = (0, \frac{U}{2}, \frac{U}{2}, 0).$$

Diese vier Punkte sind Kandidaten für eine Extremstelle von f unter $g = 0$. Während die erste Lösung (gleichseitiges Dreieck) zu maximalem $f = \frac{U^4}{432}$ führt, liefern die restlichen 3 Lösungen $f = 0$ und damit kein Maximum.

TESTS

T25.1: Gegeben sei die Funktion $g : \mathbb{R}^2 \to \mathbb{R}$ mit $D(g) = \mathbb{R}^2$ und $g(x, y) = y^2 - \sin xy$. Offenbar gilt $g(\frac{\pi}{2}, 1) = 0$. Dann existiert in einer gewissen Umgebung U von $x_0 = \frac{\pi}{2}$ eine Funktion $f : \mathbb{R} \to \mathbb{R}$ mit $D(f) = U$ und $g(x, f(x)) = 0$ für alle $x \in U$ sowie $f(\frac{\pi}{2}) = 1$.
f besitzt zudem folgende Eigenschaften

( ) f ist nicht differenzierbar

( ) f ist differenzierbar mit $f'(\frac{\pi}{2}) = -\frac{2}{\pi}$

( ) f ist differenzierbar mit $f'(\frac{\pi}{2}) = 0$.

T25.2: Sei $g(x, y) = e^y + y^2 + x^2 - x - 1$, $(x, y) \in \mathbb{R}^2$.

( )   Es ist $g(1, 0) = 0$.

( )   Es ist $g_y(1, 0) \neq 0$.

( )   Es gibt ein Intervall U um $x_0 = 1$ und eine Funktion f auf U mit $f(1) = 0$ und $g(x, f(x)) = 0$ für $x \in U$.

( )   Für die Ableitung der Funktion f gilt $f'(1) = -1$.

T25.3: Gesucht werde ein relatives Extremum von $f(x, y) = x^2 + y^2$, $(x, y) \in \mathbb{R}^2$, unter der Nebenbedingung $x^2 + xy + y^2 = 5$. Dann lautet die Lagrange-Funktion

( ) $L(x, y, \lambda) = x^2 + y^2 + \lambda(x^2 + xy + y^2)$

( ) $L(x, y, \lambda) = x^2 + y^2 - 5 + \lambda(x^2 + xy + y^2)$

( ) $L(x, y, \lambda) = x^2 + y^2 + \lambda(x^2 + xy + y^2 - 5)$.

T25.4: Gesucht werde ein relatives Extremum von $f : \mathbb{R}^2 \to \mathbb{R}$ unter der Nebenbedingung $g = 0$ für $g : \mathbb{R}^2 \to \mathbb{R}$. Kandidaten für Extremstellen erhält man aus

( ) $f(x,y) + \lambda g(x,y) = 0$

( ) $f_x(x,y) + \lambda g_x(x,y) = 0$
$f_y(x,y) + \lambda g_y(x,y) = 0$

( ) $f_x(x,y) + \lambda g_x(x,y) = 0$
$f_y(x,y) + \lambda g_y(x,y) = 0$
$g(x,y) = 0.$

ÜBUNGEN

Ü25.1: Gegeben sei die Funktion $g : \mathbb{R}^2 \to \mathbb{R}$ mit $D(g) = \mathbb{R}^2$ und
$g(x,y) = \sin^2 y + x^3 - 1$.

    a) Für welche (x_0, y_0) mit $g(x_0, y_0) = 0$ kann man die Gleichung $g(x,y) = 0$, "nach y auflösen" in der Form $y = f(x)$ für x aus einer geeigneten Umgebung von x_0?

    b) Berechnen Sie $f'(x_0)$, ohne $f(x_0)$ explizit auszurechnen.

Ü25.2: a) Bestimmen Sie mit Hilfe einer geeigneten Lagrange-Funktion den maximalen und den minimalen Abstand des Punktes $P = (1,1,1)$ von der Einheitskugel $K_1(0,0,0) = \{X \in \mathbb{R}^3 : \|X\| = 1\}$.

    b) Wie lauten die zugehörigen Punkte auf der Kugel?

    c) Interpretieren Sie das Ergebnis geometrisch.

Ü25.3: a) Bestimmen Sie die relativen Extremstellen der Funktion $f : \mathbb{R}^2 \to \mathbb{R}$ mit $D(f) = \mathbb{R}^2$ und $f(x,y) = x + y$ unter der Nebenbedingung $\frac{1}{x^2} + \frac{1}{y^2} = 1$.

    b) Zeichnen Sie in eine Skizze die Punktmenge, die der Nebenbedingung genügt, sowie Höhenlinien durch eine mögliche Extremstelle und die Gradientenrichtung in dieser Stelle ein.

Ü25.4: Gegeben sei eine zylindrische Dose. Bezeichne r den Radius der Dose und h die Höhe. Die Oberfläche O beträgt $O(r,h) = 2\pi r^2 + 2\pi r h$ und das Volumen $V(r,h) = \pi r^2 h$. Berechnen Sie die minimale Oberfläche der Dose mit Hilfe einer Lagrange-Funktion bei einem Dosenvolumen von 100 Volumeneinheiten.

26   Integrale mit Parametern

Im Zusammenhang mit der Stammfunktion haben wir Integrale $\int_a^y f(x)\,dx$ mit variabler oberer Grenze betrachtet. Wir nehmen jetzt an, daß der Integrand von einem Parameter y abhängt, so daß durch $g(y) = \int_a^b f(x,y)\,dx$ ein von dem Parameter y abhängiges Integral gegeben ist (Parameterintegral). Wir untersuchen die Stetigkeit, Integrierbarkeit und Differenzierbarkeit der Funktion g.

Satz 26.1 *Die Funktion* $f : \mathbb{R}^2 \to \mathbb{R}$ *sei stetig auf* $[a,b] \times [c,d]$. *Sei*

$$g(y) = \int_a^b f(x,y)\,dx \quad \textit{für} \quad y \in [c,d].$$

(i)   Es ist g stetig auf $D(g) = [c,d]$.

(ii)   Es ist g integrierbar und es gilt

$$\int_c^d g(y)\,dy = \int_c^d \Big[\int_a^b f(x,y)\,dx \Big]\,dy = \int_a^b \Big[\int_c^d f(x,y)\,dy \Big]\,dx.$$

(iii)   Hat f eine stetige partielle Ableitung $\frac{\partial f}{\partial y}$ auf einer offenen Menge $J \subset \mathbb{R}^2$ mit $[a,b] \times [c,d] \subset J$, so ist g differenzierbar und es ist

$$\frac{dg}{dy} = \int_a^b \frac{\partial f(x,y)}{\partial y}\,dx, \quad y \in [c,d].$$

Bemerkungen und Ergänzungen:

(1)   Im Integral über g darf nach (ii) die Integrationsreihenfolge vertauscht werden,

$$\int_c^d \Big[\int_a^b f(x,y)\,dx \Big]\,dy = \int_a^b \Big[\int_c^d f(x,y)\,dy \Big]\,dx.$$

(2)   Das Ergebnis (iii) drückt man verbal so aus: Es darf unter dem Integralzeichen differenziert werden.

(3)   Sind im Parameterintegral auch die Integrationsgrenzen von dem Parameter abhängig, so gilt folgende Verallgemeinerung von Satz 26.1.

Satz 26.2 *Sei* $f : \mathbb{R}^2 \to \mathbb{R}$ *stetig auf* $[a, b] \times [c, d]$. *Es habe* f *eine stetige partielle Ableitung* $\frac{\partial f}{\partial y}$ *auf einer offenen Menge* $J \subset \mathbb{R}^2$ *mit* $[a, b] \times [c, d] \subset J$. *Seien* $\varphi : \mathbb{R} \to \mathbb{R}$ *und* $\psi : \mathbb{R} \to \mathbb{R}$ *mit* $D(\varphi) = D(\psi) = [c, d]$ *sowie* $B(\varphi) \subset [a, b]$, $B(\psi) \subset [a, b]$ *stetig differenzierbare Funktionen auf* $[c, d]$. *Sei*

$$g(y) = \int_{\varphi(y)}^{\psi(y)} f(x, y) \, dx \quad \text{für} \quad y \in [c, d].$$

Dann ist g *differenzierbar und es gilt für* $y \in [c, d]$.

$$\frac{dg}{dy} = \int_{\varphi(y)}^{\psi(y)} \frac{\partial f(x, y)}{\partial y} \, dx + f(\psi(y), y) \cdot \psi'(y) - f(\varphi(y), y) \cdot \varphi'(y).$$

Bemerkungen und Ergänzungen:

(4)   Ist in Satz 26.2 $\varphi(y) = a$ und $\psi(y) = y$ für $y \in [c, d]$, so folgt

$$\frac{d}{dy} \int_a^y f(x, y) \, dx = \int_a^y \frac{\partial f(x, y)}{\partial y} \, dx + f(y, y).$$

Beispiele:

(5)   Sei $f(x, y) = e^{xy}$ für $(x, y) \in [0, 1] \times [-1, 1]$. Es ist f stetig. Daher ist auch

$$g(y) = \int_0^1 e^{xy} \, dx = \begin{cases} 1 & \text{für } y = 0 \\ \dfrac{e^y - 1}{y} & \text{für } y \in [-1, 1], \ y \neq 0 \end{cases}$$

stetig auf $[-1, 1]$. Da auch $\frac{\partial f}{\partial y} = x e^{xy}$ stetig auf $\mathbb{R}^2$, ist g differenzierbar auf $[-1, 1]$ mit

$$\frac{dg}{dy} = \int_0^1 x e^{xy} \, dx = \begin{cases} \dfrac{1}{2} & \text{für } y = 0 \\ \dfrac{(y-1)e^y + 1}{y^2} & \text{für } y \neq 0. \end{cases}$$

(6)   Wir untersuchen die Funktion $g : \mathbb{R} \to \mathbb{R}$ mit $D(g) = [1, 2]$ und

$$g(y) = \int_y^{y^2+1} \frac{e^{\frac{y}{x}}}{x} \, dx$$

auf Differenzierbarkeit. In der Nomenklatur von Satz 26.2 sind $f(x, y) = \dfrac{e^{\frac{y}{x}}}{x}$ für $(x, y) \in [1, 5] \times [1, 2]$, sowie $\varphi(y) = y$, $\psi(y) = y^2 + 1$ für $D(\varphi) = D(\psi) = [1, 2]$. Weiter ist $B(\varphi) = [1, 2] \subset [1, 5]$ und $B(\psi) = [2, 5] \subset [1, 5]$. Es sind f und $\dfrac{\partial f}{\partial y} = \dfrac{e^{\frac{y}{x}}}{x^2}$

stetig auf $\mathbb{R}^2$, weiter sind φ und ψ stetig differenzierbar auf $[1, 2]$. Demnach ist g differenzierbar auf $[1, 2]$ und es gilt

$$\frac{dg}{dy} = \int_y^{y^2+1} \frac{e^{\frac{y}{x}}}{x^2}\, dx + \frac{e^{\frac{y}{y^2+1}}}{y^2+1} 2y - \frac{e^{\frac{y}{y}}}{y}$$

$$= \left[-\frac{1}{y} e^{\frac{y}{x}} \right]_y^{y^2+1} + \frac{2y}{y^2+1} e^{\frac{y}{y^2+1}} - \frac{e}{y}$$

$$= \frac{y^2 - 1}{y(y^2+1)} e^{\frac{y}{y^2+1}}.$$

TESTS

T26.1: Die Funktionen f, φ und ψ mögen den Voraussetzungen von Satz 26.2 genügen, g sei definiert gemäß Satz 26.2. Dann gilt

( ) $\quad \dfrac{dg}{dy} = \displaystyle\int_{\varphi(y)}^{\psi(y)} \dfrac{\partial f}{\partial x}(x, y)\, dx + f(\psi(y), y)\dfrac{d\psi}{dy} - f(\varphi(y), y)\dfrac{d\varphi}{dy}$

( ) $\quad \dfrac{dg}{dy} = 0$ falls $\psi \equiv \varphi$

( ) $\quad \dfrac{d}{dy}\displaystyle\int_y^b f(x, y)\, dx = \int_y^b \dfrac{\partial f(x, y)}{\partial y}\, dx - f(y, y).$

T26.2: Die Funktion f, φ und ψ mögen den Voraussetzungen von Satz 26.2 genügen, g sei definiert gemäß Satz 26.2. Weiter sei $f(x, y) = h(x)$ für alle $y \in [c, d]$. Dann gilt

( ) $\quad \dfrac{dg}{dy} = f(\psi(y), y) \cdot \dfrac{d\psi}{dy} - f(\varphi(y), y) \cdot \dfrac{d\varphi}{dy}$

( ) $\quad \dfrac{dg}{dy} = h(\psi(y)) \cdot \dfrac{d\psi}{dy} - h(\varphi(y)) \cdot \dfrac{d\varphi}{dy}$

( ) $\quad \dfrac{dg}{dy} = 0$, falls ein $y \in [c, d]$ existiert mit $\psi(y) = \varphi(y)$.

ÜBUNGEN

Ü26.1: Gegeben sei die Funktion $g : \mathbb{R} \to \mathbb{R}$ mit $D(g) = [1, \sqrt{5}]$ und

$$g(y) = \int_{y^2}^5 \frac{\ln(x^2 y^2 + 1)}{x}\, dx.$$

Ist g differenzierbar? Falls ja, berechnen Sie $\frac{dg}{dy}$.

Ü26.2:   Betrachten Sie die Funktion $g : \mathbb{R} \to \mathbb{R}$ mit $D(g) = [\sqrt{2}, \sqrt{7}]$ und
$g(t) = \int_{t^2-1}^{t^2+1} \left(2xt + \sqrt{x^2 - 1}\right) dx$.

Zeigen Sie, daß g differenzierbar ist und berechnen Sie $\frac{dg}{dt}$.

27   Wege im $\mathbb{R}^n$

Schon im $\mathbb{R}^2$ lassen sich Kurven nicht immer als Graphen **einer reellen Funktion** $f : \mathbb{R} \to \mathbb{R}$ darstellen. So müssen beispielsweise für die durch $\{(x,y) : x^2+y^2 = 1\}$ definierte Punktmenge des Einheitskreises im $\mathbb{R}^2$ oberer und unterer Kreisbogen durch $y = f_1(x) = \sqrt{1-x^2}$ und $y = f_2(x) = -\sqrt{1-x^2}$, $x \in [-1,1]$, gesondert dargestellt werden. Eine andere Möglichkeit der Beschreibung der Punktmenge bietet eine **Parameterdarstellung** $\{(x,y) : x = \cos t, y = \sin t, t \in [0,2\pi]\}$ mit dem Parameter $t \in [0,2\pi]$ als Variable. Dann ist in der Tat $x^2 + y^2 = \cos^2 t + \sin^2 t = 1$ und wegen $t \in [0,2\pi]$ ist der gesamte Einheitskreis erfaßt. Offenbar liegt bei dieser Parameterdarstellung eine Abbildung $X : \mathbb{R} \to \mathbb{R}^2$ vor.

Definition 27.1 *Eine Abbildung* $X : \mathbb{R} \to \mathbb{R}^n$ *mit* $D(X) = [a,b]$*, die stetig auf* $[a,b]$ *ist, heißt ein* **Weg** W *im* $\mathbb{R}^n$*. Die zum Weg W gehörende Punktmenge*

$$K = \{X(t) = (x_1(t), x_2(t), \ldots, x_n(t)) : t \in [a,b]\}$$

heißt **Kurve** K *im* $\mathbb{R}^n$*.*

Bemerkungen und Ergänzungen:

(1)   Ein Weg W ist ein Spezialfall eines Vektorfeldes gemäß Definition 23.4. Wir erinnern daran (s. 23(27)), daß $X : \mathbb{R} \to \mathbb{R}^n$, $D(X) = [a,b]$, stetig ist auf $[a,b]$, falls in $X(t) = (x_1(t), \ldots, x_n(t))$, $t \in [a,b]$, die Komponentenfunktion $x_i : \mathbb{R} \to \mathbb{R}$ stetig auf $[a,b]$ sind, $i = 1, \ldots, n$. Weiter ist X stetig differenzierbar auf $[a,b]$, falls die Komponentenfunktionen x_i stetig differenzierbar sind.

(2)   Es heißen $X(a)$ **Anfangspunkt** und $X(b)$ **Endpunkt** des Weges W. Verbunden ist damit die Vorstellung, daß der Weg im Sinne wachsender Parameter $t \in [a,b]$ von $X(a)$ nach $X(b)$ durchlaufen wird. Man spricht dann auch von einem orientierten Weg. Den umgekehrt durchlaufenen Weg (inversen Weg) von $X(b)$ nach $X(a)$ bezeichnen wir mit $-W$. Es ist $-W$ gegeben durch

$$X^-(t) = X(a+b-t), \quad t \in [a,b].$$

Wir beachten, daß für W und $-W$ die zugehörigen Kurven übereinstimmen.

(3)   Es ist zu unterscheiden der Weg als Abbildung und die zugehörige Kurve als Punktmenge. Zu verschiedenen Wegen kann die gleiche Kurve gehören. So gehört zu den durch

$$X_1(t) = (\cos t, \sin t), \quad t \in [0,2\pi]$$
$$X_2(t) = (\cos t, \sin t), \quad t \in [0,4\pi]$$
$$X_3(t) = (\cos 3t, \sin 3t), \quad t \in [0,2\pi]$$

gegebenen Wegen W_1, W_2, W_3 die gleiche Kurve K, nämlich die Punktmenge, die den Einheitskreis im $\mathbb{R}^2$ bildet. Dagegen beschreibt der Weg W_1 die von $(1,0)$ nach

(1,0) durchlaufene Kreislinie des Einheitskreises, der Weg W_2 die von (1,0) nach (1,0) zweifach durchlaufene Kreislinie des Einheitskreises und der Weg W_3 die von (1,0) nach (1,0) dreifach durchlaufene Kreislinie des Einheitskreises.

Beispiele:

(4)   Sei $f : \mathbb{R} \to \mathbb{R}$ mit $D(f) = [a,b]$ eine auf $[a,b]$ stetige reelle Funktion. Zu dem Weg W im $\mathbb{R}^2$ gemäß

$$X(t) = (t, f(t)), \ t \in [a,b]$$

gehört der Graph von f im $\mathbb{R}^2$, also $\{(x,y) : \ y = f(x), \ x \in [a,b]\}$, als zugehörige Kurve.

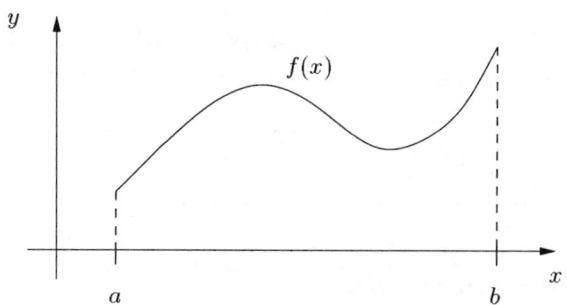

Man spricht auch vom Weg $y = f(x)$, $x \in [a,b]$, in der x-y-Ebene.

(5)   Durch $X : \mathbb{R} \to \mathbb{R}^3$ mit

$$X(t) = A + Bt, \ t \in [a,b]$$

mit $A \in \mathbb{R}^3$, $B \in \mathbb{R}^3$ ist ein Geradenstück im $\mathbb{R}^3$ gegeben. Ist $C \in \mathbb{R}^3$, so stellt $(B = C - A)$

$$X(t) = A + (C - A)t, \ t \in [0,1]$$

die Verbindungsstrecke von A nach C dar. Für $A = (1,3,-1)$ und $C = (4,7,-5)$ erhalten wir beispielsweise

$$X(t) = (1 + 3t, 3 + 4t, -1 - 4t), \ t \in [0,1].$$

Lassen wir in $A + Bt$ (entgegen Definition 27.1) $t \in \mathbb{R}$ zu, so erhalten wir eine (unbegrenzte) Gerade.

(6)   Der durch $X : \mathbb{R} \to \mathbb{R}^3$ mit

$$X(t) = (r \cos t, r \sin t, \frac{h}{2\pi}t), \quad t \in [0, 2\pi k]$$

für $h > 0, r > 0, k \in \mathbb{N}$ gegebene Weg stellt eine Schraubenlinie dar.

Die Projektion in die x-y-Ebene ist gegeben durch $x^2 + y^2 = r^2$, die z-Komponente wächst linear mit t. Man nennt h die Ganghöhe und k die Windungszahl.

(7)   Auf einer Kreisscheibe vom Radius 1 sei auf dem Rand ein Punkt P markiert. Die Kreisscheibe werde auf der Ebene abgerollt (rollendes Rad). Welchen Weg W führt der Punkt P aus?

Der Weg W wird beschrieben durch

$$X(t) = (t - \sin t, 1 - \cos t), \ t \in [a, b].$$

Er beschreibt eine Rollkurve oder **Zykloide**.

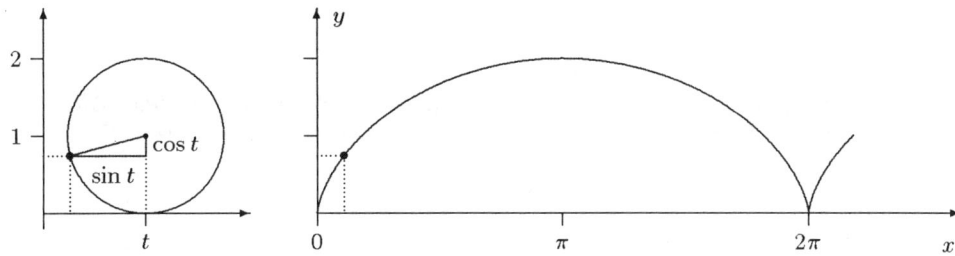

(8)   Der durch $X : \ \mathbb{R} \to \mathbb{R}^2$ mit

$$X(t) = (a \cos t, b \sin t), \ t \in [0, 2\pi]$$

definierte Weg beschreibt eine Ellipse mit Mittelpunkt (0,0) und den Halbachsen $a > 0$ und $b > 0$. Wählen wir $t \in [0, \pi]$, so erhalten wir nur den oberen Ast der Ellipse.

Definition 27.2 *Durch $X_i : \ \mathbb{R} \to \mathbb{R}^n$ mit $D(X_i) = [t_{i-1}, t_i], i = 1, \ldots, k$, seien k Wege $W_1, \ldots, W_k$ gegeben. Gelte $X_i(t_i) = X_{i+1}(t_i)$ für $i = 1, \ldots, k-1$. Dann heißt der durch $X : \ \mathbb{R} \to \mathbb{R}^n$ mit $D(X) = [t_0, t_k]$ und*

$$X(t) = X_i(t) \quad \textit{für } t \in [t_{i-1}, t_i], \ i = 1, \ldots, k$$

definierte Weg W die **Summe der Wege** *$W_1, \ldots, W_k$. Man schreibt*

$$W = W_1 \oplus W_2 \oplus \cdots \oplus W_k.$$

Beispiele:

(9)   Ein Polygonzug ist eine Summe von Wegen, die jeweils Geradenstücke sind.

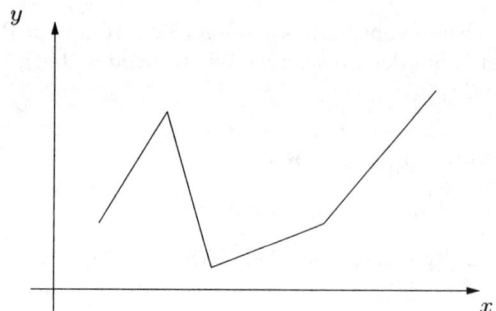

(10)   Der Weg W im $\mathbb{R}^2$ werde beschrieben durch Geradenstücke von (0,0) nach (1,0) und von (1,0) nach (1,1). Es ist $W = W_1 \oplus W_2$, eine Darstellung von W_1 ist

$$X_1(t) = (t,0), \ t \in [0,1],$$

eine Darstellung von W_2 ist

$$X_2(t) = (1, t-1), \ t \in [1,2].$$

In Definition 27.2 ist $k = 2$, sowie $t_0 = 0$, $t_1 = 1$, $t_2 = 2$ und es gilt $X_1(t_1) = X_2(t_1) = (1,0)$.

Zur Definition der Länge eines Weges $X : \mathbb{R} \to \mathbb{R}^n$ mit $D(X) = [a,b]$ wählen wir eine Zerlegung $Z = \{t_0, t_1, \ldots, t_m\}$ des Intervalls $[a,b]$ und betrachten den Polygonzug durch die Punkte $X(t_0), X(t_1), \ldots, X(t_m)$. Er hat die Länge

$$L(X, Z) = \sum_{i=1}^{m} \|X(t_i) - X(t_{i-1})\|.$$

Für eine Verfeinerung Z' von Z gilt

$$L(X, Z) \leq L(X, Z').$$

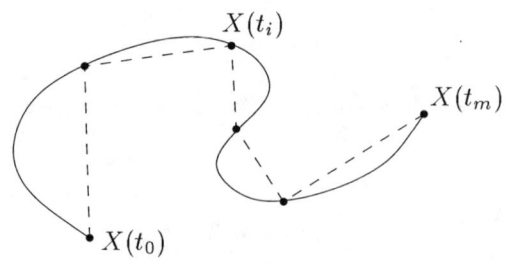

Dies führt zur

Definition 27.3 *Sei* $X : \mathbb{R} \to \mathbb{R}^n$ *mit* $D(X) = [a,b]$ *ein Weg* W *im* $\mathbb{R}^n$. *Sei* $\mathfrak{Z}$ *die Menge aller Zerlegungen von* $[a,b]$. *Gilt* $L(X,Z) \leq M$ *für jede Zerlegung* $Z \in \mathfrak{Z}$ *mit einer Konstanten* M, *so heißt* W **rektifizierbar** *und*

$$L(W) = \sup_{Z \in \mathfrak{Z}} L(X,Z)$$

heißt die **Länge** *von* W.

Satz 27.1 *Der durch* $X : \mathbb{R} \to \mathbb{R}^n$ *mit* $D(X) = [a,b]$ *gegebene Weg* W *sei stetig differenzierbar auf* $[a,b]$. *Dann ist* W *rektifizierbar und die Länge des Weges ist*

$$L(W) = \int_a^b \|\dot{X}(t)\|\, dt = \int_a^b \sqrt{\dot{x}_1^2(t) + \dot{x}_2^2(t) + \cdots + \dot{x}_n^2(t)}\, dt.$$

Satz 27.2 *Der Weg* $W = W_1 \oplus W_2 \oplus \cdots \oplus W_k$ *sei die Summe der Wege* $W_1, W_2, \ldots, W_k$. *Die Wege* W_i, $i = 1, \ldots, k$, *seien stetig differenzierbar. Dann ist der Weg* W *rektifizierbar und mit den Längen* $L(W_i)$ *der Wege* W_i, $i = 1, \ldots, k$, *gilt für die Länge von* W

$$L(W) = L(W_1) + L(W_2) + \cdots + L(W_k).$$

Bemerkungen und Ergänzungen:

(11)   Ist durch $y = f(x)$, $x \in [a,b]$, mit stetig differenzierbarem f ein Weg W in der x-y-Ebene gegeben, vgl. (4), so ist die Länge des Weges

$$L(W) = \int_a^b \sqrt{1 + [f'(t)]^2}\, dt.$$

(12)   Ein Weg W, der die Summe stetig differenzierbarer Wege W_i, $i = 1, \ldots, k$, ist, heißt **stückweise stetig differenzierbar**. Ein stetig differenzierbarer Weg $X(t)$, $t \in [a,b]$, mit $\dot{X}(t) \neq 0$ für alle $t \in [a,b]$ heißt auch **glatt**. Ist der Weg **geschlossen**, also $X(a) = X(b)$, so wird auch $\dot{X}(a) = \dot{X}(b)$ verlangt. Ein Weg W heißt **stückweise glatt**, wenn er die Summe $W = W_1 \oplus \cdots \oplus W_k$ glatter Wege $W_1, \ldots, W_k$ ist.

(13)   Ist der Weg $X(t)$, $t \in [a,b]$, glatt, so heißt $\dot{X}(t_0)$ **Tangentialvektor** des Weges im Punkt $X(t_0)$. Dann definiert die Abbildung $Z : \mathbb{R} \to \mathbb{R}^n$ mit

$$Z(s) = X(t_0) + s\dot{X}(t_0), \quad s \in \mathbb{R}$$

die **Tangente** an den Weg im Punkt $X(t_0)$.

(14)   Nicht jeder Weg besitzt eine Länge, die Stetigkeit von X reicht demnach nicht für Rektifizierbarkeit. Sei beispielsweise $X : \mathbb{R} \to \mathbb{R}^2$ mit $D(X) = [0,1]$ und

$$X(t) = \begin{cases} (t, t^2 \cos \frac{\pi}{t^2}) & \text{für } t \in (0,1] \\ (0,0) & \text{für } t = 0. \end{cases}$$

Es ist X stetig und sogar differenzierbar auf $[0,1]$, jedoch nicht stetig differenzierbar. Die Ableitung ist unstetig im Nullpunkt.

Für die Zerlegung $Z = \{t_0, t_1, \ldots, t_m\}$ mit $t_0 = 0$ und $t_i = \frac{1}{\sqrt{m+1-i}}$, $i = 1, \ldots, m$, gilt

$$X(t_i) = \left(\frac{1}{\sqrt{m+1-i}} , \frac{(-1)^{m+1-i}}{m+1-i} \right) , \quad i = 1, \ldots, m.$$

Daher ist

$$\|X(t_1) - X(t_0)\| = \sqrt{\frac{1}{m} + \frac{1}{m^2}} > \frac{1}{m},$$

und für $i = 2, \ldots, m$ ist

$$\|X(t_i) - X(t_{i-1})\| =$$

$$= \sqrt{\left(\frac{1}{\sqrt{m+1-i}} - \frac{1}{\sqrt{m+2-i}} \right)^2 + \left(\frac{(-1)^{m+1-i}}{(m+1-i)} - \frac{(-1)^{m+2-i}}{(m+2-i)} \right)^2}$$

$$> \sqrt{\left[(-1)^{m+1-i} \left(\frac{1}{m+1-i} + \frac{1}{m+2-i} \right) \right]^2}$$

$$> \frac{1}{m+1-i}.$$

Daher gilt für die Länge des Polygonzuges durch $X(t_0), \ldots, X(t_m)$

$$L(X,Z) > \sum_{i=1}^{m} \frac{1}{m+1-i} = \sum_{l=1}^{m} \frac{1}{l}.$$

Wegen der Divergenz der harmonischen Reihe $(m \to \infty)$ ist $\sup L(X,Z) = \infty$ und der Weg ist nicht rektifizierbar.

Beispiele:

(15)   Sei $X(t) = (r \cos t, r \sin t)$, $t \in [0, 2\pi]$. Der Weg ist die Kreislinie vom Radius r um (0,0). Dann ist die Länge des Weges

$$L(W) = \int_0^{2\pi} \sqrt{(-r \sin t)^2 + (r \cos t)^2} \, dt$$

$$= \int_0^{2\pi} r \, dt = 2\pi r.$$

Dies ist das bekannte Ergebnis für den Kreisumfang.

(16)   Sei $X(t) = (r\cos t, r\sin t, ct)$, $t \in [0, 2\pi k]$, vgl. (6). Die Länge des Weges

$$L(W) = \int_0^{2\pi k} \sqrt{r^2\sin^2 t + r^2\cos^2 t + c^2}\, dt$$

$$= \int_0^{2\pi k} \sqrt{r^2 + c^2}\, dt = 2\pi k\sqrt{r^2 + c^2}.$$

(17)   Sei $X(t) = (t - \sin t, 1 - \cos t)$, $t \in [0, 2\pi]$ (Bogen einer Zykloide, vgl. (7)). Die Länge ist

$$L(W) = \int_0^{2\pi} \sqrt{(1 - \cos t)^2 + \sin^2 t}\, dt = \int_0^{2\pi} \sqrt{2(1 - \cos t)}\, dt.$$

Mit $\cos t = 1 - 2\sin^2\frac{t}{2}$ ergibt sich

$$L(W) = 2\int_0^{2\pi} |\sin\frac{t}{2}|\, dt = 2\int_0^{2\pi} \sin\frac{t}{2}\, dt = 8.$$

(18)   Sei $y = f(x) = x^{\frac{3}{2}}$, $x \in [0, b]$, $b > 0$, ein Weg in der x-y-Ebene (Neilsche Parabel). Nach (11) ist die Länge des Weges

$$L(W) = \int_0^b \sqrt{1 + [f'(t)]^2}\, dt$$

$$= \int_0^b \sqrt{1 + \tfrac{9}{4}t}\, dt = \tfrac{8}{27}\left[(1 + \tfrac{9}{4}t)^{3/2}\right]_0^b$$

$$= \tfrac{8}{27}\left[(1 + \tfrac{9}{4}b)^{3/2} - 1\right] = (\tfrac{4}{9} + b)^{3/2} - \tfrac{8}{27}.$$

(19)   Für die Länge des Weges $W = W_1 \oplus W_2$ von Beispiel (10) gilt $L(W) = L(W_1) + L(W_2)$. Dabei ist

$$L(W_1) = \int_0^1 \sqrt{1 + 0}\, dt = 1$$

$$L(W_2) = \int_1^2 \sqrt{0 + 1}\, dt = 1.$$

Danach ist $L(W) = 2$.

(20)   Durch $X(t) = (t, |t|)$ für $t \in [-1, 1]$ ist ein Weg W gegeben. Es ist $X(t)$ nicht differenzierbar auf $[-1, 1]$, so daß Satz 27.1 nicht anwendbar ist. Doch ist $W = W_1 \oplus W_2$ mit rektifizierbaren Wegen W_1 und W_2, die durch

$$X_1(t) = (t, -t) \quad\text{für}\quad t \in [-1, 0]$$
$$X_2(t) = (t, t) \quad\text{für}\quad t \in [0, 1]$$

gegeben sind. Für die Länge folgt

$$L(W_1) = \int_{-1}^0 \sqrt{1 + 1}\, dt = \sqrt{2}$$

$$L(W_2) = \int_0^1 \sqrt{1 + 1}\, dt = \sqrt{2},$$

so daß $L(W) = L(W_1) + L(W_2) = 2\sqrt{2}$. Der Weg W ist stückweise glatt.

(21)   Für $a, b > 0$ sei $X(t) = (a\cos t, b\sin t)$, $t \in [0, 2\pi]$. Der Weg stellt eine Ellipse mit den Hauptachsen a und b dar. Für $t_0 \in [0, 2\pi]$ ist

$$\dot{X}(t_0) = (-a\sin t_0, b\cos t_0)$$

der Tangentialvektor im Punkt $X(t_0)$. Die Abbildung $Z : \mathbb{R} \to \mathbb{R}^2$ mit

$$Z(s) = X(t_0) + s\dot{X}(t_0) = (a\cos t_0 - sa\sin t_0, b\sin t_0 + sb\cos t_0), \quad s \in \mathbb{R},$$

definiert die Tangente an die Ellipse im Punkt $X(t_0)$. Speziell für $t_0 = \frac{\pi}{2}$ ist $X(t_0) = (0, b)$ und

$$Z(s) = (-sa, b), \quad s \in \mathbb{R}$$

(Gleichung einer Geraden durch $(0, b)$ parallel zur x-Achse).

TESTS

T27.1: Durch $X : \mathbb{R} \to \mathbb{R}^n$ mit $D(X) = [a, b]$ sei ein Weg W gegeben. Dann gilt:

( )   Es ist X stetig auf $[a, b]$.

( )   Es ist X stetig auf $[a, b]$, daher besitzt W eine Länge $L(W)$.

( )   Ist X differenzierbar auf $[a, b]$, so existiert die Länge $L(W)$.

( )   Ist X stetig differenzierbar auf $[a, b]$, so existiert die Länge $L(W)$.

T27.2: Die Abbildung $X : \mathbb{R} \to \mathbb{R}^n$ mit $D(X) = [a, b]$ sei stetig differenzierbar auf $[a, b]$. Der so definierte Weg hat die Länge

( ) $\int_a^b \|X(t)\|\, dt$

( ) $\int_a^b \|\dot{X}(t)\|\, dt$

( ) $\int_a^b \sqrt{\dot{x}_1^2(t) + \dot{x}_2^2(t) + \cdots + \dot{x}_n^2(t)}\, dt$

( ) $\int_a^b \sqrt{\dot{x}_1(t) + \dot{x}_2(t) + \cdots + \dot{x}_n(t)}\, dt$.

T27.3: Für den Weg W, der durch $X : \mathbb{R} \to \mathbb{R}^2$ mit $D(X) = [-1, 1]$ und $X(t) = (|t|, \operatorname{sgn}(t) \cdot t^2)$ gegeben ist, gilt:

( ) W ist ein stetiger Weg.

( ) W ist ein glatter Weg.

( ) W ist ein stückweise glatter Weg.

T27.4: Der Weg W sei gegeben durch $X : \mathbb{R} \to \mathbb{R}^2$ mit $D(X) = [-1, 1]$ und $X(t) = (|t|, t^3)$. Dann gilt:

( ) W ist ein glatter Weg.

( ) W ist ein stückweise glatter Weg.

( ) $Z(s) = (1 + s, 1 + 3s)$, $s \in \mathbb{R}$, ist eine Gleichung der Tangente an W im Punkt (1,1).

ÜBUNGEN

Ü27.1:   Der Weg W sei gegeben durch $X : \mathbb{R} \to \mathbb{R}^2$ mit $D(X) = [0, 2\pi]$ und $X(t) = (2t \cos t, 2t \sin t)$.

a)   Skizzieren Sie den Weg W.

b)   Besitzt W eine Länge? Berechnen Sie diese gegebenenfalls.

Hinweis: $\int \sqrt{1 + t^2}\, dt = \frac{1}{2}(t\sqrt{1 + t^2} + \ln(t + \sqrt{1 + t^2}))$.

Ü27.2:   Berechnen Sie die Länge der folgenden Wege im $\mathbb{R}^2$.

a) $X_1 : \mathbb{R} \to \mathbb{R}^2$ mit $D(X_1) = [0, 1]$ und

$$X_1(t) = \begin{cases} (t^3 \cos(\frac{2\pi}{t}), t^3 \sin(\frac{2\pi}{t})) & \text{für } t > 0 \\ (0, 0) & \text{für } t = 0 \end{cases}$$

b) $X_2 : \mathbb{R} \to \mathbb{R}^2$ mit $D(X_2) = [1, 4]$ und $X_2(t) = (t, \frac{t-3}{3}\sqrt{t})$.

Ü27.3:   Gegeben seien folgende Wege W_1 und W_2: W_1 durch $X_1 : \mathbb{R} \to \mathbb{R}^2$ mit $D(X_1) = [0, 2\pi]$ und $X_1(t) = ((1 + \cos t) \cos t, (1 + \cos t) \sin t)$ sowie W_2 durch $X_2 : \mathbb{R} \to \mathbb{R}^2$ mit $D(X_2) = [0, 2\pi]$ und $X_2(t) = (\cos(2t) \cos t, \cos(2t) \sin t)$.

a)   Skizzieren Sie den Weg W_1. Ist W_1 glatt? Berechnen Sie die Länge von W_1.

Hinweis: $\cos(t) = \cos\left(\frac{t}{2} + \frac{t}{2}\right)$.

b)   Skizzieren Sie den Weg W_2. Ist W_2 glatt? Zeigen Sie, daß für die Länge $L(W_2)$ von W_2 gilt $L(W_2) = \int_0^{2\pi} \sqrt{3 \sin^2 2t + 1}\, dt$ (elliptisches Integral).

Ü27.4:   Für $i = 1, 2, 3$ seien Wege W_i im $\mathbb{R}^2$ gegeben durch $X_i : \mathbb{R} \to \mathbb{R}^2$ mit $D(X_i) = [0, 2\pi]$ und $X_i(t) = (4 \sin^i t, 4 \cos^i t)$.

a)   Skizzieren Sie W_i für $i = 1, 2, 3$.

b)   Bestimmen Sie die Gleichungen der Tangenten an W_i in den Punkten $X_i(t_0)$ für $t_0 = \frac{\pi}{4}$, $i = 1, 2, 3$.

Ü27.5:   Die Wege W_1 und W_2 seien gegeben durch $X_1 : \mathbb{R} \to \mathbb{R}^2$ bzw. $X_2 : \mathbb{R} \to \mathbb{R}^4$ mit $D(X_1) = D(X_2) = [0, 2]$ und

$$X_1(t) = (t^2 \sin 2\pi t, t^2 \cos 2\pi t) \text{ bzw. } X_2(t) = \left(t^2 \sin 2\pi t, t^2 \cos 2\pi t, \frac{t}{\pi}, 2\right).$$

a)   Skizzieren Sie W_1. Sind die Wege W_1, W_2 glatt?

b)   Bestimmen Sie die Gleichungen der Tangenten an W_1 im Punkt $(0,1)$ bzw. an W_2 im Punkt $(0, 1, \frac{1}{\pi}, 2)$.

c)   Bestimmen Sie die Längen von W_1 und W_2.

Ü27.6:   Der Weg W im $\mathbb{R}^2$ sei gegeben als Summe der Wege W_1 und W_2, wobei W_1 die Gerade von $(0,0)$ nach $(2,2)$ und W_2 der im mathematisch positiven Sinn durchlaufene Halbkreis von $(2,2)$ nach $(0,0)$ sei.

a)   Skizzieren Sie W und geben Sie eine Parameterdarstellung von W an.

b)   Bestimmen Sie die Gleichung der Tangenten an W im Punkt $(0,2)$.

c)   Bestimmen Sie die Länge von W. Läßt sich das Ergebnis leicht verifizieren?

28   Wegintegrale

In einem Kraftfeld F (Vektorfeld $F : \mathbb{R}^3 \to \mathbb{R}^3$) bewege sich ein Massenpunkt längs eines Weges $X(t)$, $t \in [a, b]$. Wir betrachten die Arbeit bei der Bewegung längs des Weges durch das Kraftfeld. Sei $Z = \{t_0, \ldots, t_m\}$ eine Zerlegung von $[a, b]$. Im Punkt $X(t_{i-1})$ des Weges greift der Kraftvektor $F(X(t_{i-1}))$ an, die zu verrichtende Arbeit ist jedoch nur von der Komponente von F in Wegrichtung abhängig.

Daher ist durch das Skalarprodukt

$$F(X(t_{i-1})) \cdot [X(t_i) - X(t_{i-1})]$$

die Arbeit für die Bewegung von $X(t_{i-1})$ zu $X(t_i)$ näherungsweise gegeben. Die gesamte Arbeit ist näherungsweise

$$\sum_{i=1}^{m} F(X(t_{i-1})) \cdot [X(t_i) - X(t_{i-1})] \approx \sum_{i=1}^{m} F(X(t_{i-1})) \cdot \dot{X}(t_{i-1})(t_i - t_{i-1}).$$

Verfeinerung der Zerlegung und Grenzübergang führt zu

Definition 28.1 *Sei $F : \mathbb{R}^n \to \mathbb{R}^n$ mit der Definitionsmenge $D(F)$ ein stetiges Vektorfeld, sei $X(t)$, $t \in [a, b]$, ein stetig differenzierbarer Weg W im $\mathbb{R}^n$, für die Bildmenge gelte $B(X) \subset D(F)$. Dann heißt*

$$\int_a^b F(X(t)) \cdot \dot{X}(t)\, dt$$

das **Wegintegral** *von F längs des Weges W.*

Bemerkungen und Ergänzungen:

(1)   Es ist $F(X(t)) \cdot \dot{X}(t)$ ein Skalarprodukt. Sind $F = (F_1, F_2, \ldots, F_n)$ mit $F_i = F_i(x_1, \ldots, x_n)$, $i = 1, \ldots, n$, und $X(t) = (x_1(t), \ldots, x_n(t))$, so lautet das Wegintegral

$$\int_a^b F(X(t)) \cdot \dot{X}(t)\, dt = \int_a^b \left[F_1(X(t))\dot{x}_1(t) + \cdots + F_n(X(t))\dot{x}_n(t) \right] dt.$$

(2)   Für das Wegintegral schreiben wir auch

$$\int_W F \cdot dX,$$

motiviert durch $F \cdot \dot{X}(t)\, dt = F \cdot \dfrac{dX(t)}{dt} dt$ und Kürzen.

(3)   Im Sonderfall $n = 2$ wird mit $F_1(x, y) = P(x, y)$, $F_2(x, y) = Q(x, y)$ das Wegintegral

$$\int_W F \cdot dX = \int_a^b \left[P(x(t), y(t)) \cdot \dot{x}(t) + Q(x(t), y(t)) \cdot \dot{y}(t) \right] dt.$$

Beispiele:

(4)   Sei $F : \mathbb{R}^2 \to \mathbb{R}^2$ mit $D(F) = \mathbb{R}^2$ und

$$F(x, y) = (x^2 + y^2, xy).$$

a)   Der Weg W_1 sei gegeben durch $X(t) = (t, t)$, $t \in [0, 1]$. (Geradenstück von
(0,0) nach (1,1)). Wegen $\dot{X}(t) = (1, 1)$ wird

$$\int_{W_1} F \cdot dX = \int_0^1 \left[(t^2 + t^2) \cdot 1 + t \cdot t \cdot 1 \right] dt$$

$$= \int_0^1 3t^2 \, dt = 1.$$

b)   Der Weg W_2 sei gegeben durch $X(t) = (t, t^2)$, $t \in [0, 1]$ (Parabelstück von
(0,0) nach (1,1)). Wegen $\dot{X}(t) = (1, 2t)$ wird

$$\int_{W_2} F \cdot dX = \int_0^1 \left[(t^2 + t^4) \cdot 1 + t \cdot t^2 \cdot 2t \right] dt$$

$$= \int_0^1 (t^2 + 3t^4) \, dt = \frac{14}{15} \, .$$

(5)   Sei $F : \mathbb{R}^2 \to \mathbb{R}^2$ mit $D(f) = \mathbb{R}^2$ und

$$F(x, y) = (y, x + y^2).$$

a)   Für den Weg W_1 von (4) folgt

$$\int_{W_1} F \cdot dX = \int_0^1 \left[t \cdot 1 + (t + t^2)1 \right] dt$$

$$= \int_0^1 (2t + t^2) \, dt = \frac{4}{3}.$$

b)   Für den Weg W_2 von (4) folgt

$$\int_{W_2} F \cdot dX = \int_0^1 \left[t^2 \cdot 1 + (t + t^4)2t \right] dt$$

$$= \int_0^1 (3t^2 + 2t^5) \, dt = \frac{4}{3}.$$

Während die Wegintegrale in (4) verschieden sind, stimmen sie in (5) trotz ver-
schiedener Wege überein.

(6)   Fließt ein konstanter Strom I durch einen unendlich langen Leiter, so wird das Magnetfeld $F : \mathbb{R}^3 \to \mathbb{R}^3$ mit $D(F) = \{(x, y, z) \in \mathbb{R}^3 : x^2 + y^2 \neq 0\}$ und

$$F(x, y, z) = \frac{I}{2\pi} \left(\frac{-y}{x^2 + y^2}, \frac{x}{x^2 + y^2}, 0 \right)$$

aufgebaut, falls wir die z-Achse in Stromrichtung legen. Der Weg W sei eine Kreislinie in einer Ebene parallel zur x-y-Ebene vom Radius $r > 0$ mit dem Mittelpunkt auf der z-Achse, durchlaufen gegen den Uhrzeigersinn.

Es ist

$$X(t) = (r \cos t, r \sin t, z_0), \ t \in [0, 2\pi]$$

eine Parameterdarstellung des Weges W. Daher ist

$$\int_W F \cdot dX = \frac{I}{2\pi} \int_0^{2\pi} \left[\frac{-r \sin t}{r^2}(-r \sin t) + \frac{r \cos t}{r^2}(r \cos t) + 0 \right] dt$$

$$= \frac{I}{2\pi} \int_0^{2\pi} 1 \, dt = I.$$

Satz 28.1 *Für das Wegintegral gilt*

(i) $\displaystyle \int_{-W} F \cdot dX = - \int_W F \cdot dX$

(ii) $\displaystyle \left| \int_W F \cdot dX \right| \leq \max_{t \in [a,b]} \{ \| F(X(t)) \| \} \cdot L(W)$

   mit der Länge $L(W)$ des Weges.

Bemerkungen und Ergänzungen:

(7)   Satz 28.1(i) zeigt: Für den zu W umgekehrt durchlaufenen Weg $-W$ (vgl. 27(2)) gilt: Das Wegintegral von F längs $-W$ ist das negative des Wegintegrals von F längs W.

(8)   Die zu W und $-W$ gehörigen Kurven stimmen überein, die Wegintegrale sind jedoch verschieden.

(9)   Ist der Weg W stückweise stetig differenzierbar, gilt also $W = W_1 \oplus W_2 \oplus \cdots \oplus W_k$ mit stetig differenzierbaren Wegen W_i, die durch $X_i : \mathbb{R} \to \mathbb{R}^n$ mit $D(X_i) = [t_{i-1}, t_i]$, $i = 1, \ldots k$, gegeben sind, so wird gesetzt

$$\int_W F \cdot dX = \int_{W_1} F \cdot dX_1 + \int_{W_2} F \cdot dX_2 + \cdots + \int_{W_k} F \cdot dX_k.$$

Das Wegintegral von F längs W ist gleich der Summe der Wegintegrale von F längs der Teilwege.

(10)   Für die praktische Rechnung ist eine Verallgemeinerung von (9) oft hilfreich. Für die Summe $W = W_1 \oplus W_2$ ist gemäß Definition 27.2 eine Parametrisierung mit $D(X_1) = [t_0, t_1]$ und $D(X_2) = [t_1, t_2]$ gegeben, so daß $D(X) = [t_0, t_2]$. Dies ist oft mühsam. Für das Wegintegral längs W kann man einfacher vorgehen. Man beschreibt W durch "Aneinanderhängen" zweier stetig differenzierbarer Wege $\hat{W}_1$ und $\hat{W}_2$, die in der Reihenfolge $\hat{W}_1, \hat{W}_2$ durchlaufen werden und für die gilt $\hat{X}_1(b_1) = \hat{X}_2(a_2)$, falls $\hat{X}_1(t)$, $t \in [a_1, b_1]$ und $\hat{X}_2(t)$, $t \in [a_2, b_2]$ Darstellungen von $\hat{W}_1$ und $\hat{W}_2$ sind. Dann ist

$$\int_W F \cdot dX = \int_{\hat{W}_1} F \cdot dX_1 + \int_{\hat{W}_2} F \cdot dX_2.$$

Beispiele:

(11)   Wie in 27(10) werde der Weg W im $\mathbb{R}^2$ beschrieben durch Geradenstücke von $(0,0)$ nach $(1,0)$ und von $(1,0)$ nach $(1,1)$. Es ist $W = W_1 \oplus W_2$ mit $X_1(t) = (t, 0)$ für $t \in [0,1]$ und $X_2(t) = (1, t-1)$ für $t \in [1,2]$, vgl. 27(10). Für $F : \mathbb{R}^2 \to \mathbb{R}^2$ mit $D(F) = \mathbb{R}^2$ und $F(x,y) = (x^2 + y^2, xy)$ ergibt sich

$$\int_W F \cdot dX = \int_{W_1} F \cdot dX_1 + \int_{W_2} F \cdot dX_2$$

$$= \int_0^1 \left[(t^2 + 0)1 + (t \cdot 0)0 \right] dt + \int_1^2 \left\{ \left[1 + (t-1)^2 \right] \cdot 0 + 1(t-1)1 \right\} dt$$

$$= \frac{1}{3} + \frac{1}{2} = \frac{5}{6}.$$

(12)   Der Weg W sei wie in (11) (zwei Geradenstücke). Wir beschreiben W durch Aneinanderhängen zweier Wege $\hat{W}_1$ und $\hat{W}_2$. Es sind $\hat{W}_1$ und $\hat{W}_2$ gegeben durch

$$\hat{X}_1(t) = (t, 0), \quad t \in [0, 1]$$
$$\hat{X}_2(t) = (1, t), \quad t \in [0, 1].$$

Für F wie in (11) folgt nach (10)

$$\int_W F \cdot dX = \int_{\hat{W}_1} F \cdot d\hat{X}_1 + \int_{\hat{W}_2} F \cdot d\hat{X}_2$$

$$= \int_0^1 \left[(t^2 + 0)1 + t \cdot 0 \cdot 0 \right] dt + \int_0^1 \left[(1 + t^2) \cdot 0 + t \cdot 1 \right] dt$$

$$= \frac{1}{3} + \frac{1}{2} = \frac{5}{6}.$$

Das Ergebnis stimmt mit dem von (11) überein.

Beispiel (5) zeigt, daß die Wegintegrale für verschiedene Wege bei gleichen Anfangspunkten und Endpunkten identisch sein können. Wir gehen der Frage nach, wann das Wegintegral nur vom Anfangs- und Endpunkt des Weges, nicht jedoch von der Form des stückweise stetig differenzierbaren Weges abhängt. Solche Wegintegrale heißen dann **wegunabhängig**.

Definition 28.2 *Sei* $F : \mathbb{R}^n \to \mathbb{R}^n$ *mit* $D(F)$ *offen ein Vektorfeld. Existiert eine (skalare) Funktion* $\varphi : \mathbb{R}^n \to \mathbb{R}$ *mit* $D(\varphi) = D(F)$ *und*

$$F(X) = \operatorname{grad} \varphi(X), \quad X \in D(F)$$

so heißt φ *ein* **Potential** *von* F.

Beispiele:

(13)   Sei $F : \mathbb{R}^2 \to \mathbb{R}^2$ mit $D(F) = \mathbb{R}^2$ und

$$F(x,y) = (x + y^3, 3xy^2)$$

Offenbar ist $\varphi : \mathbb{R}^2 \to \mathbb{R}$ mit $D(\varphi) = \mathbb{R}^2$ und

$$\varphi(x,y) = \tfrac{1}{2}x^2 + xy^3$$

ein Potential von F, da $F = \operatorname{grad} \varphi$. Ein Weg, φ zu bestimmen, wird in (29) gezeigt.

(14)   Sei $F : \mathbb{R}^2 \to \mathbb{R}^2$ mit $D(F) = \{(x,y) : x > 0, y > 0\}$ und

$$F(x,y) = \left(-\frac{y}{x^2 + y^2}, \frac{x}{x^2 + y^2} \right)$$

Es ist $\varphi : \mathbb{R}^2 \to \mathbb{R}$ mit $D(\varphi) = D(F)$ und

$$\varphi(x,y) = \arctan \frac{y}{x}$$

ein Potential von F, da $F = \operatorname{grad} \varphi$. In (31) zeigen wir, wie φ bestimmt werden kann.

Definition 28.3

(i)   *Eine Menge* $M \subset \mathbb{R}^n$ *heißt* **zusammenhängend**, *wenn je zwei Punkte von* M *sich durch eine ganz in* M *gelegene Kurve verbinden lassen.*

(ii)   *Eine Menge* $M \subset \mathbb{R}^n$ *heißt* **konvex**, *wenn je zwei Punkte von* M *sich durch eine ganz in* M *gelegene Strecke verbinden lassen.*

(iii)   *Eine Menge* $M \subset \mathbb{R}^n$ *heißt* **sternförmig**, *wenn es einen Punkt* $S \in M$ *gibt, so daß für jedes* $X \in M$ *die Verbindungsstrecke zwischen* S *und* X *ganz in* M *liegt.*

(iv)   *Eine Menge* $M \subset \mathbb{R}^n$ *heißt* **Gebiet**, *falls* M *offen und zusammenhängend ist.*

Beispiele:

(15)   Die Menge M des Bildes ist zusammenhängend

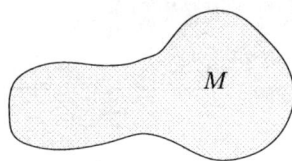

(16)   Die Menge M des Bildes ist nicht zusammenhängend

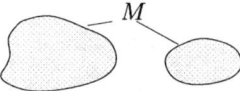

(17)   Die Menge M des Bildes ist ein Gebiet

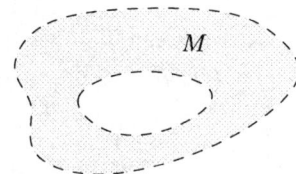

(18)   Die Menge $M = \{(x,y) : \dfrac{x^2}{a^2} + \dfrac{y^2}{b^2} < 1\} \subset \mathbb{R}^2$ ist offen, zusammenhängend (also Gebiet), konvex und sternförmig (wähle $S = 0$).

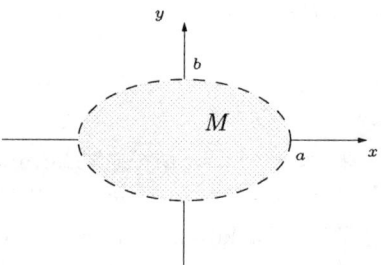

(19)   Eine konvexe Menge ist sternförmig, eine sternförmige Menge ist zusammenhängend.

Satz 28.2 *Sei $F : \mathbb{R}^n \to \mathbb{R}^n$ ein stetiges Vektorfeld, sei $D(F)$ ein Gebiet. Es besitze F ein Potential φ. Seien A und E zwei beliebige Punkte in $D(F)$ und W sei ein beliebiger stückweise stetig differenzierbarer Weg in $D(F)$ mit Anfangspunkt A und Endpunkt E. Dann gilt für das Wegintegral*

$$\int_W F \cdot dX = \varphi(E) - \varphi(A).$$

Bemerkungen und Ergänzungen:

(20)   Unter den Voraussetzungen von Satz 28.2 ist das Wegintegral **wegunabhängig**.

(21)   Für einen geschlossenen Weg W ist $E = A$, so daß das Wegintegral unter den Voraussetzungen von Satz 28.2 null ist.

(22)   Ist das Potential φ von F bekannt, so läßt sich das Wegintegral durch $\varphi(E) - \varphi(A)$ bequem bestimmen.

(23)   Ist φ ein Potential von F, so sind durch $\varphi + c$, $c \in \mathbb{R}$, alle Potentiale von F gegeben.

Beispiele:

(24)   Nach (13) hat $F(x, y) = (x + y^3, 3xy^2)$, $(x, y) \in \mathbb{R}^2$, das Potential $\varphi(x, y) = \frac{1}{2}x^2 + xy^3$. Für jeden stückweise stetig differenzierbaren Weg W mit Anfangspunkt $A = (0, 0)$ und Endpunkt $E = (1, 1)$ gilt demnach

$$\int_W F \cdot dX = \varphi(1, 1) - \varphi(0, 0) = \frac{3}{2}.$$

Wir verifizieren das Ergebnis für zwei Wege W_1 und W_2

a) W_1 sei gegeben durch $X_1(t) = (t, t)$, $t \in [0, 1]$. Dann ist

$$\int_{W_1} F \cdot dX_1 = \int_0^1 \left[(t + t^3) + 3t^3 \right] dt = \frac{3}{2}.$$

b) W_2 entsteht durch Aneinanderhängen der Wege $\hat{W}_1$ und $\hat{W}_2$, die durch

$$\hat{X}_1(t) = (t, 0), \quad t \in [0, 1]$$
$$\hat{X}_2(t) = (1, t), \quad t \in [0, 1]$$

gegeben sind. Dann ist

$$\int_{W_2} F \cdot dX = \int_{\hat{W}_1} F \cdot d\hat{X}_1 + \int_{\hat{W}_2} F \cdot d\hat{X}_2$$
$$= \int_0^1 t \, dt + \int_0^1 3t^2 \, dt = \frac{3}{2}.$$

(25)   In Beispiel (6) war für einen geschlossenen Weg W das Wegintegral von Null verschieden. Demnach hat

$$F(x, y, z) = \left(\frac{-y}{x^2 + y^2}, \frac{x}{x^2 + y^2}, 0 \right)$$

auf $D(F) = \{(x, y, z) \in \mathbb{R}^3, \ x^2 + y^2 \neq 0\}$ kein Potential φ. Wäre hingegen $D(F) = \{(x, y, z) \in \mathbb{R}^3, \ x > 0, y > 0\}$, so hätte F analog (14) ein Potential.

Ein Kriterium dafür, ob das Vektorfeld ein Potential besitzt, gibt der folgende

---

Satz 28.3 *Das Vektorfeld* F : $\mathbb{R}^n \to \mathbb{R}^n$ *sei auf der offenen und sternförmigen Menge* $D(F)$ *stetig differenzierbar. Gilt für die Komponenten des Vektorfeldes* $F = (F_1, F_2, \ldots, F_n)$

$$\frac{\partial F_i}{\partial x_k} = \frac{\partial F_k}{\partial x_i} \quad \text{für } i, k = 1, \ldots, n \tag{$*$}$$

auf $D(F)$, *so hat* F *ein Potential* φ *auf* $D(F)$.

Bemerkungen und Ergänzungen:

(26)   Die Bedingungen von Satz 28.3 sichern die Existenz des Potentials und damit die Wegunabhängigkeit des Wegintegrals. Es gilt auch die Umkehrung: Hat das stetig differenzierbare F ein Potential auf der offenen und sternförmigen Menge $D(F)$, so gelten die Bedingungen $(*)$.

(27)   Im Sonderfall $n = 2$ mit $F = (F_1, F_2)$ und $F_1(x, y) = P(x, y)$ und $F_2(x, y) = Q(x, y)$ seien P und Q stetig partiell differenzierbar auf der offenen sternförmigen Menge $D(F)$. Gilt dann

$$\frac{\partial P}{\partial y} = \frac{\partial Q}{\partial x} \quad \text{auf } D(F)$$

(Bedingung $(*)$), so hat F ein Potential φ.

(28)   Im Sonderfall $n = 3$ lauten die Bedingungen $(*)$

$$\frac{\partial F_1}{\partial x_2} = \frac{\partial F_2}{\partial x_1}, \quad \frac{\partial F_1}{\partial x_3} = \frac{\partial F_3}{\partial x_1}, \quad \frac{\partial F_2}{\partial x_3} = \frac{\partial F_3}{\partial x_2}.$$

(29)   Satz 28.3 gibt hinreichende Bedingungen für die Existenz eines Potentials. Sind diese erfüllt, so stellt sich die Frage nach der Bestimmung des Potentials. Wir beschreiben ein mögliches Vorgehen für die Fälle $n = 2$ und $n = 3$.

Fall $n = 2$: Es ist

$$F(x, y) = (P(x, y), Q(x, y)) = \operatorname{grad} \varphi(x, y) = (\varphi_x(x, y), \varphi_y(x, y)).$$

Demnach gilt

$$P(x, y) = \varphi_x(x, y) \tag{1}$$

$$Q(x, y) = \varphi_y(x, y). \tag{2}$$

Aus (1) folgt durch Integration bzgl. x

$$\varphi(x, y) = \int P(x, y)\, dx + g(y) \tag{3}$$

mit einer noch zu bestimmenden reellen Funktion g. Ist g differenzierbar, so folgt aus (3) durch partielles Ableiten nach y zusammen mit (2)

$$\varphi_y(x,y) = \frac{\partial}{\partial y} \int P(x,y)\, dx + g'(y) = Q(x,y),$$

also

$$g'(y) = Q(x,y) - \frac{\partial}{\partial y} \int P(x,y)\, dx. \tag{4}$$

Integration von (4) bzgl. y und Einsetzen in (3) liefert $\varphi(x,y)$.

In (30) und (31) rechnen wir Beispiele.

Fall $n = 3$: Es ist

$$\begin{aligned}
F(x,y,z) &= (F_1(x,y,z), F_2(x,y,z), F_3(x,y,z)) = \text{grad}\ \varphi(x,y,z) \\
&= (\varphi_x(x,y,z), \varphi_y(x,y,z), \varphi_z(x,y,z)).
\end{aligned}$$

Demnach gilt

$$F_1(x,y,z) = \varphi_x(x,y,z) \tag{5}$$

$$F_2(x,y,z) = \varphi_y(x,y,z) \tag{6}$$

$$F_3(x,y,z) = \varphi_z(x,y,z). \tag{7}$$

Aus (5) folgt durch Integration bzgl. x

$$\varphi(x,y,z) = \int F_1(x,y,z)\, dx + g(y,z) \tag{8}$$

mit einer noch zu bestimmenden Funktion $g : \mathbb{R}^2 \to \mathbb{R}$. Ist g differenzierbar, so folgt aus (8) durch partielles Ableiten nach y zusammen mit (6)

$$\varphi_y = \frac{\partial}{\partial y} \int F_1(x,y,z)\, dx + \frac{\partial}{\partial y} g(y,z) = F_2(x,y,z),$$

also

$$\frac{\partial}{\partial y} g(y,z) = F_2(x,y,z) - \frac{\partial}{\partial y} \int F_1(x,y,z)\, dx. \tag{9}$$

Schreiben wir $h(y,z)$ für die rechte Seite von (9) (wegen der Bedingung (∗), vgl. (28), hängt die rechte Seite nicht von x ab) und integrieren (9) bzgl. y, so folgt

$$g(y,z) = \int h(y,z)\, dy + l(z) \tag{10}$$

mit einer noch zu bestimmenden rellen Funktion l. Einsetzen von (10) in (8) ergibt

$$\varphi(x,y,z) = \int F_1(x,y,z)\, dx + \int h(y,z)\, dy + l(z). \tag{11}$$

Ist l differenzierbar, so folgt aus (11) durch partielles Ableiten nach z zusammen mit (7)

$$\varphi_z(x, y, z) = \frac{\partial}{\partial z} \int F_1(x, y, z)\, dx + \frac{\partial}{\partial z} \int h(y, z)\, dy + l'(z)$$
$$= F_3(x, y, z)$$

also

$$l'(z) = F_3(x, y, z) - \frac{\partial}{\partial z} \int F_1(x, y, z)\, dx - \frac{\partial}{\partial z} \int h(y, z)\, dy. \tag{12}$$

Integration von (12) und Einsetzen in (11) liefert $\varphi(x, y, z)$.

Ein Beispiel folgt in (32).

Beispiele:

(30)   Sei $F(x, y) = (x + y^3, 3xy^2)$, $(x, y) \in \mathbb{R}^2$, ein Vektorfeld, wie in (13). Es ist $P(x, y) = x + y^3$ und $Q(x, y) = 3xy^2$. Wegen (vgl. (27))

$$\frac{\partial P}{\partial y} = 3y^2 = \frac{\partial Q}{\partial x}$$

ist (∗) erfüllt. Weiter ist $D(F)$ sternförmig, so daß F ein Potential φ besitzt. Wir bestimmen φ nach (29): Es ist

$$\varphi_x(x, y) = P(x, y) = x + y^3.$$

Integration bzgl. x ergibt

$$\varphi(x, y) = \int (x + y^3)\, dx + g(y) = \frac{x^2}{2} + y^3 x + g(y). \tag{3'}$$

Ableiten nach y ergibt zusammen mit $Q(x, y) = \varphi_y(x, y)$

$$\varphi_y(x, y) = 3y^2 x + g'(y) = Q(x, y) = 3xy^2,$$

also

$$g'(y) = 0. \tag{4'}$$

Daher ist $g(y) = c$ mit $c \in \mathbb{R}$, einsetzen in (3') ergibt das Potential

$$\varphi(x, y) = \tfrac{1}{2}x^2 + xy^3 + c, \quad c \in \mathbb{R}.$$

(31)   Wie in (14) sei das Vektorfeld $F(x, y) = \left(-\dfrac{y}{x^2 + y^2}, \dfrac{x}{x^2 + y^2} \right)$ für $(x, y) \in D(F) = \{(x, y): \ x > 0, \ y > 0\}$ gegeben. Es ist $P(x, y) = -\frac{y}{x^2+y^2}$, $Q(x, y) = \frac{x}{x^2+y^2}$ und

$$\frac{\partial P}{\partial y} = \frac{y^2 - x^2}{(x^2 + y^2)^2} = \frac{\partial Q}{\partial x} \ .$$

Es ist (∗) erfüllt und $D(F)$ ist sternförmig, so daß F ein Potential φ besitzt. Aus

$$\varphi_x(x, y) = P(x, y) = -\frac{y}{x^2 + y^2}$$

folgt durch Integration

$$\varphi(x,y) = \arctan \frac{y}{x} + g(y). \tag{3''}$$

Ableiten nach y ergibt zusammen mit $Q(x,y) = \varphi_y(x,y)$

$$\varphi_y(x,y) = \frac{x}{x^2 + y^2} + g'(y) = Q(x,y) = \frac{x}{x^2 + y^2},$$

also

$$g'(y) = 0.$$

Integration ergibt $g(y) = c$ mit $c \in \mathbb{R}$, einsetzen in $(3'')$ liefert das Potential

$$\varphi(x,y) = \arctan \frac{y}{x} + c, \quad c \in \mathbb{R}.$$

Bemerkung: Wäre analog zu (6) die Definitionsmenge

$$D(F) = \{(x,y) \in \mathbb{R}^2, \; x^2 + y^2 \neq 0\},$$

so wäre Satz 28.3 nicht anwendbar, da $D(F)$ nicht sternförmig ist. Das Wegintegral wäre nicht wegunabhängig, wie eine Rechnung analog (6) zeigt.

(32)   Sei $F(x,y,z) = (x+z, -y-z, x-y)$ mit $(x,y,z) \in D(F) = \mathbb{R}^3$ ein Vektorfeld. Zur Prüfung auf Existenz eines Potentials stellen wir fest, daß $D(F)$ sternförmig ist und verifizieren die Bedingungen $(*)$ in (28)

$$\frac{\partial F_1}{\partial y} = 0 = \frac{\partial F_2}{\partial x}$$

$$\frac{\partial F_1}{\partial z} = 1 = \frac{\partial F_3}{\partial x}$$

$$\frac{\partial F_2}{\partial z} = -1 = \frac{\partial F_3}{\partial y}.$$

Demnach besitzt F ein Potential φ.

Aus $\varphi_x = F_1$ folgt durch Integration bzgl. x

$$\varphi(x,y,z) = \int (x+z)\,dx + g(y,z) = \frac{x^2}{2} + xz + g(y,z). \tag{8'}$$

Partielles Ableiten von $(8')$ nach y zusammen mit $\varphi_y = F_2$ ergibt

$$\varphi_y(x,y,z) = \frac{\partial}{\partial y} g(y,z) = F_2(x,y,z) = -y - z. \tag{9'}$$

Durch Integration von $(9')$ bzgl. y erhalten wir

$$g(y,z) = -\frac{y^2}{2} - yz + l(z). \tag{10'}$$

Einsetzen von $(10')$ in $(8')$ liefert

$$\varphi(x,y,z) = \frac{x^2}{2} + xz - \frac{y^2}{2} - yz + l(z). \tag{11'}$$

Ableiten von $(11')$ nach z ergibt zusammen mit $\varphi_z = F_3$

$$\varphi_z(x, y, z) = x - y + l'(z) = F_3(x, y, z) = x - y,$$

also

$$l'(z) = 0,$$

so daß $l(z) = c \in \mathbb{R}$ ist. Aus $(11')$ ergibt sich damit das Potential

$$\varphi(x, y, z) = \frac{x^2}{2} - \frac{y^2}{2} + xz - yz + c, \quad c \in \mathbb{R}.$$

TESTS

T28.1: Sei $F : \mathbb{R}^2 \to \mathbb{R}^2$ mit $D(F) = \mathbb{R}^2$ und $F(x, y) = (P(x, y), Q(x, y))$ ein stetiges Vektorfeld und sei durch $X(t) = (x(t), y(t))$, $t \in [a, b]$, ein stetig differenzierbarer Weg W im $\mathbb{R}^2$ gegeben. Das Wegintegral von F längs W ist gegeben durch

( ) $\int_a^b [P(t, t)x(t) + Q(t, t)y(t)]\, dt$

( ) $\int_a^b [P(x(t), y(t))x(t) + Q(x(t), y(t))y(t)]\, dt$

( ) $\int_a^b [P(x(t), y(t))\dot{x}(t) + Q(x(t), y(t))\dot{y}(t)]\, dt$

( ) $\int_a^b [P(x(t), y(t)) + Q(x(t), y(t))]\sqrt{\dot{x}^2(t) + \dot{y}^2(t)}\, dt$.

T28.2: Für das Wegintegral $\int_W F \cdot dX$ gilt

( ) $\int_W F \cdot dX + \int_{-W} F \cdot dX = 2 \int_W F \cdot dX$

( ) $\int_W F \cdot dX + \int_{-W} F \cdot dX = 0$

( ) $\int_W F \cdot dX = 0$, falls W geschlossen

( ) $\int_W F \cdot dX = \int_{W_1} F \cdot dX + \int_{W_2} F \cdot dX$, falls $W = W_1 \oplus W_2$ für stetig differenzierbare W_1 und W_2.

T28.3: Seien durch $X_1(t)$, $t \in [a_1, b_1]$ und $X_2(t)$, $t \in [a_2, b_2]$, zwei stetig differenzierbare Wege W_1 und W_2 gegeben.

( )   Gilt $W = W_1 \oplus W_2$, so ist $X_1(b_1) = X_2(a_2)$.

( )   Gilt $W = W_1 \oplus W_2$, so ist $a_2 = b_1$.

( )   Entsteht W durch Aneinanderhängen von W_1 und W_2, so gilt $X_1(b_1) = X_2(a_2)$.

( )   Entsteht W durch Aneinanderhängen von W_1 und W_2, so muß nicht gelten $a_2 = b_1$.

T28.4: Gegeben sei das Vektorfeld $F : \mathbb{R}^2 \to \mathbb{R}^2$ mit $D(F) = \mathbb{R}^2 \backslash \{(0,0)\}$ und
$F(X) = \left(\dfrac{x}{x^2 + y^2}, \dfrac{y}{x^2 + y^2} \right)$. Folgende Aussagen sind richtig:

( ) F besitzt das Potential $\varphi : \mathbb{R}^2 \to \mathbb{R}^2$ mit $D(\varphi) = \mathbb{R}^2$ und
$\quad\ \varphi(x,y) = \left(\sqrt{x^2 + y^2}, \sqrt{x^2 + y^2} \right)$.

( ) F besitzt das Potential $\varphi : \mathbb{R}^2 \to \mathbb{R}$ mit $D(\varphi) = \mathbb{R}^2 \backslash \{(0,0)\}$ und
$\quad\ \varphi(x,y) = \ln\left(\sqrt{x^2 + y^2} \right)$.

( ) F besitzt kein Potential auf $D(F)$.

( )   Für jeden Weg W von $(-1,-1)$ nach $(1,1)$ gilt
$\quad\ \int_W F \, dX = \varphi(1,1) - \varphi(-1,-1)$.

T28.5: Das Vektorfeld $F : \mathbb{R}^2 \to \mathbb{R}^2$ mit $D(F) = \mathbb{R}^2$ und
$F(x,y) = (P(x,y), Q(x,y))$ mit stetig differenzierbaren Funktionen P und Q besitze
das Potential φ. Dann gilt

( ) $\frac{\partial P}{\partial x}(x,y) = \frac{\partial Q}{\partial y}(x,y)$

( ) $\frac{\partial P}{\partial y}(x,y) = \frac{\partial Q}{\partial x}(x,y)$

( ) $\int_W F \cdot dX = 0$ für jeden geschlossenen glatten Weg W

( ) $\int_W F \cdot dX = \pi$ falls W der obere Halbkreis von $(1,0)$ nach $(-1,0)$ ist.

ÜBUNGEN

Ü28.1:   Gegeben seien das Vektorfeld $F : \mathbb{R}^2 \to \mathbb{R}^2$ mit $D(F) = \mathbb{R}^2$ und $F(x,y) =$
$(3x + 2y, 2x)$, sowie der Weg W durch $X : \mathbb{R} \to \mathbb{R}^2$ mit $D(X) = [0, \frac{\pi}{2}]$
und $X(t) = (a \cos t, b \sin t)$, $a, b > 0$.

a)   Bestimmen Sie das Wegintegral $\int_W F \cdot dX$ durch direktes Ausrechnen
nach der Definition.

b)   Besitzt F ein Potential φ ? Falls ja, bestimmen Sie φ.

c)   Ist das Kurvenintegral wegabhängig oder -unabhängig? Überprüfen
Sie dabei das Ergebnis von a) unter Verwendung von b).

d)   Wie lautet das Wegintegral $\int_{W_1} F \cdot dX$ längs des Geradenstücks W_1,
das $(a,0)$ mit $(0,b)$ verbindet?

Ü28.2:   Integrieren Sie das Vektorfeld $F : \mathbb{R}^2 \to \mathbb{R}^2$ mit
$D(F) = \mathbb{R}^2 \backslash \{(0,0)\}$ und $F(x,y) = \left(\frac{-y}{x^2+y^2} , \frac{x}{x^2+y^2} \right)$

a)   längs des oberen Halbkreises W_1 um null von $(1,0)$ nach $(-1,0)$

b)   längs des unteren Halbkreises W_2 um null von $(1,0)$ nach $(-1,0)$.

c)   Besitzt F ein Potential?

Ü28.3:   Gegeben sei das Vektorfeld $F : \mathbb{R}^2 \to \mathbb{R}^2$ mit $D(F) = \mathbb{R}^2$ und $F(x,y) = (xy, ye^x)$. Ferner sei W der geschlossene stückweise glatte Weg, der sich aus den Geradenstücken zwischen den Punkten $(0,0)$ und $(2,0), (2,0)$ und $(2,1), (2,1)$ und $(0,1), (0,1)$ und $(0,0)$ zusammensetzt und genau in dieser Reihenfolge durchlaufen wird.

a)   Skizzieren Sie W.

b)   Berechnen Sie das Wegintegral $\int_W F \cdot dX$.

c)   Was können Sie über die Wegunabhängigkeit des Wegintegrals von F längs eines glatten Wegs aussagen?

Ü28.4:   Betrachten Sie das Vektorfeld $F : \mathbb{R}^2 \to \mathbb{R}^2$ mit $D(F) = \mathbb{R}^2$ und $F(x,y) = (\sin(xy) + xy\cos(xy) + y, \ x^2\cos(xy) + x + 2)$.

a)   Untersuchen Sie, ob F ein Potential besitzt?

b)   Falls ja, bestimmen Sie das Potential φ von F.

c)   Berechnen Sie $\int_W F \cdot dX$ entlang des durch $X : \mathbb{R} \to \mathbb{R}^2$ mit $D(X) = [0, \frac{\pi}{2}]$ und $X(t) = (t, 1)$ gegebenen Wegs W.

Ü28.5:   Sei $F : \mathbb{R}^2 \to \mathbb{R}^2$ mit $D(F) = [\frac{1}{2}, 2] \times [-\frac{\pi}{4}, \frac{\pi}{4}]$ und
$F(x,y) = \left(-\frac{\tan y}{x^2} + 2xy + x^2, \frac{1}{x\cos^2 y} + x^2 + y^2 \right)$ ein Vektorfeld.

a)   Zeigen Sie, daß das Wegintegral $\int_W F \cdot dX$ wegunabhängig ist.

b)   Berechnen Sie den Wert des Wegintegrals längs eines glatten Wegs, der die Punkte $(1,0)$ und $(\sqrt{3}, \frac{\pi}{6})$ verbindet.

Ü28.6:   Sei $F : \mathbb{R}^3 \to \mathbb{R}^3$ mit $D(F) = \mathbb{R}^3$ und

$$F(x,y,z) = (e^x yz, ze^x, ye^x + \sin z)$$

ein Vektorfeld.

a)   Begründen Sie, daß F ein Potential φ besitzt und bestimmen Sie φ.

b)   Bestimmen Sie das Wegintegral $\int_K F \cdot dX$ für den Weg, der durch $X : \mathbb{R} \to \mathbb{R}^3$ mit $D(X) = [0, 3\pi]$ und $X(t) = (2\cos t, 2\sin t, t)$ gegeben ist.

29 Integrale im $\mathbb{R}^n$

Der Zugang zu Integralen $\int_a^b f(x)\,dx$ im $\mathbb{R}$ erfolgte über Flächeninhalte. Entsprechend kann der Zugang zu Integralen $\int_G f(x,y)\,d(x,y)$ im $\mathbb{R}^2$ über Volumeninhalte erfolgen. Das Vorgehen ist analog. Wir geben die Definition für Integrale im $\mathbb{R}^n$ und betrachten zur Veranschaulichung den Fall $n = 2$.

Definition 29.1 *Seien $A = (a_1, \ldots, a_n) \in \mathbb{R}^n$ und $B = (b_1, \ldots, b_n) \in \mathbb{R}^n$ zwei Punkte im $\mathbb{R}^n$ mit $a_i \leq b_i$, $i = 1, \ldots, n$.*

(i)   Für das abgeschlossene Intervall

$$I = [A, B] = \{X \in \mathbb{R}^n : \ X = (x_1, \ldots, x_n), \ a_i \leq x_i \leq b_i \\ \textit{für } i = 1, \ldots, n\}$$

des $\mathbb{R}^n$ heißt

$$\mu(I) = \prod_{i=1}^{n} (b_i - a_i)$$

*das **Maß** von $[A, B]$.*

(ii)   Eine Menge $Z = \{I_1, \ldots, I_m\}$ von nicht überlappenden abgeschlossenen Intervallen des $\mathbb{R}^n$ mit

$$I = [A, B] = \bigcup_{k=1}^{m} I_k$$

*heißt eine **Zerlegung** von $[A, B]$. Dabei heißen zwei Teilintervalle des $\mathbb{R}^n$ nicht überlappend, wenn sie höchstens Randpunkte gemeinsam haben.*

(iii)   Die Funktion $f : \mathbb{R}^n \to \mathbb{R}$ sei beschränkt auf dem abgeschlossenen Intervall $I \subset D(f)$. Für eine Zerlegung Z nach (ii) seien für $k = 1, \ldots, m$ definiert

$$m_k = \inf\{f(X) : \ X = (x_1, \ldots, x_n) \in I_k\}$$
$$M_k = \sup\{f(X) : \ X = (x_1, \ldots, x_n) \in I_k\}.$$

Fortsetzung von Definition 29.1
Dann heißen

$$s(Z) = \sum_{k=1}^{m} m_k \mu(I_k) \qquad und \qquad S(Z) = \sum_{k=1}^{m} M_k \mu(I_k)$$

die zur Zerlegung Z (und zur Funktion f) gehörige **Untersumme** *und* **Obersumme**.

Beispiele:

(1)   Beispiele für Zerlegungen im $\mathbb{R}^2$

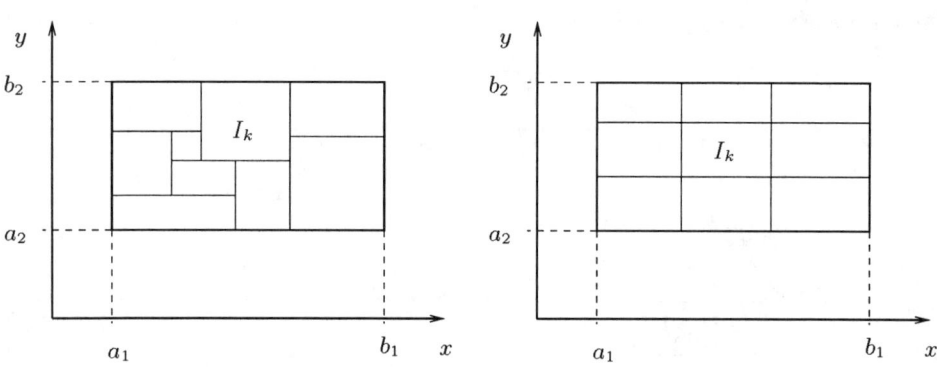

(2)   Sei $f(x, y) > 0$. Für das Volumen der quaderförmigen "Säule", die unter der durch $z = f(x, y)$ gegebenen Fläche und über dem Intervall I_k liegt, geben $m_k \mu(I_k)$ bzw. $M_k \mu(I_k)$ eine untere bzw. obere Schranke an.

Definition 29.2 *Die Funktion* $f : \mathbb{R}^n \to \mathbb{R}$ *sei beschränkt auf dem abgeschlossenen Intervall* $I = [A, B] \subset \mathbb{R}^n$. *Seien*

$$\overline{s}(f, I) = \sup_Z s(Z)$$

das Supremum der Untersummen und

$$\underline{S}(f, I) = \inf_Z S(Z)$$

das Infimum der Obersummen, gebildet jeweils über alle Zerlegungen Z von $I = [A, B]$. *Gilt*

$$\overline{s}(f, I) = \underline{S}(f, I) = r,$$

Fortsetzung von Definition 29.2
so heißt f **Riemann-integrierbar** *auf dem Intervall I. Der gemeinsame Wert*
r heißt dann **Riemann-Integral** *von f auf I und wird mit*

$$\int_I f(x_1, \ldots, x_n)\, d(x_1, \ldots, x_n)$$

bezeichnet.

Bemerkungen und Ergänzungen:

(3) Für Untersummen und Obersummen gelten analoge Aussagen wie im $\mathbb{R}$. Sie motivieren Definition 29.2.

(4) Statt Riemann-integrierbar schreiben wir oft einfach integrierbar.

(5) Im $\mathbb{R}^2$ bzw. $\mathbb{R}^3$ schreiben wir auch

$$\int_I f(x_1, x_2)\, d(x_1, x_2) = \int_I f(x, y)\, d(x, y)$$
$$\int_I f(x_1, x_2, x_3)\, d(x_1, x_2, x_3) = \int_I f(x, y, z)\, d(x, y, z).$$

(6) Ist $f : \mathbb{R}^n \to \mathbb{R}$ mit $D(f) = \mathbb{R}^n$ und $f(x_1, \ldots, x_n) = c \in \mathbb{R}$ die konstante Funktion, so ist offenbar

$$\int_I c\, d(x_1, \ldots, x_n) = c\mu(I).$$

Demnach ist das Maß $\mu(I)$ darstellbar als Integral ($c = 1$)

$$\mu(I) = \int_I 1\, d(x_1, \ldots, x_n).$$

Satz 29.1 *Ist die Funktion $f : \mathbb{R}^n \to \mathbb{R}$ stetig auf dem abgeschlossenen Intervall $I = [A, B]$, so ist f integrierbar auf I.*

Satz 29.2 *Die Funktion* $f : \mathbb{R}^2 \to \mathbb{R}$ *sei integrierbar auf dem abgeschlossenen Intervall* $I = \{(x,y) : a \leq x \leq b, \ c \leq y \leq d\} \subset \mathbb{R}^2$.

(i)   Existiert für jedes feste $x \in [a,b]$ *das (eindimensionale) Integral* $\int_c^d f(x,y)\,dy$, *so existiert das iterierte Integral*

$$\int_a^b \left[\int_c^d f(x,y)\,dy \right] dx$$

und es ist

$$\int_I f(x,y)\,d(x,y) = \int_a^b \left[\int_c^d f(x,y)\,dy \right] dx \ .$$

(ii)   Existiert für jedes feste $y \in [c,d]$ *das (eindimensionale) Integral* $\int_a^b f(x,y)\,dx$, *so existiert das iterierte Integral*

$$\int_c^d \left[\int_a^b f(x,y)\,dx \right] dy$$

und es ist

$$\int_I f(x,y)\,d(x,y) = \int_c^d \left[\int_a^b f(x,y)\,dx \right] dy.$$

Bemerkungen und Ergänzungen:

(7)   Die Berechnung des zweidimensionalen Integrals $\int_I f(x,y)\,d(x,y)$ wird unter den Voraussetzungen von Satz 29.2 zurückgeführt auf zwei nacheinander auszuführende eindimensionale Integrationen, man spricht von iterierten Integralen.

(8)   In dem iterierten Integral $\int_a^b [\int_c^d f(x,y)\,dy]\,dx$ wird zunächst für festes $x \in [a,b]$ das (eindimensionale) Parameterintegral

$$\int_c^d f(x,y)\,dy = g(x)$$

bestimmt und anschließend bezüglich x integriert, $\int_a^b g(x)\,dx$.

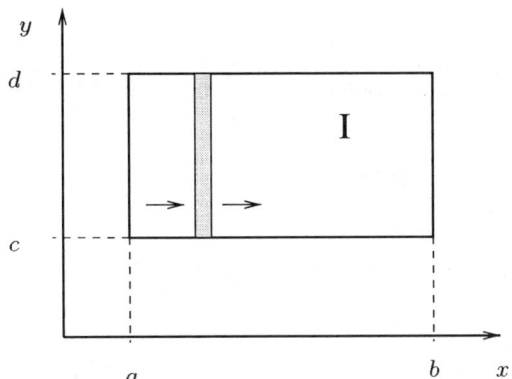

In dem iterierten Integral $\int_c^d [\int_a^b f(x,y)\, dx]\, dy$ wird zunächst für festes $y \in [c,d]$ das (eindimensionale) Parameterintegral

$$\int_a^b f(x,y)\, dx = h(y)$$

bestimmt und anschließend bezüglich y integriert, $\int_c^d h(y)\, dy$.

(9) Ist f stetig auf dem Intervall $I = [a,b] \times [c,d]$, so existieren die eindimensionalen Integrale $\int_c^d f(x,y)\, dy$ und $\int_a^b f(x,y)\, dx$, so daß

$$\int_I f(x,y)\, d(x,y) = \int_a^b \left[\int_c^d f(x,y)\, dy \right] dx = \int_c^d \left[\int_a^b f(x,y)\, dx \right] dy.$$

(10) Hat f die Produktform $f(x,y) = g(x) \cdot h(y)$ für $(x,y) \in [a,b] \times [c,d]$ und sind g und h stetig auf $[a,b]$ und $[c,d]$, so gilt

$$\int_I f(x,y)\, d(x,y) = \int_a^b g(x)\, dx \cdot \int_c^d h(y)\, dy.$$

(11) Aus der Existenz der iterierten Integrale

$$\int_a^b [\int_c^d f(x,y)\, dy]\, dx \quad \text{und} \quad \int_c^d [\int_a^b f(x,y)\, dx]\, dy$$

folgt nicht die Existenz des (zweidimensionalen) Integrals $\int_I f(x,y)\, d(x,y)$. Auch folgt aus der Existenz des zweidimensionalen Integrals nicht die Existenz der iterierten Integrale.

(12) Satz 29.2 haben wir für integrierbare Funktionen im $\mathbb{R}^2$ aufgeschrieben. Analoge Aussagen gelten für Integrale im $\mathbb{R}^n$, $n \geq 3$. Wir beschränken uns auf ein Beispiel in (15).

Beispiele:

(13) Sei $f(x,y) = \cos(2x + 3y)$ auf $I = [0, \frac{\pi}{4}] \times [0, \frac{\pi}{12}]$. Es ist f stetig auf I, so daß nach (9) das Integral $\int_I f(x,y)\, d(x,y)$ mit Hilfe iterierter Integrale bestimmt werden kann.

a) Es ist

$$\int_0^{\frac{\pi}{4}} \left[\int_0^{\frac{\pi}{12}} \cos(2x + 3y) \, dy \right] dx = \int_0^{\frac{\pi}{4}} \left[\frac{1}{3} \sin(2x + 3y) \right]_0^{\frac{\pi}{12}} dx$$

$$= \frac{1}{3} \int_0^{\frac{\pi}{4}} \left[\sin(2x + \frac{\pi}{4}) - \sin 2x \right] dx = \frac{1}{6}(\sqrt{2} - 1).$$

Daher ist

$$\int_I \cos(2x + 3y) \, d(x, y) = \frac{1}{6}(\sqrt{2} - 1).$$

b) Es ist

$$\int_0^{\frac{\pi}{12}} \left[\int_0^{\frac{\pi}{4}} \cos(2x + 3y) \, dx \right] dy = \int_0^{\frac{\pi}{12}} \left[\frac{1}{2} \sin(2x + 3y) \right]_0^{\frac{\pi}{4}} dy$$

$$= \frac{1}{2} \int_0^{\frac{\pi}{12}} \left[\sin(\frac{\pi}{2} + 3y) - \sin 3y \right] dy = \frac{1}{6}(\sqrt{2} - 1).$$

Daher ist

$$\int_I \cos(2x + 3y) \, d(x, y) = \frac{1}{6}(\sqrt{2} - 1).$$

(14)   Sei $f(x, y) = e^{x+2y}$ für $(x, y) \in I = [0, 1] \times [2, 4]$. Es ist

$$\int_I e^{x+2y} \, d(x, y) = \int_I e^x \cdot e^{2y} \, d(x, y)$$

Aus (10) folgt

$$\int_I e^{x+2y} \, d(x, y) = \int_0^1 e^x \, dx \cdot \int_2^4 e^{2y} \, dy = \frac{1}{2}(e - 1)(e^8 - e^4).$$

(15)   Wir betrachten an einem Beispiel das analoge Vorgehen im $\mathbb{R}^3$. Sei

$$f(x, y, z) = x + y + z$$

für $(x, y, z) \in I = [0, 1] \times [1, 2] \times [2, 3]$. Zur Berechnung des Integrals $\int_I (x + y + z) \, d(x, y, z)$ skizzieren wir zwei Wege. Sei $I_Z = [0, 1] \times [1, 2]$ für $z \in [2, 3]$.
Weg 1:

$$\int_I (x + y + z) \, d(x, y, z) = \int_2^3 \left[\int_{I_Z} (x + y + z) \, d(x, y) \right] dz$$

Für das innere Integral folgt

$$\int_{I_Z} (x + y + z) \, d(x, y) = \int_0^1 \left[\int_1^2 (x + y + z) \, dy \right] dx$$

$$= \int_0^1 \left[xy + \frac{y^2}{2} + zy \right]_1^2 dx$$

$$= \int_0^1 (x + \frac{3}{2} + z) \, dx = 2 + z.$$

Damit folgt

$$\int_I (x + y + z)\, d(x, y, z) = \int_2^3 (2 + z)\, dz = \frac{9}{2}.$$

Weg 2:

$$\int_I (x + y + z)\, d(x, y, z) = \int_{I_Z} \left[\int_2^3 (x + y + z)\, dz \right] d(x, y)$$

$$= \int_{I_Z} (x + y + \frac{5}{2})\, d(x, y)$$

$$= \int_0^1 \left[\int_1^2 (x + y + \frac{5}{2})\, dy \right] dx$$

$$= \int_0^1 (x + \frac{3}{2} + \frac{5}{2})\, dx = \frac{9}{2} \ .$$

Wir haben bisher nur Integrale auf abgeschlossenen Intervallen betrachtet. In den Anwendungen werden jedoch auch Integrale auf allgemeineren Teilmengen des $\mathbb{R}^n$ gebraucht.

Definition 29.3 *Sei $G \subset \mathbb{R}^n$ eine kompakte Menge und sei $f : \mathbb{R}^n \to \mathbb{R}$ mit $D(f) = G$ eine beschränkte Funktion. Die Funktion $f_G : \mathbb{R}^n \to \mathbb{R}$ mit $D(f_G) = \mathbb{R}^n$ und*

$$f_G(X) = \begin{cases} f(X) & \text{für } x \in G \\ 0 & \text{für } x \notin G \end{cases}$$

heißt **Erweiterung** *der Funktion f von G auf $\mathbb{R}^n$.*
Sei $I_G = [A, B]$ das kleinste abgeschlossene Intervall des $\mathbb{R}^n$, das G enthält.

Bemerkungen und Ergänzungen:

(16)   Wir veranschaulichen das Intervall I_G im $\mathbb{R}^2$:

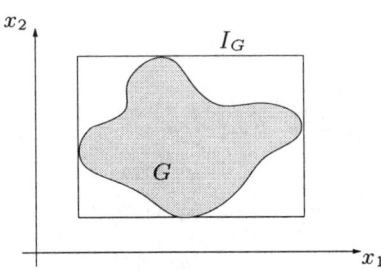

(17)   Ist $f(X) = 1$ für $X \in G$, so bezeichnen wir die Erweiterung von f mit 1_G,

$$1_G(X) = \begin{cases} 1 & \text{für } X \in G \\ 0 & \text{für } X \notin G. \end{cases}$$

Definition 29.4 *Sei $G \subset \mathbb{R}^n$ eine kompakte Menge und sei $f : \mathbb{R}^n \to \mathbb{R}$ mit $D(f) = G$ eine beschränkte Funktion. Gilt für das Supremum $\overline{s}(f_G, I_G)$ der Untersummen und das Infimum $\underline{S}(f_G, I_G)$ der Obersummen (gemäß Definition 29.2) über alle Zerlegungen von I_G, daß*

$$\overline{s}(f_G, I_G) = \underline{S}(f_G, I_G) = r,$$

*so heißt f **Riemann-integrierbar** auf G. Der gemeinsame Wert r heißt dann **Riemann-Integral** von f auf G und wird mit*

$$\int_G f(x_1, \dots, x_n)\, d(x_1, \dots, x_n)$$

bezeichnet.

Bemerkungen und Ergänzungen:

(18)   Für $\int_G f(x_1, \dots, x_n)\, d(x_1, \dots, x_n)$ schreiben wir auch

$$\int_G f(X)\, dX.$$

(19)   Ist $f : \mathbb{R}^2 \to \mathbb{R}$ positiv, so läßt sich $\int_G f(x, y)\, d(x, y)$ interpretieren als Volumen des Raumstückes zwischen der Menge G der x-y-Ebene und der durch $z = f(x, y)$ gegebenen Fläche.

(20)   Ist $f(x, y) = 1$ für $(x, y) \in G$, so läßt sich $\int_G 1\, d(x, y)$ interpretieren als Flächeninhalt von G. Für $\int_G 1\, d(x, y)$ schreibt man auch $\int_G d(x, y)$.

Satz 29.3 *Seien $f : \mathbb{R}^n \to \mathbb{R}$ und $g : \mathbb{R}^n \to \mathbb{R}$ integrierbar auf der kompakten Menge $G \subset \mathbb{R}^n$.*

(i)   Ist $f \leq g$ auf G, so gilt

$$\int_G f(X)\, dX \leq \int_G g(X)\, dX.$$

(ii)   Für $c \in \mathbb{R}$ ist cf integrierbar auf G mit

$$\int_G cf(X)\, dX = c \int_G f(X)\, dX.$$

Fortsetzung von Satz 29.3

(iii) Es ist $f + g$ integrierbar auf G mit

$$\int_G \left[f(X) + g(X) \right] dX = \int_G f(X) \, dX + \int_G g(X) \, dX.$$

(iv) Ist f auch integrierbar auf der kompakten Menge $H \subset \mathbb{R}^n$ und gilt $G \cap H = \emptyset$, so ist f integrierbar auf $G \cup H$ mit

$$\int_{G \cup H} f(X) \, dX = \int_G f(X) \, dX + \int_H f(X) \, dX.$$

Definition 29.5 *Ist $G \subset \mathbb{R}^n$ kompakt und existiert $\int_G 1 \, d(x_1, \ldots, x_n)$, so heißt G **meßbar** und*

$$\mu(G) = \int_G 1 \, d(x_1, \ldots, x_n)$$

*heißt **Maß** von G.*

Bemerkungen und Ergänzungen:

(21)   Ist G ein abgeschossenes Intervall I, so ist $\mu(I)$ nach Definition 29.1(i) wegen (6) verträglich mit Definition 29.5.

(22)   Eine meßbare Menge G heißt **Nullmenge**, wenn $\mu(G) = 0$.

Eine kompakte Menge G ist genau dann meßbar, wenn der Rand ∂G von G eine Nullmenge ist, $\mu(\partial G) = 0$.

(23)   Ist $f : \mathbb{R}^n \to \mathbb{R}$ stetig auf der kompakten Menge $G \subset \mathbb{R}^n$, so ist die Punktmenge

$$\{Y : \; Y = (x_1, \ldots, x_n, f(x_1, \ldots, x_n)), \; (x_1, x_2, \ldots, x_n) \in G\} \subset \mathbb{R}^{n+1}$$

eine Nullmenge des $\mathbb{R}^{n+1}$.

(24)   Aus (23) folgt: Ist $f : \mathbb{R} \to \mathbb{R}$ stetig auf $[a, b]$, so ist die Punktmenge des Graphen von f, also

$$\{Y : \; Y = (x, f(x)), \; x \in [a, b]\} \subset \mathbb{R}^2$$

eine Nullmenge des $\mathbb{R}^2$.

(25)　Ist $f: \mathbb{R}^n \to \mathbb{R}$ integrierbar auf den meßbaren Mengen $G \subset \mathbb{R}^n$ und $H \subset \mathbb{R}^n$ und sind G und H nicht überlappend, haben G und H also höchstens Randpunkte gemeinsam, so ist f integrierbar auf $G \cup H$ mit

$$\int_{G \cup H} f(X)\,dX = \int_G f(X)\,dX + \int_H f(X)\,dX.$$

Gegenüber Satz 29.3 (iv) wird nicht mehr $G \cap H = \emptyset$ gefordert.

Satz 29.4 *Die kompakte Menge $G \subset \mathbb{R}^n$ sei meßbar und $f: \mathbb{R}^n \to \mathbb{R}$ sei stetig auf G. Dann ist f integrierbar auf G.*

Zur Berechnung von Integralen im $\mathbb{R}^n$ betrachten wir den Fall $n = 2$ und deuten das Vorgehen für allgemeines $n \in \mathbb{N}$ an. Der Vorbereitung dient

---

Definition 29.6 *Sei $G \subset \mathbb{R}^2$ eine kompakte Menge.*

(i)　*G heißt y-**projizierbar**, falls G darstellbar ist in der Form*

$$G = \{(x, y): \ x \in [a, b], \ g(x) \le y \le h(x)\}$$

mit zwei auf $[a, b]$ stetigen Funktionen g und h mit $g \le h$.

(ii)　*G heißt x-**projizierbar**, falls G darstellbar ist in der Form*

$$G = \{(x, y): \ y \in [c, d], \ r(y) \le x \le s(y)\}$$

mit zwei auf $[c, d]$ stetigen Funktionen r und s mit $r \le s$.

(iii)　*Ist G x-projizierbar oder y-projizierbar, so heißt G ein **Normalbereich**.*

Beispiele:

(26)　Ist G y-projizierbar, so liegt G zwischen den Graphen von g und h auf $[a, b]$.

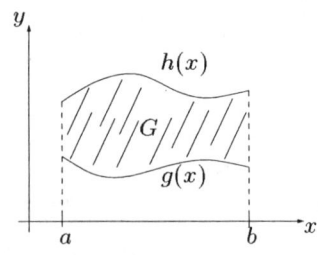

(27)   a) G ist y-projizierbar, aber nicht x-projizierbar.

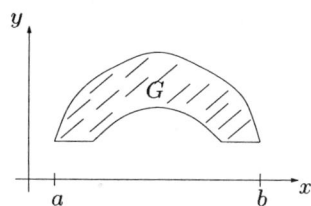

b) G ist x-projizierbar, aber nicht y-projizierbar.

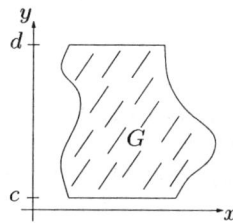

c) G ist x-projizierbar und y-projizierbar.

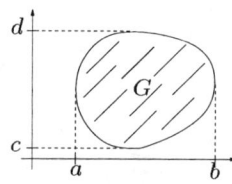

d) G ist weder x-projizierbar noch y-projizierbar, also kein Normalbereich.

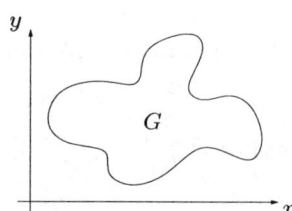

Satz 29.5 *Sei $G \subset \mathbb{R}^2$ ein Normalbereich und sei $f : \mathbb{R}^2 \to \mathbb{R}$ stetig auf G. Dann ist f integrierbar auf G und mit den Bezeichnungen von Definition 29.6 gilt*

(i)
$$\int_G f(x,y)\, d(x,y) = \int_a^b \left[\int_{g(x)}^{h(x)} f(x,y)\, dy \right] dx,$$

falls G y-projizierbar ist.

(ii)
$$\int_G f(x,y)\, d(x,y) = \int_c^d \left[\int_{r(y)}^{s(y)} f(x,y)\, dx \right] dy,$$

falls G x-projizierbar ist.

Bemerkungen und Ergänzungen:

(28)   Zur Berechnung zweidimensionaler Integrale stetiger Funktionen gibt Satz 29.5 ein wichtiges Ergebnis. Die Integration kann erfolgen, indem man nacheinander zwei eindimensionale Integrale bestimmt (iterierte Integrale). Das Vorgehen ist anschaulich:

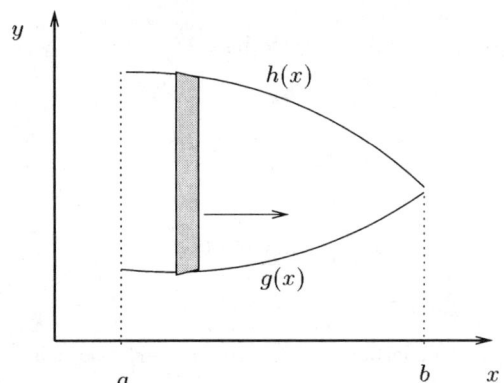

(29)   Ein Normalbereich G ist nach (22) meßbar, denn sein Rand ist eine Nullmenge. Für stetiges f folgt die Integrierbarkeit aus Satz 29.4.

(30)   Ist G ein Normalbereich, der y-projizierbar ist, so folgt für den Flächeninhalt F_G von G (wähle $f \equiv 1$)

$$F_G = \int_a^b \left[\int_{g(x)}^{h(x)} dy \right] dx = \int_a^b [h(x) - g(x)]\, dx.$$

Beispiele:

(31)   Seien $G = \{(x,y) : x^2 + y^2 \leq \varrho^2, \ y \geq 0\}$, $\varrho > 0$, und $f : \mathbb{R}^2 \to \mathbb{R}$ mit $f(x,y) = x^2 y$
auf G. Es ist G ein Normalbereich, G ist x-projizierbar und y-projizierbar. Wir
bestimmen $\int_G x^2 y \, d(x,y)$ auf 2 Wegen.

Weg 1: Nach (i) in Satz 29.5 ist

$$\int_G x^2 y \, d(x,y) = \int_{-\varrho}^{\varrho} \left[\int_0^{\sqrt{\varrho^2 - x^2}} x^2 y \, dy \right] dx$$

$$= \int_{-\varrho}^{\varrho} \left[\frac{x^2 y^2}{2} \right]_0^{\sqrt{\varrho^2 - x^2}} dx$$

$$= \frac{1}{2} \int_{-\varrho}^{\varrho} x^2 (\varrho^2 - x^2) = \frac{2}{15} \varrho^5.$$

Weg 2: Nach (ii) in Satz 29.5 ist

$$\int_G x^2 y \, d(x,y) = \int_0^{\varrho} \left[\int_{-\sqrt{\varrho^2 - y^2}}^{\sqrt{\varrho^2 - y^2}} x^2 y \, dx \right] dy$$

$$= \int_0^{\varrho} \left[\frac{x^3}{3} y \right]_{-\sqrt{\varrho^2 - y^2}}^{\sqrt{\varrho^2 - y^2}} dy$$

$$= \frac{1}{3} \int_0^{\varrho} 2y(\varrho^2 - y^2)^{3/2} dy = \frac{2}{15} \varrho^5.$$

(32)   Wie in (31) sei $G = \{(x,y) : x^2 + y^2 \leq \varrho^2, \ y \geq 0\}$, $\varrho > 0$. Der Flächeninhalt F_G
von G ist

$$F_G = \int_{-\varrho}^{\varrho} \left[\int_0^{\sqrt{\varrho^2 - x^2}} dy \right] dx = \int_{-\varrho}^{\varrho} \sqrt{\varrho^2 - x^2} \, dx = \frac{\pi}{2} \varrho^2.$$

Die Koordinaten des Schwerpunktes von G sind

$$(x_S, y_S) = \left(\frac{1}{F_G} \int_G x \, d(x,y), \ \frac{1}{F_G} \int_G y \, d(x,y) \right).$$

Es ist

$$\int_G x \, d(x,y) = \int_{-\varrho}^{\varrho} \left[\int_0^{\sqrt{\varrho^2 - x^2}} x \, dy \right] dx = \int_{-\varrho}^{\varrho} x\sqrt{\varrho^2 - x^2} \, dx = 0$$

$$\int_G y \, d(x,y) = \int_{-\varrho}^{\varrho} \left[\int_0^{\sqrt{\varrho^2 - x^2}} y \, dy \right] dx = \int_{-\varrho}^{\varrho} \frac{1}{2}(\varrho^2 - x^2) \, dx = \frac{2}{3} \varrho^3.$$

Daher ist $(x_S, y_S) = (0, \frac{4\varrho}{3\pi})$. Das Ergebnis $x_s = 0$ ist aufgrund der Symmetrie von
G zu erwarten.

(33) Das Volumen V des Tetraeders mit den Ecken $(0,0,0),(a,0,0),(0,b,0),(0,0,c)$ läßt sich bestimmen als das Volumen der Punktmenge zwischen dem Dreieck der (x,y)-Ebene mit den Eckpunkten $(0,0,0),(a,0,0),(0,b,0)$ und der durch $\frac{x}{a}+\frac{y}{b}+\frac{z}{c}=1$, also $z = f(x,y) = c(1-\frac{x}{a}-\frac{y}{b})$ gegebenen Fläche.

Daher ist

$$V = \int_G f(x,y)\,d(x,y) = \int_0^a \left[\int_0^{b-\frac{b}{a}x} c(1-\frac{x}{a}-\frac{y}{b})\,dy \right] dx$$

$$= \int_0^a \frac{bc}{2}(1-\frac{x}{a})^2\,dx = \frac{abc}{6}.$$

Bemerkungen und Ergänzungen:

(34) Ist G kein Normalbereich, so ist es oft möglich, G in endlich viele Normalbereiche $G_k, k = 1,\ldots,m$, zu zerlegen, so daß

$$G = \bigcup_{k=1}^m G_k \quad \text{und} \quad \underline{G}_k \cap \underline{G}_l = \emptyset \quad \text{für } k \neq l$$

mit dem Innern $\underline{G}_k$ von G_k. Dann ist

$$\int_G f(x,y)\,d(x,y) = \sum_{k=1}^m \int_{G_k} f(x,y)\,d(x,y).$$

(35) Im Integral $\int_G f(x,y,z)\,d(x,y,z)$ für eine auf G stetige Funktion $f:\mathbb{R}^3 \to \mathbb{R}$ habe $G \subset \mathbb{R}^3$ eine Darstellung

$$G = \{(x,y,z): \; x \in [a,b], \; g(x) \leq y \leq h(x), \; u(x,y) \leq z \leq v(x,y)\}$$

mit auf dem Intervall $[a,b]$ stetigen Funktionen g und h, sowie auf der Menge $\{(x,y): \; a \leq x \leq b, \; g(x) \leq y \leq h(x)\}$ stetigen Funktionen u und v. Es ist G ein Normalbereich im $\mathbb{R}^3$. Daher existiert $\int_G f(x,y,z)\,d(x,y,z)$ und es ist

$$\int_G f(x,y,z)\,dz = \int_a^b \left\{ \int_{g(x)}^{h(x)} \left[\int_{u(x,y)}^{v(x,y)} f(x,y,z)\,dz \right] dy \right\} dx\;.$$

Beispiele:

(36) Der Kreisring $G = \{(x,y): \; \varrho_1^2 \leq x^2 + y^2 \leq \varrho_2^2\}$ für $0 < \varrho_1 < \varrho_2$ ist kein Normalbereich. Wir zerlegen G in zwei Normalbereiche G_1 und G_2 mit

$$G_1 = \{(x,y): \; \varrho_1^2 \leq x^2 + y^2 \leq \varrho_2^2,\; y \geq 0\}$$
$$G_2 = \{(x,y): \; \varrho_1^2 \leq x^2 + y^2 \leq \varrho_2^2,\; y \leq 0\}$$

Für $f(x,y) = 1$, $(x,y) \in G$, folgt

$$\int_G d(x,y) = \int_{G_1} d(x,y) + \int_{G_2} d(x,y) \quad \text{mit}$$

$$\int_{G_1} d(x,y) = \int_{-\varrho_2}^{-\varrho_1} \left[\int_0^{\sqrt{\varrho_2^2-x^2}} dy \right] dx + \int_{-\varrho_1}^{\varrho_1} \left[\int_{\sqrt{\varrho_1^2-x^2}}^{\sqrt{\varrho_2^2-x^2}} dy \right] dx +$$

$$+ \int_{\varrho_1}^{\varrho_2} \left[\int_0^{\sqrt{\varrho_2^2 - x^2}} dy \right] dx$$

$$\int_{G_2} d(x,y) = \int_{-\varrho_2}^{-\varrho_1} \left[\int_{-\sqrt{\varrho_2^2 - x^2}}^0 dy \right] dx + \int_{-\varrho_1}^{\varrho_1} \left[\int_{-\sqrt{\varrho_2^2 - x^2}}^{-\sqrt{\varrho_1^2 - x^2}} dy \right] dx +$$

$$+ \int_{\varrho_1}^{\varrho_2} \left[\int_{-\sqrt{\varrho_2^2 - x^2}}^0 dy \right] dx$$

Integration ergibt

$$\int_G d(x,y) = \int_{G_1} d(x,y) + \int_{G_2} d(x,y) = \frac{\pi(\varrho_2^2 - \varrho_1^2)}{2} + \frac{\pi(\varrho_2^2 - \varrho_1^2)}{2}$$

$$= \pi(\varrho_2^2 - \varrho_1^2).$$

(37)   Wir berechnen das Volumen V des Tetraeders von (33) über ein dreidimensionales Integral. Sei

$$G = \{(x,y,z): \ 0 \leq x \leq a, \ 0 \leq y \leq b - \frac{b}{a}x, \ 0 \leq z \leq c(1 - \frac{x}{a} - \frac{y}{b})\}.$$

Dann ist

$$V = \int_G 1 \, d(x,y,z).$$

Es folgt nach (35)

$$V = \int_G d(x,y,z) = \int_0^a \left\{ \int_0^{b - \frac{b}{a}x} \left[\int_0^{c(1 - \frac{x}{a} - \frac{y}{b})} dz \right] dy \right\} dx = \frac{abc}{6}.$$

Wie bei Integralen im $\mathbb{R}$ vereinfacht auch bei Integralen im $\mathbb{R}^n$ gelegentlich eine Substitution die Auswertung. Man spricht auch von der Einführung neuer Koordinaten. Ziel ist es, im Integral $\int f(x_1, \ldots, x_n) d(x_1, \ldots, x_n)$ mit Hilfe einer Abbildung $X = (x_1, \ldots, x_n) = h(U) = h(u_1, \ldots, u_n)$ eine Integration bezüglich der neuen Koordinaten $U = (u_1, \ldots, u_n)$ herbeizuführen.

Die Abbildung $h : \ \mathbb{R}^n \to \mathbb{R}^n$ sei definiert auf der offenen Menge $D(h) = H_U$, die Bildmenge von h sei $B(h) = H$. Seien $h = (h_1, \ldots, h_n)$ und $X = (x_1, \ldots, x_n)$, so daß $X = h(U)$ in Koordinatenschreibweise lautet

$$\begin{cases} x_1 = h_1(u_1, \ldots, u_n) \\ x_2 = h_2(u_1, \ldots, u_n) \\ \vdots \\ x_n = h_n(u_1, \ldots, u_n). \end{cases}$$

Weiter sei h eineindeutig und stetig differenzierbar auf H_U. Die Funktionaldeterminante von h

$$\det\left(\frac{\partial h}{\partial U}\right) = \begin{vmatrix} \dfrac{\partial h_1}{\partial u_1} & \cdots & \dfrac{\partial h_1}{\partial u_n} \\ \vdots & & \vdots \\ \dfrac{\partial h_n}{\partial u_1} & \cdots & \dfrac{\partial h_n}{\partial u_n} \end{vmatrix}$$

sei für alle $U \in H_U$ entweder positiv oder negativ. Sind diese Voraussetzungen erfüllt, so sagen wir, durch h seien **neue Koordinaten** festgelegt. Dann gilt

---

Satz 29.6 (Substitutionsregel)
Sei $G \subset \mathbb{R}^n$ eine kompakte, meßbare Menge. Durch die Funktion h : $\mathbb{R}^n \to \mathbb{R}^n$ (mit obigen Eigenschaften) seien neue Koordinaten festgelegt. Sei f : $\mathbb{R}^n \to \mathbb{R}$ eine auf der Bildmenge H von h stetige Funktion und gelte $G \subset H$. Sei $h^{-1}(G) = \{U : U \in \mathbb{R}^n, \ h(U) \in G\}$ die Urbildmenge von G unter der Abbildung h. Dann gilt

$$\int_G f(x_1, \ldots, x_n)\, d(x_1, \ldots, x_n) =$$

$$= \int_{h^{-1}(G)} f(h(u_1, \ldots, u_n))\, \left|\det\left(\frac{\partial h}{\partial U}\right)\right|\, d(u_1, \ldots, u_n).$$

Bemerkungen und Ergänzungen:

(38)   Wir veranschaulichen die Einführung neuer Koordinaten.

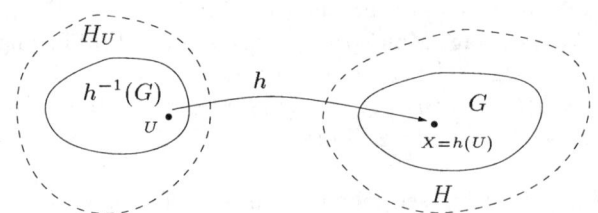

(39)   Die Aussage von Satz 29.6 gilt auch dann noch, wenn $\det\left(\dfrac{\partial H}{\partial U}\right) = 0$ auf einer Nullmenge $N \subset h^{-1}(G)$.

(40)   Sie Aussage von Satz 29.6 gilt auch dann noch, wenn die Eineindeutigkeit von h nur auf $H_U \backslash N$ für eine Nullmenge N erfüllt ist.

Beispiele:

(41)   Als neue Koordinaten im $\mathbb{R}^2$ betrachten wir **Polarkoordinaten**. Mit $U = (u_1, u_2) = (r, \varphi)$ ist die Abbildung $h : \mathbb{R}^2 \to \mathbb{R}^2$ gegeben durch

$$\begin{cases} x = h_1(r, \varphi) = r \cos \varphi \\ y = h_2(r, \varphi) = r \sin \varphi \end{cases}$$

für $X = (x, y)$. Es ist $H_U = \{(r, \varphi) : 0 < r < \infty, 0 < \varphi < 2\pi\}$ offen und es ist $H = \mathbb{R}^2 \backslash \{(x, y) : x \geq 0, y = 0\}$. Während H_U das offene Rechteck $(0, \infty) \times (0, 2\pi)$ ist, stellt H die längs der nichtnegativen x-Achse aufgeschlitzte x-y-Ebene dar. Es ist h eineindeutig und stetig differenzierbar auf H_U.

Die Funktionaldeterminante ist

$$\det\left(\frac{\partial H}{\partial U}\right) = \begin{vmatrix} \cos \varphi & -r \sin \varphi \\ \sin \varphi & r \cos \varphi \end{vmatrix} = r > 0.$$

Ist $G \subset H$ kompakt und meßbar und f stetig auf H, so gilt

$$\int_G f(x, y)\, d(x, y) = \int_{h^{-1}(G)} f(r \cos \varphi, r \sin \varphi) r\, d(r, \varphi).$$

Speziell sei $h^{-1}(G)$ ein kompaktes Rechteck in H_U, so daß G Stück eines Kreisringes in H ist.

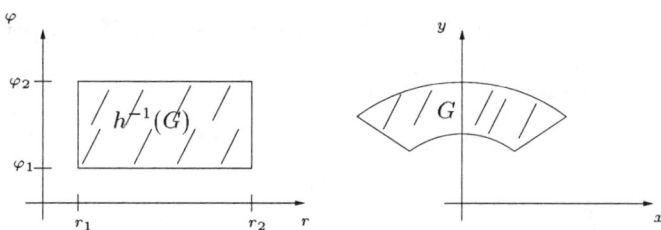

Dann gilt nach Satz 29.6

$$\int_G f(x, y)\, d(x, y) = \int_{\varphi_1}^{\varphi_2} \left[\int_{r_1}^{r_2} f(r \cos \varphi, r \sin \varphi) r\, dr\right] d\varphi \qquad (*)$$

Für das kompakte Rechteck $h^{-1}(G) = \{(r, \varphi) : r_1 \leq r \leq r_2, \varphi_1 \leq \varphi \leq \varphi_2\}$ muß zur Anwendung von Satz 29.6 gelten $0 < r_1, 0 < \varphi_1 \leq \varphi_2 < 2\pi$. Es läßt sich durch Grenzbetrachtungen zeigen, daß $(*)$ auch gilt für $0 \leq r_1 < r_2, 0 \leq \varphi_1 < \varphi_2 \leq 2\pi$, wenn also G auch Punkte der nichtnegativen reellen Achse enthält.

Wir betrachten speziell $G : \{(x, y) : x^2 + y^2 \leq \varrho^2\}$, $\varrho > 0$ und $f : \mathbb{R}^2 \to \mathbb{R}$ mit $f(x, y) = e^{-(x^2 + y^2)}$. Dann gilt mit der geschilderten Erweiterung nach $(*)$

$$\int_G e^{-(x^2 + y^2)} d(x, y) = \int_0^{2\pi} \left[\int_0^\varrho e^{-r^2} r\, dr\right] d\varphi = \pi[1 - e^{-\varrho^2}].$$

(42)   Wir legen wieder Polarkoordinaten zugrunde.
Sei $h^{-1}(G) = \{(r, \varphi) : 0 \le r \le \varrho(\varphi), \ 0 \le \varphi_1 \le \varphi \le \varphi_2 \le 2\pi\}$ mit einer positiven, stetigen Funktion $\varrho(\varphi)$. Dann hat G die Gestalt

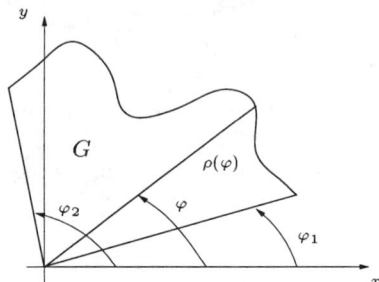

Der Flächeninhalt F von G läßt sich auch hier wie in (41) über eine Erweiterung von Satz 29.6 bestimmen. Es ist

$$F = \int_G 1 \, d(x, y) = \int_{\varphi_1}^{\varphi_2} \left[\int_0^{\varrho(\varphi)} r \, dr \right] d\varphi = \int_{\varphi_1}^{\varphi_2} \frac{[\varrho(\varphi)]^2}{2} \, d\varphi.$$

Im Falle eines Kreissektors mit Radius R und Winkel ψ folgt daraus mit $\varrho(\varphi) = R$

$$F = \frac{1}{2} R^2 \psi.$$

(43)   Wir bestimmen den Flächeninhalt F einer Ellipse mit den Halbachsen a und b. Sei

$$G = \{(x, y) : \frac{x^2}{a^2} + \frac{y^2}{b^2} \le 1\}.$$

Dann ist

$$F = \int_G d(x, y).$$

Wir führen durch

$$x = h_1(u, v) = au \cos v$$
$$y = h_2(u, v) = bu \sin v$$

neue Koordinaten $U = (u, v)$ ein. Es ist $H_U = \{(u, v) : 0 < u < \infty, \ 0 < v < 2\pi\}$ offen und es ist $H = R^2 \backslash \{(x, y) : x \ge 0, y = 0\}$. Es ist h eineindeutig und stetig differenzierbar auf H_U. Die Funktionaldeterminante ist

$$\det\left(\frac{\partial h}{\partial U}\right) = \begin{vmatrix} a \cos v & -au \sin v \\ b \sin v & bu \cos v \end{vmatrix} = abu > 0.$$

Wie in (41) ist eine Erweiterung von Satz 29.6 anwendbar, wenn G Punkte der nichtnegativen reellen Achse enthält. Daher ist

$$F = \int_G d(x, y) = \int_0^{2\pi} \left[\int_0^1 \left| \det \frac{\partial h}{\partial U} \right| du \right] dv$$

$$= \int_0^{2\pi} \left[\int_0^1 abu\, du \right] dv = \pi ab.$$

(44)   Als neue Koordinaten im $\mathbb{R}^3$ wählen wir **Kugelkoordinaten**.
Mit $U = (u_1, u_2, u_3) = (r, \varphi, \vartheta)$ ist die Abbildung h gegeben durch

$$x = h_1(r, \varphi, \vartheta) = r \cos \varphi \cos \vartheta$$
$$y = h_2(r, \varphi, \vartheta) = r \sin \varphi \cos \vartheta$$
$$z = h_3(r, \varphi, \vartheta) = r \sin \vartheta$$

für $X = (x, y, z)$. Es ist $H_U = \{(r, \varphi, \vartheta) : \ 0 < r < \infty, \ 0 < \varphi < 2\pi, \ -\frac{\pi}{2} < \vartheta < \frac{\pi}{2}\}$
offen. Die Funktionaldeterminante ist

$$\det \left(\frac{\partial h}{\partial U} \right) = \begin{vmatrix} \cos \varphi \cos \vartheta & -r \sin \varphi \cos \vartheta & -r \cos \varphi \sin \vartheta \\ \sin \varphi \cos \vartheta & r \cos \varphi \cos \vartheta & -r \sin \varphi \sin \vartheta \\ \sin \vartheta & 0 & r \cos \vartheta \end{vmatrix} = r^2 \cos \vartheta > 0.$$

Wir berechnen das Volumen V einer Halbkugel vom Radius R auf zwei Wegen.
<u>Weg 1:</u> $V = \int_G d(x, y, z)$ mit

$$G = \{(x, y, z) : \ x^2 + y^2 + z^2 \leq R^2, \ z \geq 0\}.$$

Mit Hilfe von Kugelkoordinaten ergibt sich bei Erweiterung von Satz 29.6 wie in
(41) auf das **kompakte** Rechteck $\{(r, \varphi, \vartheta) : \ 0 \leq r \leq R, \ 0 \leq \varphi \leq 2\pi, \ 0 \leq \vartheta \leq \frac{\pi}{2}\}$

$$V = \int_G d(x, y, z) = \int_0^R \left\{ \int_0^{2\pi} \left[\int_0^{\frac{\pi}{2}} \left| \det \left(\frac{\partial h}{\partial U} \right) \right| d\vartheta \right] d\varphi \right\} dr$$
$$= \int_0^R \left\{ \int_0^{2\pi} \left[\int_0^{\frac{\pi}{2}} r^2 \cos \vartheta \right] d\vartheta\, d\varphi \right\} dr = \frac{2}{3} \pi R^3.$$

<u>Weg 2:</u> $V = \int_{G_2} f(x, y)\, d(x, y)$ mit $f(x, y) = \sqrt{R^2 - x^2 - y^2}$ und
$G_2 = \{(x, y) : \ x^2 + y^2 \leq R^2\}$ Mit Hilfe von Polarkoordinaten folgt (wiederum bei
Erweiterung von Satz 29.6 wie in (41))

$$V = \int_{G_2} \sqrt{R^2 - x^2 - y^2}\, d(x, y)$$
$$= \int_0^{2\pi} \left[\int_0^R \sqrt{R^2 - r^2}\, r\, dr \right] d\varphi$$
$$= \int_0^{2\pi} \left[-\frac{1}{3} (R^2 - r^2)^{\frac{3}{2}} \right]_0^R d\varphi = \frac{2}{3} \pi R^3.$$

(45)   Wir betrachten das Integral

$$\int_G \sqrt{x^2 + y^2 + z^2}\, d(x, y, z)$$

für $G = \{(x, y, z) : x \geq 0, y \geq 0, z \geq 0, x^2 + y^2 + z^2 \leq 1\}$ (Kugeloktant). Mit Kugelkoordinaten als neue Koordinaten ergibt sich

$$\int_G \sqrt{x^2 + y^2 + z^2}\, d(x, y, z) = \int_0^1 \left\{ \int_0^{\frac{\pi}{2}} \left[\int_0^{\frac{\pi}{2}} r \left| \det\left(\frac{\partial h}{\partial U}\right) \right| d\vartheta \right] d\varphi \right\} dr$$

$$= \int_0^1 \left\{ \int_0^{\frac{\pi}{2}} \left[\int_0^{\frac{\pi}{2}} r^3 \cos\vartheta\, d\vartheta \right] d\varphi \right\} dr = \frac{\pi}{8}.$$

(46)   Das Integral $J_b = \int_0^b e^{-x^2}\, dx$ läßt sich mit einfachen Mitteln nicht bestimmen, da zu $f(x) = e^{-x^2}$ keine elementar darstellbare Stammfunktion existiert. Daher läßt sich das uneigentliche Integral $J = \int_0^\infty e^{-x^2}\, dx = \lim_{b \to \infty} \int_0^b e^{-x^2}\, dx$ auf diesem Weg nicht bestimmen. Für das uneigentliche Integral wenden wir einen Trick an, J über ein zweidimensionales Integral zu berechnen. Es ist

$$J_b^2 = \int_0^b e^{-x^2}\, dx \cdot \int_0^b e^{-y^2}\, dy = \int_{G_b} e^{-(x^2 + y^2)}\, d(x, y)$$

mit $G_b = \{(x, y) : 0 \leq x \leq b, \ 0 \leq y \leq b\}$.

Seien

$$G_1 = \{(x, y) : x^2 + y^2 \leq b^2, \ x \geq 0, y \geq 0\}$$
$$G_2 = \{(x, y) : x^2 + y^2 \leq (b\sqrt{2})^2, \ x \geq 0, y \geq 0\}.$$

Dann gilt

$$\int_{G_1} e^{-(x^2 + y^2)}\, d(x, y) \leq J_b^2 \leq \int_{G_2} e^{-(x^2 + y^2)}\, d(x, y).$$

Mit (41) ergibt sich

$$\frac{\pi}{4}[1 - e^{-b^2}] \leq J_b^2 \leq \frac{\pi}{4}[1 - e^{-2b^2}].$$

Demnach ist $\lim_{b \to \infty} J_b^2 = \frac{\pi}{4}$ und damit

$$\int_0^\infty e^{-x^2}\, dx = \lim_{b \to \infty} J_b = \frac{1}{2}\sqrt{\pi}.$$

TESTS

T29.1: Der Wert des Integrals $\int_G (x + y)\, d(x, y)$ mit

$$G = \{(x, y) \in \mathbb{R}^2 : 0 \leq x \leq 2, \ 0 \leq y \leq 1\}$$

beträgt

( )   1

( ) $\frac{5}{2}$

( )   3.

T29.2: Das Integral $\int_G xy\,d(x,y)$ mit $G = \{(x,y) \in \mathbb{R}^2 : 0 \le x \le 2, \quad 0 \le y \le 1\}$ besitzt den Wert

( )   0

( )   1

( )   2.

T29.3: Es seien $G = \{(x,y) : 0 \le x \le 2, \ 1-(x-1)^2 \le y \le 2x\}$ und $f : \mathbb{R}^2 \to \mathbb{R}$ mit $D(f) = \mathbb{R}^2$ eine auf G stetige Funktion. Dann gilt

( ) G ist x-projizierbar

( ) G ist y-projizierbar

( ) $\displaystyle \int_G f(x,y)\,d(x,y) = \int_0^2 \left(\int_{1-(x-1)^2}^{2x} f(x,y)\,dy \right) dx$

( ) $\displaystyle \int_G f(x,y)\,d(x,y) = \int_0^4 \left(\int_{\frac{y}{2}}^{1+\sqrt{(1-y)}} f(x,y)\,dx \right) dy.$

T29.4: Für die Ellipsoidkoordinaten-Transformation $x = ar \cdot \cos\varphi \cos\theta$, $y = br \cdot \sin\varphi \cos\theta$ und $z = cr \cdot \sin\theta$ mit $a,b,c,r > 0$, $\varphi \in (0, 2\pi)$, $\theta \in (-\frac{\pi}{2}, \frac{\pi}{2})$ ergibt sich die Funktionaldeterminante

( ) $\frac{r^2 \cos\theta}{abc}$

( ) abr

( ) $abcr^2 \cos\theta.$

T29.5: Für die Menge $G = \{(x,y) : 0 \le x \le 2, \ 0 \le y \le \sqrt{4-x^2}\}$ ergibt sich für das Integral durch Polarkoordinaten-Transformation

( ) $\displaystyle \int_G \frac{x}{1+x^2+y^2}\,d(x,y) = \int_0^2 \int_0^{\frac{\pi}{2}} \frac{r^2 \cos\varphi}{1+r^2}\,d\varphi dr$

( ) $\displaystyle \int_G \frac{x}{1+x^2+y^2}\,d(x,y) = \int_0^2 \int_0^{\frac{\pi}{2}} \frac{r \cos\varphi}{1+r^2}\,d\varphi dr$

( ) $\displaystyle \int_G \frac{x}{1+x^2+y^2}\,d(x,y) = \int_0^2 \int_0^{\frac{\pi}{2}} \frac{\cos\varphi}{1+r^2}\,d\varphi dr.$

ÜBUNGEN

Ü29.1:   a)   Gegeben sei das Intervall $I = \{(x,y) \in \mathbb{R}^2 : 0 \leq x \leq 1, 1 \leq y \leq 2\}$. Berechnen Sie $\int_I x^y \, d(x,y)$.

b)   Gegeben sei das Intervall $J = \{(x,y,z) \in \mathbb{R}^3; \ 0 \leq x \leq 1, 0 \leq y \leq 1,$ $0 \leq z \leq 1\}$. Berechnen Sie $\int_J z^3 e^{x+y} \, d(x,y,z)$.

Ü29.2:   a)   Berechnen Sie das Integral $\int_I x \sin(xy + z) \, d(x,y,z)$ für $I = \{(x,y,z) \in \mathbb{R}^3 : \frac{\pi}{2} \leq x \leq \pi, \ 0 \leq y \leq 1, \ 0 \leq z \leq \pi\}$.

b)   Bestimmen Sie $\int_J \frac{1}{(1+x+y+z)^3} \, d(x,y,z)$ für $J = [0,1] \times [0,1] \times [0,1]$.

Ü29.3:   Es sei G das abgeschlossene Flächenstück im 1. Quadranten, das durch die Gerade $y = 2x$ und die Parabel $y = x^2$ begrenzt wird.

a)   Skizzieren Sie G.

b)   Ist G sowohl x- als auch y-projizierbar?

c)   Berechnen Sie $\displaystyle\int_G \frac{1}{8}(x^2 + y^2) \, d(x,y)$.

Ü29.4:   Bestimmen Sie das Volumen der Säule, die von der durch die Gleichung $z = xy(1 - x - y)$ gegebenen Fläche und dem Gebiet in der x-y-Ebene, das durch $x \geq 0, y \geq 0$ und $1 - x - y \geq 0$ begrenzt ist, definiert wird.

Ü29.5:   Durch (i) $x^2 = 4(y - 1)$,   (ii) $y^2 = 4(x - 1)$,   (iii) $x + y = 0$ werden vier Graphen gegeben. Sie umschließen eine Menge G.

a)   Begründen Sie, warum G nicht projizierbar ist.

b)   Zerlegen Sie G in projizierbare Teilmengen und berechnen Sie damit $\int_G 32|xy| \, d(x,y)$.

Ü29.6:   Berechnen Sie die Ladung $Q = \int_G \varrho(x,y,z) \, d(x,y,z)$ des durch $G = \{(x,y,z) : \ x,y,z \geq 0, \ x + y + z \leq 1\}$ gegebenen Körpers, wenn die Ladungsdichte $\varrho : \ \mathbb{R}^3 \to \mathbb{R}$ mit $D(\varrho) = G$ gegeben ist durch
$$\varrho(x,y,z) = \frac{1}{(1 + x + y + z)^3}.$$

Ü29.7:   Für $a, b \in \mathbb{R}$, $b > a > 0$, wird durch die Gleichungen
$x = (b + r \cos v) \cos u$,
$y = (b + r \cos v) \sin u$,
$z = r \sin v$,
$0 \leq u \leq 2\pi$, $0 \leq v \leq 2\pi$, $0 \leq r \leq a$, ein sogenannter Torus T beschrieben. Berechnen Sie $\int_T d(x,y,z)$.

30   Vektoranalysis

Wir führen die Begriffe Divergenz und Rotation von Vektorfeldern ein, definieren Flächenintegrale und geben Integralsätze an.

Definition 30.1 *Sei* $F : \mathbb{R}^n \to \mathbb{R}^n$ *mit* $D(F)$ *offen ein stetig differenzierbares Vektorfeld. Mit* $F = (F_1, \ldots, F_n)$ *heißt dann*

$$\operatorname{div} F(X) = \sum_{k=1}^{n} \frac{\partial F_k}{\partial x_k}\bigg|_X \quad , \quad X \in D(F)$$

die **Divergenz** *des Vektorfeldes* F.

Definition 30.2 *Sei* $G = \mathbb{R}^3 \to \mathbb{R}^3$ *mit* $D(G)$ *offen ein stetig differenzierbares Vektorfeld. Mit* $G = (G_1, G_2, G_3)$ *und* $X = (x, y, z) \in D(G)$ *heißt dann*

$$\operatorname{rot} G(X) = \left(\frac{\partial G_3}{\partial y} - \frac{\partial G_2}{\partial z}, \frac{\partial G_1}{\partial z} - \frac{\partial G_3}{\partial x}, \frac{\partial G_2}{\partial x} - \frac{\partial G_1}{\partial y} \right)\bigg|_X$$

die **Rotation** *des Vektorfeldes* G.

Bemerkungen und Ergänzungen:

(1)   Die Divergenz von F ist für beliebige Dimension $n \in \mathbb{N}$ definiert. Es ist div F eine skalare Funktion, div $F \in \mathbb{R}$.

(2)   Die Rotation von G ist nur für die Dimension $n = 3$ in $G : \mathbb{R}^3 \to \mathbb{R}^3$ definiert. Es ist rot G ein Vektorfeld, rot $G \in \mathbb{R}^3$.

(3)   Das Vektorprodukt von $X = (x_1, x_2, x_3) \in \mathbb{R}^3$ und $Y = (y_1, y_2, y_3) \in \mathbb{R}^3$ ist (siehe Kapitel Lineare Algebra in Band 2)

$$X \times Y = (x_2 y_3 - x_3 y_2, x_3 y_1 - x_1 y_3, x_1 y_2 - x_2 y_1).$$

Mit $e_1 = (1, 0, 0)$, $e_2 = (0, 1, 0)$, $e_3 = (0, 0, 1)$ läßt sich $X \times Y$ symbolisch als Determinante schreiben

$$X \times Y = \begin{vmatrix} e_1 & e_2 & e_3 \\ x_1 & x_2 & x_3 \\ y_1 & y_2 & y_3 \end{vmatrix}.$$

Demnach läßt sich rot G symbolisch schreiben

$$\operatorname{rot} G = \begin{vmatrix} e_1 & e_2 & e_3 \\ \dfrac{\partial}{\partial x} & \dfrac{\partial}{\partial y} & \dfrac{\partial}{\partial z} \\ G_1 & G_2 & G_3 \end{vmatrix}.$$

(4)   Mit dem **Nabla-Operator**

$$\nabla = \left(\frac{\partial}{\partial x}, \frac{\partial}{\partial y}, \frac{\partial}{\partial z}\right)$$

schreibt man symbolisch für $f : \mathbb{R}^3 \to \mathbb{R}$, $F : \mathbb{R}^3 \to \mathbb{R}^3$, $G : \mathbb{R}^3 \to \mathbb{R}^3$

$$\operatorname{grad} f = \nabla f$$
$$\operatorname{div} F = \nabla \cdot F \quad \text{(Skalarprodukt)}$$
$$\operatorname{rot} G = \nabla \times G \quad \text{(Vektorprodukt)}.$$

Im Falle ∇f und $\nabla \cdot F$ ist eine analoge Schreibweise auch für andere Dimensionen möglich.

(5)   Sei $u : \mathbb{R}^3 \to \mathbb{R}$ mit $D(u)$ offen zweimal stetig differenzierbar. Dann ist

$$\operatorname{div}(\operatorname{grad} u) = u_{xx} + u_{yy} + u_{zz}.$$

Mit dem **Laplace-Operator**

$$\Delta = \frac{\partial^2}{\partial x^2} + \frac{\partial^2}{\partial y^2} + \frac{\partial^2}{\partial z^2}$$

schreibt man symbolisch

$$\operatorname{div}(\operatorname{grad} u) = \nabla \cdot (\nabla u) = \Delta u.$$

Funktionen u, die der Gleichung $\Delta u = 0$ genügen, heißen **harmonische Funktionen**.

(6)   Sei $G : \mathbb{R}^3 \to \mathbb{R}^3$ mit $D(G)$ offen ein zweimal stetig differenzierbares Vektorfeld. Dann gilt

$$\operatorname{div}(\operatorname{rot} G) = 0.$$

(7)   Sei $f : \mathbb{R}^3 \to \mathbb{R}$ mit $D(f)$ offen eine zweimal stetig differenzierbare skalare Funktion. Dann gilt

$$\operatorname{rot}(\operatorname{grad} f) = 0.$$

(8)   Das Vektorfeld $G : \mathbb{R}^3 \to \mathbb{R}^3$ mit $D(G)$ offen sei stetig differenzierbar und habe ein Potential $\varphi : \mathbb{R}^3 \to \mathbb{R}^3$ mit $D(\varphi) = D(G)$. Wegen $G = \operatorname{grad} \varphi$ folgt aus (7)

$$\operatorname{rot} G = 0.$$

Beispiele:

(9)   Die Maxwellschen Gleichungen der Elektrodynamik lauten

$$\operatorname{rot} E = -\frac{\mu}{c}\frac{\partial H}{\partial t} \qquad \text{(3 Gleichungen)}$$

$$\operatorname{rot} H = \frac{4\pi}{c}\lambda E + \frac{\varepsilon}{c}\frac{\partial E}{\partial t} \qquad \text{(3 Gleichungen)}$$

$$\operatorname{div}(\varepsilon E) = 4\pi\varrho \qquad \text{(1 Gleichung)}$$

$$\operatorname{div}(\mu H) = 0 \qquad \text{(1 Gleichung)}.$$

Dabei sind E elektrische Feldstärke, H magnetische Felstärke, ε Dielektrizitäts-konstante, μ Permeabilität, ϱ Ladungsdichte, λ Leitfähigkeit. Diese Größen sind ortsabhängig, darüberhinaus sind E und H zeitabhängig, wobei bei rot $(\cdot)$ nur die Ortskoordinaten eingehen. Es ist c die Lichtgeschwindigkeit im Vakuum.

(10) Sei $u : \mathbb{R}^3 \to \mathbb{R}$ mit $D(u) = \mathbb{R}^3 \backslash \{(0,0,0)\}$ und

$$u(x,y,z) = \frac{1}{\sqrt{x^2 + y^2 + z^2}}.$$

Dann gilt

$$\Delta u = u_{xx} + u_{yy} + u_{zz} = 0.$$

Die Differenzierbarkeit von Vektorfeldern haben wir nur auf offenen Mengen definiert. In der folgenden Definition 30.3 sprechen wir von der Differenzierbarkeit eines Vektorfeldes $F : \mathbb{R}^2 \to \mathbb{R}^3$ auf der abgeschlosenen Hülle $\overline{D}$ einer offenen Menge D. Wir setzen dazu voraus, daß eine Fortsetzung von F auf eine offene Menge $\tilde{D} \supset \overline{D}$ möglich ist, so daß die Fortsetzung differenzierbar ist auf $\tilde{D}$.

Definition 30.3 *Sei $D \subset \mathbb{R}^2$ offen und die abgschlossene Hülle $\overline{D}$ von D sei meßbar und kompakt. Sei $F : \mathbb{R}^2 \to \mathbb{R}^3$ mit $D(F) = \overline{D}$ setig differenzierbar auf $\overline{D}$. Mit $F = (F_1, F_2, F_3)$ und $X = (u,v)$ habe die Funktionalmatrix von F*

$$\left(\frac{\partial F}{\partial X} \right) = \begin{pmatrix} \dfrac{\partial F_1}{\partial u} & \dfrac{\partial F_1}{\partial v} \\[2mm] \dfrac{\partial F_2}{\partial u} & \dfrac{\partial F_2}{\partial v} \\[2mm] \dfrac{\partial F_3}{\partial u} & \dfrac{\partial F_3}{\partial v} \end{pmatrix}$$

*für alle $(u,v) \in D$ den Rang 2. Dann heißt F eine **Fläche** und die Punktmenge*

$$\mathfrak{F} = \{(x,y,z) : \ x = F_1(u,v), \ y = F_2(u,v), \ z = F_3(u,v), \ (u,v) \in \overline{D}\}$$

*heißt ein **Flächenstück**.*

Bemerkungen und Ergänzungen:

(11) Es werden die Punkte $(u,v) \in \overline{D}$ im $\mathbb{R}^2$ abgebildet in die Punkte $F(u,v) = (F_1(u,v), F_2(u,v), F_3(u,v))$ des $\mathbb{R}^3$.

(12) Man spricht von einer Parameterdarstellung der Fläche mit den Parametern (u,v).

(13) Die Vektoren

$$F_u(u,v) = \left(\frac{\partial F_1}{\partial u}, \frac{\partial F_2}{\partial u}, \frac{\partial F_3}{\partial u} \right)_{(u,v)} \quad \text{und} \quad F_v(u,v) = \left(\frac{\partial F_1}{\partial v}, \frac{\partial F_2}{\partial v}, \frac{\partial F_3}{\partial v} \right)_{(u,v)}$$

sind wegen Rang $\left(\frac{\partial F}{\partial X}\right) = 2$ linear unabhängig für alle $(u, v) \in D$. Es ist
$F_u(u, v) \times F_v(u, v) \neq 0$ für alle $(u, v) \in D$. Wir beachten, daß Rang $\left(\frac{\partial F}{\partial X}\right) = 2$
auf dem Rand ∂D von D nicht gefordert ist. Zu den Begriffen Rang und lineare
Unabhängigkeit siehe Kapitel Lineare Algebra in Band 2.

Beispiele:

(14)   Ein wichtiger Sonderfall ist

$$F(u, v) = (u, v, z(u, v))$$

mit einer stetig differenzierbaren Funktion $z : \mathbb{R}^2 \to \mathbb{R}$ auf $\overline{D}$. Dann hat die
Funktionalmatrix

$$\left(\frac{\partial F}{\partial X}\right) = \begin{pmatrix} 1 & 0 \\ 0 & 1 \\ \frac{\partial z}{\partial u} & \frac{\partial z}{\partial v} \end{pmatrix}$$

den Rang 2 auf D. Zur Veranschaulichung des Flächenstücks $\mathfrak{F}$ trage man über den
Punkten $(u, v) \in \overline{D}$ die Werte $z(u, v)$ auf.

(15)   Im Sonderfall von (14) sei $z(u, v) = u \cdot v$ für $(u, v) \in \overline{D} = [-2, 2] \times [-2, 2]$. Es stellt
$\mathfrak{F}$ eine Sattelfläche dar.

(16)   Sei $F(u, v) = (r \cos u \cos v, r \sin u \cos v, r \sin v)$ für $(u, v) \in \overline{D} = [0, 2\pi] \times [-\frac{\pi}{2}, \frac{\pi}{2}]$
und $r > 0$. Die Funktionalmatrix ist

$$\frac{\partial F}{\partial X} = \begin{pmatrix} -r \sin u \cos v & -r \cos u \sin v \\ r \cos u \cos v & -r \sin u \sin v \\ 0 & r \cos v \end{pmatrix}.$$

Für $(u, v) \in D = (0, 2\pi) \times \left(-\frac{\pi}{2}, \frac{\pi}{2}\right)$ ist Rang $\left(\frac{\partial F}{\partial X}\right) = 2$. Das Flächenstück $\mathfrak{F}$ stellt
die Oberfläche einer Kugel um 0 mit Radius r dar.

Sei durch $F : \mathbb{R}^2 \to \mathbb{R}^3$ mit $D(F) = \overline{D}$ eine Fläche gegeben und sei durch
$X : \mathbb{R} \to \mathbb{R}^2$ mit $D(X) = [a, b]$ ein glatter Weg W in $\overline{D}$ gegeben. Dann ist durch
$Y : \mathbb{R} \to \mathbb{R}^3$ mit $D(Y) = [a, b]$ und

$$Y(t) = F(X(t)), \quad t \in [a, b]$$

ein Weg W_F auf der Fläche F gegeben. Für $t \in [a, b]$ sei $X(t) = (u(t), v(t))$ und
sei $X(t_0) = (u_0, v_0)$ für ein $t_0 \in [a, b]$ ein Punkt von W. Der zugehörige Punkt auf
dem Weg W_F ist

$$Y_0 = F(X(t_0)) = F(u_0, v_0).$$

Die Richtung der Tangente im Punkt Y_0 an den Weg W_F ist gegeben durch

$$\dot{Y}(t_0) = F_u(u_0, v_0)\dot{u}(t_0) + F_u(u_0, v_0)\dot{v}(t_0)$$

mit

$$F_u(u_0, v_0) = \left(\frac{\partial F_1}{\partial u}, \frac{\partial F_2}{\partial u}, \frac{\partial F_3}{\partial u} \right)_{(u_0, v_0)}$$

$$F_v(u_0, v_0) = \left(\frac{\partial F_1}{\partial v}, \frac{\partial F_2}{\partial v}, \frac{\partial F_3}{\partial v} \right)_{(u_0, v_0)}.$$

Es sind $F_u(u_0, v_0)$ und $F_v(u_0, v_0)$ linear unabhängig, sie spannen die **Tangential-ebene** an die Fläche F im Punkt Y_0 auf. Eine Darstellung der Gleichung der Tangentialebene an die Fläche im Punkt $Y_0 = F(u_0, v_0)$ ist

$$Z = Y_0 + \lambda F_u(u_0, v_0) + \mu F_v(u_0, v_0), \qquad \lambda, \mu \in \mathbb{R}.$$

Definition 30.4 *Durch* $F : \mathbb{R}^2 \to \mathbb{R}^3$ *mit* $D(F) = \overline{D}$ *sei eine Fläche gegeben. Dann heißt*

$$N(u, v) = \frac{F_u(u, v) \times F_v(u, v)}{\|F_u(u, v) \times F_v(u, v)\|}, \qquad (u, v) \in D$$

Normalenvektor *der Fläche im Flächenpunkt* $F(u, v)$.

Bemerkungen und Ergänzungen:

(17)   Der Normalenvektor steht senkrecht auf der Tangentialebene.

Beispiele:

(18)   Wie in (14) sei $F(u, v) = (u, v, z(u, v))$. Dann ist

$$F_u = (1, 0, \frac{\partial z}{\partial u}),$$

$$F_v = (0, 1, \frac{\partial z}{\partial v})$$

$$F_u \times F_v = (-z_u, -z_v, 1)$$

$$\|F_u \times F_v\| = \sqrt{z_u^2 + z_v^2 + 1}$$

$$N(u, v) = \frac{(-z_u, -z_v, 1)}{\sqrt{z_u^2 + z_v^2 + 1}}.$$

(19)   Für die Oberfläche einer Kugel nach (16) gilt

$$F_u = (-r \sin u \cos v, r \cos u \cos v, 0)$$

$$F_v = (-r \cos u \sin v, -r \sin u \sin v, r \cos v)$$

$$F_u \times F_v = (r^2 \cos u \cos^2 v, r^2 \sin u \cos^2 v, r^2 \sin v \cos v)$$

$$\|F_u \times F_v\| = r^2 \cos v$$

$$N(u, v) = (\cos u \cos v, \sin u \cos v, \sin v).$$

Definition 30.5 *Durch $F : \mathbb{R}^2 \to \mathbb{R}^3$ mit $D(F) = \overline{D}$ sei eine Fläche gegeben. Dann heißt*

$$\int_{\overline{D}} \|F_u(u,v) \times F_v(u,v)\| \, d(u,v) = \int_{\mathfrak{F}} d\sigma$$

der **Flächeninhalt** $I(F)$ *der Fläche.*

Beispiele:

(20)   Wie in (14) sei $F(u,v) = (u,v,z(u,v))$. Dann ist

$$\int_{\mathfrak{F}} d\sigma = \int_{\overline{D}} \sqrt{1 + z_u^2 + z_v^2} \, d(u,v).$$

(21)   Für die Oberfläche einer Kugel nach (16) gilt mit (19)

$$\int_{\mathfrak{F}} d\sigma = \int_{\overline{D}} r^2 \cos v \, d(u,v) = r^2 \int_0^{2\pi} \left[\int_{-\frac{\pi}{2}}^{\frac{\pi}{2}} \cos v \, dv \right] du = 4\pi r^2.$$

Definition 30.6 *Durch $F : \mathbb{R}^2 \to \mathbb{R}^3$ mit $D(F) = \overline{D}$ sei eine Fläche gegeben. Sei $H : \mathbb{R}^3 \to \mathbb{R}$ mit $D(H) = \mathfrak{F}$ stetig auf $\mathfrak{F}$. Dann heißt*

$$\int_{\overline{D}} H(F(u,v)) \|F_u(u,v) \times F_v(u,v)\| \, d(u,v) = \int_{\mathfrak{F}} H \, d\sigma$$

Oberflächenintegral *von H über der Fläche.*

Beispiele:

(22)   Seien F wie in (16) und $H : \mathbb{R}^3 \to \mathbb{R}$ mit $D(H) = \mathfrak{F}$ und $H(x,y,z) = x^2$. Dann ist

$$\int_{\mathfrak{F}} H \, d\sigma = \int_{\overline{D}} r^2 \cos^2(u) \cos^2(v) \cdot r^2 \cos v \, d(u,v)$$

$$= r^4 \int_0^{2\pi} \left[\int_{-\frac{\pi}{2}}^{\frac{\pi}{2}} \cos^3 v \, dv \right] \cos^2 u \, du$$

$$= \frac{4}{3} \pi r^4.$$

Die beschränkte Menge $G \subset \mathbb{R}^2$ sei y-projizierbar gemäß Definition 29.6,

$$G = \{(x,y) : \ x \in [a,b], \ g(x) \le y \le h(x)\}$$

mit zwei auf $[a,b]$ stetigen Funktionen g und h. Der Rand ∂G von G läßt sich beschreiben durch vier Wege $\Gamma_1, \Gamma_2, \Gamma_3, \Gamma_4$. Diese seien so orientiert, daß G beim

Durchlaufen von ∂G zur Linken liegt. Dann heißt ∂G **positiv orientiert**. Weiter seien die Wege $\Gamma_1, \Gamma_2, \Gamma_3, \Gamma_4$ rektifizierbar. Erfüllt G diese Voraussetzungen, so sprechen wir von einem y-**Normalbereich**. Analog wird über die x-Projizierbarkeit der x-**Normalbereich** definiert.

Satz 30.1 (Gaußscher Integralsatz für die Ebene)
Sei G ein x-Normalbereich und ein y-Normalbereich mit positiv orientiertem Rand ∂G. Sei $H : \mathbb{R}^2 \to \mathbb{R}^2$ mit $D(H)$ offen ein stetig differenzierbares Vektorfeld. Gelte $G \subset D(H)$ und $H = (P, Q)$. Ist durch $X : \mathbb{R} \to \mathbb{R}^2$ eine Parameterdarstellung von ∂G gegeben, so gilt

$$\int_G \left(\frac{\partial Q}{\partial x} - \frac{\partial P}{\partial y} \right) d(x,y) = \int_{\partial G} H \cdot dX.$$

Bemerkungen und Ergänzungen:

(23) Der Gaußsche Integralsatz für die Ebene gibt einen Zusammenhang zwischen einem (zweidimensionalen) Integral in der Ebene und einem Wegintegral.

(24) Hat der Rand ∂G eine stetig differenzierbare Parameterdarstellung $X(t), t \in [\alpha, \beta]$, so gilt nach Satz 30.1

$$\int_G \left(\frac{\partial Q}{\partial x} - \frac{\partial P}{\partial y} \right) d(x,y) = \int_\alpha^\beta H(X(t)) \cdot \dot{X}(t)\, dt$$

$$= \int_\alpha^\beta \Big(P(X(t)), Q(X(t)) \Big) \cdot \dot{X}(t)\, dt.$$

Beispiele:

(25) Sei $H : \mathbb{R}^2 \to \mathbb{R}^2$ mit $D(H) = \mathbb{R}^2$ und $H(x,y) = (-y, x)$. Für G wie in Satz 30.1 gilt

$$\int_G \left(\frac{\partial Q}{\partial x} - \frac{\partial P}{\partial y} \right) d(x,y) = 2 \int_G d(x,y) = 2F(G)$$

mit dem Flächeninhalt $F(G)$ von G. Demnach ist

$$F(G) = \frac{1}{2} \int_{\partial G} H \cdot dX.$$

Der Flächeninhalt läßt sich also über ein Wegintegral längs des Randes von G gewinnen.

(26) In (25) sei speziell $G = \{(x,y) : \frac{x^2}{a^2} + \frac{y^2}{b^2} \le 1\}$, $a > 0, b > 0$ eine Ellipsenfläche. Eine Parameterdarstellung des Randes ∂G ist

$$X(t) = (a \cos t, b \sin t), \quad t \in [0, 2\pi].$$

Dann ist mit H aus (25)

$$H(X(t)) \cdot \dot{X}(t) = (-b\sin t, a\cos t) \cdot (-a\sin t, b\cos t) = ab.$$

Mit (25) ergibt sich für den Flächeninhalt der Ellipse

$$F(G) = \tfrac{1}{2} \int_{\partial G} H \cdot dX = \tfrac{1}{2} \int_0^{2\pi} H(X(t))\dot{X}(t)\, dt = \tfrac{1}{2} \int_0^{2\pi} ab\, dt = \pi ab.$$

(27)   Sei $G = \{(x,y) : x^2 + y^2 \leq \varrho^2\}$, $\varrho > 0$, eine Kreisfläche mit Radius ϱ. Sei $H : \mathbb{R}^2 \to \mathbb{R}^2$ mit $D(H) = \mathbb{R}^2$ und

$$H(x,y) = \big(P(x,y), Q(x,y)\big) = (x - y^3, x^3 - y^2).$$

Für das Wegintegral $\int_{\partial G} H \cdot dX$ folgt

$$\int_{\partial G} H \cdot dX = \int_G \left(\frac{\partial Q}{\partial x} - \frac{\partial P}{\partial y} \right) d(x,y) = 3 \int_G (x^2 + y^2)\, d(x,y)$$

$$= 3 \int_0^{2\pi} \left[\int_0^{\varrho} r^3\, dr \right] d\varphi = \tfrac{3}{2}\pi \varrho^4.$$

Ist der Rand ∂G positiv orientiert und ist $X(t) = (x(t), y(t))$, $t \in [\alpha, \beta]$, eine stetig differenzierbare Parameterdarstellung von ∂G, so wird durch $N(t) = (\dot{y}(t), -\dot{x}(t))$ die äußere Normale an ∂G im Punkt $X(t)$ beschrieben. Der Gaußsche Satz besagt

$$\int_G \left(\frac{\partial Q}{\partial x} - \frac{\partial P}{\partial y} \right) d(x,y) = \int_\alpha^\beta \Big[P(x(t), y(t))\dot{x}(t) + Q(x(t), y(t))\dot{y}(t) \Big]\, dt$$

Setzt man $\hat{H} = (Q, -P)$, so läßt sich dies schreiben

$$\int_G \operatorname{div} \hat{H}(x,y)\, d(x,y) = \int_\alpha^\beta \hat{H}(t) \cdot N(t)\, dt$$

mit $\hat{H}(t) = \big(Q(x(t), y(t)), -P(x(t), y(t)) \big)$.

O.B.d.A. kann $\hat{H}$ durch H ersetzt werden, so daß der Gaußsche Satz für die Ebene geschrieben werden kann

$$\int_G \operatorname{div} H\, d(x,y) = \int_\alpha^\beta H \cdot N\, dt.$$

Diese Darstellung ist übertragbar auf den $\mathbb{R}^3$. Dabei ist $G \subset \mathbb{R}^3$ ein "Normalbereich". Wir verzichten hier auf die Definition eines Normalbereichs, wir verweisen dazu auf Heuser [6]. Wir merken an, daß Kugeln und dreidimensionale Intervalle Normalbereiche darstellen.

Satz 30.2 (Gaußscher Integralsatz für den $\mathbb{R}^3$)
Sei G ein Normalbereich. Sei $H : \mathbb{R}^3 \to \mathbb{R}^3$ mit $D(H)$ offen ein stetig differenzierbares Vektorfeld. Gilt $G \subset D(H)$ und ist N die äußere Normale des Randes ∂G von G, so gilt

$$\int_G \operatorname{div} H \, d(x, y, z) = \int_{\partial G} H \cdot N \, d\sigma.$$

Bemerkungen und Ergänzungen:

(28)   Der Gaußsche Integralsatz für den $\mathbb{R}^3$ gibt einen Zusammenhang zwischen einem (dreidimensionalen) Integral im Raum und einem Oberflächenintegral.

(29)   Zum Normalenvektor siehe Definition 30.4.

Beispiele:

(30)   Sei $H : \mathbb{R}^3 \to \mathbb{R}^3$ mit $D(H) = \mathbb{R}^3$ und $H(x, y, z) = (x, y, z)$. Sei G die Kugel um 0 vom Radius r. Auf der Kugelfläche nach (16) gilt wegen (19)

$$N(u, v) = (\cos u \cos v, \sin u \cos v, \sin v)$$
$$H(F(u, v)) = (r \cos u \cos v, r \sin u \cos v, r \sin v).$$

Demnach ist mit (21)

$$\int_{\partial G} H \cdot N \, d\sigma = \int_{\partial G} r \, d\sigma = r \cdot 4\pi r^2 = 4\pi r^3.$$

Andererseits ist $\operatorname{div} H = 3$, so daß mit dem Volumen V der Kugel

$$\int_G \operatorname{div} H \, d(x, y, z) = 3 \int_G d(x, y, z) = 3V.$$

Der Gaußsche Satz liefert nach Gleichsetzen

$$V = \frac{4}{3}\pi r^3.$$

Satz 30.3 (Stokesscher Integralsatz)
Durch $F : \mathbb{R}^2 \to \mathbb{R}^3$ mit $D(F) = \overline{D}$ sei eine Fläche gegeben. Sei F zweimal stetig differenzierbar und sei $\overline{D}$ ein x-Normalbereich und ein y-Normalbereich mit positiv orientiertem Rand $\partial\overline{D}$. Durch $X(t)$, $t \in [\alpha, \beta]$, sei eine stetig differenzierbare Parameterdarstellung von $\partial\overline{D}$ gegeben. Durch $Y(t) = F(X(t))$, $t \in [\alpha, \beta]$ ist ein Weg B_F auf der Fläche definiert. Sei $H : \mathbb{R}^3 \to \mathbb{R}^3$ mit $D(H)$ offen ein stetig differenzierbares Vektorfeld mit $\mathfrak{F} \subset D(H)$. Ist N die äußere Normale auf der Fläche, so gilt

$$\int_{\mathfrak{F}} \operatorname{rot} H \cdot N \, d\sigma = \int_{B_F} H \cdot dY.$$

Bemerkungen und Ergänzungen:

(31)   Der Stokessche Integralsatz gibt einen Zusammenhang zwischen einem Oberflächenintegral und einem Wegintegral.

(32)   Es ist

$$\int_{B_F} H \cdot dY = \int_\alpha^\beta H(Y(t)) \cdot \dot{Y}(t)\, dt.$$

(33)   Es reicht, daß der Rand $\partial \overline{D}$ durch einen stückweise stetig differenzierbaren Weg dargestellt werden kann.

(34)   Von GEORGE GABRIEL STOKES (1819-1903) stammen wichtige Beiträge zur Analysis.

Beispiele:

(35)   Sei $F : \mathbb{R}^2 \to \mathbb{R}^3$ mit $D(F) = \overline{D} = \{(u, v) : 0 \le u \le 2\pi,\ 0 \le v \le \frac{\pi}{2}\}$ und

$$F(u, v) = (r \cos u \cos v, r \sin u \cos v, r \sin v),\ r > 0.$$

Die Fläche ist also die obere Halbkugelfläche um den Ursprung vom Radius r. Sei

$$H : \mathbb{R}^3 \to \mathbb{R}^3 \quad \text{mit} \quad D(H) = \mathbb{R}^3 \quad \text{und} \quad H(x, y, z) = (-y, x, 1).$$

Der Rand $\partial \overline{D} = \{(u,v) : 0 \le u \le 2\pi,\ v = 0\} \cup \{(u,v) : u = 2\pi,\ 0 \le v \le \frac{\pi}{2}\} \cup \{(u,v) : 0 \le u \le 2\pi,\ v = \frac{\pi}{2}\} \cup \{(u,v) : u = 0,\ 0 \le v \le \frac{\pi}{2}\}$ läßt sich beschreiben durch 4 Wege W_1, W_2, W_3, W_4, die etwa durch $X_1(t) = (t, 0), t \in [0, 2\pi]$, $X_2(t) = (2\pi, t), t \in [0, \frac{\pi}{2}]$, $X_3(t) = (-t, \frac{\pi}{2}), t \in [-2\pi, 0]$, $X_4(t) = (0, -t), t \in [-\frac{\pi}{2}, 0]$ parametrisiert werden können. Die zugehörigen Parameterdarstellungen $Y_k(t) = F(X_k(t)), k = 1, 2, 3, 4$, für den Weg B_F sind $Y_1(t) = (r \cos t, r \sin t, 0), t \in [0, 2\pi]$, $Y_2(t) = (r \cos t, 0, r \sin t), t \in [0, \frac{\pi}{2}]$, $Y_3(t) = (0, 0, r), t \in [-2\pi, 0]$, $Y_4(t) = (r \cos t, 0, -r \sin t), t \in [-\frac{\pi}{2}, 0]$. Damit folgt

$$\int_{B_F} H \cdot dY = \int_0^{2\pi} H(Y_1(t)) \dot{Y}_1(t)\, dt + \int_0^{\frac{\pi}{2}} H(Y_2(t)) \dot{Y}_2(t)\, dt +$$

$$+ \int_{-2\pi}^0 H(Y_3(t)) \dot{Y}_3(t)\, dt + \int_{-\frac{\pi}{2}}^0 H(Y_4(t)) \dot{Y}_4(t)\, dt.$$

Nach kurzer Rechnung erhalten wir

$$\int_{B_F} H \cdot dY = \int_0^{2\pi} r^2\, dt = 2\pi r^2.$$

Andererseits ist rot $H(x, y, z) = (0, 0, 2)$. Mit $N = (\cos u \cos v, \sin u \cos v, \sin v)$ nach (19) und $\|F_u \times F_v\| = r^2 \cos v$ nach (19) folgt

$$\int_{\mathfrak{F}} \text{rot } H \cdot N \, d\sigma = \int_{\overline{D}} \text{rot } H(F(u,v)) \cdot N(u,v)\|F_u \times F_v\| \, d(u,v)$$

$$= \int_{\overline{D}} 2 \sin v \cdot r^2 \cos v \, d(u,v)$$

$$= r^2 \int_0^{2\pi} \left[\int_0^{\frac{\pi}{2}} (2 \sin v \cos v \, dv) \right] du$$

$$= r^2 \int_0^{2\pi} \left[\int_0^{\frac{\pi}{2}} (\sin 2v \, dv) \right] du = 2\pi r^2.$$

Beide Ergebnisse bestätigen den Stokesschen Integralsatz.

TESTS

T30.1: Gegeben sei ein Vektorfeld $F : \mathbb{R}^3 \to \mathbb{R}^3$ mit $D(F) = \mathbb{R}^3$. Dann gilt für die Funktionen $g_1 = \text{div } F$, $g_2 = \text{rot } F$ und $g_3 = \text{div}\,(\text{rot } F)$

( ) g_1 ist eine skalare Funktion

( ) g_2 ist ein Vektorfeld

( ) g_3 ist eine skalare Funktion.

T30.2: Sei $u : \mathbb{R}^3 \to \mathbb{R}$ mit $D(u) = \mathbb{R}^3$ viermal stetig differenzierbar. Dann gilt

( ) $\Delta\Delta u = \dfrac{\partial^4 u}{\partial x^4} + \dfrac{\partial^4 u}{\partial y^4} + \dfrac{\partial^4 u}{\partial z^4}$

( )   rot grad $u = 0$

( )   grad rot $u = 0$.

T30.3: Es sei $G \subset \mathbb{R}^2$ eine kompakte, meßbare Menge und sei $z : \mathbb{R}^2 \to \mathbb{R}$ mit $D(z) = G$ und $z(u,v) = uv$. Durch den Graphen von z wird eine Fläche beschrieben. Der Flächeninhalt dieser Fläche berechnet sich durch

( ) $\displaystyle\int_G uv \, d(u,v)$

( ) $\displaystyle\int_G d(u,v)$

( ) $\displaystyle\int_G \sqrt{u^2 + v^2} \, d(u,v)$

( ) $\displaystyle\int_G \sqrt{1 + u^2 + v^2} \, d(u,v).$

T30.4: Der Stokessche Integralsatz stellt einen Zusammenhang her zwischen

( )   einem Oberflächenintegral und einem Wegintegral

( )   einem Volumenintegral und einem Oberflächenintegral

( )   einem Volumenintegral und einem Wegintegral.

T30.5: Kann jedes Wegintegral mit Hilfe des Stokesschen Integralsatzes über ein Oberflächenintegral berechnet werden?

( )   ja

( )   nein

( )   Frage nicht beantwortbar.

T30.6: Es gelten die Bezeichnungen aus Satz 30.3 (Stokesscher Integralsatz).

( ) B_F ist ein geschlossener Weg.

( ) $N(u,v) = \dfrac{F_u(u,v) \times F_v(u,v)}{\|F_u(u,v) \times F_v(u,v)\|}$, $(u,v) \in D$, ist die äußere Normale auf der Fläche.

( ) $N(u,v) = -\dfrac{F_u(u,v) \times F_v(u,v)}{\|F_u(u,v) \times F_v(u,v)\|}$, $(u,v) \in D$, ist die äußere Normale auf der Fläche.

ÜBUNGEN

Ü30.1: a) Zeigen Sie, daß folgende Funktionen $f_i : \mathbb{R}^2 \to \mathbb{R}$ mit $D(f_i) = \mathbb{R}^2$, $i = 1,2,3$, harmonisch sind, d.h. der Gleichung $\Delta f_i = \frac{\partial^2 f_i}{\partial x^2} + \frac{\partial^2 f_i}{\partial y^2} = 0$ genügen:

   (i) $f_1(x,y) = x^3 - 3xy^2$

   (ii) $f_2(x,y) = e^x \sin y$

   (iii) $f_1(x,y) = e^{x^2-y^2}\cos(2xy)$.

   b) Bestimmen Sie $\alpha \in \mathbb{R}$ so, daß die Funktion $g_\alpha : \mathbb{R}^2 \to \mathbb{R}$ mit $D(g_\alpha) = \mathbb{R}^2$ und $g_\alpha(x,y) = x^4 - \alpha x^2 y^2 + y^4$ harmonisch ist.

Ü30.2: Sei $H : \mathbb{R}^3 \to \mathbb{R}^3$ mit $D(H) = \mathbb{R}^3$ ein zweimal stetig differenzierbares Vektorfeld.

Berechnen Sie rot rot H und zeigen Sie, daß gilt: rot rot $H = $ grad div $H - \vec{\Delta}H$ mit $\vec{\Delta}H = (\Delta H_1, \Delta H_2; \Delta H_3)$, wobei Δ der Laplace-Operator ist.

Ü30.3: Gegeben sei für ein festgewähltes $R > 0$ die Abbildung $F : \mathbb{R}^2 \to \mathbb{R}^3$ mit $D(F) = [0,2\pi] \times [0,2]$ und $F(u,v) = (R\cos u, R\sin u, v)$.

a)   Zeigen Sie, daß durch F eine Fläche im $\mathbb{R}^3$ definiert wird und beschreiben Sie diese Fläche geometrisch.

b)   Bestimmen Sie den Normalenvektor in jedem Flächenpunkt.

c)   Berechnen Sie den Flächeninhalt $I(F)$ der Fläche.

Ü30.4:   Sei G eine Menge mit $G = \{(x,y) \in \mathbb{R}^2 : x^2 + y^2 \leq 1\}$. Ferner sei $V : \mathbb{R}^2 \to \mathbb{R}^2$ ein Vektorfeld mit $D(V) = \mathbb{R}^2$ und $V(x,y) = (x^4 - y^3, x^3 - y^4)$.

Berechnen Sie mit Hilfe des Gaußschen Integralsatzes für die Ebene das Wegintegral $\int_{\partial G} V \cdot dX$.

Ü30.5:   Durch $F : \mathbb{R}^2 \to \mathbb{R}^3$ mit $D(F) = \{(u,v) \in \mathbb{R}^2 : u^2 + \frac{1}{4}v^2 \leq 1\}$ und $F(u,v) = (u, v, 4 - 4u^2 - v^2)$ sei eine Fläche gegeben.

Sei weiter die skalare Funktion g definiert durch $g : \mathbb{R}^3 \to \mathbb{R}$ mit $D(g) = \mathbb{R}^3$ und $g(x,y,z) = \frac{16x - 4y + 2}{\sqrt{64x^2 + 4y^2 + 1}}$.

Skizzieren Sie die Fäche.

Bestimmen Sie das Oberflächenintegral $\int_{\mathfrak{F}} g \, d\sigma$ von g über die Fläche.

Ü30.6:   Gegeben sei der Körper Z mit

$$Z = \{(x,y,z) \in \mathbb{R}^3 : x^2 + y^2 \leq 9, \, 0 \leq z \leq 5\}.$$

Sei S die Oberfläche von Z und N die äußere Normale von S. Ferner sei das Vektorfeld $V : \mathbb{R}^3 \to \mathbb{R}^3$ mit $D(V) = \mathbb{R}^3$ und

$$V(x,y,z) = (x + y, y + z, x + z)$$

gegeben.

Skizzieren Sie den Körper Z.

Berechnen Sie das Oberflächenintegral $\int_S (V \cdot N) \, d\sigma$

a)   direkt

b)   mit Hilfe des Gaußschen Integralsatzes.

Hinweis zu a): Zerlegen Sie die Oberfläche S in Teilflächen und parametrisieren Sie diese durch geeignete Koordinaten.

Ü30.7:   Durch $F : \mathbb{R}^2 \to \mathbb{R}^3$ mit $D(F) = \{(u,v) : u^2 + v^2 \leq a^2\}$, $a \in \mathbb{R}$ fest und $F(u,v) = (u, v, u^2 - v^2)$ sei eine Fläche gegeben. Sei N die äußere Normale auf der Fläche. Ferner sei $H : \mathbb{R}^3 \to \mathbb{R}^3$ mit $D(H) = \mathbb{R}^3$ und $H(x,y,z) = (z, x, y)$ ein Vektorfeld.

Berechnen Sie das Wegintegral $\int_{B_F} H \cdot dY$ (Bezeichnungen nach Satz 30.3) mit Hilfe des Stokesschen Integralsatzes.

31 Lösungen

Es bedeuten: (r) richtige Aussage, (f) falsche Aussage

Kapitel 1

T1.1	(f)	**T1.2**	(f)	**T1.3**	(f)	**T1.4**	(r)	**T1.5**	(r)	**T1.6**	(f)
	(r)		(f)		(f)		(r)		(f)		(r)
	(f)		(f)		(r)		(f)		(f)		(r)
			(r)				(r)		(r)		
							(r)				
							(r)				

Ü1.1: a) $\frac{431}{900}$, $\frac{214567}{9990}$

b) $0.\overline{234}$, $1.\overline{54}$

Ü1.2: b) z.B. $a = c = -1$, $b = d = 0$

Ü1.4: a) 7500

b) n

c) $1, 3, 6, 6, 0, 0 \Rightarrow 16$

d) 0

Ü1.5: a) 156

b) $120 \cdot 10^5$

c) $\frac{341}{6}$

d) -984

Ü1.6: a) 1 1 1 1 0 1 1 0

b) 595

Ü1.7: a) $\sup M_1 = 1 \notin M_1$, $\sup M_2 = 1 \notin M_2$, $\inf M_1 = \frac{1}{4} \in M_1$, $\inf M_2 = -5 \in$

Ü1.8: a) $\sup M = x \in M$, $\inf M = 0 \notin M$

b) $\sup M$ existiert nicht, $\inf M = x \in M$

Kapitel 2

T2.1	(f)	**T2.2**	(f)	**T2.3**	(f)	**T2.4:**	(r)
	(r)		(r)		(r)		(f)
	(r)		(f)		(r)		(r)
							(r)

Kapitel 3

T3.1	(r)	**T3.2**	(r)	**T3.3**	(r)	**T3.4**	(r)	**T3.5**	(r)	**T3.6**	(f)
	(r)		(r)		(f)		(f)		(f)		(r)
	(r)		(r)		(r)		(f)		(f)		(f)
	(f)		(f)		(r)				(r)		(f)

Ü3.2 a) richtig
   b) falsch. Beispiel: $\Omega = \{1, 2, \ldots, 10\}$, $A = \{1, 2, 3\}$
       $B = \{3, 4, 7, 9, 10\}$, $C = \{2, 4, 6\}$

   c) richtig
   d) falsch. Beispiel: $A = B = C = \{1\}$

Ü3.3 a) keine Abbildung
   b) keine Abbildung
   c) Abbildung

Ü3.4 a) $x \in \{2, 3\}$, $y \in \{5, 6\}$
   b) $x = 1$, $y \in \{4, 5\}$
   c) $x = 1$, $y = 6$

Ü3.5 a) $B(f) = \{y :\ y \in \mathbb{R}, -1 \le y < 0 \text{ oder } 1 \le y\}$

   c) $f^{-1}(y) = \begin{cases} y & \text{für } -1 \le y < 0 \\ y - 1 & \text{für } 1 \le y < 2 \\ 2y - 3 & \text{für } y \ge 2 \end{cases}$
       $D(f^{-1}) = B(f)$, $B(f^{-1}) = D(f)$

Ü3.6 a) $B(f) = \{y :\ y \in \mathbb{R}, -8 \le y \le 8\}$, $B(g) = \mathbb{R}$
   b) ja
   c) ja
   d) $f \circ g$ kann nicht gebildet werden,
       $(g \circ f)(x) = 5x^3 - 2$ für $x \in D(f)$

Kapitel 4

T4.1	(f)	**T4.2**	(f)	**T4.3**	(f)	**T4.4**	(r)	**T4.5**	(f)	**T4.6**	(r)
	(r)		(r)		(r)		(r)		(f)		(r)
	(r)		(f)		(r)		(f)		(r)		(r)
	(r)				(r)		(r)		(f)		(r)
	(f)										
	(r)										

Ü4.1: f_i, $i = 1, \ldots, 6$, monoton wachsend;
   f_7 nicht monoton

   $\displaystyle \sup_{x \in D(f)} f_i(x) = \begin{cases} 1 & \text{für } i = 1, 2, 6, 7 \\ \frac{1}{2} & \text{für } i = 3, 4, 5 \end{cases}$

   $\displaystyle \max_{x \in D(f)} f_i(x) = \begin{cases} 1 & \text{für } i = 7 \\ \frac{1}{2} & \text{für } i = 4, 5 \\ \text{nicht existent für } i = 1, 2, 3, 6 \end{cases}$

   $\displaystyle \inf_{x \in D(f)} f_i(x) = \begin{cases} 0 & \text{für } i = 1, 2, 3, 4, 5 \\ \text{nicht existent für } i = 6, 7 \end{cases}$

   $\displaystyle \min_{x \in D(f)} f_i(x) = \begin{cases} 0 & \text{für } i = 2, 5 \\ \text{nicht existent für } i = 1, 3, 4, 6, 7 \end{cases}$

Ü4.2: d) f ist beschränkt

e) f besitzt ein Minimum, jedoch kein Maximum

Ü4.3: b) $f(x) \leq g(x)$ für $x \in [-2.5, -1] \cup \{-4\}$

c) $f(x) = 1$ für $x = -1$, $x = -3$, $x = -5$

Ü4.4: a) $L = (-\infty, -4) \cup [-3, 1] \cup (4, \infty)$

b) $L = (-\infty, -2) \cup (0, 5)$

c) $L = (-5, -3) \cup [0, 1)$

Ü4.5: a) $p(-1) = 7$, $p(-2) = 0$

$q(x) = x^4 + 2x - 5$, $c_0 = 7$

b) $D(r) = \mathbb{R} \backslash \{0, -1, 3\}$

$$r(x) = x^2 + 3x + 9 + \frac{29x^2 + 24x + 2}{x(x+1)(x-3)}$$

Ü4.6: $p_3(x) = \frac{7}{6}x^3 - \frac{9}{2}x^2 + \frac{7}{3}x + 3$

Ü4.7: a) $g(t) = 2\sin(\frac{5}{3}t + \frac{\pi}{2})$,

b) $A = 2$, $\omega = \frac{5}{3}$, $\varphi = \frac{\pi}{2}$

c) Periode $\frac{6}{5}\pi$

Ü4.9: b) $h^{-1} : \mathbb{R} \to \mathbb{R}$ mit $D(h^{-1}) = [0, 2]$ und

$h^{-1}(x) = \sqrt{\arcsin\frac{x}{2}}$

Ü4.10: b) $D(f^{-1}) = [1, \infty)$, $f^{-1}(x) = \dfrac{x^2 + 1}{x}$

Kapitel 5

T5.1	(f)	**T5.2**	(r)	**T5.3**	(r)	**T5.4**	(f)	**T5.5**	(r)
	(f)		(r)		(r)		(r)		(r)
	(r)		(r)		(r)		(f)		(f)
							(r)		

Ü5.1: a) $z_1 = 4 - 13i$, $z_2 = -\frac{11}{10} + \frac{27}{10}i$,

$|z_1 \cdot z_2| = |z_1| \cdot |z_2| = \sqrt{185} \cdot \frac{1}{10}\sqrt{850} = 36.65$

b) $1 + i$

Ü5.2: a) $z_1 = 8e^{i\frac{4\pi}{3}}$, $z_2 = 2e^{i\frac{5\pi}{6}}$

b) $z_3 = 16e^{i\frac{\pi}{6}}$, $z_4 = 4e^{i\frac{\pi}{2}}$, $z_5 = 16e^{i\frac{4\pi}{3}}$

c) $z_3 = 8\sqrt{3} + 8i$, $z_4 = 4i$, $z_5 = -8 - 8\sqrt{3}i$

Ü5.3: a) $z_k = 2e^{i(\frac{\pi}{4} + \frac{\pi}{3}k)}$, $k = 0, 1, \ldots, 5$

Kapitel 6

T6.1:	(r)	**T6.2:**	(f)	**T6.3:**	(f)	**T6.4:**	(f)	**T6.5:**	(f)
	(r)		(f)		(r)		(f)		(r)
	(r)		(f)		(r)		(f)		(f)
	(r)		(r)				(f)		
			(r)						

Ü6.1: a) $9 \cdot 10 \cdot 10 \cdot 10 = 9000$

b) $20 \cdot 19 \cdot 18 = 6840$

c) $\frac{(r+s)!}{r!s!} = \binom{r+s}{r} = \binom{r+s}{s}$

d) $\displaystyle\sum_{\substack{n_2=0 \\ \{n_2+n_3+\ldots+n_r=n-k\}}}^{n-k} \sum_{n_3=0}^{n-k} \cdots \sum_{n_r=0}^{n-k} \frac{n!}{k!n_2!\ldots n_r!}$

Ü6.2: a) $\binom{15}{5}\binom{15}{5}\binom{15}{4}\binom{15}{5}\binom{15}{5} \approx 1.11 \cdot 10^{17}$

b) $(15 \cdot 14 \cdot 13 \cdot 12)^5 \cdot 11^4 \approx 5.52 \cdot 10^{26}$

c) $14 \cdot 13^3 \cdot 12^3 \cdot 11^3 \cdot 10^4 \cdot 9^2 \cdot 8^2 \cdot 7^2 \cdot 6^2 \cdot 5 \cdot 4 \approx 1.29 \cdot 10^{23}$

Ü6.3: a) $\frac{32!}{10!10!10!2!} \approx 2.75 \cdot 10^{15}$

b) (i) $\frac{\binom{28}{10}}{\binom{32}{10}} \approx 0.203$,   (ii) $\frac{\binom{4}{2}\binom{28}{8}}{\binom{32}{10}} \approx 0.289$

(iii) $\frac{\binom{4}{3}\binom{28}{7} + \binom{4}{4}\binom{28}{6}}{\binom{32}{10}} \approx 0.079$

Ü6.4: a) $\frac{\binom{17}{2}}{\binom{22}{2}} \approx 0.589$

b) $\frac{\binom{5}{1}\binom{17}{1}}{\binom{22}{2}} \approx 0.368$

c) $\frac{\binom{5}{2}\binom{17}{0}}{\binom{22}{2}} \approx 0.043$

d) $\frac{\binom{5}{0}\binom{17}{2} + \binom{5}{1}\binom{17}{1}}{\binom{22}{2}} \approx 0.957$

e) $\frac{\binom{5}{1}\binom{17}{1} + \binom{5}{2}\binom{17}{0}}{\binom{22}{2}} \approx 0.411$

Ü6.5: p_n = Wahrscheinlichkeit, daß alle Geburtstage verschieden

$$p_n = \frac{365 \cdot 364 \cdots (365 - n + 1)}{365^n}$$

$\overline{p}_n$ Wahrscheinlichkeit, daß mindestens 2 der n Personen am gleichen Tag Geburtstag haben

$$\overline{p}_{22} = 1 - p_{22} \approx 0.48$$
$$\overline{p}_{23} = 1 - p_{23} \approx 0.51$$

Ü6.6:   Wahrscheinlichkeit für i Ausschußstücke

$$p_i = \binom{10}{i} \left(\frac{1}{10}\right)^i \left(\frac{9}{10}\right)^{10-i} \ , \ i = 0, 1, \ldots, 10$$

$$p_0 = \binom{10}{0} \left(\frac{1}{10}\right)^0 \left(\frac{9}{10}\right)^{10} = 0.349,$$

$$p_1 = \binom{10}{1} \left(\frac{1}{10}\right)^1 \left(\frac{9}{10}\right)^9 = 0.387.$$

Wahrscheinlichkeit für Garantieleistung: $1 - (p_0 + p_1) = 0.264$

Kapitel 7

T7.1:	(f)	**T7.2:**	(r)	**T7.3:**	(r)	**T7.4:**	(f)	**T7.5:**	(r)	**T7.6:**	(r)
	(r)		(f)		(r)		(f)		(f)		(f)
	(f)		(r)		(f)		(f)		(f)		(r)
	(f)		(f)		(r)		(r)		(r)		(f)
											(r)

Ü7.1:   a)   konvergent mit $\lim\limits_{n \to \infty} a_n = 1$

   b)   divergent

   c)   divergent

   d)   konvergent mit $\lim\limits_{n \to \infty} a_n = \frac{2}{3}$

   e)   konvergent mit $\lim\limits_{n \to \infty} a_n = 1$

   f)   konvergent mit $\lim\limits_{n \to \infty} a_n = \frac{1}{2}$.

Ü7.2:   a) $\lim\limits_{n \to \infty} a_n = 0$

   b) $\lim\limits_{n \to \infty} \frac{1}{a_n} = 0$

   c) $\lim\limits_{n \to \infty} a_n = \frac{1}{2}$

Ü7.3:   a) $a_2 = \frac{7}{4}$, $a_3 = \frac{97}{56}$

   d) $\lim\limits_{n \to \infty} a_n = \sqrt{3}$

Ü7.5:   a) 1

   b) $\frac{1}{e}$

   c) $\frac{1}{e^2}$

   d) $\frac{5}{8} e^{-4}$

Ü7.6:   a) $e^{9/2}$

   b) $\lim\limits_{n\to\infty} a_n = \begin{cases} 1 & \text{für } |x| < 1 \\ \frac{2}{3} & \text{für } |x| = 1 \\ 0 & \text{für } |x| > 1 \end{cases}$

Ü7.7:   a) $a_n = n^2,\ b_n = \frac{1}{n}$
   b) $a_n = n^2,\ b_n = -\frac{1}{n}$
   c) $a_n = n,\ b_n = \frac{2}{n}$
   d) $a_n = n,\ b_n = \dfrac{(-1)^n}{n}$

Kapitel 8

T8.1:   (f)   **T8.2:**   (f)   **T8.3:**   (f)   **T8.4:**   (r)   **T8.5:**   (r)

(f)	(f)	(r)	(f)	(r)
(r)	(r)	(f)	(f)	(f)
		(f)	(f)	(r)
		(r)	(r)	(f)
		(r)		(r)
				(f)
				(r)

Ü8.1:   a) $x_0 \in \mathbb{R}\setminus\{-2\}$
   b) $\lim_{x\to x_0} f(x) = \frac{x_0(x_0+1)}{3(x_0+2)^2}$ für $x_0 \neq -2$
   c) $\lim_{x\to\infty} f(x) = \frac{1}{3},\quad \lim_{x\to-\infty} f(x) = \frac{1}{3}$

Ü8.2:   a) $\lim_{x\to 0} f_1(x) = 0$
   b) $\lim_{x\to 0} f_2(x) = 0$
   c) f_3 hat an $x_0 = 1$ keinen Grenzwert
   d) $\lim_{x\to 0} f_4(x) = 4$

Ü8.3:   a) $\lim_{x\nearrow 0} = \frac{1}{6},\quad \lim_{x\searrow 0} = 0$

   b) $\lim_{x\to\infty} g(x) = 2,\quad \lim_{x\to-\infty} g(x) = -2$

Ü8.4:   a) $\lim_{x\to-\infty} f_1(x) = \lim_{x\to\infty} f_1(x) = 2$
      $\lim_{x\to-5} f_1(x)$ nicht existent
      $\lim_{x\to 6} f_1(x) = \frac{9}{11}$
   b) $\lim_{x\to\infty} f_2(x) = 0$
   c) $\lim_{x\to 0} f_3(x) = \frac{1}{2}$
   d) $\lim_{x\to 0} f_4(x) = 2$

Ü8.5:   a) f hat an $x_0 = 0$ keinen Grenzwert, $\lim\limits_{x\to 1} f(x) = 0$

   b) f ist nicht stetig an $x_1 = 1$
   c)   nein, da $0 \notin D(f)$

Ü8.6: $a = 3,\quad b = 0$

Kapitel 9

T9.1: (f)   **T9.2:** (r)   **T9.3:** (f)   **T9.4:** (r)
(r)   (r)   (r)   (r)
(r)   (r)   (r)   (f)
(r)   (r)   (r)

Ü9.1:   a)   ja
            b)   ja
            c)   ja
            d) $P(-1) = -4$, $P(1) = 2$
            e)   wegen $P(-1) \cdot P(1) < 0$
            f)   Zwischenwertsatz mit d)

Ü9.2:   a) f stetig auf $[0, \frac{1}{2}]$
            b)   Wegen $f(0) \cdot f(\frac{1}{2}) < 0$ da $f(0) = -1$, $f(\frac{1}{2}) = 0.229$
            c) $n^* = 6$
                 $x_0^* \in [0.41406, 0.42188]$, etwa $x_0^* = 0.42$

Kapitel 10

T10.1 (r)   **T10.2** (f)   **T10.3** (r)   **T10.4** (r)
(r)   (r)   (r)   (f)
(f)   (f)   (r)   (r)

Ü10.1   a) $f_1'(x) = \frac{x^2(-x^4 + 8x + 3)}{(x^4 + 1)^2}$

            b) $f_2'(x) = \frac{4x^4\sqrt{x} - \frac{1}{2}}{x\sqrt{x^5 + \sqrt{x}}}$

            c) $f_3'(x) = \frac{1}{2}\sqrt{2}\,\pi[\cos 2\pi x - \sin 2\pi x]$

            d) $f_4'(x) = \frac{7}{8}x^{-\frac{1}{8}}$

Ü10.2   a) $f_1'(x) = \frac{2x+1}{\sqrt{x^2+x}} - 2$

            b) $f_2'(x) = \sin((1+x)^4) + 4x(1+x)^3\cos((1+x)^4)$

            c) $f_3'(x) = -\frac{\cos x}{\sin^2 x}$

Ü10.3   a) $f_1'(x) = -\sqrt{2}x + 2x\sin(x^2)$
                 $f''(x) = -\sqrt{2} + 2\sin(x^2) + 4x^2\cos(x^2)$
            b) $f'''(x) = 24x\sqrt{2x} + 3(12x^2 + 8)(2x)^{-\frac{1}{2}}$
                 $\qquad + 3(4x^3 + 8x)(-1)(2x)^{-3/2} + (x^4 + 4x^2)3(2x)^{-5/2}$

Ü10.4   a) $f(x)$ differenzierbar für $x \neq -2$. $D(f') = [-5, -2) \cup (-2, 2]$
                 $f'(x) = \begin{cases} -3x^2 - 4x + 1 & \text{für } x \in [-5, -2) \\ 3x^2 + 4x - 1 & \text{für } x \in (-2, 2] \end{cases}$
            b) $y = 6x - 6$

Kapitel 11

T11.1 (f)   **T11.2** (f)   **T11.3** (f)   **T11.4** (r)
(r)   (r)   (f)   (r)
(r)   (r)   (r)   (f)

Ü11.1:   a)   Lokale Maxima bei $x_0 = 0$, $x_0 = -\sqrt{\frac{3}{4}\pi}$, $x_0 = \sqrt{\frac{3}{4}\pi}$

lokale Minima bei $x_1 = -\sqrt{\frac{\pi}{4}}$, $x_1 = \sqrt{\frac{\pi}{4}}$

globales Minimum $f(-\sqrt{\frac{\pi}{4}}) = f(\sqrt{\frac{\pi}{4}})$

globales Maximum $f(-\sqrt{\frac{3}{4}\pi}) = f(\sqrt{\frac{3}{4}\pi})$

b) $f(\sqrt{\frac{\pi}{4}}) < 0$, $f(\sqrt{\frac{3}{4}\pi}) > 0$,so daß mindestens eine Nullstelle in

$[\sqrt{\frac{\pi}{4}}, \sqrt{\frac{3}{4}\pi})$. Da $f'(x) > 0$ für $x \in (\sqrt{\frac{\pi}{4}}, \sqrt{\frac{3}{4}\pi})$, ist f streng monoton steigend, so daß genau eine Nullstelle existiert

Ü11.2: $x = \frac{D}{\sqrt{3}}$, $y = \sqrt{\frac{2}{3}}D$

Ü11.3:   a) $\lim_{x \to 1} \frac{\cos(\frac{\pi}{2}x)}{x-1} = -\frac{\pi}{2}$

$\lim_{x \to 0}(\frac{1}{\sin x \cos x} - \frac{1}{x \cos x}) = 0$

$\lim_{x \to \infty}(5x+1)\sin\frac{1}{x} = 5$

b)   Letzte Anwendung der de l'Hospitalschen Regel nicht zulässig.

$\lim_{x \to 1} \frac{2x^5 - 5x^2 + 3}{2x^3 + x^2 - 8x + 5} = \frac{15}{7}$.

Ü11.4:   a) $\frac{1}{\sqrt{2}}$

b) 0

c) 2

Ü11.5:   d) $\frac{\sqrt{2}}{(1 + \frac{\pi}{4})}$

e) $(f^{-1})'(y) = \frac{1}{\sin(f^{-1}(y)) + f^{-1}(y) \cdot \cos(f^{-1}(y))}$

$= \frac{1}{\sin x + x \cos x}$ für $y = f(x) \in (0, \frac{\sqrt{2}}{8}\pi]$

Kapitel 12

T12.1	(f)	**T12.2**	(r)	**T12.3**	(f)	**T12.4**	(f)	**T12.5**	(f)	**T12.6**	(r)
	(r)		(r)		(r)		(r)		(r)		(r)
	(r)		(r)		(f)		(r)		(r)		(r)
	(r)				(r)						

Ü12.1:   a)   absolut konvergent

b)   divergent

c)   divergent

d)   absolut konvergent

Ü12.2:   a)   konvergent mit Summe $\sin 1$

b)   divergent

Ü12.3: a) mit Leibniz-Kriterium

b) $|s_4 - s| \leq b_5 = \frac{1}{25} < \frac{1}{20}$ mit $b_k = \frac{1}{k^2}$, $s_4 \approx 0.7986$

c) $|s_5 - s| \leq b_6 = \frac{1}{1296} < 10^{-3}$ mit $b_k = \frac{1}{k^4}$, $s_5 \approx -0.9475$

Ü12.4: a) Summe $s = \sum_{n=0}^{\infty} \frac{\pi r}{2^n} = 2\pi r$

b) Summe der Umfänge $U = 4a \sum_{n=0}^{\infty} \left(\frac{1}{\sqrt{2}}\right)^n = \frac{4a}{1 - \frac{1}{\sqrt{2}}}$

Summe der Flächeninhalte $F = a^2 \displaystyle\sum_{n=0}^{\infty} \frac{1}{2^n} = 2a^2$

Ü12.5: a) (i)   konvergent

a) (ii)   konvergent

b) (i)   konvergent mit Summe $s = \frac{33}{40}$

b) (ii)   konvergent mit Summe $s = 1$

Ü12.6: a) $\sum_{n=1}^{\infty} \frac{x^n}{n^n}$ absolut konvergent für alle $x \in \mathbb{R}$

$\sum_{n=1}^{\infty} \frac{n}{2^n}(-1)^n x^n$ absolut konvergent für $x \in (-2, 2)$, divergent für $|x| \geq 2$

b) Produktreihe $\sum_{n=0}^{\infty} c_n$ mit $c_0 = -\frac{1}{2}x^2$, $c_1 = \frac{3}{8}x^3$, $c_2 = -\frac{29}{108}x^4$
$c_3 = 0.173x^5$, $c_4 = -0.106x^6$

c) $I = (-2, 2)$

Kapitel 13

T13.1 (f)   **T13.2**   (r)   **T13.3**   (f)

(f)   (r)   (r)

(r)   (f)   (r)

(f)   (f)   (r)

             (r)

             (r)

Ü13.1: $\log_2 16 = 4$, $\log_{16} 2 = \frac{1}{4}$, $\log_{\frac{1}{2}} 16 = -4$,
$\log_{16} \frac{1}{2} = -\frac{1}{4}$, $\log_2 3 = 1.58496$

Ü13.2: a) $-\frac{2}{3}$

b) $x_1 = 6 - \sqrt{36 - 11\frac{\ln 8}{\ln 7}}$, $x_2 = 6 + \sqrt{36 - 11\frac{\ln 8}{\ln 7}}$

Ü13.3: a) $2xe^{x^2 - 7}$

b) $\frac{\sin x \cdot \cos x}{1 + \sin^2 x}$

c) $(\sin x)^{\cos x} \cdot \sin x (\cot^2 x - \ln(\sin x))$

Ü13.4: a) 0

b) $\frac{1}{e}$

c) 1

Kapitel 14

T14.1 (r)   **T14.2** (r)   **T14.3** (r)
     (f)   (r)   (r)
     (r)   (f)   (f)

Ü14.1: a) stetig   b) stetig,   c) Summe stetig,   d) 14(18)

Ü14.2: $s(Z) = \frac{1}{n} \cdot \frac{1-e}{1-e^{1/n}}$, $S(Z) = \frac{e^{1/n}}{n} \cdot \frac{1-e}{1-e^{1/n}}$
     Vermutung: $e - 1$.

Ü14.3: $s(Z) = 0$, $S(Z) = 1$.

Kapitel 15

T15.1 (f)   **T15.2** (f)   **T15.3** (f)
     (f)   (r)   (r)
     (r)   (f)   (r)
     (f)   (r)   (r)
     (r)   (r)

Ü15.1: a) $4e^x - x^4 + x^2 + 5\sin x + c$
     b) $\frac{45}{4}$

     c) $\frac{2^{x+1}}{\ln 2} + c$

     d) $-4\ln(\frac{1}{2}\sqrt{2}) + \sqrt{2}$

Ü15.2: a) $f(x) = F'(x) = G'(x) = -\frac{1}{1+x^2}$

     b) $F(x) + c$, $c \in \mathbb{R}$

     c) $c = \frac{\pi}{4}$

Kapitel 16

T16.1 (f)   **T16.2** (f)   **T16.3** (f)   **T16.4** (f)
     (f)   (f)   (f)   (f)
     (r)   (r)   (r)   (r)
     (f)   (f)
     (r)

Ü16.1: a) $-\cos x + \frac{1}{2}e^{2x} + \frac{2}{3}x^{\frac{3}{2}} + \frac{2^x}{\ln 2} + c$

     b) $\frac{1}{2}\sin^2 x + c$

     c) $\frac{1}{4}(\arctan x)^4 + c$

     d) $\frac{1}{2}\ln(1 + x^2) + c$

     e) $-\ln|2 + \cos x| + c$

Ü16.2: a) π
     b) $\frac{1}{2}\sinh(\frac{1}{2}) \cdot \cosh(\frac{1}{2}) + \frac{1}{4}$

     c) $x\arctan x - \frac{1}{2}\ln(1 + x^2) + c$

Ü16.3:   a)   (i) $2e^2$,   (ii) $\sqrt{10} - \sqrt{2}$
   b) $\ln|\tan \frac{x}{2}| + c$

Ü16.4:   a) $e^{\sin^2 x} + c$
   b) $\frac{1}{2}(\ln \sqrt{3})^2 - (\ln \sqrt{3})\ln 2$

Ü16.5:   a) $x^2 - 3x + \frac{11}{5}\ln|x-2| + \frac{14}{5}\ln|x+3| + c$ für $x \neq 2, -3$
   b) $\frac{1}{8}$

Kapitel 17

T17.1 (r)   **T17.2** (f)   **T17.3** (f)
   (f)   (r)   (r)
   (r)   (f)   (r)

Ü17.1:   a)   existent,   b) nicht existent

Ü17.2:   a)   nicht existent
   b) $\frac{1}{\alpha^2}$
   c)   nicht existent
   d)   8

Ü17.3: $-\frac{1}{\alpha^2}$ für $\alpha > 0$, nicht existent für $\alpha = 0$.

Ü17.4:   a) $\frac{1}{2}$
   b)   nicht existent
   c)   nicht existent

Ü17.5:   a)   nicht existent
   b)   nicht existent
   c)   existent
   d)   existent

Kapitel 18

T18.1 (f)   **T18.2** (f)   **T18.3** (r)
   (r)   (r)   (f)
       (r)   (r)

Ü18.1:   a)   Grenzfunktion
$$f(x) = \begin{cases} 0 & \text{für } x = 0 \\ 1 + x^2 & \text{für } x \neq 0 \end{cases}$$

Ü18.2:   b) $\sum_{n=1}^{\infty} \frac{1}{n^4}[1 - (-1)^n]$

Ü18.3:   b) $\sum_{n=1}^{\infty} \frac{1}{n^3}(1 - \frac{1}{e^n})$
   c)   konvergent für $x > 0$, divergent für $x = 0$

Ü18.4:   a) $f(x) = 0$, $x \in D$
   b)   ja
   c) $\lim_{n \to \infty} f_n'(x) = 0$, $f'x) = 0$. Ja

Ü18.5: a) $x \in \mathbb{R}$, $x \neq (4k+1)\frac{\pi}{2}$, $k \in \mathbb{Z}$
      b) ja
      c) ja

Kapitel 19

T19.1	(f)	**T19.2**	(f)	**T19.3**	(f)	**T19.4**	(f)
	(r)		(f)		(r)		(f)
	(f)		(f)		(f)		(f)
	(r)		(r)		(f)		(r)
	(r)				(f)		

Ü19.1: a) ∞
      b) 1
      c) $\frac{1}{2}$

Ü19.2: a) ∞
      b) $\frac{1}{e}$
      c) e

Ü19.3: a) 0
      b) ∞
      c) e
      d) 2

Ü19.4: $\frac{-x^2-3x-2}{x^3}$

Ü19.5: $\frac{2x}{(1-x)^3} - \ln(1-x)$

Kapitel 20

T20.1	(r)	**T20.2**	(f)	**T20.3**	(r)	**T20.4**	(r)
	(r)		(f)		(f)		(f)
	(r)		(r)		(r)		(r)
			(f)				(r)

Ü20.1: a) $a_k = \begin{cases} \frac{1}{k!} & \text{für k ungerade} \\ 0 & \text{für k gerade} \end{cases}$

      b) $T_3(x,0) = x + \frac{1}{6}x^3$

          $T_4(x,0) = T_3(x,0)$

          $R_4(x,0) = \frac{1}{4!}\int_0^x (x-t)^4 \cosh t \, dt$

      c) $|R_4(x,0)| \leq \frac{\cosh 1}{5!} \leq \frac{1}{60}$

      d) $f(x) = \sum_{n=0}^{\infty} \frac{1}{(2n+1)!}x^{2n+1}$

Ü20.2: a) $\arcsin x = \sum_{n=0}^{\infty}(-1)^n \begin{pmatrix} -\frac{1}{2} \\ n \end{pmatrix} \frac{1}{2n+1}x^{2n+1}$

      b) $f^{(9)}(0) = (105)^2$

Ü20.3: a) $I = \{x : |x - 2| < 5\} = (-3, 7)$

          b) $f(x) = \frac{1}{10} \sum_{n=0}^{\infty} (-1)^n \left(\frac{1}{5}\right)^n (x - 2)^n$, $x \in I$

Ü20.4: $a_0 = 1$, $a_1 = -\frac{1}{2}$, $a_2 = 0$

Ü20.5: a) 1

          b) 4

Kapitel 21

T21.1	(r)	**T21.2**	(r)	**T21.3**	(f)	**T21.4**	(f)	**T21.5**	(r)
	(r)		(f)		(r)		(f)		(r)
	(r)		(r)		(f)		(r)		(f)
	(f)				(f)		(r)		(r)
									(f)

Ü21.1: b) $a_n = \frac{2}{\pi} \frac{(-1)^n}{n^2 + 1} \sin h\pi$, $n \in \mathbb{N}_0$

              $b_n = \frac{2}{\pi} \frac{(-1)^{n+1} n}{n^2 + 1} \sin h\pi$, $n \in \mathbb{N}$

          c) $\begin{cases} g(x) \text{ für } x \in \mathbb{R}, \ x \neq (2k + 1)\pi, \ k \in \mathbb{Z} \\ \cosh \pi \text{ für } x = (2k + 1)\pi, \ k \in \mathbb{Z} \end{cases}$

          d) $a'_n = \frac{2}{\pi} \frac{(-1)^n e^{\pi} - 1}{n^2 + 1}$, $n \in \mathbb{N}$

              $b'_n = 0$, $n \in \mathbb{N}$.

Ü21.2: a) $a_0 = 0$, $a_1 = \frac{1}{2}\sqrt{2}$, $a_n = 0$ für $n \geq 2$

              $b_1 = -\frac{1}{2}\sqrt{2}$, $b_n = 0$ für $n \geq 2$

          b) $a_n = \begin{cases} -\frac{4}{\pi(4k^2 - 1)} & \text{für } n = 2k, \ k \in \mathbb{N}_0 \\ 0 & \text{für } n = 2k + 1, \ k \in \mathbb{N}_0 \end{cases}$

              $b_n = 0$, $n \in \mathbb{N}$

Ü21.3: b) $g(x) = \frac{\pi^2}{3} + 4 \sum_{n=1}^{\infty} \frac{(-1)^n}{n^2} \cos nx$

              $h(x) = \sum_{n=1}^{\infty} \left\{ (-1)^{n+1} \frac{2\pi}{n} + \frac{4}{\pi n^3}[(-1)^n - 1] \right\} \sin nx$

          c) $\frac{\pi^2}{12} = \sum_{n=1}^{\infty} \frac{(-1)^{n-1}}{n^2}$

Ü21.4: a) $a_n = \frac{\sinh 2\pi}{\pi} \cdot \frac{1}{n^2 + 1}$, $n \in \mathbb{N}_0$

              $b_n = \frac{1 - \cosh 2\pi}{\pi} \cdot \frac{n}{n^2 + 1}$, $n \in \mathbb{N}$

          b) $FR = \begin{cases} f(x) & \text{für } x \notin \mathbb{Z} \\ \frac{\cosh 2\pi + 1}{2} & \text{für } x \in \mathbb{Z} \end{cases}$

Ü21.5:   b) $a_0 = \frac{\pi^2}{3}$

$a_n = \begin{cases} 0 & \text{für } n \text{ ungerade} \\ -\frac{4}{n^2} & \text{für } n \text{ gerade} \end{cases}$

$b_n = 0$ für $n \in \mathbb{N}$

c)   Fourier-Reihe konvergiert gegen f

d) $\sum_{n=1}^{\infty} \frac{1}{n^2} = \frac{\pi^2}{6}$

Kapitel 22

T22.1	(f)	**T22.2**	(f)	**T22.3**	(r)	**T22.4**	(f)
	(r)		(f)		(f)		(f)
	(r)		(r)		(f)		(r)
	(f)		(r)				

Ü22.1:   a)   offen, nicht abgeschlossen, nicht beschränkt nicht kompakt. $(0,1)$ ist innerer Punkt und Häufungspunkt

b)   nicht offen, nicht abgeschlossen, beschränkt, nicht kompakt. $(0,1)$ ist kein innerer Punkt, aber Häufungspunkt

c)   nicht offen, abgeschlossen, beschränkt, kompakt. $(0,1)$ ist kein innerer Punkt und kein Häufungspunkt.

Ü22.2:   a)   konvergent, $\lim_{k \to \infty} X_k = (2, -2, e^{-2})$

b)   divergent

Ü22.3:   b) f stetig auf $D(f)$, nicht stetig fortsetzbar

Ü22.4: f stetig auf $\mathbb{R}^2 \backslash \{(0,0)\}$
f nicht stetig an $(0,0)$
g stetig auf $\mathbb{R}^2 \backslash \{(x,0) : x \in \mathbb{R}\}$
g stetig an $(0,0)$, g unstetig an $(x,0)$ für $x \neq 0$

Ü22.5:   b)   Maximum und Minimum existent, da f stetig und $D(f)$ kompakt. Maximum an $(0,1)$, Minimum an $(1,0)$.

Kapitel 23

T23.1	(f)	**T23.2**	(f)	**T23.3**	(r)	**T23.4**	(r)
	(f)		(r)		(f)		(f)
	(r)		(f)		(r)		(r)
			(f)		(r)		(f)

Ü23.1:   a)   grad $f(0,0) = (0,0)$
grad $f(0, \sqrt{2}) = (4\sqrt{2}, 4\sqrt{2})$
grad $f(\sqrt{2}, \sqrt{2}) = (8\sqrt{2}, 8\sqrt{2})$
grad $f(\sqrt{2}, -\sqrt{2}) = (0,0)$

b) $z = 0$, $z = 4\sqrt{2}x + 4\sqrt{2}y - 8$,
$z = 8\sqrt{2}x + 8\sqrt{2}y - 24$, $z = -8$

Ü23.2: f ist differenzierbar auf $D(f)$
g ist differenzierbar auf $D(g)$

Ü23.3:   a) $dR = \frac{R_2^2}{(R_1+R_2)^2}dR_1 + \frac{R_1^2}{(R_1+R_2)^2}dR_2$

b) $|\Delta R| \le \frac{4}{3}\Omega$

c) $|\frac{\Delta R}{R}| \le \frac{2}{100} = 2\%$

Ü23.4:   a) $J_G = \begin{pmatrix} \frac{1}{x_1} & 0 & 0 & 0 \\ \sqrt{x_2} & \frac{x_1}{2\sqrt{x_2}} & \frac{1}{2\sqrt{x_3}} & 0 \end{pmatrix}$

Funktionaldeterminante existiert nicht

b)   die Funktionalmatrix J_H ist

$$\begin{pmatrix} 2x_1\sinh(x_1^2+x_2^2+x_3) & 2x_2\sinh(x_1^2+x_2^2+x_3) & \sinh(x_1^2+x_2^2+x_3) \\ \frac{x_2}{2}\sqrt{e^{x_1x_2}} & \frac{x_1}{2}\sqrt{e^{x_1x_2}} & 0 \\ 0 & 1 & 0 \end{pmatrix}$$

Funktionaldeterminante existiert

Ü23.5: $\frac{dF}{dt} = 2t + 6t^5(1-\cos t) + t^6\sin t - e^{t\sin t}(\sin t + t\cos t)$

Ü23.6:   a) $J_H = \begin{pmatrix} 0 & 0 & -2 & 0 \\ 0 & 1 & 0 & 0 \end{pmatrix}$

b) $H(X) = (x_1x_4\cos x_3,\ \cos x_2 \cdot e^{x_2 e^{x_2}})$

Kapitel 24

T24.1	(f)	**T24.2**	(f)	**T24.3**	(f)	**T24.4**	(r)	**T24.5**	(f)	**T24.6**	(r)
	(f)		(f)		(r)		(f)		(f)		(r)
	(r)		(f)		(r)		(f)		(r)		(f)
			(r)				(r)		(f)		
							(r)				

Ü24.1:   a) $-\frac{7}{\sqrt{10}}$

b) $A = \pm(\frac{2}{\sqrt{5}}, -\frac{1}{\sqrt{5}})$

c) $A = \pm(\frac{1}{\sqrt{5}}, \frac{2}{5})$

Ü24.2:   a)   Änderung in x-Richtung und y-Richtung $\frac{1}{e}(\sin 1 + \cos 1)$,
in z-Richtung keine Änderung, in Richtung $(1,1,1)$:
$\frac{2}{\sqrt{3}e}(\sin 1 + \cos 1)$

b) $\frac{1}{e}(\sin 1 + \cos 1), \frac{1}{e}(\sin 1 + \cos 1), 0)$

c) $\frac{1}{\sqrt{2+c^2}}(1, -1, c)$ für $c \in \mathbb{R}$ (unendlich viele Richtungen)

Ü24.3:   a) $\frac{\pi^2}{4} - 1 + (\frac{\pi}{2}+1)h + \frac{\pi}{2}k + hk + +\frac{1}{2}k^2$

Ü24.4:   a)   relatives Maximum $(\frac{1}{2}, -1)$
relatives Minimum in $(-\frac{1}{2}, 1)$

b) f hat kein absolutes Extremum

Kapitel 25

T25.1 (f)   **T25.2** (r)   **T25.3** (f)   **T25.4** (f)
     (f)   (r)   (f)   (f)
     (r)   (r)   (r)   (r)
              (r)

Ü25.1: a) Auflösbar für $(x_0, y_0) \in M$ mit $g(x_0, y_0) = 0$ und
$M = \{(x_0, y_0) \in \mathbb{R}^2 : y_0 \neq k\frac{\pi}{2}$ für $k \in \mathbb{Z}\}$

       b) $f'(x_0) = -\dfrac{3x_0^2}{2\sin y_0 \cdot \cos y_0}$

Ü25.2: a) maximaler Abstand $\sqrt{3} + 1$
minimaler Abstand $\sqrt{3} - 1$

       b) $P_1 = (\frac{1}{3}\sqrt{3}, \frac{1}{3}\sqrt{3}, \frac{1}{3}\sqrt{3})$ Kugelpunkt zum minimalen Abstand,
$P_2 = (-\frac{1}{3}\sqrt{3}, -\frac{1}{3}\sqrt{3}, -\frac{1}{3}\sqrt{3})$ Kugelpunkt zum maximalen Abstand

Ü25.3: a) $P_1 = (\sqrt{2}, \sqrt{2})$ ist relative Minimalstelle
$P_2 = (-\sqrt{2}, -\sqrt{2})$ ist relative Maximalstelle

Ü25.4: $6\pi \left(\dfrac{50}{\pi}\right)^{\frac{2}{3}}$

Kapitel 26

T26.1 (f)   **T26.2** (r)
     (r)   (r)
     (r)   (f)

Ü26.1: $\frac{dg}{dy} = \frac{1}{y}\left[\ln(25y^2 + 1) - 3\ln(y^6 + 1)\right]$

Ü26.2: $\frac{dg}{dt} = 2t^2(6 + \sqrt{t^2 + 2} - \sqrt{t^2 - 2})$

Kapitel 27

T27.1 (r)   **T27.2** (f)   **T27.3** (r)   **T27.4** (f)
     (f)   (r)   (f)   (r)
     (f)   (r)   (r)   (r)
     (r)   (f)

Ü27.1: b) $W = 2\pi\sqrt{1 + 4\pi^2} + \ln(2\pi + \sqrt{1 + 4\pi^2})$

Ü27.2: a) $L(W_1) = \frac{1}{27}(9 + 4\pi^2)^{3/2} - \frac{8}{27}\pi^3$

       b) $L(W_2) = \frac{10}{3}$

Ü27.3: a) W_1 nicht glatt, $L(W_1) = 8$

       b) W_2 glatt

Ü27.4: b) $Z_1(s) = (2\sqrt{2}(1 + s), 2\sqrt{2}(1 - s)), \ s \in \mathbb{R}$
$Z_2(s) = (2(1 + 2s), 2(1 - 2s)), \ s \in \mathbb{R}$
$Z_3 = (\sqrt{2}(1 + 3s), \sqrt{2}(1 - 3s)), \ s \in \mathbb{R}$

Ü27.5:   a) W_1 nicht glatt, W_2 glatt

         b) $Z_1(s) = (2\pi s, 1 + 2s)$, $s \in \mathbb{R}$

              $Z_2(s) = (2\pi s, 1 + 2s, \frac{1}{\pi}(1 + s), 2)$, $s \in \mathbb{R}$

         c) $L(W_1) = \frac{2}{3\pi^2}[(1 + 4\pi^2)^{3/2} - 1]$

              $L(W_2) = \frac{16\pi}{3} + \frac{2}{\pi}$

Ü27.6:   a) $X(t) = \begin{cases} (t, t) \text{ für } t \in [0, 2] \\ (1 + \sqrt{2}\cos[\pi(t - 2) + \frac{\pi}{4}], 1 + \sqrt{2}\sin[\pi(t - 2) + \frac{\pi}{4}]) \\ \text{ für } t \in [2, 3] \end{cases}$

         b) $Z(s) = (-s\pi, 2 - s\pi)$, $s \in \mathbb{R}$

         c) $L(W) = \sqrt{2}(2 + \pi)$

Kapitel 28

T28.1	(f)	**T28.2**	(f)	**T28.3**	(r)	**T28.4**	(f)	**T28.5**	(f)
	(f)		(r)		(r)		(r)		(r)
	(r)		(f)		(r)		(f)		(r)
	(f)		(r)		(r)		(f)		(f)

Ü28.1:   a) $-\frac{3}{2}a^2$

         b) $\varphi(x, y) = \frac{3}{2}x^2 + 2xy + c$

         c)   wegunabhängig, $\int_W F \cdot dX = \varphi(0, b) - \varphi(a, 0) = -\frac{3}{2}a^2$

         d) $-\frac{3}{2}a^2$

Ü28.2:   a) π

         b) $-\pi$

         c)   kein Potential

Ü28.3:   b) $\frac{1}{2}e^2 - \frac{5}{2}$

         c)   nicht wegunabhängig

Ü28.4:   a)   ja

         b) $\varphi(x, y) = xy + x \cdot \sin(xy) + 2y + c$

         c) π

Ü28.5:   a) $\varphi(x, y) = \frac{\tan y}{x} + x^2 y + \frac{1}{3}x^3 + \frac{1}{3}y^3 + c$ ist Potential

         b) $\frac{\pi}{2}\left(1 + \frac{\pi^2}{324}\right) + \sqrt{3}$

Ü28.6:   a) $\varphi(x, y, z) = yze^x - \cos z + c$

         b)   2

Kapitel 29

T29.1	(f)	**T29.2**	(f)	**T29.3**	(f)	**T29.4**	(f)	**T29.5**	(r)
	(f)		(r)		(r)		(f)		(f)
	(r)		(f)		(r)		(r)		(f)
					(f)				

Ü29.1:   a) $\ln \frac{3}{2}$

         b) $\frac{1}{4}(e - 1)^2$

Ü29.2:   a)   2
          b) $\frac{5}{2}\ln 2 - \frac{3}{2}\ln 3$

Ü29.3:   b)   ja
          c) $\frac{81}{105}$

Ü29.4: $\frac{1}{120}$

Ü29.5:   b) $\frac{128}{3}$

Ü29.6: $\frac{1}{2}\ln 2 - \frac{5}{16}$

Ü29.7: $2\pi^2 a^2 b$

Kapitel 30

T30.1	(r)	**T30.2**	(f)	**T30.3**	(f)	**T30.4**	(r)	**T30.5**	(f)	**T30.6**	(r)
	(r)		(r)		(f)		(f)		(r)		(f)
	(r)		(f)		(f)		(f)		(f)		(f)
					(r)						

Ü30.1:   b) $\alpha = 6$

Ü30.3:   a)   Zylinder
          b) $N(u,v) = (\cos u, \sin u, 0)$
          c) $4\pi R$

Ü30.4: $\frac{3}{2}\pi$

Ü30.5: 4π

Ü30.6: 135π

Ü30.7: πa^2

Literaturverzeichnis

[1] Burg, K., Haf, H., Wille, F.: Höhere Mathematik für Ingenieure, Band 1: Analysis. 4. Auflage, Stuttgart 1997

[2] Burg, K., Haf, H., Wille, F.: Höhere Mathematik für Ingenieure, Band 4: Vektoranalysis und Funktionentheorie. 2. Auflage, Stuttgart 1994

[3] Endl, K., Luh, W.: Analysis I. 9. Auflage, Wiesbaden 1989

[4] Endl, K., Luh, W.: Analysis II. 8. Auflage, Wiesbaden 1994

[5] Heuser, H.: Lehrbuch der Analysis, Teil 1, 12. Auflage, Stuttgart 1998

[6] Heuser, H.: Lehrbuch der Analysis, Teil 2, 10. Auflage, Stuttgart 1998

[7] Meyberg, K., Vachenauer, P.: Höhere Mathematik 1. 4. Auflage, Berlin 1998

[8] Meyberg, K., Vachenauer, P.: Höhere Mathematik 2. 2. Auflage, Berlin 1997

Sachverzeichnis

Abbildung, 34
abgeschlossene Hülle, 241
abgeschlossenes Intervall, 242
Ableitung, 122
absolut konvergente Reihe, 145
absolut konvergentes Integral, 193
absolutes Maximum, 265
abzählbare Menge, 89
Additionstheorem, 58, 60
algebraische Zahl, 17
alternierende Reihe, 144
Aneinanderhängen zweier Wege, 294
Anfangspunkt des Weges, 281
Archimedes, 13, 57
Archimedisches Axiom, 13
Arcuscosinus, 61
Arcuscotangens, 61
Arcusfunktionen, 61
Arcussinus, 61
Arcustangens, 61
Area cosinus hyperbolicus, 161
Area sinus hyperbolicus, 160
Argument einer komplexen Zahl, 70

Bernoulli, 27
Bernoullische Ungleichung, 25
bestimmtes Integral, 175
Betrag, 44
Betrag einer komplexen Zahl, 69
Betragsfunktion, 44
Beweis durch vollständige Induktion, 24
bijektiv, 36
Bildmenge einer Abbildung, 34
Binomialkoeffizient, 76
Binomischer Satz, 78
Bisektion, 118
Bogenmaß, 55

Bolzano, 98
Bruch, 8

Cantor, 29
Cauchy, 96
Cauchy-Folge, 96
Cauchy-Kriterium, 96, 144
Cauchy-Produkt, 149
Cauchy-Schwarzsche Ungleichung, 240
Cosinus, 56
Cosinus hyperbolicus, 159
Cotangens, 58
Cotangens hyperbolicus, 159

de Fermat, 83, 84
de Méré, 83
de Morgan, 32
de Morgansche Regel, 32
Definitionsmenge einer Abbildung, 34
dekadischer Logarithmus, 157
Dezimalbruch, 8
Differentiationsregel, 125
Differenz von Mengen, 30
direkter Beweis, 22
disjunkte Mengen, 32
divergente Folge, 89
divergente Reihe, 142
Divergenz des Vektorfeldes, 327
Dreiecksungleichung, 47, 70, 240
Durchschnitt von Mengen, 30

ε-Umgebung, 89, 240
eineindeutige Abbildung, 36
Einführung neuer Koordinaten, 319
Einheitswurzel, 72
Einschließungskriterium, 94
Einschränkung, 110

einseitige Ableitung, 123
einseitiger Grenzwert, 105
Element der Menge, 7, 29
Ellipse, 283
Endpunkt des Weges, 281
Erweiterung der Funktion, 311
Euklid, 26
Euler, 71
Eulersche Zahl e, 95
Exponentialfunktion, 154
Exponentialfunktion zur Basis a, 156
Extremum, 262, 265

Faktorisierung, 49
Fakultät, 76
Fibonacci, 88
Fibonacci-Zahlen, 88
Fläche, 329
Flächeninhalt, 163, 332
Flächenstück, 329
Folge
    beschränkt, 93
    im R^n, 242
    monoton fallend, 93
    monoton wachsend, 93
    nach oben beschränkt, 93
    nach unten beschränkt, 93
    reeller Zahlen, 88
    streng monoton fallend, 93
    streng monoton wachsend, 93
Fourier, 230
Fourier-Koeffizient, 230
Fourier-Reihe, 229, 230
Fourier-Reihe in komplexer Form, 235
Fundamentalsatz der Kombinatorik, 78
Funktion, 35
    beschränkt, 42
    differenzierbar, 122, 252
    gerade, 42
    linksseitig stetig, 110
    monoton, 42
    monoton fallend, 42
    monoton wachsend, 42
    nach oben beschränkt, 42
    nach unten beschränkt, 42
    periodisch, 42
    rational, 52
    rechtsseitig stetig, 110
    reell, 35, 42
    stetig, 245
    stetig differenzierbar, 127
    streng monoton fallend, 42
    streng monoton wachsend, 42
    stückweise glatt, 232
    stückweise stetig, 232
    stückweise stetig differenzierbar, 232
    trigonometrisch, 58
    ungerade, 42
Funktionaldeterminante, 256
Funktionalmatrix, 256
Funktionenfolge, 199
    gleichmäßig konvergent, 201
    Grenzfunktion, 199
    punktweise konvergent, 199, 200
Funktionenreihe, 199
    gleichmäßig konvergent, 201
    Summe der –, 200

ganze Zahl, 7
Gauß, 26
Gaußscher Integralsatz für den R^3, 335
Gaußscher Integralsatz für die Ebene, 333
Gaußsche Zahlenebene, 69
Gebiet, 295
geometrische Folge, 90
geometrische Reihe, 143
geordneter Körper, 14
Gibbs, 234
Gibbs'sches Phänom, 234
Gleichheit von Mengen, 30
Glieder der Folge, 88
Glieder der Reihe, 142
globales Maximum, 131
globales Minimum, 131

Gradient, 251
Graph, 35
Grenzwert, 242, 244
Grenzwert der Folge, 89
Grenzwert einer reellen Funktion, 102

Häufungspunkt, 244
Häufungspunkt einer Menge, 102
Häufungswert der Folge, 97
Höhenlinie, 244
harmonische Funktion, 328
harmonische Reihe, 143
Hauptsatz über implizite Funktionen,
    272
Hauptsatz der Differential- und Inte-
    gralrechnung, 173
Heaviside Funktion, 111
Hintereinanderschaltung von Abbil-
    dungen, 37
Hornerschema, 50
Hyperbelfunktionen, 159

Identitätssatz für Polynome, 48
Identitätssatz für Potenzreihen, 222
Imaginärteil einer komplexen Zahl, 67
implizite Gleichung, 270
indirekter Beweis, 23
Infimum, 14
Infimum einer Funktion, 42
injektiv, 36
innerer Punkt, 241
Inneres, 241
Integrale im R^n, 305
Integrale mit Parametern, 277
Integrand, 166
Integration über Teilintervalle, 168
Integration rationaler Funktionen,
    184
Integrationsintervall, 166
Integrationstechniken, 179
Integrationsvariable, 166
integrierbar, 166
Interpolationspolynom, 51
irrationale Zahl, 9

isolierter Punkt, 108
iterierte Integrale, 308, 316

kartesisches Produkt von Mengen, 33
Kettenregel, 126, 257
Koeffizienten der Potenzreihe, 209
Koeffizienten des Polynom, 47
Koeffizientenvergleich, 48, 223
Körper, 14
Körperaxiome, 10
Kolmogorov, 83, 84
Kombinatorik, 78
Komplement einer Menge, 32
komplexe Einheit, 68
komplexe Fourier-Koeffizienten, 236
komplexe Zahl, 14, 67
komplexes Integral, 235
konjungiert komplexe Zahl, 68
konvergente Folge, 89
konvergente Reihe, 142
Konvergenzintervall, 210
Konvergenzkriterium, 94
Konvergenzradius, 210
koordinatenweise Konvergenz, 243
Kugelkoordinaten, 323
Kurve, 281

Länge des Weges, 285
Lagrange, 225
Lagrange-Funktion, 273
Laplace, 83, 84
Laplace-Operator, 328
leere Menge, 30
Leibniz, 123
Leibniz-Kriterium, 144
Leibnizsche Reihe, 143
Limes inferior, 97
Limes superior, 97
Limesrechenregel, 91, 104
linksseitiger Grenzwert, 105
Logarithmus zur Basis a, 157
lokales Maximum, 131, 133
lokales Minimum, 131, 133

Majoranten-Kriterium, 145

Maß, 305, 313
Maximalstelle einer Funktion, 42
Maximum, 246
Maximum einer Funktion, 42
Menge, 7, 29
    x-projizierbar, 314
    y-projizierbar, 314
    abgeschlossen, 241
    beschränkt, 241
    kompakt, 241
    konvex, 295
    meßbar, 313
    offen, 241
    sternförmig, 295
    zusammenhängend, 295
Minimalstelle einer Funktion, 42
Minimum, 246
Minimum einer Funktion, 42
Mittelwertsatz der Differentialrechung,
    132
Mittelwertsatz der Integralrechnung,
    170
Monotoniekriterium, 94

Nabla-Operator, 328
n-dimensionaler Punktraum, 239
natürliche Zahl, 7
natürlicher Logarithmus, 155, 157
Newton, 123
Niveaumengen, 244
Norm, 240
Normalbereich, 314
    x-, 333
    y-, 333
Normalenvektor der Fläche, 331
Normierungsbeziehung, 229
Nullfolge, 91
Nullmenge, 313
Nullstelle, 42, 49
    einfache, 49
    ℓ-fache, 50

Oberflächenintegral, 332
Obersumme, 164, 306

offenes Intervall, 241
Ordnungsaxiome, 12
Orthogonalitätsbeziehung, 229

Parameterdarstellung, 281
Parameterdarstellung der Fläche, 329
Parameterintegral, 277
Partialbruchzerlegung, 185
Partialsumme, 142, 199
partielle Ableitung, 249
partielle Ableitung höherer Ordnung,
    250
partielle Ableitung zweiter Ordnung,
    250
partielle Differentiation, 249
Partielle Integration, 180
Partition, 164
Pascal, 77, 83
Pascalsches Dreieck, 77
Periode, 42
periodische Funktion, 228
Permutation, 80
Pol der Ordnung ℓ, 52
Polarkoordinaten, 69, 321
Polygonzug, 283
Polynom, 47
Polynomialkoeffizient, 81
Polynominterpolation, 51
Polynomischer Satz, 81
positiv orientiert, 333
Potential, 295
Potenz, 16
Potenzreihe, 209
Primzahl, 24
Produktregel, 125

quadratische Gleichung, 73
Quadratur des Kreises, 57
Quantoren, 26
Quotientenkriterium, 146, 211
Quotientenregel, 125

Rand, 241
Randpunkt, 241

rationale Zahl, 7
Realteil einer komplexen Zahl, 67
Rechtecksumme, 163
rechtsseitiger Grenzwert, 105
reelle Funktion von n reellen Veränderlichen, 243
reelle Zahl, 9
Regel von de l'Hospital, 134, 135
Reihe, 142
rein imaginäre Zahl, 68
Relation, 33
relative Maximalstelle unter Nebenbedingung, 273
relatives Extremum, 266
relatives Maximum, 265, 266
relatives Minimum, 265, 266
Restglied, 217, 218, 264
Richtungsableitung, 262
Riemann, 166
Riemann-Integral, 166, 312
Riemann-Integral im R^n, 307
Riemann-Summe, 170
Rotation des Vektorfeldes, 327
Rückgriff, 181

Sattelpunkt, 265, 266
Satz vom Maximum, 116
Satz von Bolzano-Weierstraß, 97
Satz von Taylor, 217, 264
Schritthalbierung, 118
Schwarzsche Ungleichung, 170
Signumfunktion, 103, 112
Sinus, 56
Sinus hyperbolicus, 159
Skalarprodukt, 240
Stammfunktion, 173
stationärer Punkt, 265
stetige Fortsetzung, 110
stetige Funktion, 107
Stetigkeit, 107
Stokes, 336
Stokesscher Integralsatz, 335
Substitutionsregel, 182, 320
Summe der Wege, 283

Supremum, 13
Supremum einer Funktion, 42
surjektiv, 36

Tangens, 58
Tangens hyperbolicus, 159
Tangente, 123, 285
Tangentialebene, 331
Tangentialvektor, 285
Taylor , 225
Taylor-Polynom, 217
Taylor-Reihe, 220
Teilmenge, 30
Teleskopreihe, 151
Test auf Extremstellen, 224
transzendente Zahl, 17
trigonometrische Funktion, 58

Umgebung, 240
Umkehrabbildung, 36
Umkehrfunktion, 36, 119, 137
unbestimmtes Integral, 175
uneigentlicher Grenzwert, 97, 106
uneigentliches Integral, 191
Ungleichheit von Mengen, 30
Ungleichung, 12
unstetige Funktion, 108
Untersumme, 164, 306
Urbild, 34

Vektoranalysis, 327
Vektorfeld, 255
Vereinigung von Mengen, 30
Verfeinerung einer Zerlegung, 165
vollständiges Differential, 254
Vollständigkeitsaxiom, 14
Vorzeichenfunktion, 103

Wahrscheinlichkeit, 82
Weg, 281
    geschlossen, 285
    glatt, 285
    Länge, 285
    rektifizierbar, 285

stückweise glatt, 285
stückweise stetig differenzierbar,
    285
Wegintegral, 291
Weierstraß, 98
Wert der Reihe, 142
Wurzelfunktion, 54
Wurzelkriterium, 146, 211

Zahlengerade, 9
Zerlegung, 305
Zerlegung eines Intervalls, 164
Zufallsexperiment, 83
Zwischenwertsatz, 117
Zykloide, 283